浙江省普通高校"十三五"新形态教材

机械设计项目化教程

主　编　魏玉兰

副主编　李　兵　张清珠　郑慧萌

参　编　赵晋芳　郝利峰　丛家慧

U0379773

机械工业出版社

本教材是浙江省普通高校"十三五"新形态教材建设立项项目，是根据教育部高等学校机械基础课程教学指导分委员会最新制定的《普通高等学校机械设计课程教学基本要求》，在机械设计课程教学改革背景下和浙江省一流线上线下混合课程建设基础上，按照项目式教学法，以产品设计流程为主线安排教学内容，为适应国家应用型本科院校需求而精心编写的教材。为了帮助使用者更好地掌握教学内容，本教材配备了重点与难点教学视频，并在第三章~第十四章的末尾提供了项目设计任务实例。除此之外，本教材还提供了在线测试，学习者可以通过扫码随时检测学习效果。

本教材共有十四章，第一章绪论介绍机械设计总论知识，从第二章开始针对项目展开设计流程，主要包括：项目设计选题与参数，电动机的选择，联轴器，带传动的设计，链传动的设计，齿轮传动，蜗杆传动，轴的设计，滚动轴承，键、花键、无键连接及销连接、螺栓连接，滑动轴承，机座与箱体的设计。除滑动轴承在项目设计中未涉及外，第三章~第十二章和第十四章均采用同一个项目，并提供了设计任务实例。为了帮助学者掌握滑动轴承设计方法，在第十三章中单独提供了设计任务实例。

本书符合党的二十大报告中关于"深入实施科教兴国战略、人才强国战略、创新驱动发展战略"的要求，在详细讲授基础理论知识的同时融入探索性实践内容，以增强学生的自信心和创造力，即用学科理论知识促进学生活跃思维、敢于创新，尽可能地将新思路在实践中进行创造性的转化，推动科学技术实现创新性发展。

本教材适合于应用型本科院校机械相关专业学生使用，尤其适合于正在或打算采用项目式教学法进行教学改革的教师使用，也可作为高职高专、自学自考和成人教育的学习材料，并可供有关工程技术人员参考。

图书在版编目（CIP）数据

机械设计项目化教程/魏玉兰主编. —北京：机械工业出版社，2022.8
（2023.8 重印）
浙江省普通高校"十三五"新形态教材
ISBN 978-7-111-70986-2

Ⅰ.①机… Ⅱ.①魏… Ⅲ.①机械设计-高等学校-教材 Ⅳ.①TH122

中国版本图书馆 CIP 数据核字（2022）第 099115 号

机械工业出版社（北京市百万庄大街 22 号 邮政编码 100037）
策划编辑：余 皡 责任编辑：余 皡
责任校对：张 征 贾立萍 封面设计：张 静
责任印制：单爱军
北京虎彩文化传播有限公司印刷
2023 年 8 月第 1 版第 2 次印刷
184mm×260mm · 19.25 印张 · 471 千字
标准书号：ISBN 978-7-111-70986-2
定价：65.00 元

电话服务 网络服务
客服电话：010-88361066 机 工 官 网：www.cmpbook.com
010-88379833 机 工 官 博：weibo.com/cmp1952
010-68326294 金 书 网：www.golden-book.com
封底无防伪标均为盗版 机工教育服务网：www.cmpedu.com

前　言

本教材是浙江省普通高校"十三五"新形态教材立项项目，是为了适应现在"互联网+"教学的需要，满足线上线下混合教学需要而编写的。近年来随着我国高校机械设计课程教学改革的不断深入，基于 OBE 教学理念的项目式教学法在机械设计课程中的应用越来越广泛。随着国家新工科建设的不断推进，各高校也越来越重视学生设计能力和创新意识的培养。为了体现项目式教学改革新思想，本教材将机械设计与课程设计内容进行了一定的融合，按照项目设计流程编写本教材内容，并配以重点与难点教学视频、在线测试等内容，使教材更加立体、多面。

本教材借鉴近年来国内应用型本科院校机械设计课程的教学经验，为培养学生设计能力，在第二章中提供了丰富的项目设计选题和参数，并增加了原动件选型相关内容。同时，本教材涵盖了联轴器、带传动、链传动、齿轮传动、蜗杆传动、轴的设计、滚动轴承、键连接、销连接、螺栓连接、滑动轴承、机座与箱体的设计等内容，具有较大的专业内容覆盖面，可以满足机械相关专业不同课时课程的需求。

本教材在编写过程中，每个通用零部件的内容按结构认识、特性了解和设计实践三个层次撰写，便于学习者由浅入深地掌握相关知识。典型零部件的认识相关内容主要包括零部件的作用、分类、结构、特点和应用等知识，简单易懂，可采用线上自主学习的方式展开学习。了解内容主要包括零部件工作特性分析、受力分析等知识点，相对难度较大，属于教学难点，教材配备了教学视频，可采用线上自学，线下讨论的方式展开学习。设计内容包括失效分析、设计准则、设计方法、参数确定、润滑、结构设计等内容，属于教学重点，为了帮助学习者掌握设计方法，教材还配备了设计实例解析。除此之外，为了使教材更加适合于本科院校的使用，基本理论、基本概念的阐述力求简洁明了，对工程应用、解决方法的介绍力求详实清楚、结构严谨、层次分明、语言精练、通俗易懂。

参与本教材编写工作的有湖州师范学院的魏玉兰、李兵、张清珠，湖州学院郑慧萌、郝利峰，沈阳航空航天大学赵晋芳、丛家慧。其中魏玉兰任主编，李兵、张清珠、郑慧萌任副主编，其余人为参编，魏玉兰负责统稿和定稿工作。

本教材在编写过程中得到了湖州师范学院机械系全体老师的大力支持，在此一并表示感谢。

本教材配有制作精美的多媒体课件，读者可在机械工业出版社教育服务网（www.cmpedu.com）上注册后下载。

编者由衷地期望本教材能够使选用的师生满意。但由于编者能力有限，教材中难免会存在不足之处，衷心希望读者批评指正，有建议者请与湖州师范学院工学院魏玉兰联系（E-mail：weiylazjhu.edu.cn）。

编　者

目 录

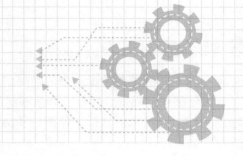

第一章

绪　　论

（一）主要内容

　　课程的性质、任务和主要内容；机械系统的组成、设计的一般程序和要求；机械零件的主要失效形式、应满足的要求、设计准则和设计方法；机械零件材料的选用原则、标准化和现代设计方法。

（二）学习目标

　　1. 理解本课程学什么、为什么学和怎么学。

　　2. 理解机械设计和机械零件设计的总体概念，从机械设计的总体要求、基本要求，到失效形式、设计准则及设计方法的整体过程。

（三）重点与难点

　　1. 重点：1）学什么、为什么和怎么学；2）机械零件的主要失效形式、设计准则。

　　2. 难点：机械零件的结构工艺性、现代设计方法。

第一节　了解本课程的性质、任务和主要内容

一、课程的性质与任务

　　机械设计是一门培养学生具备机械设计能力的基础课。在以机械学为主干学科的各专业教学计划中，它是主要课程。本课程在教学内容方面应着重介绍基本知识、基本理论和基本方法，在培养实践能力方面应着重加强设计构思和设计技能的基本训练。

　　本课程的主要任务是培养学生：

　　1）掌握通用机械零件的设计原理、方法，以及机械设计的一般规律，具有设计机械传动装置和简单机械的能力。

　　2）树立正确的设计思想，了解国家当前的有关技术经济政策。

　　3）具有运用标准、规范、手册、图册查阅有关技术资料的能力。

　　4）掌握典型机械零件的性能试验方法，获得基本的试验技能。

　　5）对机械设计的新发展有所了解。

二、课程的主要内容

　　（1）机械设计概述　包括机械设计的性质与任务，机械设计的一般程序，机械零件设计，机械设计中的一般原则及标准化等。

（2）机械零部件设计中的强度问题　包括载荷和应力，静应力下机械零件的强度，变应力下零件的强度，摩擦、磨损和润滑。

（3）电动机的选择　包括电动机的类型、电动机转速的确定、电动机功率的确定、传动比的分配等。

（4）联轴器　包括联轴器的功用与分类，常见联轴器，联轴器的选择等。

（5）带传动　包括带传动的类型、工作原理、特点和应用，失效形式和计算准则；V带传动的设计计算；V带轮的结构、材料及设计。

（6）链传动　包括链传动的类型、工作原理、特点和应用；链传动的多边形效应、速度的不均匀性和动载荷；滚子链国家标准结构、规格、主要参数及其选择；滚子链的设计计算。

（7）齿轮传动　包括齿轮传动的类型、特点和应用；齿轮传动轮齿的失效形式和计算准则；齿轮材料、热处理及材料选择；直齿圆柱齿轮传动受力分析及计算载荷；直齿圆柱齿轮的强度计算，齿面接触疲劳强度、齿根弯曲疲劳强度；设计参数的选择及许用应力；斜齿圆柱齿轮传动的特点、受力分析、强度计算；直齿锥齿轮传动的特点、受力分析、强度计算；齿轮结构设计。

（8）蜗杆传动　包括蜗杆传动的类型、特点及应用；普通圆柱蜗杆传动的主要参数及几何尺寸；普通圆柱蜗杆传动的受力分析；蜗杆传动失效分析，蜗杆传动的强度计算；蜗杆与蜗轮的材料选择与结构设计；蜗杆传动的效率、润滑及热平衡计算。

（9）轴　包括轴的类型，轴的材料及结构设计；按扭转强度条件计算；按弯扭合成强度条件计算；按疲劳强度条件进行计算；轴的刚度计算。

（10）键连接　包括键连接的类型、结构、特点和应用；失效形式和计算准则；花键连接的类型、定心方式、工作特点、强度计算；销连接的作用种类、应用。

（11）滚动轴承　包括滚动轴承概述；滚动轴承的类型、代号和选择；滚动轴承的载荷、应力、失效形式及计算准则；滚动轴承的寿命计算；滚动轴承的组合设计。

（12）螺纹连接　包括螺纹概述、螺纹种类、螺纹参数、自锁和效率的概念；螺纹连接的主要类型、预紧和防松；单个螺栓连接的强度计算；螺栓组连接的设计；提高螺纹连接的措施。

（13）滑动轴承　包括滑动轴承的结构形式；轴瓦的结构和材料；滑动轴承的润滑；非液体摩擦滑动轴承设计；液体摩擦动压径向滑动轴承设计。

（14）机座和箱体设计　包括机座和箱体的类型、结构、特点、设计等。

第二节　"机械设计"的概念

一、机械设计概述

要搞清什么是"机械设计"，首先要弄清楚什么是机械，什么是设计。机械（Machine），源自于希腊语之 Mechine 及拉丁文 Mecina，原指"巧妙的设计"。一般性的机械概念，可以追溯到古罗马时期，此概念的提出主要是为了区别于手工工具。现代中文机械一词为机构（Mechanism）和机器（Machine）的总称。

机械的特征有：

1）机械是一种人为的实物构件的组合。

2）机械各部分之间具有确定的相对运动。

3）机械除具备以上特征外，还必须具备第三个特征，即能代替人类的劳动完成有用的机械功或机械能转换。

从结构和运动的角度来看，机构和机器并无区别，泛称为机械。

设计是把一种设想通过合理的规划、周密的计划，利用各种感觉形式传达出来的过程。人类通过劳动来改造世界，并创造物质财富和精神财富，而其中最基础、最主要的创造活动便是造物。设计是造物活动进行前的计划，可以把任何造物活动的计划技术和计划过程理解为设计。

机械设计（Machine Design）过程就是根据使用要求对机械的工作原理、结构、运动方式、力和能量的传递方式、各个零件的材料和形状尺寸、润滑方式等进行构思、分析和计算，并将其转化为具体的描述以作为制造依据的工作过程。

二、机械系统的组成

传统机械由驱动装置、传动装置和执行装置三部分组成，如图 1-1 所示。

图 1-1　传统机械的组成

驱动装置又常称为原动机，是机械的动力来源，常用的有电动机、内燃机、液压缸和气缸，其中以电动机的应用最为普遍。

传动装置将驱动装置的运动和动力传递给执行装置，并实现运动速度和运动形式的转换。一方面传动装置可解决驱动装置速度和执行装置速度不匹配的问题。由于一般的普通交流电动机速度是固定的，而执行部分速度往往低于驱动装置的转速，因此需要减速（也有相反的情况，需要增速）。如在本教材中将要讲授的带传动、链传动和各种齿轮传动都可实现传动速度的转换。另一方面驱动装置的运动形式比较单一，多为连续转动；而执行装置运动形式多样，例如变速转动、往复摆动、往复移动、间歇运动、实现特定轨迹等，这些都需要通过传动装置来实现。机械的传动部分多数通过机械传动系统来实现，有时也可使用液压系统或电力系统来完成。

执行装置处于整个传动路线的终端，按照工艺要求完成确定的运动，是直接完成机械功能的部分。执行装置随机械的用途不同而不同，它属于各种专业机械课程研究的内容。

简单的传统机械由以上三部分组成。随着技术的发展与革新，许多机器的功能越来越复杂，要求也越来越高，仅仅以上三部分很难满足实际需求，所以除以上三部分外，现代机械还有控制装置和辅助系统等，如图 1-2 所示。

接下来以汽车为例具体说明机械的组成，如图 1-3 所示。驱动装置为汽车的心脏——发动机（汽油机、柴油机、电动机）。离合器、变速箱、传动轴和差速器等为汽车的传动装置。汽车车轮为汽车的末端执行装置。转向盘、变速杆、制动和节气门等为汽车的控制系统。汽车中还有辅助系统，如各类仪表、车灯、刮水器等。

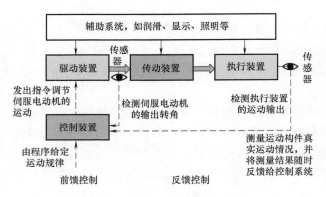

图 1-2　现代机械的组成

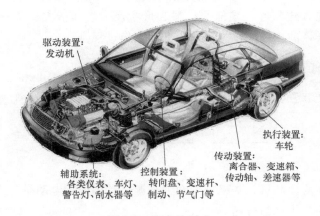

图 1-3　汽车的组成

第三节　设计机械的一般过程

一台机械设备的质量好坏很大程度上取决于设计质量的优劣。制造过程对机械质量所起的作用，本质上就在于实现设计时所规定的质量。因此，机械的设计阶段是决定其好坏的关键。机械设计的一般过程如图 1-4 所示，包括计划阶段、方案设计阶段、技术设计阶段、试制试验阶段、投产以后。

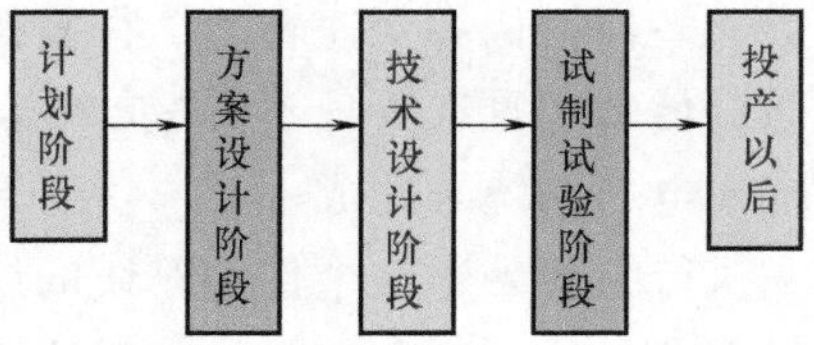

下面对各阶段分别加以简要说明。

图 1-4　机械设计的一般过程

一、计划阶段

在计划阶段要完成三项主要任务：首先要根据市场需求、用户委托或是主管部门下达的要求确定设计任务；其次根据设计任务形成可行性研究报告，对于重大的项目或研究问题应召开研讨会或论证会，明确机械所应具有的功能，并为以后的决策提出由环境、经济、制造以及时限等各方面所确定的约束条件；最后明确地写出设计任务的全面要求及细节，形成设计任务书，并将其作为本阶段的总结。

二、方案设计阶段

方案设计是设计中的重要阶段，它是极富有创造性的一个阶段，同时也是一个十分复杂的阶段，它检验了设计者的知识水平、经验、灵感和想象力等。方案设计包括设计要求分析、系统功能分析、原理方案设计几个部分。该阶段主要是从分析需求出发，确定实现产品功能和性能所需要的总体对象（技术系统），即确定技术系统，从而将产品的功能与性能在技术系统中得以实现，并最终对技术系统进行初步的评价和优化。设计人员要根据设计任务书的要求，运用自己掌握的知识和经验，选择合理的技术系统，构思出满足设计要求的原理解答方案。在方案设计阶段往往会给出几种机械系统运动方案，并要对这些运动方案进行必要的运动学分析，最后通过分析、对比和评价确定最佳总体设计方案。

三、技术设计阶段

技术设计是产品的定型阶段。在该阶段，设计人员将对产品进行全面的技术规划，确定零部件结构、尺寸、配合关系，以及技术条件等。技术设计是产品设计工作中非常重要的一个阶段，产品结构的合理性、工艺性、经济性、可靠性等都取决于这一设计阶段。

技术设计的目的是在已批准的技术任务书的基础上，完成产品的主要计算和主要零部件的设计，具体包括：

1）完成设计过程中必需的试验研究，如新原理结构、材料元件工艺的功能或模具试验，并写出试验研究大纲和研究试验报告。

2）做出产品设计计算书，如对运动、刚度、强度、振动、热变形、电路、液气路、能量转换、能源效率等方面的计算、校核。

3）画出产品总体尺寸图、产品主要零部件图，并校准。

4）运用价值工程，对产品中造价高的、结构复杂的、体积笨重的、数量多的主要零部件的结构、材质、精度等选择方案进行成本与功能关系的分析，并编制技术经济分析报告。

5）绘出各种系统原理图，如传动、电气、液气路、联锁保护等系统。

6）提出特殊元件、外购件等其他材料清单。

7）对技术任务书的某些内容进行审查和修正。

8）对产品进行可靠性、可维修性进行分析。

技术设计应经过企业总工程师审批，然后转入下一个设计阶段。若设计产品为用户订货的非标准产品，还应征求用户意见并取得用户的同意。

四、试制试验阶段

通过试制和试验，发现设计中存在的问题，并加以改进，修改完善技术设计阶段或方案设计阶段的设计结果。

五、投产以后

产品投产以后，企业要收集用户反馈意见，研究使用中发现的问题，并不断改进。另外，企业还要收集市场变化的情况，为以后提出新的设计计划准备资料。

第四节　机械的设计要求

一、功能性要求

机械产品必须完成规定的功能。所谓机械产品的功能，即其用途、性能、使用价值等。机械的功能可表达为一个或几个功能指标。机械功能指标的确定一般由用户提出或由设计者与用户协商确定，它是机械设计最基本的出发点。下面以牛头刨床为例介绍功能性要求。

如图 1-5 所示为牛头刨床，牛头刨床的功能是加工工件上的平面、沟槽等。此功能可表达为多个指标。其主要功能指标为：

图 1-5　牛头刨床

1）被加工工件的尺寸范围。

2）滑枕应具有若干种不同的往复运动速度，以满足不同切削工艺的要求。

3）工作台沿横向应能实现若干种不同的进给量。

4）应能供给并传递足够的功率，以克服切削力。

5）应能保证一定的加工精度。

二、可靠性要求

产品、系统在规定的条件下和规定的时间内，完成规定功能的能力称为可靠性。一般地，可通过可靠度、失效率、平均无故障时间间隔等来评价产品的可靠性。为了保证机械的可靠性，要对机械零部件强度、刚度和寿命进行计算，这些计算工作量在整个设计工作量中占了很大的比例。

产品可靠性定义的要素有以下三个"规定"："规定条件""规定时间""规定功能"。

1）"规定条件"包括使用时的环境条件和工作条件。例如同一型号的汽车在高速公路上和在崎岖的山路上行驶，其可靠性的表现就不大一样，要谈论产品的可靠性必须指明规定的条件是什么。

2）"规定时间"是指产品规定了的任务时间。随着产品任务时间的增加，产品出现故障的概率提高，而产品的可靠性是减弱的。因此，谈论产品的可靠性离不开规定的任务时间。例如，同一辆汽车在刚开出厂时，和在用了 5 年后相比，刚出厂时其出故障的概率显然很小。

3）"规定功能"是指产品规定了的必须具备的功能及其技术指标。所要求产品功能的多少和其技术指标的高低，直接影响产品可靠性指标的高低。例如，电风扇的主要功能有扇叶旋转、摇头、定时，那么规定的功能是三者都要，还是仅需要扇叶能转、能够吹风，不同情况下所得出的可靠性指标是大不一样的。

可靠性的评价可以使用概率指标或时间指标，这些指标有：可靠度、失效率、平均无故障时间间隔、平均失效前时间、有效度等。

三、经济性要求

经济性是指工程从规划、设计、施工到整个产品使用寿命周期内的成本和消耗的费用，具体表现为设计成本与使用成本之和。经济性是指在组织经营活动过程中，获得一定数量和质量的产品和服务及其他成果时所耗费的资源最少。经济性主要关注的是资源投入和使用过程中成本节约的水平和程度，以及资源使用的合理性。

这里是专指生产作业计划要有利于利用企业的生产能力，有利于缩短生产周期，有利于降低生产成本，有利于实现均衡生产，有利于提高生产效率和经济效益。

产品的成本包括两个方面：制造成本和使用成本。制造成本可通过简化结构、选用适当的材料、确定合理的加工精度，采用标准化、系列化和通用化的产品来控制。而产品的使用成本包括产品使用过程中的能量损失和考虑到维修的方便性和经济性的成本。制造成本占机械产品总成本的 70% ~ 80%，而使用成本只占 20% ~ 30%，也就是说设计阶段工作的优劣，基本上决定了一个产品成本的高低。

四、社会性要求

社会性要求是指所设计的产品不应对人、环境和社会造成消极影响。首先应保护操作者的安全性、保障使用的舒适性，其次操作方式应符合人的心理和习惯，并应根据美学原则使机械的造型和色彩美观、大方、宜人。

此外，社会性要求还应考虑环境保护要求，所设计产品要符合国家在环境保护方面的法规。例如，降低机械的能耗、提高机械的效率、减少排放、降低噪声、避免有害气体和液体的排放等。

机械是否满足社会性要求，完全取决于设计。以汽车为例，它的功能性要求包括载客量、速度等；可靠性要求包括使用寿命、故障率、耐用性等；经济性要求包括汽车的购买价格、汽车的耗油量等；社会性要求包括安全性、舒适性、美观性和排气量等。

第五节 机械零件的主要失效形式

一、失效的概念

工程中，零部件失去原有设计所规定的功能称为失效。失效包括完全丧失原定功能；功能降低和有严重损伤或隐患，继续使用会失去可靠性及安全性。机械零件的主要失效形式包括：①整体断裂，②零件的表面破坏，③过大的残余变形，④破坏正常的工作条件引起的失效。

二、失效的形式

1. 整体断裂

零件在受压、拉、剪、弯、扭等外载荷作用时，其某一危险截面上的应力超过零件的强度极限而发生的断裂，或者零件在受变应力作用时，危险截面上发生的疲劳断裂均属此类失效。例如，螺栓的断裂，如图1-6所示；齿轮轴的疲劳断裂，如图1-7所示。

图1-6 螺栓的断裂

图1-7 齿轮轴的疲劳断裂

2. 零件的表面破坏

零件的表面破坏主要有磨损、胶合和点蚀。

1）磨损是指两相互接触并产生相对运动的摩擦表面之间的摩擦，引起机械能量的消耗和转化，从而放出热量，使机械产生磨损，如图 1-8a 所示为齿轮轮齿的磨损。

2）胶合也称为黏着磨损。对于高速重载的齿轮传动（如航空发动机减速器的主传动齿轮），齿面间的压力大、瞬时温度高、润滑效果差，此时，相啮合的两齿面就会发生两齿面粘在一起的现象，由于此时两齿面又在做相对滑动，相粘结的部分可能会被撕破，于是在齿面上沿滑动的方向形成伤痕，即为胶合，如图 1-8b 所示。胶合会对齿面产生严重破坏，影响齿轮传动的稳定性，并且会影响齿轮寿命。

3）点蚀（Pitting）是指在金属表面部分区域出现纵深发展的腐蚀小孔，其余地方不腐蚀或腐蚀轻微，这种腐蚀形态叫作点蚀，又叫作孔蚀或小孔腐蚀，如图 1-8c 所示。

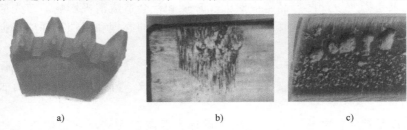

a)　　　　　　　　　b)　　　　　　　　　c)

图 1-8　零件的表面破坏

a）齿轮轮齿的磨损　b）轮齿的胶合　c）轮齿的表面点蚀

3. 过大的残余变形

残余变形又称为不可恢复变形。结构在承载时产生变形，卸载后变形只能部分恢复，不能恢复的那一部分变形称为残余变形。过大的残余变形会影响机械设备的运动精度和运动的平稳性，甚至可能造成一定的生产事故。如图 1-9 所示为齿轮轮齿的过大残余变形。

图 1-9　齿轮轮齿的过大残余变形

4. 破坏正常的工作条件引起的失效

有些零件只有在一定的工作条件下才能正常工作。例如，带传动只有在工作拉力小于最大有效工作拉力的条件下才能正常工作，否则会出现打滑现象。再例如高速运转的零件的振动频率必须与设备的固有频率有适当的区别才能正常工作，否则有可能发生共振。

第六节　机械零件的设计准则

机械零件的设计准则是指机械零件设计过程应该遵循的原则，包括强度准则、刚度准则、寿命准则、振动稳定性准则、摩擦学准则、耐热性准则和可靠性准则。

一、强度准则

强度是指机械零件工作时抵抗破坏（断裂或塑性变形）的能力。

强度准则有以下两种表示方法：

1）用应力表示：
$$\sigma \leqslant [\sigma], \quad [\sigma] = \frac{\sigma_{\lim}}{S} \tag{1-1}$$

2）用安全系数表示：
$$S \leqslant [S], \quad [S] = \frac{\sigma_{\lim}}{\sigma} \tag{1-2}$$

式中，σ 为最大计算应力（N）；$[\sigma]$ 为许用应力（N）；$\sigma_{\lim}$ 为极限应力（N）；S 为计算安全系数；$[S]$ 为许用安全系数。注：对于切应力，只需将上述各公式中的 σ 换成 τ 即可。

下面来说明极限应力的确定方法。

1. 静应力下的强度

在静应力下工作的零件，其可能的失效形式是塑性变形或断裂。材料种类不同，所取极限应力也不同。对于塑性材料而言，其极限应力等于材料的屈服极限 σ_s，对于脆性材料而言，其极限应力按抗拉极限 σ_b 进行计算。

塑性材料：
$$\sigma_{\lim} = \sigma_s, \tau_{\lim} = \tau_s \tag{1-3}$$

脆性材料：
$$\sigma_{\lim} = \sigma_b, \tau_{\lim} = \tau_b \tag{1-4}$$

注：①对于塑性材料和组织不均匀的材料（如灰铸铁），在计算静强度时，可不考虑应力集中的影响。②对于组织均匀的低塑性材料（如淬火钢），在计算静强度时，应考虑应力集中的影响。

2. 循环应力下的强度

计算变应力下的强度时，应取极限应力为材料的疲劳极限，即 $\sigma_{\lim} = \sigma_{rN}$，式中 σ_{rN} 为材料的有限寿命疲劳极限。

机械零件的强度扩展资料

3. 许用安全系数

合理选择许用安全系数 $[S]$ 是设计中的一项重要工作。$[S]$ 过大，则机械设备会过于笨重；$[S]$ 过小，可能不安全。在保证安全的前提下，应尽可能选用较小的许用安全系数。$[S]$ 的取值主要受下列因素的影响：①计算的准确性；②材料的均匀性；③零件的重要性。

4. 表面接触疲劳强度

对于高副零件，理论上是点、线接触，但实际上在载荷作用下材料发生弹性变形后，理论上的点、线接触变成了很小的面接触，在接触处局部会产生很高的应力，这样的应力称为表面接触应力，用 σ_H 表示。在接触循环应力下的接触强度称为接触疲劳强度，强度计算条件为
$$\sigma_H \leqslant [\sigma_H] \tag{1-5}$$

接触循环应力作用下的失效形式是疲劳点蚀（简称点蚀）。实际中的高副零件所受的接触应力都是循环变化的。例如齿轮的轮齿在接触啮合时受应力作用，脱离啮合时不受应力作用。

5. 表面挤压强度

两零件之间为面接触时，在载荷作用下，接触表面上产生的应力称为挤压应力，用 σ_p 表示。在挤压应力下的强度条件称为挤压强度，强度计算条件为
$$\sigma_p \leqslant [\sigma_p] \tag{1-6}$$

在挤压应力作用下，接触面的失效形式多为压溃。例如平键左右两个工作面经常会发生压溃。

二、刚度准则

刚度是指材料或结构在受力时抵抗弹性变形的能力，是材料或结构弹性变形难易程度的表征。材料的刚度通常用弹性模量 E 来衡量。如果零件的刚度不足，有些零件会因为产生过大的弹性变形而失效。刚度计算条件为

$$y \leq [y] \tag{1-7}$$

式中，y 为实际变形量，可用相关理论计算得出或由试验方法确定；$[y]$ 为保证正常工作所允许的变形量。

注：①零件材料的弹性模量 E 越大，则其刚度越大。②合金钢与碳钢弹性模量 E 接近，用合金钢代替碳钢能提高零件的强度，但不能提高零件的刚度。

三、振动稳定性准则

当作用在零件上的周期性外力的变化频率接近或等于零件的自激振动频率（固有频率）时，便发生共振，导致零件失效，这种现象称之为"失去振动稳定性"。设计人员设计时应保证机械设备中受激振零件的固有频率与激振源的频率错开，即要求：

$$0.85f > f_p \text{ 或 } 1.15f < f_p \tag{1-8}$$

式中，f 为零件的固有频率；f_p 为激振源的频率。

改变零件的刚度和质量可以改变其固有频率。增大机械零件的刚度、减小其质量，可提高固有频率；反之，降低固有频率。

四、摩擦学准则（耐磨性计算）

到目前为止对于磨损失效还没有一个完善的计算方法。通常只进行条件性计算，通过限制影响磨损的主要因素防止产生过大的磨损量。

1）压强条件：$p \leq [p]$，防止表面间油膜破坏产生磨损。

2）pv 值条件：$pv \leq [pv]$（v 是滑动速度），防止表面间温升过高，油膜破坏加剧磨损，即产生胶合。

五、耐热性准则

机械零部件由于内部或外部的原因，有的会工作在室温以上。在高的温度下工作会使零部件产生摩擦副胶合、材料强度降低、热变形或润滑剂迅速氧化等现象，最终导致零件失效。因此，对可能产生较高温升的零部件应进行温升计算，以限制其工作温度，必要时可采用冷却措施。

六、可靠性准则

系统的可靠性：系统零部件在规定的条件下和规定的时间内完成规定功能的能力。

零件的可靠性：产品或零部件在规定的使用条件下，在预期的寿命内能完成规定功能的概率。

可靠性准则：所设计的产品、部件或零件应能满足规定的可靠性要求。

N 个相同零件在同样条件下同时工作，在规定的时间内有 N_f 个失效，剩下 N_0 个仍继续

工作，则该零件的可靠度为

$$R = 1 - N_f/N = N_0/N \tag{1-9}$$

n 个零件组成的串联系统，单个零件的可靠度分别为 R_1，R_2，$\cdots$，R_n，则系统的可靠度为

$$R_f = R_1 R_2 \cdots R_n \tag{1-10}$$

串联系统的可靠度小于任一零件的可靠度。

n 个零件组成的并联系统，单个零件的可靠度分别为 R_1，R_2，$\cdots$，R_n，则系统的可靠度为

$$R_f = \prod_{i=1}^{n} \left(\frac{N_0}{N} \right)_i \quad i = 1, 2, \cdots, n \tag{1-11}$$

并联系统的可靠度高于任一零件的可靠度。

第七节　机械零件的设计方法和步骤

一、机械零件设计的方法

机械零件的常规设计方法有以下几种：

1. 理论设计

理论设计是指根据设计理论和试验数据所进行的设计。它又可分为设计计算和校核计算两类。设计计算是根据零件的工作情况，选定计算准则，然后按其所规定的要求计算出零件的主要几何尺寸和参数。校核计算是先按其他方法初步拟定出零件的主要尺寸和参数，然后根据计算准则所规定的要求校核零件是否安全。由于校核计算时已知零件的有关尺寸，因此能计入影响强度的结构因素和尺寸因素，计算结果比较精确。

2. 经验设计

经验设计是指根据已有的经验公式或设计者本人的工作经验，或借助类比方法所进行的设计。它主要适用于使用要求变动不大而结构形状已典型化的零件，如箱体、机架、传动零件等。

3. 模型试验设计

模型试验设计是指针对一些尺寸巨大、结构复杂的重要零件，先根据初步设计的结果，按比例制成小尺寸的模型，采取试验手段对其各方面的特性进行检验，再根据试验结果对原设计进行逐步修改，从而得到完美的设计。模型试验设计是在设计理论还不成熟，已有的经验又不足以解决设计问题时，为积累新经验、发展新理论和获得好结果而采用的一种设计方法。但这种设计方法费时、耗资，一般只用于特别重要的设计中。

二、机械零件设计的一般步骤

1）选择零件的类型和结构。根据零件的使用要求，在熟悉各种零件的类型、特点及应用范围的基础上选择合适的零件。

2）分析和计算载荷。根据机器的工作情况，确定作用在零件上的载荷。

3）选择合适的材料。根据零件的使用要求、工艺要求和经济性要求选择合适的材料。

4）确定零件的主要尺寸和参数。根据对零件的失效分析和所确定的计算准则进行计

算，确定零件的主要尺寸和参数。

5）零件的结构设计。应根据功能要求、工艺要求、标准化要求，确定零件合理的形状和结构尺寸。

6）校核计算。只对重要的零件且有必要时才进行校核计算，以确定零件工作时的安全程度。

7）绘制零件的工作图。

8）编写设计计算说明书。

机械零件设计是从机器的工作原理、承载能力、构造和维护等方面研究通用机械零件设计问题的，其中包括如何合理确定零件的形状和尺寸、如何合理选择零件的材料，以及如何使零件具有良好的工艺性等。

第八节　机械零件的材料及选用

一、机械零件常用材料

1. 金属材料

（1）铸铁　灰铸铁、球墨铸铁、可锻铸铁、特殊性能铸铁。

铸铁具有良好的液态流动性，可铸造成形状复杂的零件；具有较好的减振性、耐磨性、切削性（指灰铸铁），成本低廉。铸铁应用范围广，其中灰铸铁应用最广，球墨铸铁次之。

（2）钢　铸钢、变形钢。

铸钢的力学性能接近变形钢，与灰铸铁比较，其减振性较差，熔点较高，铸造收缩率较大，容易出现气孔，故铸造性不如铸铁。铸钢主要用于制造承受重载、形状复杂的大型零件。

变形钢包括碳素结构钢、低合金高强度结构钢、合金结构钢、弹簧钢、工具钢、轴承钢、不锈钢、耐热钢等。变形钢是机械零件应用最广泛的材料。

2. 非铁金属材料

非铁金属材料具有减摩性、耐蚀性、耐热性、导电性等。在一般机械制造中，可用它们作承载、耐磨、减摩和耐蚀材料，也用作装饰材料。机械制造采用的非铁金属材料有：铜合金、铝合金、钛合金和轴承合金。

3. 粉末冶金材料

按材质分：铁基粉末冶金材料、铜基粉末冶金材料、镍基粉末冶金材料、不锈钢基粉末冶金材料、钛基粉末冶金材料和铝基粉末冶金材料。

按用途分：粉末冶金结构材料、粉末冶金减摩材料、粉末冶金摩擦材料、粉末冶金多孔材料。

（1）粉末冶金结构材料　粉末冶金结构材料具有高强度、高硬度和韧性好等特点，并有良好的耐蚀性、密封性和耐磨性。该类型材料主要用于制作传动齿轮、汽车和冰箱压缩机零件等。

（2）粉末冶金减摩材料　粉末冶金减摩材料承载能力高，摩擦系数低，具有良好的自润滑性、耐高温性和耐磨性，摩擦时不伤配副件，噪声较低。该类型材料主要用于制作含油轴承等。

（3）粉末冶金摩擦材料 粉末冶金摩擦材料摩擦系数大而稳定，耐短时高温，耐磨，导热性好，抗胶合能力强，摩擦时不伤配副件。该类型材料主要用于制作离合器片、制动器片等。

（4）粉末冶金多孔材料 粉末冶金多孔材料综合性能优良，对孔隙的形态、大小、分布及孔隙度均可控制。该类型材料主要用于制作过滤、减振和消声元件，以及制造催化剂、灭火装置、多孔电极、热交换器和人造骨等。

4. 有机高分子材料

（1）工程塑料 工程塑料密度小、容易加工，可用注塑成型法制成各种形状复杂、尺寸精确高的零件，但是其导热性差。通常工程塑料可用作减摩、耐蚀、耐磨、绝缘、密封和减振材料。塑料分为热塑性塑料和热固性塑料。

（2）橡胶 橡胶分为天然橡胶和合成橡胶两大类。橡胶弹性高、弹性模量低。在机械制造中橡胶主要用于制作密封元件、减振元件，以及传动带和轮胎等。

5. 无机非金属材料

（1）工程陶瓷 工程陶瓷包括结构陶瓷和功能陶瓷。

1）结构陶瓷。包括氧化物陶瓷、氮化物陶瓷、碳化物陶瓷、硼化物陶瓷等。结构陶瓷具有耐高温性、耐磨性、耐腐蚀性、抗氧化性、难加工等特性，用来制造轴承、模具、活塞环、气阀座、密封件、挺杆等零件。

2）功能陶瓷。包括电功能陶瓷、磁功能陶瓷、光功能陶瓷、生物和化学功能陶瓷等。它们都是为满足某一特殊功能要求而采用的材料。

（2）石墨材料 石墨材料强度不高，但其密度低、耐高温、耐化学腐蚀，有自润滑性，在机械工业中广泛用作密封圈、活塞环、轴承、电刷、热交换器等。

（3）聚合物混凝土 聚合物混凝土是用高分子树脂代替水泥用作黏结剂的混凝土，具有高的强度，良好的抗化学药品腐蚀的性能（优于不锈钢），此外，其减振和消声能力是灰铸铁的7倍，且具有良好的耐磨性和电绝缘性。这种材料是金属加工机床底座的理想材料。

6. 复合材料

复合材料是由两种或两种以上材料（即基体材料和增强材料）复合而成的一类多相材料。按基体材料可分为：金属基复合材料、聚合物基复合材料和陶瓷基复合材料。按增强材料形状可分为：有颗粒复合材料、纤维复合材料和层叠复合材料。按使用目的可分为：结构复合材料和功能复合材料。

复合材料的特点如下：

1）比强度和比模量高。比强度高的材料能承受高的应力；比模量高意味着材料轻而刚度大。

2）抗疲劳性能好。

3）减振性能好。复合材料内大量界面对振动有反射吸收作用。

4）高温性能好。

二、机械零件材料的选用

适用于制作机械零件的材料种类非常多，在设计机械零件时，如何从各种各样的材料中选择出合适的材料，是一项受多方面因素所制约的复杂工作。设计者应从零件的用途，工作条件，材料的物理、化学、机械和工艺性能，以及经济性等方面进行全面考虑。

（1）使用要求（首要考虑）　①零件的工况，②对零件尺寸和质量的限制，③零件的重要程度。

（2）工艺要求　①毛坯制造，②机械加工，③热处理。

（3）经济性要求　①材料价格，②加工批量和加工费用，③材料的利用率，④局部品质原则，⑤替代（尽量用廉价材料来代替价格相对昂贵的稀有材料）。

另外，还要考虑当地材料的供应情况。

第九节　机械零件设计中的标准化

标准是对科学技术和经济领域中某些多次重复的事物给予公认的统一规定。标准化就是制订、贯彻和推广应用标准的过程。机械产品标准化的主要内容和形式是通用化、系列化和组合化（模块化）。

一、通用化

通用化是指最大限度地扩大同一零部件使用范围的一种标准化形式。它是以互换性为前提的，统一具有相同或相似功能和结构的零部件，以增加零部件的制造批量和扩大重复使用范围，从而减少设计和制造中的劳动量，保证结构、质量的稳定性，并便于组织专业化生产和协作，以降低生产成本。紧固件、滚动轴承等是通用化程度最高的零件。

二、系列化

系列化是指有目的地指导同类产品发展的一种标准化形式。通过对同一类产品的发展规律和国内外的需求趋势进行预测，以及对生产条件增长的可能性进行分析，将产品的主要参数按一定的数列进行合理安排或规划，再对其基本型式、尺寸和结构进行规定和统一，编制产品系列型谱并进行系列设计，以缩短设计周期，加快品种的发展速度。

三、组合化（模块化）

组合化是指开发满足各种不同需要的产品的一种标准化形式。在对一定范围内的不同产品进行功能分析和分解的基础上，设计人员可以将同一功能的部件设计成具有不同用途或性能的、可以互换的通用模块（件）或标准模块（件）。

所谓模块（件）就是一组虽然具有同一功能和结合要素，但是却有不同用途和不同结构且能互换的单元。

然后，从这些模块中选取相应的模块，在补充少量新设计的模块和零部件后，组合成一种新的机械产品，称为组合设计。

绪论测试题

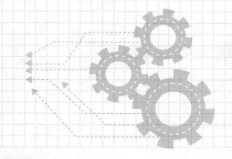

第二章

项目设计选题与参数

（一）主要内容

1. 提供可供选择的项目设计题目、工况及使用要求、设计参数、传动原理图等内容。

2. 不同动力系统、传动装置及执行机构的类型与特点。

（二）学习目标

1. 根据典型项目中提供的信息自主选择项目设计题目和参数。

2. 掌握各动力系统、传动装置及执行机构的特点，并能结合项目设计要求对传动方案进行优化设计。

（三）重点与难点

典型项目传动原理分析及传动装置特点与应用。

第一节 典型项目

一、选题 A：带式运输机用圆锥圆柱齿轮减速器设计

设计一用于带式运输机上的圆锥圆柱齿轮减速器。该设备空载起动，经常满载运行，工作时有轻微振动，不反转，单班制工作。运输机卷筒直径 $D = 320\text{mm}$，运输带容许速度误差为 ±5%。减速器为小批生产，使用期限为 10 年。

表 2-1 是带式运输机（圆锥圆柱齿轮减速器）设计参数。

表 2-1　带式运输机（圆锥圆柱齿轮减速器）设计参数

原始数据	题号					
	A1	A2	A3	A4	A5	A6
运输带工作拉力 F/N	2×10^3	2.1×10^3	2.2×10^3	2.3×10^3	2.4×10^3	2.5×10^3
运输带工作速度 $v/(\text{m/s})$	1.2	1.3	1.4	1.5	1.55	1.6

图 2-1 是带式运输机（圆锥圆柱齿轮减速器）传动原理图。

二、选题 B：带式运输机用同轴式二级圆柱齿轮减速器设计

设计一用于带式运输机上的同轴式二级圆柱齿轮减速器。该设备工作平稳，单向运转，两班制工作。运输带容许速度误差为 ±5%。减速器为成批生产，使用期限为 10 年。

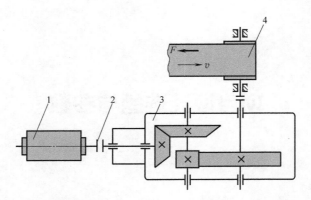

图 2-1　带式运输机（圆锥圆柱齿轮减速器）传动原理图

1—电动机　2—联轴器　3—圆锥圆柱齿轮减速器　4—带式运输机

表 2-2 是带式运输机（同轴式二级圆柱齿轮减速器）设计参数。

表 2-2　带式运输机（同轴式二级圆柱齿轮减速器）设计参数

原始数据	题号						
	B1	B2	B3	B4	B5	B6	B7
运输机工作轴转矩 $T/(\mathrm{N \cdot m})$	1300	1350	1400	1450	1500	1550	1600
运输带工作速度 $v/(\mathrm{m/s})$	0.65	0.70	0.75	0.80	0.85	0.90	0.80
卷筒直径 D/mm	300	320	350	350	350	400	350

图 2-2 是带式运输机（同轴式二级圆柱齿轮减速器）传动原理图。

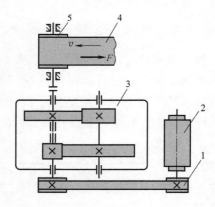

图 2-2　带式运输机（同轴式二级圆柱齿轮减速器）传动原理图

1—带传动　2—电动机　3—同轴式二级圆柱齿轮减速器　4—带式运输机　5—卷筒

三、选题 C：链式运输机用圆锥圆柱齿轮减速器设计

设计一用于链式运输机上的圆锥圆柱齿轮减速器。该设备工作平稳，经常满载，两班制工作，曳引链容许速度误差为 ±5%。减速器为小批生产，使用期限为 5 年。

表 2-3 是链式运输机（圆锥圆柱齿轮减速器）设计参数。

表 2-3　链式运输机（圆锥圆柱齿轮减速器）设计参数

原始数据	题号						
	C1	C2	C3	C4	C5	C6	C7
曳引链拉力 F/N	9×10^3	9.5×10^3	10×10^3	10.5×10^3	11×10^3	11.5×10^3	12×10^3
曳引链速度 $v/(m/s)$	0.30	0.32	0.34	0.35	0.36	0.38	0.4
曳引链链轮齿数 z	8	8	8	8	10	10	10
曳引链轮节距 p/mm	80	80	80	80	80	80	80

图 2-3 是链式运输机（圆锥圆柱齿轮减速器）传动原理图。

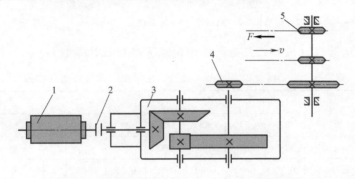

图 2-3　链式运输机（圆锥圆柱齿轮减速器）传动原理图
1—电动机　2—联轴器　3—圆锥圆柱齿轮减速器　4—链传动　5—链式运输机

四、选题 D：斗式提升机用同轴式二级斜齿轮减速器设计

设计一用于斗式提升机上的同轴式二级斜齿轮减速器。该设备运转方向不变，工作载荷稳定，传动机构中装有保安装置（如安全联轴器），使用期限为 8 年，每年工作 300 个工作日，每日工作 16h（小时）。

表 2-4 是斗式提升机（同轴式二级斜齿轮）设计参数。

表 2-4　斗式提升机（同轴式二级斜齿轮）设计参数

原始数据	题号			
	D1	D2	D3	D4
生产率 $Q/(t/h)$	15	16	20	24
提升带速度 $v/(m/s)$	1.8	2	2.3	2.5
提升高度 H/mm	32	28	27	22
提升鼓轮直径 D/mm	400	400	450	500

图 2-4 是斗式提升机（同轴式二级斜齿轮）传动原理图。

五、选题 E：带式运输机用展开式二级圆柱齿轮减速器设计

设计一用于带式运输机上的展开式二级圆柱齿轮减速器。该设备连续单向运转，空载启动，中等冲击，两班制工作。运输带容许速度误差为 ±5%，使用期限为 10 年。

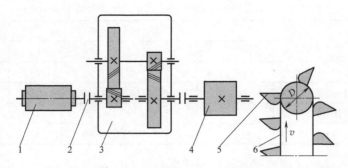

图 2-4　斗式提升机（同轴式二级斜齿轮）传动原理图

1—电动机　2—联轴器　3—减速器　4—驱动鼓轮　5—运料斗　6—提升带

表 2-5 是带式运输机（展开式二级圆柱齿轮减速器）设计参数。

表 2-5　带式运输机（展开式二级圆柱齿轮减速器）设计参数

原始数据	题号									
	E1	E2	E3	E4	E5	E6	E7	E8	E9	E10
运输机工作轴转矩 $T/(N \cdot m)$	800	800	800	850	850	850	850	900	900	950
运输带工作速度 $v/(m/s)$	0.70	0.90	0.80	0.75	0.85	0.95	0.90	0.75	0.80	0.85
卷筒直径 D/mm	350	390	360	360	370	400	380	350	370	380

图 2-5 是带式运输机（展开式二级圆柱齿轮减速器）传动原理图。

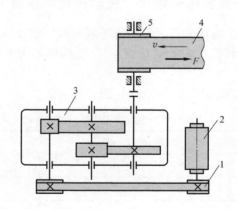

图 2-5　带式运输机（展开式二级圆柱齿轮减速器）传动原理图

1—带传动　2—电动机　3—展开式二级圆柱齿轮减速器　4—带式运输机　5—卷筒

六、选题 F：带式运输机用蜗轮蜗杆减速器设计

设计一用于带式运输机上的蜗轮蜗杆减速器。该设备连续工作，单向运转，载荷平稳，空载起动。运输带容许速度误差为 ±5%。减速器为小批生产，大修期为 5 年，单班制工作。

表 2-6 是带式运输机（蜗轮蜗杆减速器）设计参数。

表 2-6　带式运输机（蜗轮蜗杆减速器）设计参数

原始数据	题号								
	F1	F2	F3	F4	F5	F6	F7	F8	F9
运输带工作拉力 F/N	2000	2400	2700	2200	2900	3200	2300	2500	3000
运输带工作速度 v/(m/s)	0.65	0.7	0.65	0.8	0.82	1.2	0.92	0.95	1.1
卷筒直径 D/mm	350	390	360	360	370	400	380	350	370

图 2-6 是带式运输机（蜗轮蜗杆减速器）传动原理图。

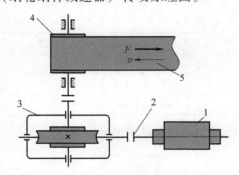

图 2-6　带式运输机（蜗轮蜗杆减速器）传动原理图
1—电动机　2—联轴器　3—蜗杆减速器　4—卷筒　5—带式运输机

七、选题 G：带式运输机用分流式减速器设计

设计一用于带式运输机上的分流式减速器。该设备两班制工作，传动不反转，有轻微冲击。运输带容许速度误差为±5%。

表 2-7 是带式运输机（分流式减速器）设计参数。

表 2-7　带式运输机（分流式减速器）设计参数

原始数据	题号								
	G1	G2	G3	G4	G5	G6	G7	G8	G9
运输机从动轴的转矩 T/(N·m)	3000	3100	3200	3300	3400	3500	3600	3800	4000
卷筒直径 D/mm	250	320	410	360	420	430	460	400	390
运输带工作速度 v/(m/s)	1.20	1.30	1.60	1.45	1.65	1.75	1.80	1.70	1.50
使用期限/年	10	8	9	8	9	10	10	9	8

图 2-7 是带式运输机（分流式减速器）传动原理图。

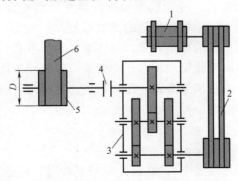

图 2-7　带式运输机（分流式减速器）传动原理图
1—电动机　2—带传动　3—分流式减速器　4—联轴器　5—卷筒　6—输送带

八、选题 H：螺旋输送机用同轴式减速器设计

设计一用于螺旋输送机上的同轴式减速器。该设备每日两班制运送砂石，每班工作 8h（小时），单向运转，螺旋输送机效率为 0.92，使用期限为 10 年，检修周期为 2 年，小批量生产。

表 2-8 是螺旋输送机（同轴式减速器）设计参数。

表 2-8　螺旋输送机（同轴式减速器）设计参数

原始数据	题号								
	H1	H2	H3	H4	H5	H6	H7	H8	H9
螺旋轴转矩 $T/(\text{N}\cdot\text{m})$	450	430	450	390	410	420	460	490	510
螺旋轴转速 $n/(\text{r/min})$	75	90	98	125	135	130	110	120	140

图 2-8 是螺旋输送机（同轴式减速器）传动原理图。

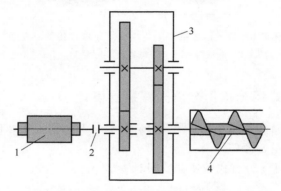

图 2-8　螺旋输送机（同轴式减速器）传动原理图
1—电动机　2—联轴器　3—同轴式减速器　4—螺旋轴

第二节　传动装置方案确定

传动方案通常由机构运动简图表示，如图 2-1~图 2-8 所示。机构运动简图不仅明确地表示了组成机械设备的驱动装置、传动装置和执行装置（机构）三者之间的运动和动力传递关系，而且也是设计传动装置中各零部件的重要依据。

合理的传动方案应满足机器的性能要求，并应满足工作可靠、结构简单、尺寸紧凑、加工方便、成本低、传动效率高和使用维护方便等要求。但要使传动方案同时满足上述要求往往是很困难的，因此，设计者应统筹兼顾、保证重点。设计时可同时考虑几个方案，通过分析比较，最后选择其中较合理的一种。

一、原动机选择

常用原动机的类型和特点见表 2-9。在设计机械系统时，应选用何种形式的原动机主要应从以下三个方面分析比较：

（1）分析工作机械的负载特性和要求　包括工作机械的载荷特性、工作制度、结构布置和工作环境等。

（2）分析原动机本身的力学特性　包括原动机的功率、转矩、转速等特性，以及原动机所能适应的工作环境。设计时应使原动机的力学特性和工作负载特性相匹配。

（3）进行经济性比较　当同时可用多种类型的原动机进行驱动时，经济性的分析是必不可少的，包括能源的供应和消耗，原动机的制造、运行和维修成本的对比等。

除了上述三方面外，有些原动机的选择还要考虑对环境的污染，其中包括空气污染、噪声污染和振动污染等。

表 2-9　常用原动机的类型和特点

类型	功率	驱动效率	调速性能	结构尺寸	对环境的影响	其他
电动机	大	高	好	较大	小	与传输机构的连接简便，种类和型号多。电动机的使用和控制非常方便，具有自起动、加速、制动、反转等能力，能满足各种运行要求
液压马达	较大	较高	好	小	较大	必须要有高压油的供给系统。主要应用于注塑机械、建筑机械、煤矿机械、矿山机械、冶金机械、船舶机械、石油化工机械、港口机械等
气动马达	小	较低	好	较小	小	气动马达可在潮湿、高温、高粉尘等恶劣的环境下工作，过载时能自动停转，而与供给压力保持平衡状态。气动马达广泛应用于矿山机械、气动工具，还可应用于易燃易爆等场合
内燃机	很大	低	差	大	大	内燃机具有体积小、质量轻、便于移动、热效率高、起动性能好的特点。多用于野外作业的工程机械、农业机械，以及船舶机械、车辆机械等

二、传动装置方案选择

拟订传动装置方案的时候，往往有几种传动形式可以组成多级传动，设计者应合理布置传动顺序。通常应考虑以下几点：

1）带传动承载能力较低，在传递相同转矩时，其结构尺寸较啮合传动大，但该方式传动平稳、能起缓冲和吸振作用。因此，带传动应放在传动装置的高速级。

2）链传动运转不均匀、有冲击，故宜布置在低速级。

3）蜗杆传动适用于大传动比、中小功率、间歇运动的场合，但其承载能力较齿轮传动低，故常布置在传动装置的高速级，以获得较小的结构尺寸。蜗杆传动布置在高速级还可获得较高的齿面相对滑动速度，这样有利于形成液体动压润滑油膜，从而使承载能力和效率得以提高。

4）锥齿轮加工较困难，当尺寸太大时尤其如此，因此锥齿轮一般应放在高速级，并限制其传动比，以控制其结构尺寸。

5）斜齿轮传动的平稳性较直齿轮传动好，故多用于高速级。

6）开式齿轮传动的工作环境一般较差，润滑条件不良，故寿命较短，应布置在低速级。

7）制动器常设在高速轴。但此时需注意：位于制动器后面的传动机构不宜采用带传动及其他摩擦传动。

8）为简化传动装置，通常将改变运动形式的机构（如连杆机构、凸轮机构等）布置在传动系统的末端或低速级。

9）对于传动装置的布局，要求尽可能做到结构紧凑匀称、强度和刚度好、适合车间布置情况以便于工人操作和维修。

10）在传动装置方案设计中，有时还需要考虑防止因过载而造成设备或人身事故的发生。为此，可在传动系统的某一环节，加设安全保险装置。

定轴减速器效率及可靠性高，工作寿命长，维护简便，应用范围很广。常用定轴减速器的类型和特点详见表 2-10。行星减速器具有传动比大、结构紧凑、相对体积小等特点，但其结构复杂，制造精度要求较高，常用行星减速器的类型和特点详见表 2-11。

表 2-10　常用定轴减速器的类型和特点

减速器类型	传动简图	特点与应用
单级圆柱齿轮减速器		传动比一般小于 5，结构简单、应用广泛，可采用直齿、斜齿或人字齿。直齿轮用于较低速度（$v \leqslant 8 \mathrm{m/s}$）的传动，斜齿轮用于速度较高的传动，人字齿轮用于载荷较重的传动
单级锥齿轮减速器		传动比不宜太大（一般小于 3），以减小大齿轮的尺寸，便于加工
展开式二级圆柱齿轮减速器		一般采用斜齿轮，低速级也可采用直齿轮。总传动比较小，结构简单，应用最广。由于齿轮相对于轴承为不对称布置，且沿齿宽载荷分布不均匀，因此要求轴有较大的刚度
同轴式二级圆柱齿轮减速器		减速器输入轴线与输出轴线同心，横向尺寸较小，两大齿轮直径接近，有利于浸油润滑。减速器结构较复杂，轴向尺寸大，中间轴较长，刚度差，中间轴承润滑较困难
分流式二级圆柱齿轮减速器		一般为高速级分流，且常采用斜齿轮；低速级可用直齿或人字齿。齿轮相对于轴承为对称布置，沿齿宽载荷分布较均匀。减速器结构较复杂；常用于大功率、变载荷场合
二级锥齿轮圆柱齿轮减速器		锥齿轮应置于高速级，以免使锥齿轮尺寸过大，加工困难，用于输入输出轴不平行的场合
蜗轮蜗杆减速器	a) 蜗杆下置式　　b) 蜗杆上置式	结构紧凑，传动比较大，但传动效率低，适用于中、小功率和间歇工作的场合。蜗杆下置式减速器润滑、冷却条件较好。通常蜗杆圆周速度 $v \leqslant 4 \mathrm{m/s}$ 时用下置式；$v>4 \mathrm{m/s}$ 时用上置式
齿轮蜗杆减速器		传动比一般为 60～90。齿轮传动在高速级时结构比较紧凑，蜗杆传动在高速级时则传动效率较高

表 2-11　常用行星减速器的类型和特点

减速器类型	传动简图	特点与应用
渐开线行星齿轮减速器	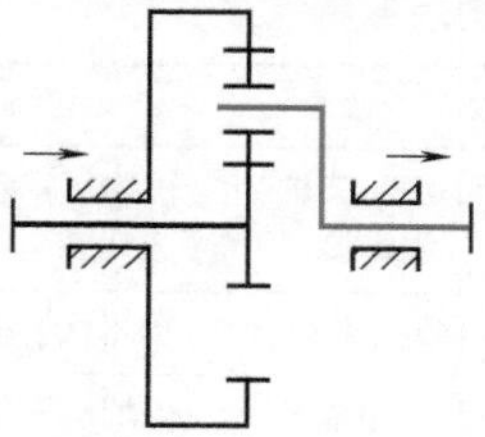	渐开线行星齿轮减速器是一种主要采用行星轮系或复合轮系作为传动机构的减速装置。其结构紧凑、体积小、重量轻、传动比范围大、传动效率高、传动平稳、噪声低；但结构较复杂、制造精度要求较高
渐开线少齿差行星齿轮减速器	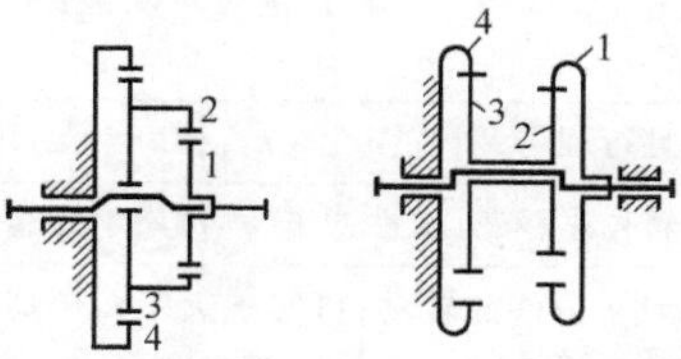 a) 外齿轮输出　　b) 内齿轮输出	渐开线少齿差行星齿轮传动中内啮合齿数差（z_1-z_2）很小（一般为 1~4），其传动比大；结构紧凑、体积小、质量轻；效率高（单级为 0.80~0.94）；承载能力较大；加工维修容易。但该传动中转臂的轴承受力较大，因此寿命短；当内齿轮副齿数差少于 5 时，易产生干涉，需采用较大变位系数的变位齿轮，计算较复杂
摆线针轮行星减速器	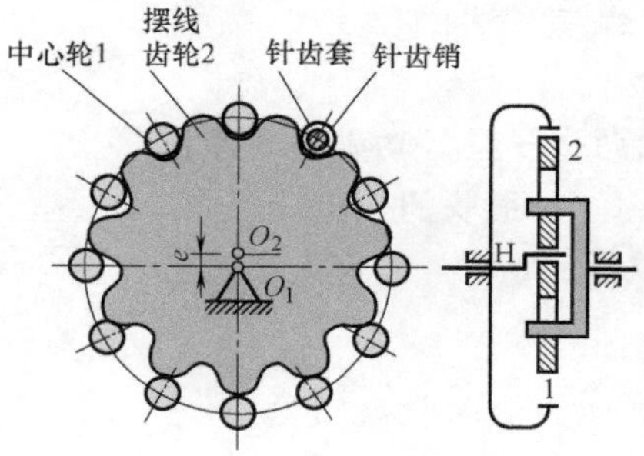	工作原理与渐开线少齿差行星齿轮传动基本相同，只是行星轮的齿廓曲线是短幅外摆线，中心轮（内齿轮）是由固定在机体上带有滚动针齿套的圆柱销（即针齿销）组成的，称为针轮。其传动比大（单级为 9~87，双级为 121~7569）；传动效率高（一般可达 0.9~0.94）；同时啮合的齿数多，因此承载能力大；传动平稳；没有齿顶相碰和齿廓重叠干涉的问题；轮齿磨损小（因为高副滚动啮合），使用寿命长。但摆线齿需要专用刀具和专用设备加工，制造精度要求高；转臂轴承受力较大，轴承寿命短
谐波齿轮减速器	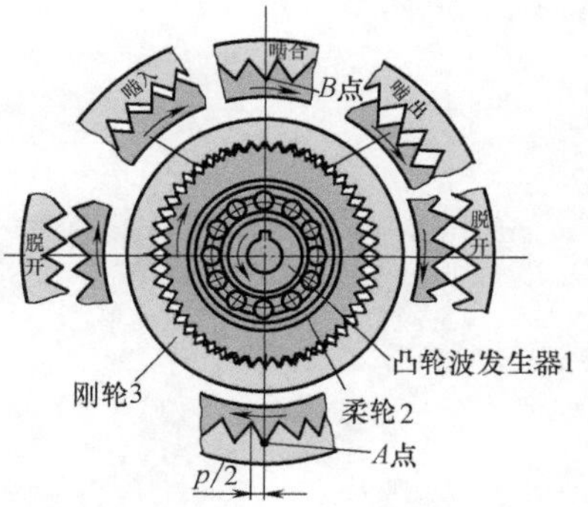	传动比大，一般单级谐波齿轮传动的传动比为 60~500，双级可达 2500~250000；由于同时啮合的齿数多，啮入、啮出的速度低，故承载能力大、传动平稳、运动误差小；传动效率高；齿侧间隙小，适用于反向转动；零件少、体积小、重量轻；具有良好的封闭性。但其柔轮和柔性轴承发生周期性变形，易疲劳破坏，需采用高性能合金钢制造；为避免柔轮变形过大，齿数不能太少，当波发生器为主动时，传动比不能小于 50；制造工艺比较复杂

在如图 2-1~图 2-8 所示的项目中，尽管设计任务书中已提供了传动装置的方案，但设计者也需要分析研究其特点，通过分析对比后若发现方案不合理，可提出改进意见或另拟传动方案。此方案在设计过程中还可能要不断修改和完善。

三、执行机构选择

执行机构是最接近作业工件一端的机械系统，其中接触作业工件或执行终端运动的构件为执行构件。执行机构的协调动作使执行构件完成机械的预期作业要求。执行机构的选择是指根据工作要求，在已有的机构中，进行搜索、比较、选择、选取合适的机构。选型设计者需要对现有机构十分了解，常用机构功能特点见表2-12。

表 2-12　常用机构功能特点

机构类型	功能特点
连杆机构	由主动件的转动变为从动件的转动、移动、摆动，可以满足一定轨迹、位置要求；利用死点可用于夹紧、自锁装置；运动副为面接触，承载能力大，但工作平稳困难，不宜高速运转
凸轮机构	由主动件的转动变为从动件的任意运动规律的移动、摆动，但行程不大；运动副为高副，不宜重载
齿轮机构	由主动件的转动变为从运件的转动、移动；功率和速度范围大；传动比准确可靠
螺旋机构	由主动件的转动变为从动件的转动、移动；可实现微动、增力、定位等功能；工作平稳，精度高，但效率低，易磨损
棘轮机构	由主动件的转动变为从动件的间歇运动，且行程可调；有刚性冲击，噪声大，适用于低速轻载
槽轮机构	由主动件的转动变为从动件的间歇运动，转位平稳；有柔性冲击，不适用于高速运转
挠性件机构	包括带、链、绳传动；一般主动件的转动变为从动件的转动；可实现远距离传动；带传动传动平稳，噪声小，有过载保护；链传动瞬时传动比不准确

科学家精神

"两弹一星"功勋科学家：
最长的一天

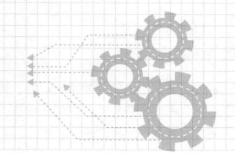

第三章

电动机的选择

（一）主要内容

电动机类型的选择；异步电动机型式的选择；额定电压、额定转速、额定功率的确定；工作方式的选择。

（二）学习目标

1. 了解电动机的类型及异步电动机型式的选择原则。

2. 掌握异步电动机转速及功率的确定方法。

（三）重点与难点

电动机转速及功率的确定。

在项目设计过程中，第一步需要根据需求、设计参数和总体方案选择原动机。

在生产系统中，选择电动机具体包括确定电动机的种类、型式、额定电压、额定转速和额定功率、工作方式等，其中最重要的是确定电动机的额定功率。确定电动机功率时，要考虑电动机的发热、允许过载能力和起动能力等因素，以发热问题为主。合理地选择电动机是正确使用的先决条件。选择恰当，电动机就能安全、经济、可靠地运行；选择不恰当，轻者造成浪费，重者烧毁电动机。

第一节　电动机类型的选择

选择电动机的原则是在电动机性能满足生产机械要求的前提下，优先选用结构简单、价格便宜、工作可靠、维护方便的电动机。在这方面交流电动机优于直流电动机，交流异步电动机优于交流同步电动机，笼型异步电动机优于绕线式异步电动机。

负载平稳，对起动、制动无特殊要求的连续运行的生产机械，宜优先选用普通笼型异步电动机，普通笼型异步电动机广泛用于水泵、风机等。深槽式和双笼式异步电动机可用于中、大功率、要求起动转矩较大的生产机械，例如空气压缩机、带式运输机等。

起动、制动比较频繁，要求有较大的起动、制动转矩的生产机械，例如桥式起重机、矿井提升机、空气压缩机、不可逆轧钢机等，应采用绕线式异步电动机。

无调速要求，需要转速恒定或要求改善功率因数的场合，应采用同步电动机，例如中、大容量的水泵，空气压缩机等。

只要求几种转速的小功率机械，可采用变极多速（双速、三速、四速）笼式异步电动机，例如电梯、锅炉引风机和机床等。

调速范围要求在 1:3 以上，且需连续稳定平滑调速的生产机械，宜采用他励直流电动机或变频调速的笼式异步电动机，例如大型精密机床、龙门刨床、轧钢机、造纸机等。

要求起动转矩大、力学特性软的生产机械，使用串励或复励直流电动机，例如火车、电动车、重型起重机等。

第二节 电动机功率的选择

在连续运转条件下，电动机发热不超过允许温升的最大功率称为电动机的额定功率。当负荷达到额定功率时的电动机转速称为（额定）转速。一般在电动机的铭牌上都标有额定功率和额定转速。

选择电动机功率的原则是应在电动机能够胜任生产机械负载要求的前提下，最经济最合理地确定电动机的功率。若功率选得过大，设备投资增大，造成浪费，且电动机经常欠载运行，效率及交流电动机的功率因数较低；反之，若功率选得过小，电动机将过载运行，造成电动机难以起动或者勉强起动，使运转电流超过电动机的额定电流，导致电动机损坏或过热以致烧损。

电动机功率的大小应根据工作机所需功率的大小和中间传动装置的效率，以及机器的工作条件等因素来确定。对于载荷比较平稳、长期连续运行的机械（如运输机），所选电动机的额定功率 P_{ed} 应等于或稍大于所需电动机的输出功率 P_d。由于这个条件本身是从发热温升角度考虑的，故不必再校核电动机的发热和转矩。

一、工作机所需输入功率 P_w 的确定

工作机所需输入功率 P_w 应由机器的工作阻力和运动参数计算确定，可按第二章中给定的工作机参数计算求得，见式（3-1）。

$$P_w = \frac{Fv}{1000\eta_w} \text{或} P_w = \frac{Tn_w}{9550\eta_w} \tag{3-1}$$

式中，P_w 为工作机所需输入功率（kW）；F 为工作机所需的有效拉力（N）；v 为工作机的线速度（m/s）；T 为工作机主动轴的输出转矩（N·m）；n_w 为工作机的转速（r/min）；η_w 为工作机的效率。

二、电动机输出功率 P_d 的确定

从电动机到工作机的各传动装置在运动过程中均会产生功率损耗，因此工作机所需的电动机输出功率可由式（3-2）计算得出。

$$P_d = \frac{P_w}{\eta} \tag{3-2}$$

式中，η 为从电动机至工作机主动轴之间的总效率。

总效率的计算与传动方式有关，第二章给定的各项目均为串联系统，因此总效率可由式（3-3）计算得出。

$$\eta = \eta_1 \cdot \eta_2 \cdot \cdots \cdot \eta_n \tag{3-3}$$

式中，η_1，η_2，…，η_n 分别为传动系统中各传动副（带、链、齿轮或蜗杆）、联轴器、轴承等的效率，其数值见表 3-1。

表 3-1　常用机械传动的效率值

种类		效率 η	种类		效率 η
圆柱齿轮传动	经过跑合的 6 级精度和 7 级精度的齿轮传动（油润滑）	0.98～0.99	联轴器	弹性联轴器	0.99～0.995
	8 级精度的一般齿轮传动（油润滑）	0.97		滑块联轴器	0.97～0.99
	9 级精度的齿轮传动（油润滑）	0.96		齿式联轴器	0.99
	加工齿的开式齿轮传动（脂润滑）	0.94～0.96		万向联轴器（α>3°）	0.95～0.99
	铸造齿的开式齿传轮动	0.90～0.93		万向联轴器（α≤3°）	0.97～0.98
锥齿轮传动	经过跑合的 6 级精度和 7 级精度的齿轮传动（油润滑）	0.97～0.98	带传动	平带（不交叉）	0.97～0.98
	8 级精度的一般齿轮传动（油润滑）	0.94～0.97		平带（交叉）	0.90
	加工齿的开式齿轮传动（脂润滑）	0.92～0.95		V 带传动	0.96
	铸造齿的开式齿传轮动	0.88～0.92	链传动	销轴链	0.96
蜗杆传动	自锁蜗杆（油润滑）	0.40～0.45		滚子链	0.95
	单头蜗杆（油润滑）	0.70～0.75		齿形链	0.97
	双头蜗杆（油润滑）	0.75～0.82	滚动轴承	球轴承	0.99（一对）
	三头和四头蜗杆（油润滑）	0.80～0.92		滚子轴承	0.98（一对）

第三节　电动机转速的选择

异步电动机旋转磁场的转速（同步转速）有 3000r/min、1500r/min、1000r/min、750r/min 等。异步电动机的转速一般要比同步转速低 2%～5%，在功率相同的情况下，电动机转速越低，磁极对数越多，体积越大，价格也越高，而且功率因数与效率较低。高转速电动机也有它的缺点，其起动转矩较小而起动电流大，拖动低转速的农业机械时传动不方便，同时转速高的电动机轴承容易磨损。因此，在确定电动机的转速时，应综合考虑，分析比较。一般可根据工作机主动轴的转速和各传动轴的合理传动比范围计算出电动机的转速可选范围，即

$$n_d = (i_1' \cdot i_2' \cdot \cdots \cdot i_n') n_w \tag{3-4}$$

式中，n_w 为工作机的主动轴转速，r/min；i_1'，i_2'，$\cdots$，i_n' 为各级传动的传动比合理范围，见表 3-2。

表 3-2　常用传动机构的性能合理范围

指标		传动机构				
		平带传动	V 带传动	链传动	齿轮传动		蜗杆传动
功率/kW（常用值）		小（≤20）	中（≤100）	中（≤100）	大（最大 50000）		小（≤50）
单级传动比	常用值	2～4	2～4	2～5	圆柱 3～5	锥 2～3	10～40
	最大值	5	7	6	8	5	80
许用线速度/（m/s）		≤25	≤30	≤40	≤15	≤5	≤25

通常情况下，多选用同步转速为 1500r/min 和 1000r/min 的电动机，如无特殊需要，不选用低于 750r/min 的电动机。在选定了电动机的类型、结构、功率和转速后，可根据电动

机样本手册查出电动机的型号，并记录其型号、额定功率、额定转速、外形尺寸、中心高、轴伸尺寸、键连接尺寸、安装尺寸等参数。

设计传动装置时一般按工作机实际需要的电动机输出功率 P_d 计算，转速则取额定转速。

第四节 传动比及传动装置参数确定

一、计算总传动比及分配各级传动比

电动机选定以后，由电动机的满载转速 n_m 和工作机的转速 n_w 可确定传动装置的总传动比，即

$$i = \frac{n_m}{n_w} \tag{3-5}$$

在多级传动装置中，总传动比为各级传动比的连乘积，即

$$i = i_1 i_2 i_3 \cdots i_n \tag{3-6}$$

式中，$i_1 \cdot i_2 \cdot i_3 \cdots \cdot i_n$ 为各级传动机构的传动比。

计算出总传动比后，即可分配各级传动的传动比。传动比分配的合理性将直接影响传动装置的外廓尺寸、质量大小、润滑条件，以及整个设备的工作能力等。因此，合理分配传动比是设计中至关重要的一步。

如何合理选择和分配各级传动比要考虑以下几点：

1）各级机构的传动比应尽量在推荐范围内选择，详见表 3-2。除此之外还应考虑传动件的尺寸协调性、结构合理性。例如，由带传动和齿轮减速器组成的传动中，一般应使带传动的传动比小于齿轮传动的传动比。因为若带传动的传动比过大，将使大带轮的外圆半径大于齿轮减速器的中心高，造成尺寸不协调或安装不便，如图 3-1 所示。

2）应使各传动件彼此不发生相互干涉碰撞。例如，在两级圆柱齿轮减速器中，若高速级传动比过大，会使高速级大齿轮轮缘与输出轴相碰，如图 3-2 所示。

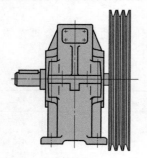

图 3-1 大带轮半径过大

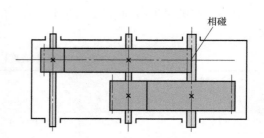

图 3-2 高速级大齿轮轮缘与输出轴干涉

3）应使各级传动件具有较小的结构尺寸和最小中心距，为使减速器的外廓尺寸较小，对二级齿轮传动，应保证高速级的传动比大于低速级的传动比。

4）对于多级减速，应尽可能使各级大齿轮的浸油深度合理（低速级大齿轮浸油稍深，高速级大齿轮能浸到油），要求两大齿轮的直径相近。一般在展开式二级圆柱齿轮减速器

中，低速级中心距大于高速级，因此，为使两大齿轮的直径相近，应保证高速级传动比大于低速级传动比。

下面给出一些分配传动比的参考数据：

1）对于展开式二级圆柱齿轮减速器，可取 $i_1 = (1.3 \sim 1.5) i_2$，$i_1 = [(1.3 \sim 1.5) i]^{1/2}$，式中 i_1 和 i_2 分别为高速级和低速级的传动比，i 为总传动比（下同）。

2）对于同轴式二级圆柱齿轮减速器，可取 $i_1 = i_2 = i^{1/2}$。

3）对于锥齿轮圆柱齿轮减速器，可取锥齿轮传动的传动比 $i_1 \approx 0.25i$，并尽量使 $i_1 \leqslant 3$，以保证大锥齿轮尺寸不致过大，便于加工。

4）对于蜗杆齿轮减速器，可取齿轮传动的传动比 $i_2 \approx (0.03 \sim 0.06) i$。

5）对于齿轮蜗杆减速器，可取齿轮传动的传动比 $i_1 < 2 \sim 2.5$，以使结构紧凑。

6）对于二级蜗杆减速器，为使两级传动件浸油深度大致相等，可取 $i_1 = i_2 = i^{1/2}$。

应该强调指出，这样分配的传动比只是初步选定的数值，实际传动比要由传动件参数准确计算来确定。

二、传动装置的运动和动力参数确定

在分配了传动比之后，应将传动装置中各轴的功率、转速和转矩计算出来，为传动零件和轴的设计计算提供依据。

因为有轴承功率损耗，同一根轴的输出功率（或转矩）与输入功率（或转矩）数值不同，通常仅计算轴的输入功率和转矩。但在对传动零件进行设计时，应该用输出功率。

同一根轴上功率 $P(\text{kW})$、转速 $n(\text{r/min})$ 和转矩 $T(\text{N} \cdot \text{m})$ 的关系式为

$$T = 9550 \frac{P}{n} \tag{3-7}$$

而相邻两根轴的功率关系式为

$$P_{\mathrm{II}} = P_{\mathrm{I}} \eta_{\mathrm{I}\,\mathrm{II}} \tag{3-8}$$

式中，$\eta_{\mathrm{I}\,\mathrm{II}}$ 为轴 I、II 间的传动效率。

相邻两轴的转速关系为

$$n_{\mathrm{II}} = \frac{n_{\mathrm{I}}}{i_{\mathrm{I}\,\mathrm{II}}} \tag{3-9}$$

式中，$i_{\mathrm{I}\,\mathrm{II}}$ 为 I、II 轴间的传动比。

相邻两轴的转矩关系为

$$T_{\mathrm{II}} = T_{\mathrm{I}} i_{\mathrm{I}\,\mathrm{II}} \eta_{\mathrm{I}\,\mathrm{II}} \tag{3-10}$$

按照上述方法和要求计算出传动装置中各轴的运动和动力参数后，可整理汇总于表格中备用。

设计任务　项目中电动机的选择

接下来将以图 3-3 所示的链式运输机为例展开设计。

已知该运输机工作平稳，经常满载，两班制工作，曳引链容许速度误差为 $\pm 5\%$。减速器为小批生产，使用期限为 8 年，运输机曳引链传动效率为 0.95，有效拉力 $F = 10000\text{N}$，曳

引链的线速度 $v = 0.4\text{m/s}$，曳引链链轮齿数 $z = 8$，曳引链轮节距 $p = 80\text{mm}$。

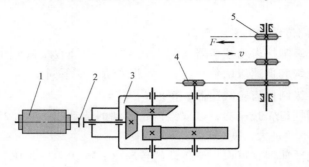

图 3-3　链式运输机传动简图

1—电动机　2—联轴器　3—展开式减速器　4—链传动　5—链式运输机

项目中电动机的选择应该完成的任务有以下 3 个：①选择电动机；②计算传动装置的总传动比并分配各级传动比；③计算传动装置各轴的运动和动力参数。

解：

1. 选择电动机

（1）电动机类型的选择　该项目中的工作机连续转动，因此可选择 Y 系列三相异步电动机。

（2）电动机功率的选择

1）工作机所需功率 P_w

$$P_w = \frac{Fv}{1000\eta_w} = \frac{10000 \times 0.4}{1000 \times 0.95}\text{kW} = 4.21\text{kW}$$

2）电动机输出功率 P_d

查表 3-1 得 $\eta_{联} = 0.99$，$\eta_{轴承} = 0.98$，$\eta_{齿} = 0.97$，$\eta_{链} = 0.96$，则从电动机到工作机之间总效率 η 为

$$\eta = \eta_{联}\,\eta_{轴承}^{4}\,\eta_{齿}^{2}\,\eta_{链} = 0.99 \times 0.98^4 \times 0.97^2 \times 0.96 = 0.825$$

则所需电动机的输出功率 P_d 为

$$P_d = \frac{P_w}{\eta} = \frac{4.21}{0.825}\text{kW} = 5.103\text{kW}$$

3）电动机额定功率 P_{ed}

查三相异步电动机技术数据表格[2]，选定电动机额定功率为

$$P_{ed} \geqslant P_d = 5.103\text{kW}，故取 P_{ed} = 5.5\text{kW}$$

（3）电动机转速的选择

工作机转速 n_w 为

$$n_w = \frac{60 \times 1000 \times v}{\pi D} = \frac{60 \times 1000 \times v}{\pi \dfrac{p}{\sin\left(\dfrac{180}{z}\right)}} = \frac{60 \times 1000 \times 0.4}{\pi \dfrac{80}{\sin\left(\dfrac{180}{8}\right)}}\text{r/min} = 36.54\text{r/min}$$

按表 3-2 推荐的传动比合理范围，结合传动方案计算可得电动机转速范围为

$$n_d = i'n_w = (2 \sim 5)^2 \times (2 \sim 5) \times 36.54 = (8 \sim 125) \times 36.54\text{r/min} = 292.32 \sim 4576.5\text{r/min}$$

可见同步转速为 750r/min，1000r/min，1500r/min，3000r/min 的电动机均符合要求，查三相异步电动机技术数据表格初步选择同步转速为 1000r/min，1500r/min 的两种电动机，并进行比较。具体数据见表 3-3。

表 3-3　两种电动机参数比较

方案	电动机型号	额定功率 P_{ed}/kW	电动机转速 $n/(\text{r/min})$		电动机质量 m/kg	传动装置总传动比
			同步转速	额定转速		
1	Y132S-4	5.5	1500	1440	68	39.4
2	Y132M2-6	5.5	1000	960	84	26.27

对比上表中两种电动机选型方案，方案 2 传动比较小，在相同的减速级数上，传动装置的结构尺寸会较小，因此可优先选择方案 2 进行接下来的设计，则最后选定的电动机型号为Y132M2-6。

（4）电动机安装尺寸

电动机安装示意图如图 3-4 所示。电动机安装尺寸及外形尺寸见表 3-4。

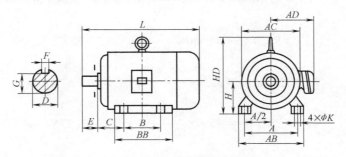

图 3-4　电动机安装示意图

表 3-4　电动机安装尺寸及外形尺寸　　　　　　　　　　　　　　　　　　（mm）

型号	级数	安装尺寸									外形尺寸			
		H	A	B	C	D	E	F	G	K	AB	BB	HD	L
Y132M2-6	6	132	216	178	89	38	80	10	33	12	280	238	315	515

2. 计算传动装置的总传动比并分配各级传动比

（1）传动装置总传动比

$$i = \frac{n_m}{n_w} = \frac{960}{36.54} = 26.27$$

（2）分配各级传动比　链传动的传动比初取为 $i_3 = 3$。则减速器的总传动比为 $i_{减} = i_1 \times i_2 = 8.757$，为了便于大锥齿轮的加工，高速级锥齿轮传动比 $i_1 = 0.25 i_{减}$ 且 $i_1 \leqslant 3$，则

$$i_1 = 0.25 \times i_{减} = 2.19$$

$$i_2 = i_{减}/i_1 = 4$$

由表 3-2 可知，传动比分配合理。

（3）计算传动装置各轴的运动和动力参数

1）各轴转速。电动机轴为轴 Ⅰ，减速器输入轴为轴 Ⅱ，减速器中间轴为轴 Ⅲ，减速器

输出轴为轴Ⅳ，大链轮轴（运输链轴）为轴Ⅴ，则

$$n_{\text{I}} = n_{\text{II}} = n_m = 960 \text{r/min}$$

$$n_{\text{III}} = n_{\text{II}} / i_1 = 960/2.19 \text{r/min} = 438.36 \text{r/min}$$

$$n_{\text{IV}} = n_{\text{III}} / i_2 = 438.36/4 \text{r/min} = 109.59 \text{r/min}$$

$$n_{\text{V}} = n_{\text{IV}} / i_3 = 109.59/3 \text{r/min} = 36.53 \text{r/min}$$

2）各轴输入功率。

$$P_{\text{I}} = P_d = 5.103 \text{kW}$$

$$P_{\text{II}} = P_{\text{I}} \times \eta_{\text{联}} = 5.103 \times 0.99 \text{kW} = 5.05 \text{kW}$$

$$P_{\text{III}} = P_{\text{II}} \times \eta_{\text{轴承}} \times \eta_{\text{齿}} = 5.05 \times 0.98 \times 0.97 \text{kW} = 4.8 \text{kW}$$

$$P_{\text{IV}} = P_{\text{III}} \times \eta_{\text{轴承}} \times \eta_{\text{齿}} = 4.80 \times 0.98 \times 0.97 \text{kW} = 4.56 \text{kW}$$

$$P_{\text{V}} = P_{\text{IV}} \times \eta_{\text{轴承}} \times \eta_{\text{链}} = 4.56 \times 0.98 \times 0.96 \text{kW} = 4.29 \text{kW}$$

3）各轴输入转矩。

$$T_{\text{I}} = 9550 \times \frac{P_{\text{I}}}{n_{\text{I}}} = 9550 \times \frac{5.103}{960} \text{N} \cdot \text{m} = 50.76 \text{N} \cdot \text{m}$$

$$T_{\text{II}} = 9550 \times \frac{P_{\text{II}}}{n_{\text{II}}} = 9550 \times \frac{5.05}{960} \text{N} \cdot \text{m} = 50.25 \text{N} \cdot \text{m}$$

$$T_{\text{III}} = 9550 \times \frac{P_{\text{III}}}{n_{\text{III}}} = 9550 \times \frac{4.8}{438.36} \text{N} \cdot \text{m} = 104.57 \text{N} \cdot \text{m}$$

$$T_{\text{IV}} = 9550 \times \frac{P_{\text{IV}}}{n_{\text{IV}}} = 9550 \times \frac{4.56}{109.59} \text{N} \cdot \text{m} = 397.37 \text{N} \cdot \text{m}$$

$$T_{\text{V}} = 9550 \times \frac{P_{\text{V}}}{n_{\text{V}}} = 9550 \times \frac{4.29}{36.53} \text{N} \cdot \text{m} = 1121.53 \text{N} \cdot \text{m}$$

将以上计算数据汇总列于表3-5。

表3-5　数据汇总

轴	功率 P/kW	转速 $n/(\text{r/min})$	转矩 $T/(\text{N} \cdot \text{m})$	传动比
电动机轴	5.103	960	50.76	
				1
减速器输入轴	5.05	960	50.25	
				2.19
减速器中间轴	4.8	438.36	104.57	
				4
减速器输出轴	4.56	109.59	397.37	
				3
运输链轴	4.29	36.53	1121.53	

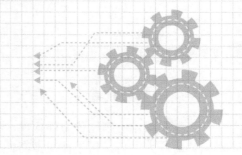

第四章

联 轴 器

（一）主要内容
联轴器的特性和选择。
（二）学习目标
1. 理解常用联轴器的类型、结构、原理、应用场合及选择。
2. 掌握常用联轴器的计算方法。
（三）重点与难点
联轴器的结构、工作原理、选用及计算。

　　联轴器是用来将不同机构中的主动轴和从动轴牢固地连接起来一同旋转，并传递运动和转矩的机械部件，有时也用以连接轴与其他零件（如齿轮、带轮等）。联轴器常由两半合成，分别用键或紧配合等连接，紧固在两轴端，再通过某种方式将两半连接起来。联轴器还可以补偿两轴之间由于制造安装不精确、工作时变形或热膨胀等原因所引发的偏移（包括轴向偏移、径向偏移、角偏移或综合偏移）；亦有缓和冲击、吸振作用。

第一节　联轴器的类型与特点

联轴器类型
与特点视频

　　由于制造、安装或工作时零件的变形等原因，被连接的两轴不一定能精确对中，因此会出现两轴之间的轴向偏移、径向偏移和角偏移，或其组合，如图 4-1 所示。如果联轴器没有适应这种相对位移的能力就会在联轴器、轴和轴承中引起附加载荷，甚至引起强烈振动。

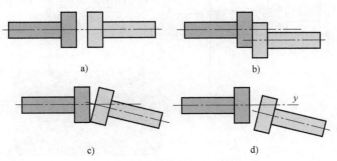

图 4-1　轴的相对偏移

a）轴向偏移　b）径向偏移　c）角偏移　d）综合偏移

联轴器可分为刚性联轴器和挠性联轴器两大类。

一、刚性联轴器

刚性联轴器由刚性传力件构成，各连接件之间不能相对运动，因此不具备补偿两轴线相对偏移的能力，只适用于被连接两轴在安装时能严格对中，工作时不产生两轴相对偏移的场合。凸缘联轴器无弹性元件，不具备减振和缓冲功能，一般只适宜用于载荷平稳并无冲击振动的工况条件。常用的联轴器有套筒联轴器、夹壳联轴器、凸缘联轴器等。

1. 套筒联轴器

1）结构：套筒联轴器利用公用套筒，并通过键、花键或锥销等刚性连接件，以实现两轴的连接，如图4-2所示。

2）特点：套筒联轴器的结构简单，制造方便，成本较低，径向尺寸小，但装拆不方便，需使轴做轴向移动。

3）应用：适用于低速、轻载、无冲击载荷的连接。套筒联轴器不具备轴向、径向和角向补偿性能。

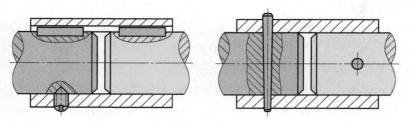

图 4-2　套筒联轴器

2. 夹壳联轴器

1）结构：夹壳联轴器利用两个沿轴向剖分的夹壳，用螺栓夹紧以实现两轴连接，靠两半联轴器表面间的摩擦力传递转矩，利用平键进行辅助连接，如图4-3所示。

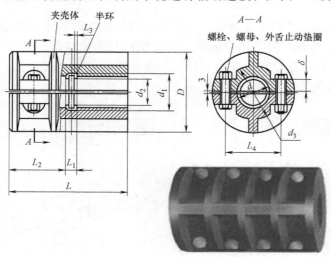

图 4-3　夹壳联轴器

2）特点：夹壳联轴器的两轴轴线对中精度低，结构和形状比较复杂，制造及平衡精度较低。

3）应用：只适用于低速和载荷平稳的场合。

3. 凸缘联轴器

1）结构：凸缘联轴器有两种主要的结构形式：①一个半联轴器上的凸肩与另一个半联轴器上的凹槽相配合而对中，如图 4-4a 所示；②靠铰制孔用螺栓来实现两轴对中，并靠螺栓杆承受挤压与剪切来传递转矩，如图 4-4b 所示。

2）特点：结构简单、使用方便、传递转矩较大，但不能缓冲减振。

3）应用：用于载荷较平稳的两轴连接。

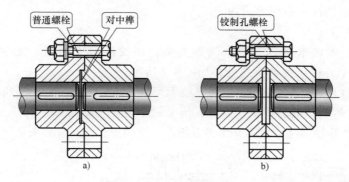

图 4-4　凸缘联轴器

a）配合对中　b）用铰制孔用螺栓实现两轴对中

二、挠性联轴器

挠性联轴器又可分为无弹性元件的挠性联轴器和有弹性元件的挠性联轴器。前一类只具有补偿两轴线相对位移的能力，不具有缓冲减振的能力，常见的有滑块联轴器、齿式联轴器、万向联轴器和滚子链联轴器等；后一类因含有弹性元件，除具有补偿两轴线相对位移的能力外，还具有缓冲和减振能力，但传递的转矩因受到弹性元件强度的限制，一般不及无弹性元件的挠性联轴器传递转矩大，常见的有弹性套柱销联轴器、弹性柱销联轴器、梅花形弹性联轴器、轮胎式联轴器、膜片式联轴器等。

1. 无弹性元件的挠性联轴器

（1）滑块联轴器

1）结构：滑块联轴器由两个在端面上开有凹槽的半联轴器和一个两面带有凸牙的中间滑块组成，如图 4-5 所示。

2）特点：因凸牙可在凹槽中滑动，故可补偿安装及运转时两轴间的相对位移；但滑块因偏心会产生离心力和磨损，并给轴和轴承带来附加动载荷。

3）应用：选用时应注意其工作转速不得大于规定值。这种联轴器一般用于转速 $n <$

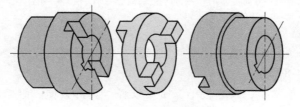

图 4-5　滑块联轴器

250r/min，轴的刚度较大，且无剧烈冲击处。

（2）齿式联轴器

1）结构：两个有内齿的外壳，两个有外齿的套筒，两者齿数相同，外齿做成球形齿顶的腰鼓齿；套筒与轴用键连接，两外壳用螺栓连接；两端密封，空腔内储存润滑油；如图4-6所示。

2）特点：能传递很大的转矩，并允许有较大的偏移量，安装精度要求不高；但质量较大，成本较高。

3）应用：在重型机械中广泛应用。

（3）万向联轴器

1）结构：两传动轴末端各有一个叉形支架，用铰链与中间的"十字形"构件相连，"十字形"构件的中心位于两轴交点处，如图4-7所示。

2）特点：允许两轴间有较大的夹角（最大可达35°~45°），而且在机器运转时，夹角发生改变仍可正常传动，但当夹角过大时，传动效率会显著降低。

3）应用：这类联轴器结构紧凑，维护方便，广泛应用于汽车、多头钻床等设备的传动中。

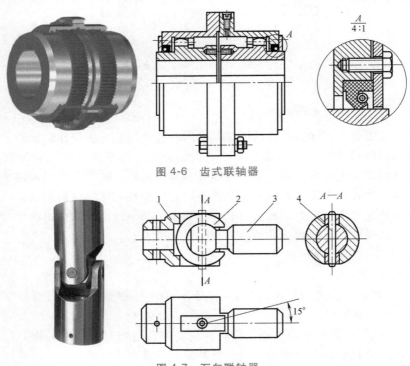

图4-6　齿式联轴器

图4-7　万向联轴器

1—万向接头管　2—万向接头环　3—球头轴　4—销杆

（4）滚子链联轴器

1）结构：利用一条公用的双排链条同时与两个齿数相同的并列链轮啮合来实现两个半联轴器的连接，如图4-8所示。

2）特点：结构简单紧凑、尺寸较小、质量较轻、装拆方便、维修容易、成本低廉，有一定的补偿性能和缓冲性能。

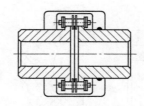

图 4-8　滚子链联轴器

3）应用：因链条的套筒与链轮之间存在间隙，不适用于逆向传动和起动频繁或立式轴传动，同时受离心力的影响不适用于高速传动。

2. 有弹性元件的挠性联轴器

（1）弹性套柱销联轴器

1）结构：外观与凸缘联轴器相似，只是用套有弹性套的柱销代替了连接螺栓。通过弹性套传递转矩，可缓冲减振，如图 4-9 所示。

2）特点：该联轴器制造容易，装拆方便，成本较低，但弹性套容易磨损，寿命较短。

3）应用：适用于连接载荷平稳的，需正反转或起动频繁的，传递中、小转矩的轴。

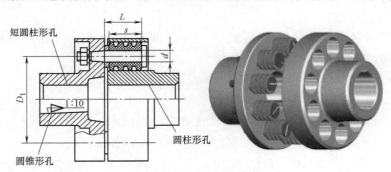

图 4-9　弹性套柱销联轴器

（2）弹性柱销联轴器

1）结构：用尼龙制成的柱销置于两个半联轴器凸缘的孔中。为了防止柱销脱落，在半联轴器的外侧，用螺钉固定了挡板，如图 4-10 所示。

2）特点：这种联轴器传递转矩的能力很大，结构更为简单，安装、制造方便，耐久性好，也有一定的缓冲和吸振能力。

3）应用：适用于轴向窜动较大、正反转变化较多和起动频繁的场合。

（3）梅花形弹性联轴器

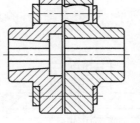

图 4-10　弹性柱销联轴器

1）结构：半联轴器与轴的配合可以做成圆柱形或圆锥形，中间的弹性元件形状似梅花，故而得其名，如图 4-11 所示。

2）特点：梅花形弹性件在工作时起缓冲减振作用，可补偿径向和角向偏差，可根据使用要求选用不同硬度的聚氨酯橡胶、铸型尼龙等材料制造此类联轴器。

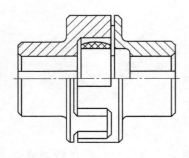
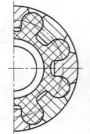

图 4-11　梅花形弹性联轴器

3）应用：主要适用于起动频繁、正反转、中高速、中等转矩和要求高可靠性的工作场合，例如：冶金、矿山、石油、化工、起重、运输、轻工、纺织、水泵、风机等。工作环境温度为−20℃～+60℃，传递公称转矩为 25～12500N·m。

（4）轮胎式联轴器

1）结构：用橡胶或橡胶织物制成轮胎状的弹性元件 1，两端用压板 2 及螺钉 3 分别压在两个半联轴器 4 上，如图 4-12 所示。

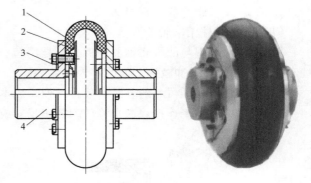

图 4-12　轮胎式联轴器
1—弹性元件　2—压板　3—螺钉　4—半联轴器

2）特点：这种联轴器富有弹性，具有良好的消振能力，绝缘性能好，运转时无噪声；缺点是径向尺寸较大，当转矩较大时，会因变形而产生附加轴向载荷。

3）应用：适用于起动频繁、正反向运转、有冲击振动、有较大轴向位移、潮湿多尘的场合。

（5）膜片式联轴器

1）结构：弹性元件为一定数量的、很薄的、多边环形或圆环形金属膜片叠合而成的膜片组，在膜片的圆周上有若干个螺栓孔，用铰制孔用螺栓交错间隔与半联轴器相连接，如图 4-13 所示。

2）特点：结构比较简单，维护方便，平衡容易，质量轻，对环境适应性强，但缓冲减振性能差。

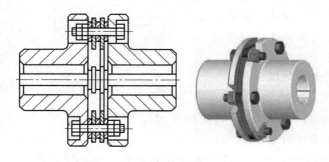

图 4-13　膜片式联轴器

3）应用：适用于高温、高速、有腐蚀介质工况环境的轴系传动，主要用于载荷比较平稳的高速传动。

第二节 联轴器的选择

大多数联轴器已经标准化或规格化，一般机械设计的任务是选用联轴器，选用的基本步骤如图 4-14 所示。

1. 选择联轴器的类型

选择联轴器类型时，应该考虑以下几项：

1）所需传递转矩的大小和性质，对缓冲、减振功能的要求，以及是否可能发生共振等。传递转矩较大的重型机械选用齿式联轴器；有振动和冲击的机械选用有弹性元件的联轴器。

2）由制造和装配误差、轴受载和热膨胀变形，以及部件之间的相对运动等引起两轴轴线的相对位移程度。要求两轴精确对中时，或工作中两轴会产生较小的附加相对位移时应选用挠性联轴器。当径向位移较大时可选用滑块联轴器。角位移较大或相交两轴的连接可优先选用万向联轴器。

3）许用的外形尺寸和安装方法，应考虑装配、调整和维修所必需的操作空间。对于大型的联轴器，应能在轴不需要做轴向移动的条件下实现拆装。刚性联轴器结构简单，装拆方便，可用于低速、刚性大的轴。

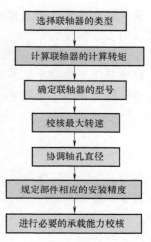

图 4-14 基本步骤

此外，还应考虑工作环境、使用寿命，以及润滑、密封和经济性等条件，再参考各类联轴器特性，选择一种合适的联轴器类型。

2. 计算联轴器的计算转矩

应当按轴可能传递的最大转矩作为计算转矩。一般按下式计算

$$T_{ca} = K_A T \tag{4-1}$$

式中，T 为公称转矩；K_A 为工况系数，其取值详见表 4-1。

表 4-1 联轴器工况系数 K_A

工作机	原动机			
	电动机、汽轮机	多缸内燃机	双缸内燃机	单缸内燃机
发电机、小型通风机、小型离心泵	1.3	1.5	1.8	2.2
离心式压缩机、木工机床、输送机	1.5	1.7	2.0	2.4
搅拌机、增压机、有飞轮的压缩机	1.7	1.9	2.2	2.6
织布机、水泥搅拌机、拖拉机	1.9	2.1	2.4	2.8
挖掘机、起重机、碎石机、造纸机	2.3	2.5	2.8	3.2
压延机、重型初轧机、无飞轮活塞泵	3.1	3.3	3.6	4.0

3. 确定联轴器的型号

按 $T_{ca} \leq [T]$，由联轴器标准确定联轴器型号，$[T]$ 为联轴器的许用转矩。

4. 校核最大转速

被联轴器连接的轴的转速不应超过所选联轴器允许的最高转速。

$$n \leq [n] \tag{4-2}$$

5. 协调轴孔直径

被连接两轴的直径和形状可以不同，但必须使直径在所选联轴器型号规定的范围内，形状也应满足相应要求。

6. 规定部件相应的安装精度

联轴器允许轴的相对位移偏差是有一定范围的，因此，必须保证轴及相应部件的安装精度。

7. 进行必要的承载能力校核

联轴器除了要满足转矩和转速的要求外，必要时还应对联轴器中的零件进行承载能力校核，如对非金属元件的许用温度校核等。

联轴器测
试题

设计任务　项目中联轴器的选择

如图 3-3 所示的链式运输机，已知该运输机工作平稳，经常满载，两班制工作，曳引链容许速度误差为 ±5%。减速器为小批生产，使用期限为 8 年，运输机曳引链传动效率为 0.95，有效拉力 $F = 10000N$，曳引链的线速度 $v = 0.4m/s$，曳引链链轮齿数 $z = 8$，曳引链链轮节距 $p = 80mm$。

在电动机选择环节已确定了电动机的型号为 Y132M2-6。电动机直径 $D = 38mm$，电动机伸出段长度 $E = 80mm$，在联轴器的选择环节有以下三个任务需要完成：①确定联轴器的类型；②确定联轴器的转矩；③确定轴承器的型号。

解：

1. 类型选择

由于运输机工作时单向转动，载荷平稳，为了补偿联轴器所连接两轴的安装误差、隔离振动，故选用弹性柱销联轴器。

2. 确定计算转矩

查阅上一章电动机选择任务环节计算出来的各轴传动的运动和动力参数，可得联轴器传动的公称转矩 $T = 50.76N \cdot m$。

由表 4-1 查得，原动机为电动机，载荷平稳，且工作机为运输机时，可取工况系数 $K_A = 1.5$，故得计算转矩为

$$T_{ca} = K_A \times T = 1.5 \times 50.76N \cdot m = 76.14N \cdot m$$

3. 型号选择

考虑到电动机输出轴直径 $D = 38mm$，从 GB/T 5014—2017 中查得 LX3 型弹性柱销联轴器的公称转矩为 1250N · m，最大许用转速为 4750r/min，轴径为 30~48mm，故合用。初选电动机侧半联轴器轴孔直径 $d = 38mm$，长度 $L = 82mm$。

4. 标记

标记示例：LX3 联轴器 Y38×82 GB/T 5014—2017。

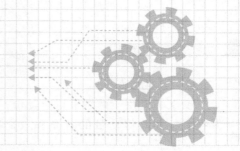

第五章

带传动的设计

（一）主要内容

带传动概述；V 带和 V 带轮的结构；V 带传动的工作能力分析；V 带传动的设计、张紧、安装与维护。

（二）学习目标

1. 了解带传动的类型、特点与应用。
2. 掌握带传动的受力分析、应力分析及弹性滑动的概念。
3. 掌握 V 带传动的设计计算方法。
4. 熟悉带传动的张紧与维护。

（三）重点与难点

1. 带传动的受力分析、应力分析及弹性滑动。
2. V 带传动的设计计算。

第一节　认识带传动

带传动是利用张紧在带轮上的柔性带进行运动或动力传递的一种机械传动。带传动通常由主动轮、从动轮和张紧在两轮上的环形带组成，如图 5-1 所示。

一、带传动的方式

带传动常见的传动方式有以下三种：

1. 开口传动

开口传动用于两轴平行并且旋转方向相同的场合，如图 5-2 所示。两轴保持平行，两带轮的中间平面应重合。开口传动的性能较好，可以传递较大的功率。

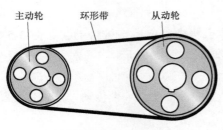

图 5-1　带传动结构

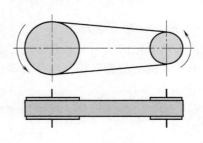

图 5-2　开口传动

2. 交叉传动

交叉传动用于两轴平行但旋转方向相反的场合，如图5-3所示。由于交叉处皮带有摩擦和扭转，因此传动带的寿命和载荷容量都较低，允许的工作速度也较小，线速度一般在11m/s以下。

交叉传动不宜用于传递大功率，载荷容量不应超过开口传动的70%～80%，传动比可到6。为了减少磨损，轴间距离不应小于带轮宽度的20倍。

3. 半交叉传动

半交叉传动用于空间的两交叉轴之间的传动，交角通常为90°，如图5-4所示。传动带在进入主动轮和从动轮时，其运动方向必须对准该轮宽的中间平面，否则，传动带会从带轮上脱落下来。

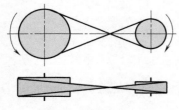
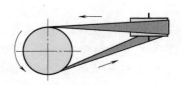

图5-3 交叉传动　　　　　　　　　　图5-4 半交叉传动

半交叉传动的线速度一般不宜超过11m/s，传动比一般不超过3，载荷容量为开口传动的70%～80%，并且只能单向传动，不能反转。

二、带传动的特点

1）带传动能够缓冲吸振，传动平稳，噪声低，无油污染。

2）对于摩擦型带传动由于带传动依靠摩擦力传动，带与带轮之间存在弹性滑动，不能保证恒定的传动比。

3）过载时可产生打滑，能防止其他零部件的损坏，起到安全保护作用。

4）带传动适用于两轴中心距较大的传动，结构简单，便于加工、装配和维修，成本低。

5）带传动外轮廓尺寸较大，效率低，带的寿命较短，传动中对轴的作用力较大。

6）带传动不适用于易燃易爆场合。

7）带传动主要用于传动平稳，传动比要求不严格的中、小功率的较远距离传动。

三、带传动的类型

（一）根据传动原理分类

根据传动原理的不同，有靠带与带轮间的摩擦力传动的摩擦型带传动，如图5-5所示。也有靠带与带轮上的齿形相互啮合传动的同步带传动，如图5-6所示。

1. 摩擦型带传动

根据传动带的截面形状，摩擦型带传动可以分为平带传动、V带传动、多楔带传动、圆形带传动。

（1）平带传动　平带的截面形状为矩形，如图5-7所示。其工作面为内表面，主要用于

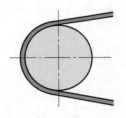

图 5-5 摩擦型带传动

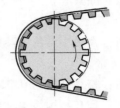

图 5-6 同步带传动

两轴平行，转向相同的较远距离的传动。平带包括普通平带、编织带、复合平带等。

普通平带由数层挂胶帆布粘结而成，如图 5-8 所示。其特点包括：抗拉强度较大，预紧力保持性能较好，耐湿性较好，但过载能力较小，耐热、耐油性较差等。

编织带包括棉织、毛织和缝合棉布带，以及用于高速传动的丝、麻、尼龙编织带。带面有覆胶和不覆胶两种。编织带的曲挠性好，可在较小的带轮上工作，对变载荷的适应能力好，但传送功率小，易松弛。

尼龙片复合平带（又称高强度平带）是以改性尼龙片为承载层，工作表面覆以铬鞣革或弹性胶体的摩擦层，非工作面则粘结橡胶布或特殊织物层。尼龙片的抗拉强度达 400MPa，并有较高的弹性模量，经定伸处理后，使复合平带有很高的综合力学性能。

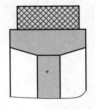

图 5-7 平带传动

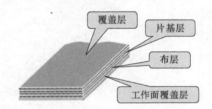

图 5-8 普通平带

（2）V 带传动　V 带的截面形状为梯形，工作面为两侧面，带轮的轮槽截面也为梯形。在相同张紧力和相同摩擦系数的条件下，V 带产生的摩擦力要比平带的摩擦力大，所以，V 带传动能力更强，结构更紧凑，在机械传动中应用最广泛。由于带与带轮槽之间是 V 型槽面摩擦，故可以产生比平带更大的有效拉力（约 3 倍）。

V 带有普通 V 带、窄 V 带、宽 V 带和联组 V 带。

1）普通 V 带。

① 结构：承载层为绳芯或胶帘布，楔角为 40°，具有相对高度（带厚对带宽之比）近似为 0.7 的梯形截面，如图 5-9a 所示。

② 特点：当量摩擦系数大，工作面与轮槽黏附性好，允许包角小、传动比大、预紧力小、绳芯结构带体较柔软，曲挠疲劳性好。

③ 应用：速度<30m/s、功率<700kW、传动比≤10，且轴间距小的传动。

2）窄 V 带。

① 结构：承载层为绳芯，楔角为 40°，具有相对高度近似为 0.9 的梯形截面。带顶面呈弓形，可使带芯受力后仍保持直线平齐排列，因而各线绳受力均匀；两侧呈内凹形，带弯曲后侧面变直，与轮槽能更好地贴合，增大了摩擦力，如图 5-9 所示。

② 特点：除具有普通 V 带的特点外，能承受较大的预紧力，允许速度的曲挠次数高，传动功率大，耐热性好。

③ 应用：大功率结构紧凑的传动。

3）宽 V 带。

① 结构：相对高度为 0.3，如图 5-9c 所示。

② 特点：具有结构简单、制造容易、传动平稳、能吸收振动、维修方便、制造成本低等优点，从而得到广泛应用和迅速发展。

③ 应用：通常应用于带式无级变速器的动力传动。

4）联组 V 带。

① 结构：由几根型号相同的普通 V 带或窄 V 带的顶面用胶帘布等粘结而成，可以有 2、3、4 或 5 根连成一组，如图 5-9d 所示。

② 特点：传动中各根 V 带载荷均匀，可减少运转中的振动和横转，增强传动的稳定性，提高耐冲击性能。

③ 应用：结构紧凑、载荷变动大、要求高的传动。

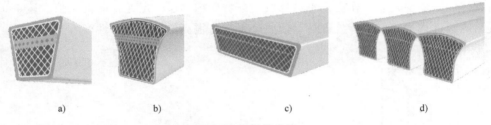

图 5-9　V 带的类型

a）普通 V 带　b）窄 V 带　c）宽 V 带　d）联组 V 带

（3）多楔带传动　多楔带是在平带基体上有若干纵向楔形凸起，如图 5-10 所示。它兼有平带和 V 带的优点且能弥补平带和 V 带的不足。其工作接触面数多，摩擦力大，柔韧性好，用于结构紧凑而传递功率较大的场合。多楔带传动可有效解决多根 V 带长短不一而引起的受力不均问题。

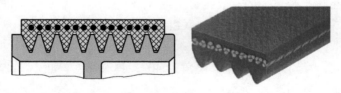

图 5-10　多楔带传动与多楔带

（4）圆形带传动　圆形带传动是指一种由圆形带和带轮组成的摩擦传动。圆形带的截面形状为圆形，如图 5-11 所示。圆形带传动仅用于如缝纫机等低速小功率场合的传动。

2. 啮合型带传动

啮合型带传动即同步带传动。它通过传动带内表面上等距分布的横向齿和带轮上的相应齿槽的啮合来传递运动。图 5-12a 为同步带传

图 5-11　圆形带传动

动，图 5-12b 为同步带轮，图 5-12c 为同步带。与摩擦型带传动比较，同步带传动的带轮和传动带之间没有相对滑动，能够保证严格的传动比，但同步带传动对中心距及其尺寸稳定性要求较高。

图 5-12　啮合型带传动
a）同步带传动　b）同步带轮　c）同步带

同步带通常以钢丝绳或玻璃纤维绳为抗拉体，氯丁橡胶或聚氨酯为基体，这种带薄而且轻，故可用于较高传动速度。传动时的线速度可达 50m/s，传动比可达 10，效率可达 98%。同步带传动具有带传动、链传动和齿轮传动的优点。同步带传动噪声比带传动、链传动和齿轮传动小，耐磨性好，不需油润滑，寿命比摩擦带长。所以同步带广泛应用于要求传动比准确的中、小功率传动中，如高速设备、数控机床、机器人行业、汽车行业、轻纺行业等。其主要缺点是制造和安装精度要求较高，中心距要求较严格。

（二）根据用途分类

根据用途不同，带传动可分为传动带传动和运输带传动。

传动带是将原动机的电动机或发动机旋转产生的动力，通过带轮由胶带传导到机械设备上，故又称之为动力带。它是机电设备的核心连接部件，其种类异常繁多，用途极为广泛。从大到几千千瓦的巨型电动机，小到不足一千瓦的微型电动机，甚至包括常用家电、计算机、机器人等精密机械在内都离不开传动带。传动带的最大特点是可以自由变速，远近传动，结构简单，更换方便。所以，从原始机械到现代自动设备都有传动带的身影。

运输带又称输送带，起承载和运送物料的作用。输送带广泛应用于水泥、焦化、冶金、化工、钢铁等行业中输送距离较短、输送量较小的场合。输送带能连续化、高效率、大倾角运输，此外输送带操作安全，使用简便，维修容易，运费低廉，并能缩短运输距离，降低工程造价，节省人力物力。

四、带传动的应用

在各类带传中，V 带传动应用最广，常应用于要求传动平稳、传动比不要求准确、功率 $P \leqslant 100\text{kW}$、速度 $v = 5 \sim 25\text{m/s}$、传动比 $i \leqslant 7$，传动效率 $\eta = 0.90 \sim 0.95$，以及有过载保护的场合，如汽车发动机、拖拉机、石材切割机等。

五、V 带传动的主要参数与标准

1. V 带的结构

普通 V 带是 V 带中最常见的一种，由包布层、伸张胶层（顶胶）、强力层（抗拉体）、缓冲层和压缩层（底胶）等部分组成，如图 5-13 所示。强力层由多层帘布或单排线绳构成，带顶面宽与带高之比为 1.6。帘布结构抗拉强度高，但柔韧性和抗弯强度较差，线绳结构 V 带制造方便，价格低廉，抗弯强度高，应用广泛，适用于转速高，带轮直径较小的场合。

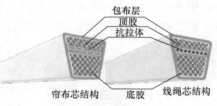

图 5-13　普通 V 带结构

2．V 带的参数

1）节线：当带垂直底边弯曲时，上半部分受拉应力变长，下半部分受压应力变短，在带中保持原长度不变的任一条周线称为节线，如图 5-14a 所示。

2）节面：由全部节线构成的这个面叫节面，节面在截面图上为一条线，这条线的宽度叫节宽，节宽的长度为 b_p，如图 5-14b 所示。

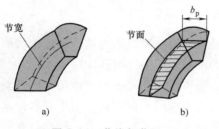

图 5-14　节线与节面
a）节线　b）节面

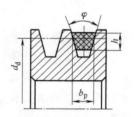

图 5-15　基准直径

3）基准直径 d_d：V 带装在带轮上，和节宽 b_p 相对应的带轮直径，如图 5-15 所示。

4）基准长度 L_d：V 带在规定的张紧力下，位于带轮基准直径上的周线长度。它用于带传动的几何计算，标准值见表 5-1 所示。

表 5-1　V 带基准长度与长度修正系数标准

基准长度 L_d/mm	K_L											
	Y	Z	A	B	C	D	E	SPZ	SPA	SPB	SPC
200	0.81										
224	0.82										
250	0.84										
280	0.87										
315	0.89										
355	0.92										
400	0.96	0.87									
450	1.00	0.89									
500	1.02	0.91									
560		0.94									
630		0.96	0.81					0.82			
710		0.99	0.83					0.84			
800		1.00	0.85					0.86	0.81		

（续）

基准长度 L_d/mm	K_L										
	Y	Z	A	B	C	D	E	SPZ	SPA	SPB	SPC
900		1.03	0.87	0.82				0.88	0.83		
1000		1.06	0.89	0.84				0.90	0.85		
1120		1.08	0.91	0.86				0.93	0.87		
1250		1.11	0.93	0.88				0.94	0.89	0.82	
1400		1.14	0.96	0.90				0.96	0.91	0.84	
1600		1.16	0.99	0.92	0.83			1.00	0.93	0.86	
1800		1.18	1.01	0.95	0.86			1.01	0.95	0.88	
2000			1.03	0.98	0.88			1.02	0.96	0.90	0.81
2240			1.06	1.00	0.91			1.05	0.98	0.92	0.83
2500			1.09	1.03	0.93			1.07	1.00	0.94	0.86
2800			1.11	1.05	0.95	0.83		1.09	1.02	0.96	0.88
3150			1.13	1.07	0.97	0.86		1.11	1.04	0.98	0.90
3550			1.17	1.09	0.99	0.89		1.13	1.06	1.00	0.92
4000			1.19	1.13	1.02	0.91			1.08	1.02	0.94
4500				1.15	1.04	0.93	0.90		1.09	1.04	0.96
5000				1.18	1.07	0.96	0.92			1.06	0.98
5600					1.09	0.98	0.95			1.08	1.00
6300					1.12	1.00	0.97			1.10	1.02
7100					1.15	1.03	1.00			1.12	1.04
8000					1.18	1.06	1.02			1.14	1.06
9000					1.21	1.08	1.05				1.08
10000					1.23	1.11	1.07				1.10
11200						1.14	1.10				1.12
12500						1.17	1.12				1.14
14000						1.20	1.15				
16000						1.22	1.18				

3. V 带的截面尺寸

　　我国普通 V 带和窄 V 带都已标准化。按截面尺寸由小到大，普通 V 带可分为 Y、Z、A、B、C、D、E 七种型号，其截面如图 5-16 所示。窄 V 带可分为 SPZ、SPA、SPB、SPC 四种型号。在同样条件下，截面尺寸大，则传递的功率就大。V 带截面尺寸见表 5-2。

表 5-2　V 带截面尺寸（摘自 GB/T 11544—2012）

V 带截面示意图	型号	节宽 b_p/mm	顶宽 b/mm	高度 h/mm	质量 q /(kg·m^{-1})	楔角
普通 V 带	Y	5.3	6.0	4.0	0.04	
	Z	8.5	10.0	6.0	0.06	
	A	11.0	13.0	8.0	0.10	
	B	14.0	17.0	11.0	0.17	
	C	19.0	22.0	14.0	0.30	
	D	27.0	32.0	19.0	0.60	
	E	32.0	38.0	25.0	0.87	$\varphi = 40°$
窄 V 带	SPZ	8.5	10.0	8.0	0.07	
	SPA	11.0	13.0	10.0	0.12	
	SPB	14.0	17.0	14.0	0.20	
	SPC	19.0	22.0	18.0	0.37	

图 5-16　普通 V 带各型号截面图

4. V 带的标记

普通 V 带和窄 V 带的标记都是由带型、带长和标准号组成的。

例如：A 型、基准长度为 1400mm 的普通 V 带，其标记为：A1400 GB/T 1171—2017。

又如：SPA 型、基准长度为 1250mm 的窄 V 带，其标记为：SPA1250 GB/T 12370—2018。

带的标记通常压印在带的外表面上，以便选用识别。

六、V 带轮的结构

1. 设计要求

1）带轮应具有足够的强度和刚度，无过大的铸造内应力。

2）质量小且分布均匀，结构工艺性好，便于制造。

3）转速高时要经过动平衡。

4）轮槽工作面应光滑，以减小带的磨损。

2. 带轮的材料

带轮的材料主要采用铸铁、钢、铝合金或工程塑料等，其中灰铸铁应用最广。常用带轮材料的牌号为 HT150（$v \leqslant 25$m/s 时）或 HT200（$v = 25 \sim 30$m/s 时）；转速较高时宜采用球墨铸铁、铸钢或锻钢，也可采用钢板冲压后焊接带轮。小功率时可采用铸铝或塑料等材料。

3. 结构设计

带轮由轮缘、辐板（轮辐）和轮毂三部分组成，如图 5-17 所示。带轮的外圈环形部分称为轮缘，轮缘是带轮的工作部分，用以安装传动带，制有梯形轮槽。由于普通 V 带两侧面间的夹角是 40°，为了适应 V 带在带轮上弯曲时截面变形而使楔角减小，故规定普通 V 带轮槽角为 32°、34°、36°、38°（按带的型号及带轮直径确定），轮槽尺寸见表 5-3。装在轴上的筒形部分称为轮毂，是带轮与轴的连接部分。中间部分称为轮辐（辐板），用来连接轮缘与轮毂。

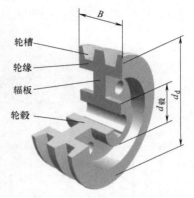

图 5-17 V 带轮槽结构

表 5-3 V 带轮槽尺寸 （单位：mm）

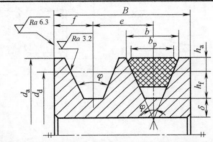

项目	符号		Y	Z	A	B	C	D	E
基准下槽深	h_{fmin}		4.7	7	8.7	10.8	14.3	19.9	23.4
基准上槽深	h_{amax}		1.6	2.0	2.7	3.5	4.8	8.1	9.6
槽间距	e		8±0.3	12±0.3	15±0.3	19±0.4	25.5±0.5	37±0.6	44.5±0.7
槽边距	f_{min}		6	7	9	11.5	16	23	28
基准宽度	b_d		5.3	8.5	110	14.0	19.0	27.0	32.0
最小轮缘厚	δ_{min}		5	5.5	6	7.5	10	12	15
带轮宽	B		$B=(z-1)e+2f$（z 为轮槽数）						
轮槽角 φ	32°	d_d /mm	≤60	—	—	—	—	—	—
	34°		—	≤80	≤118	≤190	≤315	—	—
	36°		>60	—	—	—	—	≤475	≤600
	38°		—	>80	>118	>190	>315	>475	>600

注：1. 轮槽角 φ 的偏差对 Y、A、B 型为正负 1°，C、D、E、F 型为正负 30′。

2. 轮槽工作表面粗糙度值为 $Ra1.6\sim3.2\mu m$。

3. 对于活络 V 带，为使螺钉头不与槽底相碰，h 应适当加大。

4. 带轮的类型与结构

V 带轮按辐板（轮辐）结构的不同分为以下几种型式：

1）实心带轮：用于尺寸较小的带轮，$d_d \leqslant 2.5d$ 时，如图 5-18a 所示。

2）辐板带轮：用于中小尺寸的带轮，$d_d \leqslant 300mm$ 时，如图 5-18b 所示。

3）孔板带轮：用于尺寸较大的带轮，$(d_d-d)>100mm$ 时，如图 5-18c 所示。

4）椭圆轮辐带轮：用于尺寸大的带轮，$d_d > 500mm$ 时，如图 5-18d 所示。

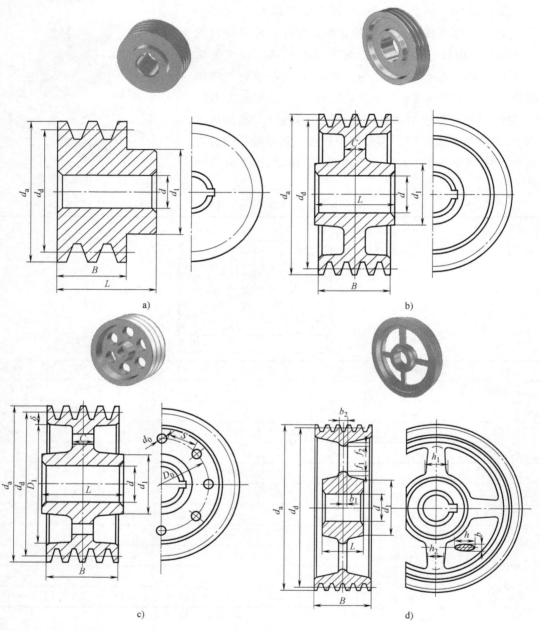

图 5-18 V 带轮结构

a）实心带轮 b）辐板带轮 c）孔板带轮 d）椭圆轮辐带轮

$d_1 = (1.8 \sim 2) d$，d 为轴的直径 $h_2 = 0.8h_1$ $D_0 = 0.5 (D_1 + d_1)$

$b_1 = 0.4h_1$ $b_2 = 0.8b_1$ $d_0 = (0.2 \sim 0.3)(D_1 - d_1)$

$C = \left(\dfrac{1}{7} \sim \dfrac{1}{4} \right) B$ $h_1 = 290 \sqrt[3]{\dfrac{P}{nz_a}}$ $S = C$

$L = (1.5 \sim 2) d$，当 $B < 1.5d$ 时，$L = B$ $f_1 = 0.2h_1$ $f_2 = 0.2h_2$

式中，P 为传递的功率（kW）；n 为带轮的转速（r/min）；z_a 为轮辐数。

带传动测
试题（第一节）

第二节　带传动的工作情况分析

一、带传动受力分析

在安装传动带时，传动带即以一定的预紧力 F_0 紧套在两个带轮上。在预紧力 F_0 的作用下，带和带轮的接触面上就产生了正压力。带传动不工作时传动带两边的拉力相等，都等于 F_0，如图 5-19a 所示。

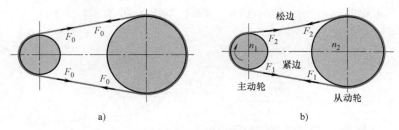

图 5-19　带传动工作图
a）非工作状态　b）工作状态

设主动轮以带速 n_1 转动，带与带轮的接触面间便产生摩擦力，主动轮作用在带上的摩擦力 F_f 的方向和主动轮的圆周速度方向相同，主动轮即靠此摩擦力驱动带运动；带作用在从动轮上的摩擦力的方向，显然与带的运动方向相同，带同样靠摩擦力 F_f 驱动从动轮以转速 n_2 转动。这时传动带两边的拉力也相应地发生了变化：带绕上主动轮的一边被拉紧，叫作紧边，紧边拉力由 F_0 增加到 F_1；带绕上从动轮的一边被放松，叫作松边，松边拉力由 F_0 减小到 F_2。如果近似地认为带工作时的总长度不变，则带的紧边拉力的增加量，应等于松变拉力的减小量，即

$$F_1-F_0=F_0-F_2 \text{ 或 } F_1+F_2=2F_0 \tag{5-1}$$

若以主动轮一段为分离体，则有总摩擦力 F_f 和两边拉力对轴心的力矩的代数和为零，从而可得出

$$F_f=F_1-F_2 \tag{5-2}$$

在带传动中，有效拉力 F_e 就是带传动的有效圆周力，它是带和带轮接触面上的各点摩擦力的总和，故整个传动带工作面上的总摩擦力 F_f 即等于带所传递的有效拉力，即

$$F_e=F_f=F_1-F_2 \tag{5-3}$$

则，带传动所能传递的功率 P（单位为 kW）为

$$P=F_e v/1000 \tag{5-4}$$

将上述公式整理可得 $F_1=F_0+F_e/2$，$F_2=F_0-F_e/2$。

二、最大有效拉力与打滑

根据式（5-4）可知，当带速一定时，带所能传递的功率取决于带传动中的有效拉力。有效拉力即带传动中的总摩擦力。带传动中的摩擦力是一定的，当带传递的功率过大，带传动的拉力大于总摩擦力时，带与带轮之间会产生明显的相对滑动，此现象称之为打滑。打滑

的出现会使带剧烈磨损,因此在实际生产中要避免打滑的出现。我们将带即将发生打滑趋势时的最大摩擦力,即带传动的有效拉力的最大值称为带传动的最大有效拉力,用字母 F_{ec} 表示。

在带即将打滑的临界状态(摩擦力达到极限值)时,紧边拉力和松边拉力的关系符合以下欧拉公式(忽略离心力):

$$F_1 = F_2 e^{f\alpha} \tag{5-5}$$

式中,e 为自然指数(e = 2.178…);f 为带与带轮之间的摩擦系数;α 为带在带轮上的包角(rad)。

小带轮与大带轮的包角分别用 α_1 和 α_2 表示,如图 5-20 所示。

包角可由下式计算得出

$$\begin{cases} \alpha_1 \approx 180° - (d_{d2} - d_{d1}) \dfrac{57.3°}{a} \\ \alpha_2 \approx 180° + (d_{d2} - d_{d1}) \dfrac{57.3°}{a} \end{cases} \tag{5-6}$$

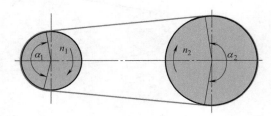

图 5-20　包角

式中,α_1 和 α_2 分别为小带轮、大带轮的包角(°);d_{d1} 和 d_{d2} 分别为小带轮、大带轮的基准直径(mm);a 为中心距(mm)。

将式(5-1)、式(5-3)、式(5-5)联立求解,得出最大有效拉力的计算公式为

$$F_{ec} = 2F_0 \frac{e^{f\alpha} - 1}{e^{f\alpha} + 1} \tag{5-7}$$

式中的包角应取 α_1 和 α_2 中的较小者。

由式(5-7)可知,最大有效拉力 F_{ec} 与下列几个因素有关:

1)初拉力 F_0。F_{ec} 与 F_0 成正比,初拉力 F_0 越大,F_{ec} 就越大。但 F_0 过大会加剧带的磨损,致使带过快松弛,缩短其工作寿命。

2)摩擦系数 f。f 越大,摩擦力也越大,F_{ec} 就越大。

3)包角 α。F_{ec} 随 α 的增大而增大。打滑首先发生在小带轮上。

三、带的应力分析

带传动时,带中存在着以下三种应力:

1. 拉应力

拉应力包括紧边拉应力 σ_1 和松边拉应力 σ_2。

$$\begin{cases} \sigma_1 = \dfrac{F_1}{A} \\ \sigma_2 = \dfrac{F_2}{A} \end{cases} \tag{5-8}$$

式中,σ_1 和 σ_2 分别为紧边拉应力和松边拉应力(MPa);F_1 和 F_2 分别为紧边拉力和松边拉力(N);A 为带的横截面积(mm^2)。

2. 离心拉应力

当带随着带轮做圆周转动时，带自身的质量将产生离心拉力，离心拉力存在于带的全长范围内。由离心力产生的离心拉应力 σ_c 为

$$\sigma_c = \frac{qv^2}{A} \tag{5-9}$$

式中，q 为传动带单位长度的质量（kg/m）；v 为带的线速度（m/s）。

3. 弯曲应力

带绕过带轮时，因弯曲而产生的应力称为弯曲应力。弯曲应力仅在带绕上带轮时有。由于大、小带轮的直径不同，因此带绕上大、小带轮时所引起的弯曲变形不同，故受到的弯曲应力也不同。带中的弯曲应力 σ_{b1} 和 σ_{b2} 为

$$\begin{cases} \sigma_{b1} \approx E\dfrac{h}{d_{d1}} \\[3mm] \sigma_{b2} \approx E\dfrac{h}{d_{d2}} \end{cases} \tag{5-10}$$

式中，h 为传动带的高度（mm）；E 为传动带的弹性模量（MPa）。

由式（5-10）也可得出，带的弯曲应力与带轮的基准直径成反比，所以带在小带轮上产生的弯曲应力大于带在大带轮上产生的弯曲应力。在实际生产中，为了避免弯曲应力过大，应限制带轮的最小直径。

在工作中，带可能产生最大应力。图5-21 所示为带工作时的应力分布情况。在带工作过程中，紧边拉应力大于松边拉应力，带在小带轮上的弯曲应力大于带在大带轮上的弯曲应力，而离心拉应力处处相等，因此，带中可能产生的瞬时最大应力发生在带的紧边开始绕上小带轮处。此处的最大应力可近似按下式计算为

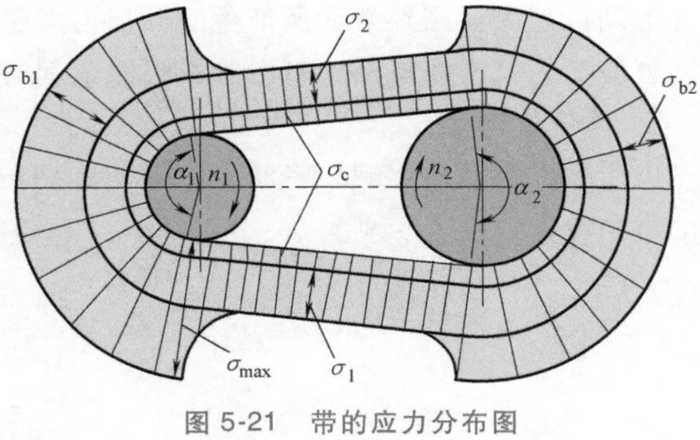

图 5-21　带的应力分布图

$$\sigma_{max} \approx \sigma_1 + \sigma_{b1} + \sigma_c \tag{5-11}$$

三种应力共同作用下，带在运动过程中，任意点上的应力都是变化的。因为带处在变应力条件下工作，故易产生疲劳破坏。为保证带有足够的疲劳寿命，应使带中的最大应力 σ_{max} 小于或等于带材料的许用应力 $[\sigma]$，即

$$\sigma_{max} = \sigma_1 + \sigma_c + \sigma_{b1} \leqslant [\sigma] \tag{5-12}$$

四、带的弹性滑动

1. 定义

带是弹性体，当带受到拉力时会产生弹性变形，弹性变形量的大小与带上受到的拉力大小有关。带传动工作时，带的紧边和松边拉力不相等，则带的松边和紧边产生的伸长量也不

相等。如图 5-22 所示，在主动轮上，带刚绕上主动轮的 A_1 点时，带与带轮的速度是相等的，当带运动到绕出主动带轮的 B_1 点时，带所受拉力由紧边拉力 F_1 逐渐减少到松边拉力 F_2，带的弹性伸长量相应地逐渐减少。因此，带相对于主动轮向后退缩，使得带的速度低于主动轮的圆周速度。在从动轮上，带绕上从动轮的 A_2 点时，带与从动带轮的速度也是相等的，但当带运动到绕出从动带轮的 B_2 点时，由于带所受拉力由松边拉力 F_2 逐渐增加到紧边拉力 F_1，带的弹性伸长量相应地逐渐增大，因此带相对于从动带轮微微地向前被拉长，使带的速度大于从动轮的圆周速度。这种由于带的弹性变形而引起的带与带轮之间的微量滑动，称为带的弹性滑动。

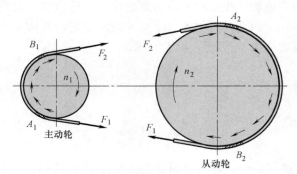

图 5-22　带的弹性滑动

弹性滑动动画

弹性滑动的大小与带的松、紧边拉力差有关。带的型号一定时，带传递的圆周力越大，弹性滑动也越大。当外载荷所产生的圆周力大于带与小带轮接触弧上的全部摩擦力时，弹性滑动就转变为打滑。显然，打滑是由过载引起的一种失效形式，应尽量避免。

2. 弹性滑动率

由于弹性滑动的影响，将使从动轮的圆周速度 v_2 低于主动轮的圆周速度 v_1，其降低的程度可用弹性滑动率 ε 来计算。

$$\varepsilon = \frac{v_1 - v_2}{v_1} \tag{5-13}$$

其中，
$$\begin{cases} v_1 = \dfrac{\pi d_{d1} n_1}{60 \times 1000} \\ v_2 = \dfrac{\pi d_{d2} n_2}{60 \times 1000} \end{cases} \tag{5-14}$$

式中，n_1 和 n_2 分别为主动轮和从动轮的转速（r/min）。

将式（5-14）代入式（5-13）中得

$$d_{d2} n_2 = (1 - \varepsilon) d_{d1} n_1 \tag{5-15}$$

因而带传动的平均传动比为

$$i = \frac{n_1}{n_2} = \frac{d_{d2}}{(1 - \varepsilon) d_{d1}} \tag{5-16}$$

在一般的带传动中，因弹性滑动率不大，约为 1% ~ 2%，故可以不予考虑，而取传动

比为

$$i=\frac{n_1}{n_2}=\frac{d_{d2}}{d_{d1}} \tag{5-17}$$

带传动测试
题（第二节）

由于弹性滑动随拉力 F 产生变化，所以 ε 也随传递的拉力产生变化。

3. 弹性滑动与打滑的区别

弹性滑动与打滑的区别见表 5-4。

表 5-4 弹性滑动与打滑的区别

	弹性滑动	打滑
现象	接触弧上局部滑动	接触弧上全部滑动
原因	①带两边拉力差 ②带的弹性	过载
存在	不可避免	可避免
后果	①$i_{12} \neq$ 常数 ②$\eta \downarrow$，磨损 $\uparrow$，温升 $\uparrow$	传动失效

第三节　V 带传动的设计计算

一、带传动的失效形式和设计准则

带传动的主要失效形式是疲劳破坏和打滑。针对带传动的主要失效形式，带传动的设计准则为在保证带传动不打滑的情况下，使带具有一定的疲劳强度和寿命。

由疲劳强度条件，带受到的最大应力应小于或等于许用应力，可得

$$\sigma_{max}=\sigma_1+\sigma_{b1}+\sigma_c \leqslant [\sigma] \tag{5-18}$$

$$\sigma_1 \leqslant [\sigma]-\sigma_{b1}-\sigma_c$$

由不打滑条件，带传递的工作拉力 F_e 应该小于等于最大有效拉力 F_{ec}，可得

$$F_e \leqslant F_{ec} \tag{5-19}$$

$$F_{ec}=F_1\left(1-\frac{1}{e^{f\alpha}}\right) \tag{5-20}$$

结合式（5-18）、式（5-19）和式（5-20），可得带传动的最大有效拉力的计算式为

$$F_{ec}=F_1\left(1-\frac{1}{e^{f\alpha}}\right)=\sigma_1 A\left(1-\frac{1}{e^{f\alpha}}\right)=([\sigma]-\sigma_{b1}-\sigma_c)A\left(1-\frac{1}{e^{f\alpha}}\right) \tag{5-21}$$

则单根 V 带所能传递的功率 P_0 可由下式求得

$$P_0=\frac{F_{ec}v}{1000}=\frac{([\sigma]-\sigma_{b1}-\sigma_c)\left(1-\frac{1}{e^{f\alpha}}\right)Av}{1000} \tag{5-22}$$

式中，P_0 为带的基本额定功率（kW）；v 为带的运动速度（m/s）；A 为 V 带的截面积（mm^2）。

在工程实际中，单根普通 V 带的基本额定功率 P_0 是通过试验得到的。

二、单根 V 带的基本额定功率 P_0 和额定功率 P_r

单根 V 带的基本额定功率是在特定的试验条件下得到的，其中包角 $\alpha_1 = \alpha_2 = 180°$（$i = 1$）、特定带长 L_d、平稳工作条件，P_0 值见表 5-5 和表 5-6。

表 5-5　单根普通 V 带的基本额定功率 P_0　　　　（单位：kW）

带型	小带轮基准直径 d_{d1}/mm	小带轮转速 n_1/（r/min）						
		400	730	800	980	1200	1460	2800
Z 型	50	0.06	0.09	0.1	0.12	0.14	0.16	0.26
	63	0.08	0.13	0.13	0.18	0.22	0.25	0.41
	71	0.09	0.17	0.17	0.23	0.27	0.31	0.5
	80	0.14	0.2	0.2	0.26	0.3	0.36	0.56
A 型	75	0.27	0.42	0.45	0.52	0.6	0.68	1
	90	0.39	0.63	0.68	0.79	0.93	1.07	1.64
	100	0.47	0.77	0.83	0.97	1.14	1.32	2.05
	112	0.56	0.93	1	1.18	1.39	1.62	2.51
	125	0.67	1.11	1.19	1.4	1.66	1.93	2.98
B 型	125	0.84	1.34	1.44	1.67	1.93	2.2	2.96
	140	1.05	1.69	1.82	2.13	2.47	2.83	3.85
	160	1.32	2.16	2.23	2.72	3.17	3.64	4.89
	180	1.59	2.61	2.81	3.3	3.85	4.41	5.76
	200	1.85	3.05	3.3	3.86	4.5	5.15	6.43
C 型	200	2.41	3.8	4.07	4.66	5.29	5.86	5.01
	224	2.99	4.778	5.12	5.89	6.71	7.47	6.08
	250	3.62	5.82	6.23	7.18	8.12	9.06	6.56
	280	4.32	6.99	7.52	8.65	9.81	10.74	6.13
	315	5.41	8.34	8.92	10.23	11.53	12.48	4.16
	400	7.06	11.52	12.1	13.67	15.04	15.51	—

表 5-6　单根窄 V 带的基本额定功率 P_0　　　　（单位：kW）

带型	小带轮基准直径 d_{d1}/mm	小带轮转速 n_1/（r/min）						
		400	730	800	980	1200	1460	2800
SPZ 型	63	0.35	0.56	0.6	0.7	0.81	0.93	1.45
	71	0.44	0.72	1.78	0.92	1.08	1.25	2
	80	0.55	0.88	1.99	1.15	1.38	1.6	2.61
	90	0.67	1.12	1.12	1.44	1.7	1.98	3.26
SPA 型	90	0.75	1.21	1.3	1.52	1.76	2.02	3
	100	0.94	0.54	1.65	1.93	2.27	2.61	3.99
	112	1.16	1.91	2.07	2.44	2.86	3.31	5.15
	125	1.4	2.33	2.52	2.98	3.05	4.06	6.34
	140	1.68	2.81	3.03	3.58	4.23	4.91	7.64

（续）

带型	小带轮基准直径 d_{d1}/mm	小带轮转速 $n_1/(r/min)$						
		400	730	800	980	1200	1460	2800
SPB 型	140	1.92	3.13	3.35	3.92	4.55	5.21	7.15
	160	2.47	4.06	4.37	5.13	5.98	6.89	9.52
	180	3.01	4.99	5.37	6.31	7.38	8.5	11.62
	200	3.54	5.88	6.35	7.47	8.74	10.07	13.41
	224	4.18	6.97	7.52	8.83	10.33	11.86	15.14
SPC 型	224	5.19	8.82	10.43	10.39	11.89	13.26	—
	250	6.31	10.27	11.02	12.76	14.61	16.26	—
	280	7.59	12.4	13.31	15.4	17.6	19.49	—
	315	9.07	14.82	15.9	18.37	20.88	22.92	—
	400	12.56	20.41	21.84	25.15	27.33	29.4	—

当实际工作条件下的传动比、V 带长度、包角与试验条件不同时，单根 V 带能传递的额定功率将不等于基本额定功率。此时需要对单根 V 带的基本额定功率 P_0 进行修正，从而可以得到单根 V 带在实际工作条件下的额定功率 P_r，修正式为

$$P_r = (P_0 + \Delta P_0) K_\alpha K_L \qquad (5-23)$$

式中，ΔP_0 为单根 V 带额定功率的增量（$i \neq 1$ 时），详见表 5-7 和表 5-8；K_α 为包角修正系数（$\alpha \neq 180°$），详见表 5-9；K_L 为带长修正系数，当带长不等于试验时的特定长度时需要引入带长修正系数（非试验时的），详见表 5-1。

表 5-7　单根 V 带额定功率的增量 ΔP_0　　　　　（单位：kW）

带型	小带轮转速 $n_1/(r/min)$	传动比 i									
		1.00~1.01	1.02~1.04	1.05~1.08	1.09~1.12	1.13~1.18	1.19~1.24	1.25~1.34	1.35~1.51	1.52~1.99	≥2.0
Z	400	0.00	0.00	0.00	0.00	0.00	0.00	0.00	0.00	0.01	0.01
	730	0.00	0.00	0.00	0.00	0.00	0.00	0.01	0.01	0.01	0.02
	800	0.00	0.00	0.00	0.00	0.01	0.01	0.01	0.01	0.02	0.02
	980	0.00	0.00	0.00	0.00	0.01	0.01	0.01	0.02	0.02	0.02
	1200	0.00	0.00	0.01	0.01	0.01	0.01	0.02	0.02	0.02	0.03
	1460	0.00	0.00	0.01	0.01	0.01	0.02	0.02	0.02	0.03	0.03
	2800	0.00	0.01	0.02	0.02	0.03	0.03	0.03	0.04	0.04	0.04
A	400	0.00	0.01	0.01	0.02	0.02	0.03	0.03	0.04	0.04	0.05
	730	0.00	0.01	0.02	0.03	0.03	0.04	0.05	0.06	0.07	0.09
	800	0.00	0.01	0.02	0.03	0.04	0.05	0.06	0.08	0.09	0.10
	980	0.00	0.01	0.03	0.04	0.05	0.06	0.07	0.08	0.10	0.11
	1200	0.00	0.02	0.03	0.05	0.07	0.08	0.10	0.11	0.13	0.15
	1460	0.00	0.02	0.04	0.06	0.08	0.09	0.11	0.13	0.15	0.17
	2800	0.00	0.04	0.08	0.11	0.15	0.19	0.23	0.26	0.30	0.34

（续）

带型	小带轮转速 $n_1/(\text{r/min})$	传动比 i									
		1.00~1.01	1.02~1.04	1.05~1.08	1.09~1.12	1.13~1.18	1.19~1.24	1.25~1.34	1.35~1.51	1.52~1.99	≥2.0
B	400	0.00	0.01	0.03	0.04	0.06	0.07	0.08	0.10	0.11	0.13
	730	0.00	0.02	0.05	0.07	0.10	0.12	0.15	0.17	0.20	0.22
	800	0.00	0.03	0.06	0.08	0.11	0.14	0.17	0.20	0.23	0.25
	980	0.00	0.03	0.07	0.10	0.13	0.17	0.20	0.23	0.26	0.30
	1200	0.00	0.04	0.08	0.13	0.17	0.21	0.25	0.30	0.34	0.38
	1460	0.00	0.05	0.10	0.15	0.20	0.25	0.31	0.36	0.40	0.46
	2800	0.00	0.10	0.20	0.29	0.39	0.49	0.59	0.69	0.79	0.89
C	400	0.00	0.04	0.08	0.12	0.16	0.20	0.23	0.27	0.31	0.35
	730	0.00	0.07	0.14	0.21	0.27	0.34	0.41	0.48	0.55	0.62
	800	0.00	0.08	0.16	0.23	0.31	0.39	0.47	0.55	0.63	0.71
	980	0.00	0.09	0.19	0.27	0.37	0.47	0.56	0.65	0.74	0.83
	1200	0.00	0.12	0.24	0.35	0.47	0.59	0.70	0.82	0.94	1.06
	1460	0.00	0.14	0.28	0.42	0.58	0.71	0.85	0.99	1.14	1.27
	2800	0.00	0.27	0.55	0.82	1.10	1.37	1.64	1.92	2.19	2.47

表 5-8　单根窄 V 带额定功率的增量 ΔP_0　　　　（单位：kW）

带型	小带轮转速 $n_1/(\text{r/min})$	传动比 i									
		1.00~1.01	1.02~1.05	1.06~1.11	1.12~1.18	1.19~1.26	1.27~1.38	1.39~1.57	1.58~1.94	1.95~3.38	≥3.39
SPZ	200	0.00	0.00	0.01	0.01	0.02	0.02	0.02	0.03	0.03	0.03
	400	0.00	0.00	0.01	0.02	0.03	0.04	0.04	0.05	0.06	0.06
	730	0.00	0.01	0.02	0.04	0.06	0.07	0.08	0.09	0.10	0.10
	800	0.00	0.01	0.03	0.05	0.06	0.08	0.09	0.10	0.11	0.12
	980	0.00	0.01	0.03	0.06	0.08	0.09	0.11	0.12	0.13	0.14
	1200	0.00	0.01	0.04	0.07	0.09	0.11	0.13	0.15	0.16	0.17
	1460	0.00	0.02	0.05	0.08	0.11	0.14	0.16	0.18	0.20	0.21
	1600	0.00	0.02	0.05	0.09	0.13	0.15	0.18	0.20	0.22	0.23
	2000	0.00	0.02	0.07	0.12	0.16	0.19	0.22	0.25	0.27	0.29
	2400	0.00	0.03	0.08	0.14	0.19	0.23	0.27	0.30	0.33	0.35
	2800	0.00	0.03	0.09	0.16	0.22	0.27	0.31	0.35	0.38	0.41
	3200	0.00	0.04	0.11	0.18	0.25	0.31	0.36	0.40	0.44	0.47
	3600	0.00	0.04	0.12	0.20	0.28	0.34	0.40	0.46	0.49	0.52
	4000	0.00	0.05	0.13	0.23	0.31	0.38	0.45	0.51	0.55	0.58
	4500	0.00	0.05	0.15	0.26	0.34	0.43	0.51	0.57	0.62	0.66
SPA	200	0.00	0.00	0.02	0.03	0.03	0.04	0.05	0.05	0.06	0.06
	400	0.00	0.01	0.03	0.05	0.07	0.08	0.10	0.11	0.12	0.13
	730	0.00	0.02	0.05	0.09	0.12	0.15	0.17	0.19	0.21	0.22
	800	0.00	0.02	0.06	0.10	0.14	0.17	0.20	0.22	0.24	0.25
	980	0.00	0.03	0.07	0.12	0.16	0.20	0.23	0.26	0.28	0.30

（续）

带型	小带轮转速 $n_1/(r/min)$	传动比 i									
		1.00~1.01	1.02~1.05	1.06~1.11	1.12~1.18	1.19~1.26	1.27~1.38	1.39~1.57	1.58~1.94	1.95~3.38	≥3.39
SPA	1200	0.00	0.03	0.09	0.15	0.21	0.25	0.29	0.33	0.36	0.38
	1460	0.00	0.04	0.10	0.18	0.24	0.30	0.35	0.40	0.43	0.46
	1600	0.00	0.04	0.12	0.20	0.27	0.33	0.39	0.44	0.48	0.51
	2000	0.00	0.05	0.14	0.25	0.34	0.41	0.49	0.55	0.60	0.63
	2400	0.00	0.06	0.17	0.30	0.41	0.50	0.59	0.66	0.72	0.76
	2800	0.00	0.07	0.20	0.35	0.48	0.58	0.68	0.77	0.84	0.89
	3200	0.00	0.08	0.23	0.40	0.54	0.66	0.78	0.88	0.95	1.01
	3600	0.00	0.10	0.26	0.45	0.62	0.75	0.88	0.99	1.07	1.14
	4000	0.00	0.11	0.29	0.50	0.68	0.83	0.98	1.01	1.19	1.27
	4500	0.00	0.12	0.32	0.57	0.77	0.93	1.10	1.24	1.34	1.42
SPB	200	0.00	0.01	0.03	0.05	0.07	0.09	0.10	0.11	0.12	0.13
	400	0.00	0.02	0.06	0.10	0.14	0.17	0.20	0.22	0.25	0.26
	730	0.00	0.04	0.11	0.19	0.26	0.31	0.36	0.41	0.45	0.47
	800	0.00	0.04	0.12	0.21	0.28	0.34	0.40	0.45	0.49	0.52
	980	0.00	0.05	0.15	0.25	0.34	0.42	0.49	0.55	0.60	0.64
	1200	0.00	0.07	0.18	0.31	0.42	0.52	0.60	0.68	0.74	0.78
	1460	0.00	0.08	0.22	0.38	0.51	0.62	0.73	0.82	0.89	0.95
	1600	0.00	0.09	0.24	0.41	0.56	0.68	0.80	0.90	0.98	1.04
	2000	0.00	0.11	0.30	0.52	0.70	0.85	1.00	1.13	1.23	1.30
	2400	0.00	0.13	0.36	0.62	0.84	1.02	1.20	1.35	1.47	1.56
	2800	0.00	0.15	0.42	0.72	0.98	1.19	1.40	1.58	1.72	1.82
	3200	0.00	0.17	0.47	0.83	1.13	1.36	1.60	1.81	1.96	2.08
	3600	0.00	0.20	0.53	0.93	1.27	1.53	1.80	2.03	2.21	2.34
SPC	200	0.00	0.03	0.07	0.13	0.17	0.21	0.24	0.27	0.30	0.32
	400	0.00	0.05	0.14	0.25	0.34	0.41	0.49	0.55	0.59	0.63
	730	0.00	0.10	0.26	0.46	0.62	0.75	0.89	1.00	1.08	1.15
	800	0.00	0.11	0.29	0.50	0.68	0.83	0.97	1.10	1.19	1.26
	980	0.00	0.13	0.35	0.62	0.84	1.01	1.19	1.34	1.46	1.55
	1200	0.00	0.16	0.43	0.75	1.02	1.24	1.46	1.64	1.78	1.89
	1460	0.00	0.19	0.53	0.92	1.24	1.51	1.77	2.00	2.17	2.30
	1600	0.00	0.21	0.58	1.00	1.36	1.65	1.94	2.19	2.38	2.52
	2000	0.00	0.26	0.72	1.25	1.71	2.07	2.43	2.74	2.97	3.15
	2400	0.00	0.32	0.86	1.51	2.05	2.48	2.92	3.28	3.57	3.79

表 5-9 包角修正系数 K_α

表 5-9　包角修正系数 K_α

包角 $\alpha/(°)$	180	170	160	150	140	130	120	110	100	90
K_α	1.00	0.98	0.95	0.92	0.89	0.86	0.82	0.78	0.74	0.69

三、带传动的设计计算

1. 已知条件和设计内容

V 带传动设计的已知条件包括：带传动的工作条件（原动机种类、工作机类型和特性等），所需传递的功率 P，主、从动轮的转速 n_1、n_2 或传动比 i，传动位置和外部尺寸的要求。

设计内容包括：带的型号、长度和根数的确定，带轮中心距的确定，带轮的材料、结构及尺寸的设计与选择，带的初拉力及作用在带轮轴上的压力计算、带张紧装置的设计。

2. 设计步骤及方法

（1）确定计算功率 P_{ca}　按工作情况确定工况因数 K_A，然后确定计算功率

$$P_{ca} = K_A P \tag{5-24}$$

式中，P_{ca} 为计算功率（kW）；K_A 为工作情况系数，见表 5-10；P 为所需传递的额定功率（kW），如电动机的额定功率或名义负载的功率。

表 5-10　工况系数 K_A

工况		K_A					
		空、轻载起动			重载起动		
		每天工作小时数/h					
		<10	10~16	>16	<10	10~16	>16
载荷变动微小	液体搅拌机、通风机和鼓风机（≤7.5kW）、离心式水泵和压缩机、轻型输送机	1.0	1.1	1.2	1.1	1.2	1.3
载荷变动小	带式输送机、通风机、旋转式水泵和压缩机、印刷机、旋转筛、锯木机和木工机械	1.1	1.2	1.3	1.2	1.3	1.4
载荷变动较大	制砖机、斗式提升机、往复式水泵和压缩机、起重机、磨粉机、冲剪机床、橡胶机械、振动筛、纺织机械、重载运输机	1.2	1.3	1.4	1.4	1.5	1.6
载荷变动大	破碎机（旋转式、颚式等）、磨碎机（球磨、棒磨、管磨）	1.3	1.4	1.5	1.5	1.6	1.8

注：1. 空、轻载起动：电动机（交流起动、三角起动、直流并励）、四缸以上的内燃机、装有离心式离合器、液力联轴器的原动机。

　　2. 重载起动：电动机（联机交流起动、直流复励或串励）、四缸以下的内燃机。

　　3. 反复启动，正反转频繁、工作条件恶劣：K_A 应乘以 1.2。

（2）V 带型号的确定　根据上一步计算得出的计算功率 P_{ca} 和小带轮的转速 n_1，按图 5-23 选取型号。

（3）确定小带轮、大带轮的基准直径 d_{d1}、d_{d2}　根据前面的内容可知，带轮的基准直径越小则 V 带的弯曲应力越大，为了避免 V 带受到过大的弯曲应力，规定了带轮的最小基准直径，见表 5-11。在实际设计中，带轮的基准直径 d_{d1} 应略大于最小直径 d_{min}，且取标准值。

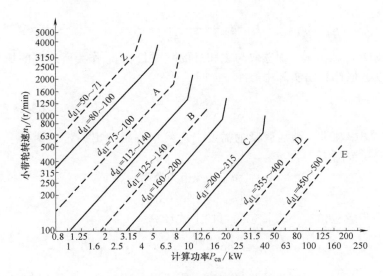

图 5-23 普通 V 带选型图

注：Y 型主要传递运动，故未列入图内。

表 5-11 V 带轮的最小基准直径

V 带轮型号	Y	Z	A	B	C	D	E
d_{min}/mm	20	50	75	125	200	355	500
基准直径系列/mm	28、31.5、35.5、40、45、50、56、63、71、80、90、100、112、125、132、140、150、160、180、200、224、250、280、315、355、400、500、360						

因 $i = \dfrac{n_1}{n_2} = \dfrac{d_{d2}}{d_{d1}}$，故大带轮的直径 $d_{d2} = id_{d1}$，圆整后按表 5-11 取标准值。当传动比要求较精确时，才考虑滑动率 ε 来计算大带轮直径，即 $d_{d2} = id_{d1}(1-\varepsilon)$，这时 d_{d2} 可不按表 5-11 圆整。

（4）验算 V 带速度 如果带轮速度过大，产生的离心应力变大，带轮的摩擦力会减小，传动的能力会降低。但是，速度也不能过小。从公式 $P = Fv$ 可以看出，当功率一定时，V 带速度越小，有效圆周力就越大，即 V 带与带轮之间的摩擦力越大，会使 V 带的寿命缩短。因此，在实际生产中，一定要验算 V 带的速度，见式（5-25）。一般将 V 带速度限制在 $5 \sim 25 \text{m/s}$。

$$v = \frac{\pi d_{d1} n_1}{60 \times 1000} \tag{5-25}$$

（5）确定中心距 a 及带的基准长度 L_d 中心距对运动的平稳性和带的寿命有一定的影响。中心距过大，则带的长度较大，回转过程中松边会产生较大的颤动，引起动载荷；中心距过小，则带的长度较短，单位时间内转动的圈数较多，带的疲劳强度降低；除此之外，中心距越小包角越小，带的传动能力较弱。因此，在实际生产中一般按式（5-26）初选中心距 a_0。

$$0.7(d_{d1}+d_{d2}) \leqslant a_0 \leqslant 2(d_{d1}+d_{d2}) \tag{5-26}$$

在初选中心距 a_0 后，可根据式（5-27）计算 V 带的初选长度 L'_d

$$L'_d = 2a_0 + \frac{\pi}{2}(d_{d1} + d_{d2}) + \frac{(d_{d2} - d_{d1})^2}{4a_0} \quad (5-27)$$

根据初选长度 L'_d，由表 5-1 选取与之相近的基准长度 L_d 作为所选带的长度，然后就可以近似计算出实际中心距 a，即

$$a \approx a_0 + \frac{L_d - L'_d}{2} \quad (5-28)$$

带长与包角确定拓展资料

考虑到安装调整和带松弛后张紧的需要，应给中心距留出一定的调整余量。中心距的变动范围为

$$\begin{cases} a_{min} = a - 0.015L_d \\ a_{max} = a + 0.03L_d \end{cases} \quad (5-29)$$

（6）验算小带轮包角　小带轮包角可按下式计算

$$\alpha_1 = 180° - \frac{d_{d2} - d_{d1}}{a} \times 57.3° \quad (5-30)$$

一般要求 $\alpha_1 \geqslant 120°$，否则应适当增大中心距或减小传动比，也可以加张紧轮。

（7）确定 V 带根数 z

$$z = \frac{P_{ca}}{[P_0]} = \frac{P_{ca}}{(P_0 + \Delta P_0)K_\alpha K_L} \quad (5-31)$$

带的根数应取整数。为使各带受力均匀，根数不宜过多，一般应满足 $z < 10$。如计算结果超出范围，应更改 V 带型号或加大带轮直径后重新设计。

（8）单根 V 带的初拉力 F_0　初拉力 F_0 小，则带传动的传动能力弱，易出现打滑。初拉力过大，则带的磨损快，寿命短，且对轴和轴承的压力大。因此确定初拉力时，既要发挥带的传动能力，又要保证带的寿命。单根 V 带的初拉力 F_0 可由下式确定

$$F_0 = 500 \frac{P_{ca}}{vz}\left(\frac{2.5}{K_\alpha} - 1\right) + qv^2 \quad (5-32)$$

由于新带易松弛，对不能调整中心距的普通 V 带传动，安装新带时的初拉力应为计算值的 1.5 倍。

（9）计算带传动作用在带轮轴上的压力 F_p　为了后期设计安装带轮的轴和轴承，需要计算作用在带轮上的压力 F_p。压力 F_p 可近地按带两边的初拉力的合力来计算，如图 5-24 所示，即：

$$F_p \approx 2zF_0 \sin\frac{\alpha_1}{2} \quad (5-33)$$

式中，α_1 为小带轮的包角（°）。

（10）带轮的结构设计（略）

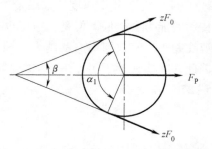

图 5-24　带轮轴上的压力计算示意图

带传动测试题（第三节）

带传动设计实例视频

第四节　V 带传动的张紧、安装和维护

一、V 带传动的张紧

V 带在预紧力的作用下，经过一段时间的运行后，就会由于塑性变形和磨损而松弛，造成预紧力 F_0 的降低，从而使 V 带的工作能力减弱。因此需要定期检测预紧力，当预紧力数值不足时，必须重新张紧。常用的张紧方式主要有以下几种：

1. 采用定期张紧装置

定期张紧是采用定期改变中心距的方法来调整带的预紧力。常用的方式有滑道式，如图 5-25a 所示，摆架式，如图 5-25b 所示。

a)　　　　　　　　　　　　　　　　b)

图 5-25　定期张紧装置

a）滑道式　b）摆架式

2. 采用自动张紧装置

如图 5-26 所示，不需要人为调整中心距，而是利用电动机的自重，使带轮随着电动机绕固定轴线摆动，以自动保持预紧力的大小。

3. 采用张紧轮装置

当中心距无法调整时，可采用张紧轮将带张紧，如图 5-27 所示。张紧轮一般应放在松边内侧，使带只承受单向弯曲载荷，同时应靠近大带轮，以免影响小带轮包角。张紧轮的轮槽与带轮相同，且直径应小于带轮直径。

图 5-26　自动张紧装置

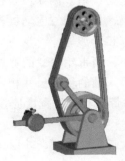

图 5-27　张紧轮装置

二、V 带传动的安装

1）各带轮的轴线必须保持规定的平行度，两轮轮槽中心线要共面且与轴线垂直，如图 5-28 所示。

2）安装带时，应通过调整中心距使带张紧，严禁强行撬入和撬出，以免损伤带。

3）不同厂家的 V 带和新旧不同的 V 带，不能同组使用。

4）按规定的初拉力张紧。对于中等中心距的带传动，可凭经验张紧（测定方法如图 5-29 所示）。

5）新带使用前，最好预先拉紧一段时间后再使用。

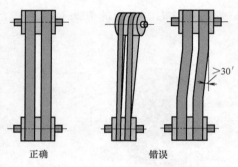

正确　　　　　　　错误

图 5-28　两带轮相对位置图

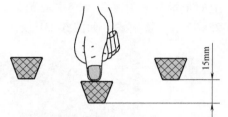

带的张紧程度经验测定法：带长度为1m的皮带，以大拇指能按下15mm为宜

图 5-29　张紧程度测试法示意图

三、V 带传动的维护

1）带传动装置应加防护罩，以保证安全。

2）带传动无须润滑，禁止加润滑油或润滑脂，及时清理带轮槽内及带上的油污。

3）定期检查带，如有一根松弛或损坏应全部更换。

4）工作温度不应超过 60℃。

5）若带传动装置需闲置一段时间，应将带放松。

带传动测试题
（第四节）

设计任务　项目中 V 带传动的设计

在 V 带传动设计过程中应注意以下问题：

第一，带轮的尺寸与传动装置外廓尺寸及安装尺寸的关系。例如，装在电动机轴上的小带轮外圆半径应小于电动机的中心高，带轮轴孔的直径、长度应与电动机轴的直径、长度相对应，大带轮的外圆半径不能过大，否则会与机器底座相干涉等。

第二，带轮的结构形式主要取决于带轮直径的大小，而带轮轮毂的宽度与带轮轮缘的宽度不一定相同，大带轮轴孔的直径和长度应与减速器输入轴的轴伸尺寸相适应，常取轮毂的宽度 $L=(1.5\sim2)d$，d 为轴孔直径。安装在电动机上的带轮轮毂的宽度应按电动机输出轴长度确定，而轮缘的宽度则取决于传动带的型号和根数。

第三，带轮的直径确定后，应验算实际传动比和大带轮的转速，并以此修正减速器的传动比和输入转矩。

为了使学习者更好地掌握带传动的设计方法，假设将图 3-3 所示的链式运输机中电动机与减速器之间的联轴器更改为普通 V 带传动，为了减小大带轮的结构尺寸不宜取过大的传动比，此处初取为 $i_{带} = 2$，则电动机输出功率 $P_d = 5.103 \text{kW}$，小带轮放在电动机轴上，故小带轮转速等于电动机转速，即 $n_1 = 960 \text{r/min}$，大带轮转速 $n_2 = 480 \text{r/min}$，允许误差为 $\pm 5\%$，运输机工作平稳，经常满载，两班制工作，则设计此 V 带传动需完成以下设计任务：①确定 V 带型号；②确定 V 带轮直径；③验算 V 带速度；④确定 V 带中心距和基准长度；⑤验算小带轮包角；⑥确定 V 带根数；⑦计算 V 带的初拉力；⑧计算 V 带传动作用在轴上的压轴力；⑨设计带轮结构。

解：

1. 确定 V 带型号

由运输机工况两班制工作，工作平稳，电动机功率 $P_d = 5.103 \text{kW}$（轻型运输机）等条件，查表 5-10 取工况系数 $K_A = 1.1$，则可得

$$P_{ca} = K_A P_d = 1.1 \times 5.103 \text{kW} = 5.61 \text{kW}$$

根据小带轮转速 $n_1 = 960 \text{r/min}$，计算功率 $P_{ca} = 5.61 \text{kW}$，由图 5-23 查找，可选择 A 型 V 带。

2. 确定 V 带轮直径

由图 5-23 得，小带轮 d_{d1} 的取值范围为 112~140mm，考虑到电动机的中心高为 132mm，查表 5-11 可选小带轮基准直径 $d_{d1} = 112 \text{mm}$。则大带轮直径为

$$d_{d2} = i d_{d1} = 2 \times 112 \text{mm} = 224 \text{mm}$$

3. 验算 V 带速度

V 带的速度一般限制在 5~25m/s，根据大、小带轮基准直径可得 V 带速度为

$$v = \frac{\pi d_{d1} n_1}{60 \times 1000} = \frac{3.14 \times 112 \times 960}{60 \times 1000} \text{m/s} = 5.627 \text{m/s}$$

带速 v 在 5~25m/s，符合要求。

4. 确定 V 带中心距和基准长度

初选中心距 a_0，则

$$0.7(d_{d1} + d_{d2}) \leqslant a_0 \leqslant 2(d_{d1} + d_{d2})$$
$$\Rightarrow 0.7 \times (112 + 224) \leqslant a_0 \leqslant 2 \times (112 + 224)$$
$$\Rightarrow 235.2 \leqslant a_0 \leqslant 672$$

为使结构紧凑，取偏低值，$a_0 = 320 \text{mm}$。

V 带基准长度为

$$L_d' = 2a_0 + \frac{\pi}{2}(d_{d1} + d_{d2}) + \frac{(d_{d2} - d_{d1})^2}{4a_0}$$

$$= 2 \times 320 + \frac{3.14}{2} \times (112 + 224) + \frac{(224 - 112)^2}{4 \times 320} \text{mm}$$

$$= (640 + 527.8 + 9.8) \text{mm}$$

$$= 1177.6 \text{mm}$$

由表 5-1 选 V 带基准长度 $L_d = 1120 \text{mm}$。则实际中心距为

$$a \approx a_0 + \frac{L_d - L'_d}{2} = 320 + \frac{1120 - 1177.6}{2} \text{mm} = 291.2 \text{mm}$$

中心距的变动范围为

$$a_{\min} = a - 0.015 L_d = 291.2 - 0.015 \times 1120 \text{mm} = 274.4 \text{mm}$$

$$a_{\max} = a + 0.03 L_d = 291.2 + 0.03 \times 1120 \text{mm} = 324.8 \text{mm}$$

5. 验算小带轮包角

$$\alpha_1 = 180° - \frac{d_{d2} - d_{d1}}{a} \times 57.3° = 180° - \frac{224 - 112}{291.2} \times 57.3° = 157.96°$$

小带轮包角大于 120°，符合要求。

6. 确定 V 带根数

由 A 型 V 带，小带轮直径 $d_{d1} = 112$mm，小轮转速 960r/min，传动比 $i = 2$，且利用线性插值法，查表 5-5 并计算得 $P_0 = 1.16$kW，查表 5-7 并计算得 $\Delta P_0 = 0.11$kW。

根据小带轮包角 $\alpha_1 = 157.96°$，查表 5-9 并利用线性插值法计算得 $K_\alpha = 0.944$。

根据 V 带基准长度，查表 5-1 得 $K_L = 0.91$。

$$z = \frac{P_{ca}}{[P_0]} = \frac{P_{ca}}{(P_0 + \Delta P_0) K_\alpha K_L} = \frac{5.61}{(1.16 + 0.11) \times 0.944 \times 0.91} = 5.14$$

向上圆整，取 V 带根数 $z = 6$。

7. 计算 V 带的初拉力

查表 5-2 得 A 型普通 V 带的质量 $q = 0.1 \text{kg} \cdot \text{m}^{-1}$。

$$F_0 = 500 \frac{P_{ca}}{vz} \left(\frac{2.5}{K_\alpha} - 1 \right) + qv^2 = 500 \times \frac{5.61}{5.627 \times 6} \left(\frac{2.5}{0.944} - 1 \right) \text{N} + 0.1 \times 5.627^2 \text{N} = 140.11 \text{N}$$

8. 计算 V 带传动作用在轴上的压轴力

$$F_p \approx 2z F_0 \sin \frac{\alpha_1}{2} = 2 \times 6 \times 140.11 \times \sin(157.96°/2) \text{N} = 1650.32 \text{N}$$

9. 设计带轮结构

（1）小带轮结构 $d_{d1} = 112$mm，小带轮孔径 d 与电动机输出轴径相同 $D = 38$mm，故可采用实心式结构，由表 5-3 查得 $e = 15 \pm 0.3$mm，$f_{\min} = 9$mm，可取 $f = 10$mm，则

轮毂宽：$L = (1.5 \sim 2) d = (1.5 \sim 2) \times 38 \text{mm} = 57 \sim 76 \text{mm}$，取 $L = 60$mm。

轮缘宽：$B = (z - 1) e + 2f = (6 - 1) \times 15 \text{mm} + 2 \times 10 \text{mm} = 95 \text{mm}$。

（2）大带轮结构 $d_{d2} = 224$mm，采用孔板式结构，轮缘宽度可与小带轮相同，轮毂宽度可与轴的结构设计同步进行。

（3）大、小带轮零件图 略。

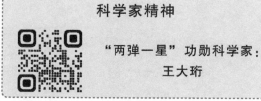

科学家精神

"两弹一星" 功勋科学家：
王大珩

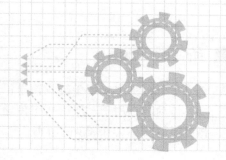

第六章

链传动的设计

（一）主要内容

链传动的特点、分类和应用；链条和链轮的结构；链传动的工作情况分析；链传动的布置。

（二）学习目标

1. 了解滚子链的结构、规格、基本尺寸和链轮的主要几何尺寸。

2. 掌握滚子链传动的运动特性。

3. 掌握滚子链传动的失效形式、设计准则、设计计算方法和参数选取原则。

4. 掌握链传动的布置方式。

（三）重点与难点

1. 链传动的工况分析、多边形效应及动载荷。

2. 链传动的设计计算。

第一节　认识链传动

一、链传动的特点、分类及应用

链传动是通过链条将具有特殊齿形的主动链轮的运动和动力传递到具有特殊齿形的从动链轮的一种传动方式，如图6-1所示。

组成：主动链轮，从动链轮和环形链条。

作用：靠链与链轮轮齿之间的啮合实现平行轴之间的同向传动。

优点：与带传动相比，链传动无弹性滑动和打滑现象，平均传动比准确，工作可靠，效率高；传递功率大，过载能力强，相同工况下的传动尺寸小；所需张紧力小，作用于轴上的压力小；能在高温、潮湿、多尘、有污染等

图6-1　链传动

恶劣环境中工作。与齿轮传动相比，链传动安装精度要求较低，成本低廉，可远距离传动。

缺点：链传动仅能用于两平行轴间的传动；成本高，易磨损，易伸长，传动平稳性差，运转时会产生附加动载荷、振动、冲击和噪声，不宜用在急速反向的传动中。

分类：按照用途不同，链可分为起重链、牵引链和传动链三大类。

起重链：主要用于起重机械中提起重物，其工作速度 $v \leqslant 0.25\text{m/s}$，如图6-2所示。

牵引链：主要用于链式输送机中移动重物，其工作速度 $v \leq 4\text{m/s}$，如图 6-3 所示。

传动链：用于一般机械中传递运动和动力，通常工作速度 $v \leq 15\text{m/s}$，传动链有滚子链和齿形链两种，如图 6-4 所示。

图 6-2　起重链　　　　图 6-3　牵引链　　　　图 6-4　传动链（滚子链与齿形链）

应用：链传动适用于两轴相距较远，要求平均传动比不变，但对瞬时传动比要求不严格，工作环境恶劣（多油、多尘、高温）等场合。通常，链传动的传动比 $i \leq 8$；中心距 $a \leq 5\text{m}$；传递功率 $P \leq 100\text{kW}$；圆周速度 $v \leq 15\text{m/s}$；传动效率为 $0.95 \sim 0.98$。链传动广泛应用于矿山机械、农业机械、石油机械、机床及摩托车中。

本章重点介绍传动链的设计方法。

二、传动链结构特点

1. 滚子链

（1）结构　如图 6-5、图 6-6 所示，滚子链由销轴、滚子、套筒、内链板及外链板组成。内链板与套筒、外链板与销轴均为过盈配合；滚子与套筒、套筒与销轴均为间隙配合。工作时，内外链节间可以相对挠曲，套筒可绕销轴自由转动，滚子套在套筒上减小链条与链轮间的磨损。为减轻重量并使各截面强度相等，内外链板常制成"8"字形。链条各零件由碳素钢或合金钢制造，通常经过热处理以达到一定强度和硬度。

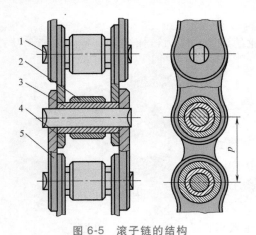 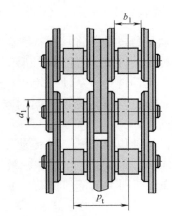

图 6-5　滚子链的结构　　　　　　　图 6-6　双排链的结构

1—销轴　2—滚子　3—套筒　4—内链板　5—外链板

为了形成链节首尾相接的环形链条，要用接头加以连接。滚子链的接头形式如图 6-7 所示。当链节数（L_p）为偶数时，接头处可用开口销或弹簧卡片来固定。开口销一般用于大节距滚子链，弹簧卡片一般用于小节距滚子链。当链节数为奇数时，可采用过渡链节连接，如图 6-8 所示。过渡链节的链板会产生附加弯矩，应尽量避免奇数链节。

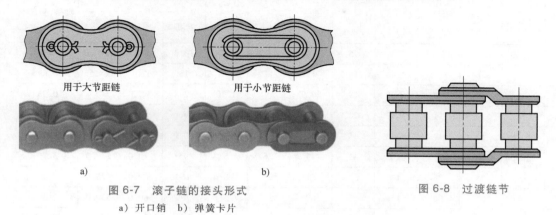

图 6-7　滚子链的接头形式　　　　　　　　　　　图 6-8　过渡链节
a）开口销　b）弹簧卡片

（2）主要参数　滚子链的主要参数有滚子直径 d_1、内链节内宽 b_1、节距 p、排数 Z_p、排距 p_t、销轴长度 L。

节距 p（基本参数）：滚子链上相邻两滚子中心的距离，如图 6-5 所示。当节距增大时，滚子链中其他元件的尺寸会跟着增大，相应的滚子链传递的功率也随之增大。

滚子链有单排链、双排链、多排链，如图 6-6 所示为双排链。多排链的承载能力与排数成正比，但由于精度的影响，各排的载荷不易均匀，故排数不宜过多，一般不超过 4 排。相邻两排链之间的距离称为排距，用 p_t 表示。

滚子链已标准化，分 A、B 两系列。A 系列用于重载、高速或重要传动，应用广泛；B 系列用于一般传动，见表 6-1。

标准记号：链号—排数—链节数　标准编号。

例：08A—1—88　GB/T 1243—2006 表示 A 系列、节距 $p=12.7$mm，单排，88 节。

表 6-1　标准型号滚子链参数

链号	节距 p /mm	滚子直径 d_{1max} /mm	内链节内宽 b_{1min} /mm	销轴直径 d_{2max} /mm	销轴长度		内链板高度 h_{2max} /mm	链板厚度 t_{max} /mm	极限拉伸载荷 Q_{min}/kN			单位长度的质量（单排）q/(kg/m)
					L_{min} /mm	L_{max} /mm			单排	双排	三排	
08A	12.70	7.95	7.85	3.96	16.6	17.8	12	1.5	14.10	27.8	41.7	0.62
10A	15	10.16	9.40	5.08	20	22.20	15	2	22.20	43.6	65.4	1.02
12A	19	11.91	12.57	5.94	25	27.70	18	2	31.80	62.6	93.9	1.50
16A	25.40	15.88	15.75	7.92	32.7	35.00	24	3	56.70	111.2	166.8	2.60
20A	31.75	19.05	18.90	9.53	40	44.70	30	4	88.50	174.0	261.0	3.91
24A	38	22.23	25.22	11	50	54.30	35	4	127.00	250.0	375.0	5.62
28A	44	25.40	25.22	12	54	59.00	41	5	172.40	340.0	510.0	7.50
32A	50	28.58	31.55	14	64	69.60	47	6	226.80	446.0	669.0	10.10
36A	57	35.71	35.48	17	72	78.60	53	7	280.20	562.0	843.0	13.45
40A	63	39.68	37.85	19	80	87.20	60	8	353.80	694.0	1041.0	16.15

（续）

链号	节距 p /mm	滚子直径 d_{1max} /mm	内链节内宽 b_{1min} /mm	销轴直径 d_{2max} /mm	销轴长度		内链板高度 h_{2max} /mm	链板厚度 t_{max} /mm	极限拉伸载荷 Q_{min}/kN			单位长度的质量（单排）q/（kg/m）
					L_{min} /mm	L_{max} /mm			单排	双排	三排	
48A	76.20	47.63	47.35	23	95	103	72	9	510.30	1000.0	1500.0	23.20
08B	12.7	8.51	7.75	4.45	16	18	11	1.6	18	31.1	44.5	0.69
10B	15	10	9.65	5.08	19	20.9	14	1.70	22.4	44.5	66.7	0.93
12B	19	12	11	5.72	22	24	16	1.85	29.0	57.8	86.7	1.15
16B	25.40	15	17	8.28	36	37	21	4.15/3	60.0	106.0	160.0	2.71
20B	31.75	19	19	10	41	45	26	4.5/3	95	170.0	250.0	3.70
24B	38	25	25	14	53	57	33	6.0/4	160	280.0	425.0	7.10
28B	44	27	30	15	65	69	36	7.5/6	200	360.0	530.0	8.50
32B	50	29	30	17	66	71.0	42	7.0/6	250	450.0	670.0	10.25
40B	36	39	38	22	82	89	52	8.5/8	355	630.0	950.0	16.35
48B	76.20	48	45	29	99	107	63	12/10	560	1000.0	1500.0	25.00
56B	88.9	53.98	53.34	34.32	114.6	123.0	77.85	13.5/12	850	1600	2240	35.78
64B	101.6	63.50	60.96	39.40	130.9	138.5	90.17	15/13	1120	2000	3000	46
72B	114.3	72.39	68.58	44.48	147.4	156.4	103.63	17/15	1400	2500	3750	60.80

2. 齿形链

齿形链由一系列的齿链板和导板交替装配而成，且通过销轴或组合的铰接元件进行连接，相邻节距间为铰连接，如图 6-9 所示。齿形链链板两侧的直边为工作边，两个直边所夹的角为齿楔角，一般多为 60°。为防止工作时发生侧向窜动，齿形链上设有导板，根据导向形式可分为：内导式齿形链、外导式齿形链，如图 6-10 所示。

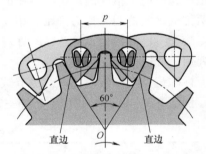

图 6-9 齿形链结构

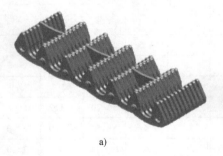
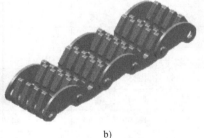

a) b)

图 6-10 齿形链

a）内导式齿形链 b）外导式齿形链

齿形链主要特点如下：

（1）噪声小 齿形链通过工作链板与渐开线齿形链轮进行啮合传递动力，同滚子链和套筒链相比其多边形效应（详见第二节内容）明显降低，冲击小、运行平稳、啮合噪声较小。

（2）可靠性较高 齿形链的链节是多片式结构，当其中个别链片在工作中遭到破坏时并不影响整根链条的工作，可及时发现并更换，如需增加承载能力只需在宽度方向上增加较小尺寸（增加链片排数）。

（3）运动精度高 齿形链各链节磨损伸长均匀，可保持较高的运动精度。

应用范围：齿形链主要应用于纺织机械和无心磨床，以及传送机等机械设备。

三、滚子链链轮的结构和材料

1. 滚子链链轮齿形

链轮轮齿的齿形应保证链节能自由地进入和退出啮合，在啮合时应保证良好的接触，同时形状应尽可能简单，并便于加工。

滚子链的轮齿齿形已标准化，应用最普遍的是三圆弧-直线齿形，如图 6-11 所示，端面齿形由 3 段圆弧 aa'、ab、cd 和 1 段直线 bc 组成。这种齿形啮合处的接触应力较小，承载能力高，并可采用标准刀具加工。设计时采用此齿形，在零件工作图上可不必画出，只需注明链轮的基本参数和主要尺寸，如齿数 z、节距 p、滚子直径 d_1、分度圆直径 d、齿顶圆直径 d_a、齿根圆直径 d_f，并注明"齿形按 GB/T 1243—2006 制造"即可，如图 6-12 所示。

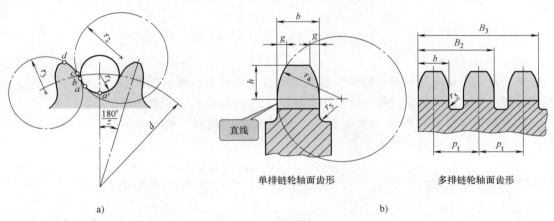

单排链轮轴面齿形   多排链轮轴面齿形

直线

a)   b)

图 6-11 滚子链齿形

a）端面齿形 b）轴面齿形

2. 链轮的基本参数和主要尺寸

链轮的基本参数有配用链条的节距 p，滚子直径 d_1，排距 p_t，以及链轮齿数 z。

分度圆直径为

$$d = \frac{p}{\sin\left(\dfrac{180°}{z}\right)} \tag{6-1}$$

齿根圆直径为

$$d_f = d - d_1 \tag{6-2}$$

齿顶圆直径的最大值和最小值为

$$d_{amax} = d + 1.25p - d_1$$

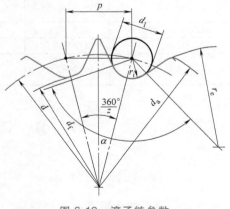

图 6-12 滚子链参数

$$d_{amin} = d + p\left(1 - \frac{1.6}{z}\right) - d_1 \tag{6-3}$$

图上的其他参数可查阅 GB/T 1243—2006。

3. 链轮的结构

图 6-13 为常用的链轮结构。小直径链轮一般做成整体式，如图 6-13a 所示；中等直径链轮多做成孔板式，为便于搬运、装卡和减重，在辐板上开孔，如图 6-13b 所示；大直径链轮可做成组合式，如图 6-13c 所示，此时齿圈与轮芯可用不同材料制造，例如齿圈采用 45、不锈钢等材料，而齿芯采用 Q235、Q275。

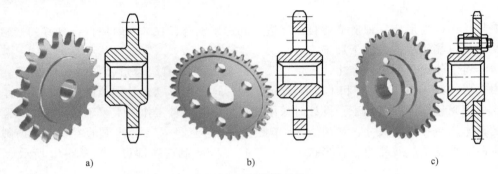

a)   b)   c)

图 6-13　链轮的结构

a）整体式　b）孔板式　c）组合式

4. 链轮的材料

链轮材料应保证轮齿有足够的强度和耐磨性，故链轮齿面一般都经过热处理，使之达到一定硬度。由于小链轮的工作情况较大链轮的恶劣些，故小链轮通常采用较好的材料制造。链轮常用的材料、热处理方法，以及硬度和应用范围见表 6-2。

链传动测试题
（第一节）

表 6-2　链轮常用材料、硬度及应用范围

材料	热处理	热处理后硬度	应用范围
15、20	渗碳、淬火、回火	50~60HRC	齿数 $z \leqslant 25$，有冲击载荷的链轮
35	正火	160~200HBW	在正常工作条件下，齿数 $z>25$ 的链轮
40、50、ZG310-570	淬火、回火	40~50HRC	无剧烈振动及冲击的链轮
15Cr、20Cr	渗碳、淬火、回火	50~60HRC	有动载荷及传递较大功率的重要链轮，齿数 $z<25$
35SiMn、40Cr、35CrMo	淬火、回火	40~50HRC	使用优质链条、重要的链轮
Q235、Q275、35SiMn	焊接后退火	140HBW	中等速度、传递中等功率的较大链轮
夹布胶木	—	—	功率小于 6kW、速度较高、要求传动平稳和噪声小的链轮

第二节　链传动的工作情况分析

一、链传动的运动分析

在实际中，整条链是一个挠性体，而每个链节却是刚性体，当链条绕在链轮上时，链条

就构成了一个多边形，如图 6-14 所示。

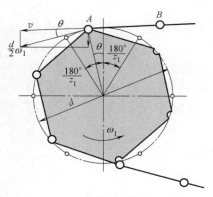

由图可以看出，链轮的有效直径介于 d 与 $d\cos$ $(180°/z)$ 之间，那么链条在运动过程中前进速度将在 $\omega_1 d/2$ 与 $\omega_1 d\cos(180°/z)/2$ 之间变化。链轮在转动的过程中，链条的速度随着链节周期性变化，链轮的齿数越少，速度的变化范围就越大，即链速的不均匀性越大。当链轮齿数为 16 时，链速的不均匀性约为 2%，当链轮齿数大于 16 时，链速不均匀性减小并趋于平缓；当齿数小于 16 时，链速不均匀性变化急剧增大。因此在实际生产中，要求小链轮齿数 $z_1 \geq 17$。$z_1 < 17$ 的链轮只能用于手动或低速链中。

图 6-14　链传动速度分析

在链传动中，由于链呈多边形运动，链条瞬时速度和传动比发生周期性波动，链条上下振动会造成传动不平稳现象，称之为链传动的多边形效应，这些是链传动固有特性，是无法消除的。

链传动的多边形效应不仅会导致运转时产生噪声和振动，速度的变化还会引起较大的动载荷。链传动过程中引起的动载荷大小与惯性力有关。

链速变化引起的惯性力为

$$F_{d1} = ma_c = m\left(\pm \frac{d}{2}\omega_1^2 \sin\frac{180°}{z_1} \right) = m\left(\pm \frac{\omega_1^2 p}{2} \right) \tag{6-4}$$

链传动工况
分析视频

式中，m 为紧边链条的质量（kg）；a_c 为链条变速运动时的加速度（m/s^2）；z_1 为主动链轮齿数；p 为链条节距（mm）。

由式（6-4）可以看出，链轮的运动速度越小，节距越大，齿数越小，则产生的动载荷越大。

二、链传动的受力分析

链传动过程中也分为紧边和松边，紧边总工作载荷大于松边，因此接下来主要分析紧边总载荷的确定方法。紧边总载荷主要由以下几部分组成。

1. 链条工作拉力 F_t

链条的工作拉力取决于传动功率，由式（6-5）计算为

$$F_t = \frac{1000P}{v} = \frac{T_1}{d/2} \tag{6-5}$$

式中，P 为传递的功率（kW）；v 为链速（m/s）；T_1 为传动力矩（N·m）；d 为主动链轮分度圆直径（mm）。

由于链条与链轮啮合时的多边形效应，有效半径（$d/2$）是变化的，所以当齿数减少时，F_t 的计算值会有所增大。

2. 离心拉力 F_c

离心拉力是由链传动工作时的离心力产生的，同时作用于松边和紧边。链传动的速度越大离心力越大，当速度过高时，离心拉力 F_c 甚至会超过链传动的工作拉力 F_t。离心拉力由式（6-6）计算为

$$F_c = qv^2 \tag{6-6}$$

式中，q 为链条单位长度的质量（kg/m）。

3. 垂度拉力 F_s

链条的垂度拉力是由链的自重产生的，作用在链的全长上。当松边位置倾斜时，如图 6-15 所示，上链轮垂度拉力 F_f'' 与下链轮垂度拉力 F_f' 不相等。链条的垂度拉力可由式（6-7）计算为

$$F_f = \max(F_f', F_f'') \tag{6-7}$$

其中，

$$F_f' = K_f qa \times 10^{-2}$$

$$F_f'' = (K_f + \sin\alpha) qa \times 10^{-2}$$

式中，a 为链传动的中心距（mm）；K_f 为垂度系数，可由图 6-16 查得。图中 f 为下垂度，α 为中心线与水平面的夹角。

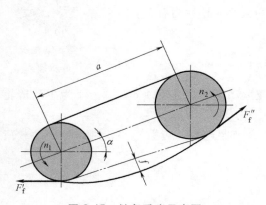

图 6-15　链条垂度示意图

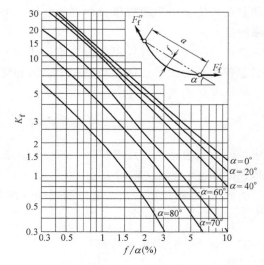

图 6-16　垂度系数

通过以上分析可以得出，紧边的总工作载荷为

$$F_1 = F_t + F_c + F_f \tag{6-8}$$

链传动测试题
（第二节）

第三节　链传动的设计计算

一、链传动的失效形式

1. 链板疲劳

链在松边拉力和紧边拉力的反复作用下，经过一定的循环次数，链板会发生疲劳破坏。正常润滑条件下，疲劳强度是限定链传动承载能力的主要因素。

2. 铰链的磨损

铰链磨损后链节变长，容易引起跳齿或脱链。开式传动、环境条件恶劣或润滑密封不良时，极易引起铰链磨损，致使链条的使用寿命急剧降低。

3. 滚子、套筒的冲击疲劳

链传动的啮入冲击首先由滚子和套筒承受。在反复多次的冲击下，经过一定的循环次数，滚子、套筒会发生冲击疲劳破坏。这种失效形式多发生于中、高速闭式链传动中。

4. 销轴与套筒工作面的胶合

润滑不当或速度过高时，链节啮入时受到的冲击能量增大，工作表面的温度过高，销轴和套筒的工作表面会发生胶合。胶合限定了链传动的极限转速。

5. 链的静力拉断

在低速 $v<0.6$m/s、重载或严重过载的传动中，当载荷超过链条的静力强度时会导致链条被拉断。

各种失效如图 6-17 所示。

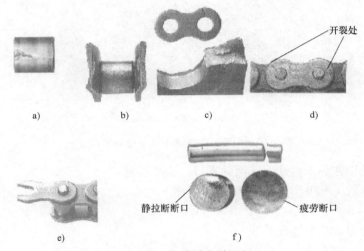

图 6-17　链传动失效图例

a）滚子疲劳　b）链板断裂　c）链板疲劳断裂　d）链板开裂　e）链板静力拉断　f）销轴断裂

二、链传动功率曲线

针对每种失效形式，通过试验得到了各种单一失效形式下的极限功率曲线，如图 6-18 所示。

曲线 1——正常润滑条件下，链条铰链磨损限定的极限功率。

曲线 2——链板疲劳强度限定的极限功率。

曲线 3——滚子、套筒的冲击疲劳强度限定的极限功率。

曲线 4——铰链胶合限定的极限功率。

不同型号滚子链的极限功率曲线如图 6-19 所示，图中曲线代表链传动的上极限，是在特定的试验条件下得到的，具体试验条件如下：

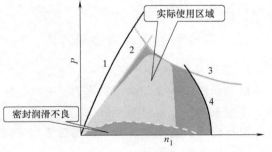

图 6-18　极限功率曲线图

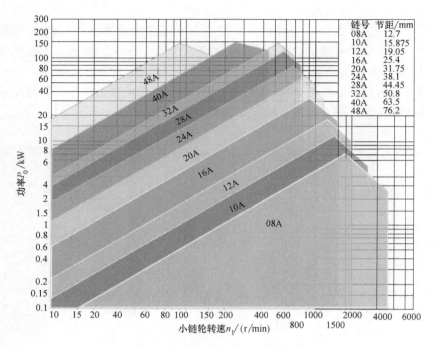

链号	节距/mm
08A	12.7
10A	15.875
12A	19.05
16A	25.4
20A	31.75
24A	38.1
28A	44.45
32A	50.8
40A	63.5
48A	76.2

图 6-19　A 系列单排滚子链极限功率曲线

1）两个链轮排在一条直线上，两轴平行，水平布置。

2）小链轮齿数 $z_1 = 19$。

3）传动比 $i = 3$。

4）链条长度为 120 个链节。

5）预期寿命为 15000h。

6）工况平稳，无外动载荷。

7）链条磨损引起的伸长量不超过 3%。

8）润滑合理。

当工作条件与试验条件不同时，应考虑各种因素对额定功率的影响，应考虑的因素包括：①工作情况；②主动链轮齿数；③链节形状；④链轮数；⑤寿命；⑥链传动的排数，⑦链条长度（节数）。

三、链传动的设计内容和方法

1. 已知条件和设计内容

已知条件：传递的额定功率 P、主动轮转速 n_1、从动轮转速 n_2 或传动比 i、传动位置要求、工况条件、原动机类型等。

设计内容：链条的型号、链节数 L_p 和排数、传动中心距 a、链轮齿数、材料和压轴力、润滑方式和张紧装置等。

2. 设计步骤与方法

（1）选择链轮齿数和确定传动比　小链轮齿数少可以减小链轮结构尺寸，但链齿数少会造成链传动动载荷过大，因此在实际设计中链轮齿数不宜过多也不宜过少。通常设计中大多数链轮采用以下齿数：

$z = 11 \sim 13$——用于 $v < 4\text{m/s}$、$p < 20\text{mm}$ 和链长超过 50 链节，敏感性较小的驱动装置，也用于短寿命链和空间受限的场合。

$z = 14 \sim 16$——用于 $v < 7\text{m/s}$、中等载荷的场合。

$z = 17 \sim 30$——用于 $v < 24\text{m/s}$ 的场合，对小链轮有利。

$z = 30 \sim 80$——常用于大链轮。

$z = 80 \sim 120$——大链轮的齿数上限。

$z \leqslant 150$——可用但不推荐采用，因为齿数过大随着磨损的增大易产生跳链和脱链现象。

小链轮可采用的齿数：（13）、（15）、17、19、21、23、25（括号中的值尽可能不用）。

大链轮可采用的齿数：38、57、76、95、114。

在实际中如果需要也可以选择其他齿数。应尽量使紧边长度为链节距的整数倍，这有利于降低速度不均匀性。除此之外应优选奇数齿数，这样可以避免同一链节与同一链轮齿槽重复啮合，以使磨损均匀。

传动比 i 过大，包角 α 较小，同时啮合的链轮齿数减少，链轮齿的磨损变大，易脱链。推荐：$i = 2 \sim 3.5$，一般要求 $i \leqslant 6$。当 $v \leqslant 2\text{m/s}$ 且载荷平稳时可取 $i = 6 \sim 10$。传动比与链轮齿数之间的关系为

$$i = \frac{z_2}{z_1} \tag{6-9}$$

（2）实际工作情况下单排链的计算功率 实际条件下链传动对应的计算功率可由式（6-10）得出。

$$P_{ca} = \frac{K_A P K_z}{K_L K_S K_N K_h K_p} \tag{6-10}$$

式中，P 为链传递的功率；K_A 为工作情况系数，见表 6-3；K_z 为主动链轮齿数系数，$K_z = \left(\dfrac{19}{z_1}\right)^{1.08}$；$K_L$ 为链条长度（节数）系数，见表 6-4；K_S 为链节形状系数，有过渡链节 $K_S = 0.8$，无过渡链节 $K_S = 1$；K_N 为链轮数系数，$K_N = 0.9(n-2)$，n 为链轮数，对于通常的链传动，$n = 2$，则取 $K_N = 1$；K_h 为链传动寿命系数，$K_h = (15000/L_h)^{1/3}$，L_h 为链传动的预期寿命；K_p 为链传动的排数系数，见表 6-5。

表 6-3 工作情况系数 K_A

设备		原动机		
		内燃机 （液力机械）	电动机或 汽轮机	内燃机 （机械传动）
平稳 载荷	液体搅拌机,中小型离心式鼓风机,发电机,离心式压缩机,谷物机械,均匀载荷输送机,均匀载荷不反转的一般机械	1.0	1.0	1.2
中等 冲击	半液体搅拌机,三缸以上往复压缩机,大型或不均匀载荷输送机,中型起重机和升降机,重载天轴传动,金属切削机床,食品机械,木工机械,印染纺织机械,大型风机,中等载荷不反转的一般机械	1.2	1.3	1.4
严重 冲击	船用螺旋桨,单,双缸往复压缩机,挖掘机,振动式输送机,破碎机,重型起重机,石油钻井机械,锻压机械,线材拉拔机械,压力机,严重冲击,有反转的机械	1.4	1.5	1.7

表 6-4　链条长度（节数）系数 K_L

链传动工作在功率曲线中的位置	K_L
位于功率曲线顶点左侧（链板疲劳）	$\left(\dfrac{L_p}{100}\right)^{0.26}$
位于功率曲线顶点右侧（滚子、套筒冲击疲劳）	$\left(\dfrac{L_p}{100}\right)^{0.5}$

表 6-5　排数系数 K_p

排数	1	2	3	4	5	6
K_p	1	1.75	2.5	3.3	4	4.6

（3）确定链条型号和节距　链的节距越大，承载能力就越高，但传动的多边形效应也会增强，产生的振动冲击和噪声也越严重。设计时，一般尽量选取小节距的链。确定链节距的原则：①为使传动结构紧凑，寿命长，应尽量选用较小节距的单排链；②高速重载时，中心距小，传动比大时，应选用小节距多排链；③中心距大，传动比小，速度较低时，应选用大节距单排链。

允许采用的链条节距 p 可根据计算功率 P_{ca} 和小链轮转速 n_1，在功率曲线图 6-19 中选取，选取时应保证

$$P_{ca} \leqslant P_0 \tag{6-11}$$

（4）确定中心距和链节数　链传动的中心距选取过大，会使松边的垂度过大，引起振颤，中心距过小，会使小链轮包角较小，参与承载的啮合链节数较少，单链节载荷较大，使疲劳强度降低，链的磨损加剧，易造成跳齿或脱齿现象。

推荐初选中心距 $a_0 = (30 \sim 50)p$，但要保证小链轮包角不小于 120°。链条的长度以链节数 L_p 表示，而链节数与中心距 a 的关系为

$$L_p = \frac{L}{p} = 2\frac{a_0}{p} + \frac{z_1 + z_2}{2} + \left(\frac{z_2 - z_1}{2\pi}\right)^2 \frac{p}{a_0} \tag{6-12}$$

计算结果需圆整为整数，为了避免使用过渡链节，最好取偶数。选定好链节数后，要重新确定中心距 a。

$$a = \frac{p}{4}\left[\left(L_p - \frac{z_1 + z_2}{2}\right) + \sqrt{\left(L_p - \frac{z_1 + z_2}{2}\right)^2 - 8\left(\frac{z_2 - z_1}{2\pi}\right)^2}\right] \tag{6-13}$$

为便于安装和调节张紧程度，中心距一般应设计成可调节的。

（5）计算链速 v，确定润滑方式　应根据计算得到的平均链速 v，查取图 6-20 选择推荐的润滑方式。平均链速计算公式为

$$v = \frac{z_1 n_1 p}{60000} = \frac{z_2 n_2 p}{60000} \tag{6-14}$$

（6）计算链传动作用在轴上的压轴力　链传动的压轴力 F_p 可近似为

$$F_p \approx K_{FP} F_t \tag{6-15}$$

式中，F_t 为有效圆周力（N）；K_{FP} 为压轴力系数，对于水平传动，$K_{FP} = 1.15$；对于垂直传动，$K_{FP} = 1.05$。

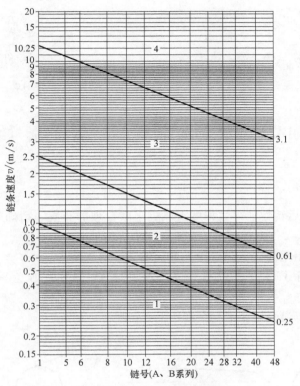

图 6-20 润滑方式选择图

1—定期人工润滑 2—滴油润滑 3—油池润滑或油盘

飞溅润滑 4—压力供油润滑

（7）链轮的结构设计 此处仅介绍链轮轮毂直径的确定方法。链轮轮毂的直径可按表 6-6 选取。

表 6-6 链轮轮毂最大许用直径 d_{kmax} （单位：mm）

p	z							
	11	13	15	17	19	21	23	25
8.00	10	13	16	20	25	28	31	34
9.525	11	15	20	24	29	33	37	42
12.70	18	22	28	34	41	47	51	57
15.875	22	30	37	45	51	59	65	73
19.05	27	36	46	53	62	72	80	88
25.40	38	51	61	74	84	95	109	120
31.75	50	64	80	93	108	122	137	152
38.10	60	79	95	112	129	148	165	184
44.45	71	91	111	132	153	175	196	217
50.80	80	105	129	152	177	200	224	249
63.50	103	132	163	193	224	254	278	310
76.20	127	163	201	239	276	311	343	372

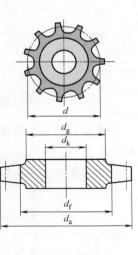

链传动测试题（第三节）

链传动设计实例视频

第四节　链传动的布置、张紧、润滑与维护

一、链传动的布置

良好的链传动的运转性能很大程度上取决于其合理的布置、精确的装配和正确的润滑。链轮的布置原则如下。

1）轮必须位于铅垂面内，两链轮共面，如图 6-21a 所示。

2）两轮中心线最好水平，或与水平面夹角 ≤45°，尽量避免垂直布置，如图 6-21b 所示。

3）紧边在上，以避免链条卡死，如图 6-21c 所示。

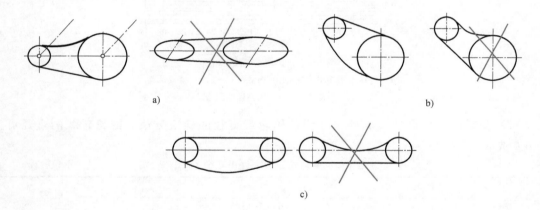

图 6-21　链传动的布置

二、链传动的张紧

张紧目的：①避免在链条垂度过大时产生啮合不良和链条振动的现象；②增加链轮与链啮合的包角。

张紧条件：①链条垂度过大，啮合不良及振动时；②当链采用铅垂布置时；③中心线与水平线的夹角大于 60°时。

张紧方法：①增大中心距；②加张紧装置，例如带齿链轮、不带齿滚轮、压板；③在链条磨损后从中取掉两个链节。

常用的链轮张紧装置如图 6-22 所示。

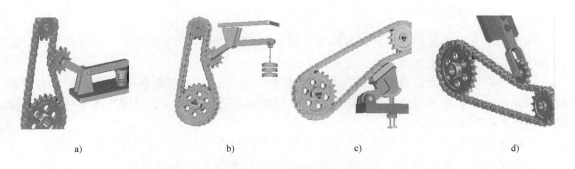

a)   b)   c)   d)

图 6-22   链轮张紧装置

a）弹簧自动张紧   b）重力自动张紧   c）托架定期张紧   d）张紧轮定期张紧

三、链传动的润滑

链传动的润滑至关重要。适宜的润滑能显著降低链条铰链的磨损，延长使用寿命。

链传动的润滑方式有以下四种：

1) 人工定期用油壶或油刷给油，如图 6-23a 所示。

2) 用油杯通过油管向松边内外链板间隙处滴油，如图 6-23b 所示。

3) 油浴润滑或飞溅润滑，采用密封的传动箱体，前者链条及链轮一部分浸入油中，如图 6-23c 所示，后者采用直径较大的甩油盘溅油，如图 6-23d 所示。

4) 油泵压力喷油润滑，如图 6-23e 所示，用油泵经油管向链条连续供油，循环油可起润滑和冷却的作用。

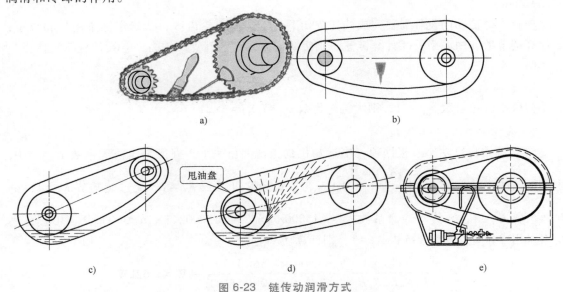

a)   b)

c)   d)   e)

图 6-23   链传动润滑方式

a）油壶或油刷给油   b）油杯滴油   c）油浴润滑   d）飞溅润滑   e）喷油润滑

链传动使用的润滑油运动黏度在运转温度下为 $20\sim40\mathrm{mm}^2/\mathrm{s}$。只有转速很慢又无法供油的地方，才可以用油脂代替。润滑油应加在链条的松边，使之顺利进入需要润滑的工作表面。

四、链传动的维护

链传动常常置于保护罩或类似零件中，保护罩可同时起到油池的作用，还可以防止引起磨损的异物进入，避免意外接触，此外还可以降低噪声。

塑料套筒滚子链无须润滑且具有足够的寿命。但是这种链在磨合过程中会产生剧烈磨损，因此在开始阶段必须多次张紧，经过一个特定的磨合时间后，在相同工作条件下，其伸长反而比金属套筒滚子链要小。

如果链传动是按工作条件正确选择的、且仔细装配的，并保证采用与链速相适合的润滑方式，相对来说，链传动是极少需要维护保养的。对于带保护罩的链传动，只需进行例行（大多数一年一次）的油池清洗和注入新的润滑油。对于开式链传动，需要根据污染情况，至少每 3～6 个月用煤油、柴油、三氯乙烯或四氯化碳进行清洗。需要时，应检查受损的链节，必要时应进行更换。同时，将链再次安装上之前，应将链轮进行彻底清洗，如果磨损严重，应进行更换。

链传动测试题
（第四节）

设计任务　项目中链传动的设计

在图 3-3 所示的链式运输机中，电动机驱动减速器，然后经过链传动到曳引链实现运输功能。减速器的输出轴端为小链轮，故小链轮传递的功率 $P_L = P_{IV} = 4.56\text{kW}$，转速为减速器输出轴转速 $n_{L1} = n_{IV} = 109.59\text{r/min}$，链传动的传动比 $i_3 = 3$，大链轮转速 $n_{L2} = n_V = 36.53\text{r/min}$。

项目中链传动的设计需要完成的任务如下：①选择链轮齿数；②确定链条型号和节距；③计算链节数和中心距；④计算链速，确定润滑方式；⑤计算压轴力；⑥设计链轮结构。

解：

1. 选择链轮齿数

初取小链轮齿数 $z_{L1} = 21$，则大链轮齿数 $z_{L2} = i_3 z_{L1} = 3 \times 21 = 63$。

2. 选择链条型号和节距

（1）确定计算功率　根据项目中运输机的工况，由表 6-3 查得工作情况系数 $K_A = 1.0$，主动链轮的齿数系数 $K_z = \left(\dfrac{19}{z_{L1}}\right)^{1.08} = 0.9$，初取链条长度系数 $K_L = 1$，无过渡链节 $K_S = 1$，链轮数系数 $K_N = 1$，链传动寿命系数 $K_h = (15000/L_h)^{1/3} = [15000/(8 \times 16 \times 300)]^{1/3} = 0.73$，小功率采用单排链，查表 6-5 得 $K_p = 1$，则计算功率为

$$P_{ca} = \frac{K_A P_L K_z}{K_L K_S K_N K_h K_p} = \frac{1.0 \times 4.56 \times 0.9}{1.0 \times 1.0 \times 1.0 \times 0.73 \times 1.0}\text{kW} = 5.62\text{kW}$$

（2）确定链条型号和节距　根据 $P_{ca} = 5.62\text{kW}$，$n_{L1} = 109.59\text{r/min}$，$P_{ca} \leqslant P_0$，查图 6-19，可选链条型号为 16A，再查表 6-1 得链节距为 $p = 25.4\text{mm}$。

3. 计算链节数和中心距

（1）计算链节数　初选中心距 $a_0 = (30 \sim 50)p = (30 \sim 50) \times 25.4 = 762 \sim 1270$，取 $a_0 =$

1000，相应的链节数为

$$L_{p0} = \frac{L}{p} = 2\frac{a_0}{p} + \frac{z_1+z_2}{2} + \left(\frac{z_2-z_1}{2\pi}\right)^2 \frac{p}{a_0} = 2\times\frac{1000}{25.4} + \frac{21+63}{2} + \left(\frac{63-21}{2\pi}\right)^2 \cdot \frac{25.4}{1000} = 121.88$$

取链节数 $L_p = 120$。

（2）计算中心距　根据确定好的链节数 L_p，重新计算中心距 a。

$$a = \frac{p}{4}\left[\left(L_p - \frac{z_1+z_2}{2}\right) + \sqrt{\left(L_p - \frac{z_1+z_2}{2}\right)^2 - 8\left(\frac{z_2-z_1}{2\pi}\right)^2}\right]$$

$$= \frac{25.4}{4}\left[\left(120 - \frac{21+63}{2}\right) + \sqrt{\left(120 - \frac{21+63}{2}\right)^2 - 8\left(\frac{63-21}{2\pi}\right)^2}\right]\text{mm}$$

$$= 976\text{mm}$$

4. 计算链速，确定润滑方式

$$v = \frac{z_{L1}n_{L1}p}{60000} = \frac{21\times109.59\times25.4}{60000}\text{m/s} = 0.974\text{m/s}$$

由 $v = 0.974$ m/s 和链号 16A，查图 6-20 可知应采用滴油润滑方式。

5. 计算压轴力

有效圆周力为

$$F_t = 1000P/v = 1000P_L/v = 1000\times4.56/0.974\text{N} = 4681.72\text{N}$$

链轮采用水平布置时的压轴力系数 $K_{FP} = 1.15$，则压轴力为

$$F_p \approx K_{FP}F_t = 1.15\times4681.72\text{N} = 5383.98\text{N}$$

6. 链轮的结构设计

（1）小链轮结构尺寸　小链轮采用整体式，材料为 40 钢。

小链轮的分度圆直径：$d = \dfrac{p}{\sin\left(\dfrac{180°}{z_{L1}}\right)} = 170.42\text{mm}$。

小链轮的齿根圆直径：$d_f = d - d_1 = 170.42\text{mm} - 15.88\text{mm} = 154.54\text{mm}$，式中 d_1 为滚子直径，查表 6-1 得，$d_1 = 15.88\text{mm}$。

小链轮的齿顶圆直径：

$$d_{amax} = d + 1.25p - d_1 = 170.42\text{mm} + 1.25\times25.4\text{mm} - 15.88\text{mm} = 186.29\text{mm}$$

$$d_{amin} = d + p\left(1 - \frac{1.6}{z_{L1}}\right) - d_1 = 170.42\text{mm} + 25.4\times\left(1 - \frac{1.6}{21}\right)\text{mm} - 15.88\text{mm} = 178\text{mm}$$

小链轮轮缘宽度：查表 6-1 可得内链节内宽 $b_1 = 15.75\text{mm}$，则 $b_{f1} = 0.95b_1 = 0.95\times15.75\text{mm} = 14.96\text{mm}$

（2）大链轮结构尺寸　大链轮采用孔板式，材料为 15Cr。

大链轮的分度圆直径：$d = \dfrac{p}{\sin\left(\dfrac{180°}{z_{L2}}\right)} = 509.57\text{mm}$。

大链轮的齿根圆直径：$d_f = d - d_1 = 509.57\text{mm} - 15.88\text{mm} = 493.69\text{mm}$，式中 d_1 为滚子直径，查表 6-1 得，$d_1 = 15.88\text{mm}$。

大链轮的齿顶圆直径：

$$d_{amax} = d + 1.25p - d_1 = 509.57\text{mm} + 1.25 \times 25.4\text{mm} - 15.88\text{mm} = 525.44\text{mm}$$

$$d_{amin} = d + p\left(1 - \frac{1.6}{z_{L2}}\right) - d_1 = 509.57\text{mm} + 25.4 \times \left(1 - \frac{1.6}{63}\right)\text{mm} - 15.88\text{mm} = 518.44\text{mm}$$

大链轮轮缘宽度：与小链轮相同，则 $b_{f2} = 0.95b_1 = 0.95 \times 15.75\text{mm} = 14.96\text{mm}$。

（3）链轮零件图　略。

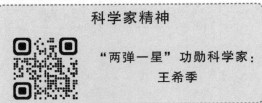

科学家精神

"两弹一星"功勋科学家：
王希季

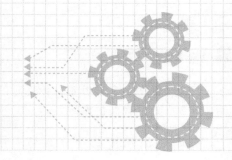

第七章

齿 轮 传 动

（一）主要内容

齿轮传动的失效形式；材料选择；计算载荷和受力分析；齿轮传动的设计；齿轮传动的结构设计。

（二）学习目标

1. 了解齿轮传动的失效形式及设计准则。

2. 了解齿轮材料及选用原则。

3. 能够计算齿轮传动的计算载荷。

4. 能够进行标准圆柱齿轮的受力分析。

5. 掌握齿轮传动的参数选择及强度计算方法。

（三）重点与难点

1. 标准直齿圆柱齿轮的受力分析。

2. 齿轮传动的参数选择及强度计算方法。

第一节　认识齿轮传动

一、齿轮传动的特点

齿轮传动是机械传动中应用最广的一种传动形式。它的传动比较准确、效率高、结构紧凑、工作可靠、寿命长。目前齿轮传动可达到的指标：圆周速度 $v \leqslant 300\text{m/s}$，转速 $n \leqslant 10^5\text{r/min}$，传递的功率 $P \leqslant 105\text{kW}$，模数 $m = 0.004 \sim 100\text{mm}$，直径 $d = 1 \sim 152.3\text{mm}$。

优点如下：

1）传动精度高，从理论上讲，齿轮传动的传动比精确且恒定不变。

2）传动比范围大，可用于减速或增速。

3）速度（指节圆圆周速度）和传递功率的范围大。

4）传动效率高，一对高精度的渐开线圆柱齿轮，效率可达99%以上。

5）结构紧凑，适用于近距离传动。

6）工作可靠，寿命长，设计制造合理，维护良好的齿轮寿命可达一二十年。

缺点如下：

1）制造和安装精度要求较高，成本高。某些具有特殊齿形或要求精度很高的齿轮，因需要专用的或高精度的机床、刀具和量仪等，故制造工艺复杂、成本高。

2）精度不高的齿轮，传动时的噪声、振动和冲击大。

3）无过载保护作用。

二、齿轮传动的分类与应用

1. 按两轴线位置分

按照两轴线的位置不同，齿轮传动可以分为平行轴齿轮传动、相交轴齿轮传动、交错轴齿轮传动，具体分类如图 7-1 所示。

2. 按工作条件分（失效形式不同）

开式传动：润滑条件差，易磨损，只适合于低速传动。

半开式传动：装有简单的防护罩，但仍不能严密防止杂物侵入，润滑条件不算好。

闭式传动：齿轮等全封闭于箱体内，润滑防护良好，使用广泛，多用于重要场合。

3. 按齿面硬度分（失效形式不同）

软齿面：齿轮工作面硬度≤350HBW（或≤38HRC）。

硬齿面：齿轮工作面硬度>350HBW（或>38HRC）。

4. 按使用情况分

动力齿轮：以动力传输为主，常为高速重载或低速重载传动。

传动齿轮：以运动准确为主，一般为轻载高精度传动。

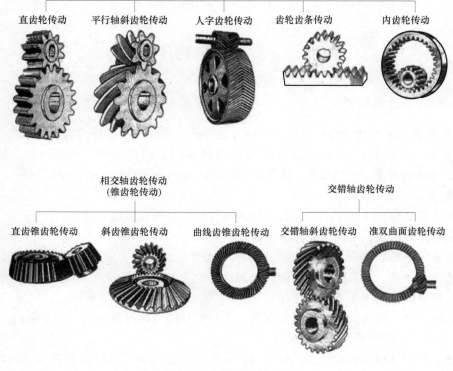

图 7-1　齿轮传动的分类

第二节 齿轮传动失效形式、设计准则与材料选择

一、齿轮传动的失效形式

齿轮传动的失效主要是指轮齿的失效，其失效形式是多种多样的。常见的失效形式有：轮齿折断、齿面疲劳点蚀、齿面胶合、齿面磨损及齿面塑性变形。齿轮其他部分（齿圈、轮辐、轮毂等）通常是经验设计的，其尺寸对于强度和刚度而言均较富余，实践中也极少失效。接下来分别介绍各种失效形式的现象、机理、后果和措施。

1. 轮齿折断

轮齿折断是闭式硬齿面齿轮传动的主要失效形式，分为疲劳折断和过载折断。

现象：整体折断如图 7-2a 所示，局部折断如图 7-2b 所示。

机理：

疲劳折断：齿根受弯曲应力→初始疲劳裂纹→裂纹不断扩展→轮齿折断。

过载折断：短时过载或严重冲击引起的静强度不够而造成的轮齿折断。

后果：使传动失效。

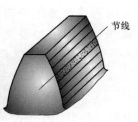

图 7-2 轮齿折断
a）整体折断 b）局部折断

措施：①增大模数（主要方法）；②增大齿根过渡圆角半径；③增加刚度（使载荷分布均匀）；④采用合适的热处理（增加芯部的韧性）；⑤提高齿面精度；⑥采用正变位齿轮等。

2. 齿面疲劳点蚀

现象：节线靠近齿根部位出现麻点状小坑，如图 7-3 所示。

机理：齿面受交变的接触应力→产生初始疲劳裂纹→润滑油进入裂纹并产生挤压→表层金属剥落→麻点状凹坑。

图 7-3 齿面点蚀

后果：齿廓表面破坏，振动增加，噪声增大，传动不平稳。点蚀的存在同时会使接触面减小，承载能力下降。

措施：①提高齿面硬度；②提高表面质量；③增大直径（主要方法）；④提高润滑油

黏度。

3. 齿面胶合

现象：齿面沿滑动方向粘焊、撕脱，形成沟痕，如图7-4所示。

机理：

热胶合：高速重载→摩擦热使油膜破裂→齿面相对滑动→较软齿面金属沿滑动方向被撕落。

冷胶合：低速重载→不易形成油膜→表面膜被刺破而黏着。

后果：引起强烈的磨损和发热，传动不平稳，导致齿轮报废。

措施：①采用抗胶合性能好的齿轮材料；②采用极压润滑油；③降低表面粗糙度，提高硬度；④材料相同时，使大、小齿轮保持一定硬度差；⑤减小模数 m，降低齿高 h 以减小齿面滑移速度 v_s（必须满足 σ_F）；⑥采用角度变位齿轮，减小啮合开始和终了时的 v_s；⑦采用修缘齿，修去一部分齿顶。

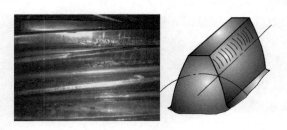

图 7-4　齿面胶合

4. 齿面磨损

齿面磨损常发生于开式齿轮传动。

现象：金属表面材料不断减小，如图7-5所示。

机理：由于相啮合的两个齿轮齿面间有相对滑动，齿面间的硬质颗粒（灰尘、金属屑等），或是润滑不良造成齿面材料不断减少。

后果：齿形被破坏、传动不平稳，齿厚减薄、抗弯能力减弱，最终可能发生轮齿折断。

措施：对于齿面磨损，闭式传动和开式传动采用的措施各不相同。闭式传动采用的措施如下：①增加硬度，选用耐磨材料；②降低表面粗糙度；③降低滑动系数。

图 7-5　齿面磨损

开式传动常采用加防尘罩的方式减少外界硬质颗粒的进入。

5. 齿面塑性变形

该失效主要出现在低速重载、频繁启动和过载场合。

现象：主动轮塑性变形后在齿面节线处产生凹槽；从动轮塑性变形后在齿面节线处形成凸脊，如图7-6所示。

机理：若齿面材料较软，且载荷及摩擦力很大，则齿面金属会沿摩擦力的方向产生塑性流动变形。

后果：齿面形状的破坏造成传动不平稳，振动和噪声增加。

措施：①提高齿面硬度；②采用高黏度或加有极压添加剂的润滑油。

图 7-6　齿面塑性变形

二、齿轮传动的设计准则

齿轮的设计准则是依据失效形式确定的。对一般齿轮而言，目前采用齿面接触疲劳强度和齿根弯曲疲劳强度两种方法来确定其承载能力。

1. 对于闭式齿轮传动

1）软齿面（≤350HBW）齿轮主要的失效形式是齿面点蚀，故可按齿面接触疲劳强度设计计算，按齿根弯曲疲劳强度校核。

2）硬齿面（>350HBW）或铸铁齿轮，由于抗点蚀能力较高，轮齿折断的可能性较大，故可按齿根弯曲疲劳强度设计计算，按齿面接触疲劳强度校核。

3）对高速重载齿轮传动，除以上两设计准则外，还应按齿面抗胶合能力的准则进行设计。

2. 对于开式齿轮传动

齿面磨损为开式齿轮传动的主要失效形式。考虑到齿面磨损严重会造成轮齿折断，故通常按照齿根弯曲疲劳强度进行设计计算，确定齿轮的模数，考虑磨损因素，再将模数增大10%~20%。

三、齿轮的材料及选取原则

1. 齿轮材料的基本要求

1）齿面应有足够的硬度，以抵抗齿面磨损、点蚀、胶合以及塑性变形等。

2）齿芯应有足够的强度和较好的韧性，以抵抗齿根折断和冲击载荷。

3）应有良好的加工工艺性能及热处理性能，使之便于制造且便于提高力学性能。

综上所述，齿轮材料应满足齿面要硬、齿芯要韧。基本上没有材料可以同时满足以上两个条件，因此需要合理选择齿轮材料再配以适当的热处理方法。后面重点对齿轮常用材料和热处理方法进行介绍。

2. 齿轮的常用材料

（1）锻钢　因锻钢具有强度高、韧性好、便于制造、便于热处理等优点，大多数齿轮都采用锻钢制造。

1）软齿面齿轮：齿面硬度≤350HBW，常用中碳钢和中碳合金钢。中碳钢如 40、45、50、55 等。中碳合金钢如 40Cr、40MnB、20Cr 等。

① 特点：齿面硬度不高，限制了承载能力，但易于制造、成本低，常用于对尺寸和重量无严格要求的场合。

② 加工工艺：锻坯→加工毛坯→热处理（正火、调质 160～300HBW）→切齿→精度 7、8、9 级。

2）硬齿面齿轮：硬齿面齿轮的齿面硬度大于 350HBW，常用的材料为中碳钢或中碳合金钢，可采用表面淬火或渗碳淬火处理。中碳钢如 20、45 等。中碳合金钢如 20Cr、20CrMnTi 等。

① 特点：齿面硬度高、承载能力高、适用于对尺寸、重量有较高要求的场合（如高速、重载及精密机械传动）。

② 加工工艺：锻坯→加工毛坯→切齿→热处理（表面淬火、渗碳、渗氮、碳氮共渗）→磨齿（表面淬火、渗碳）。渗氮、碳氮共渗可使齿轮变形小，不磨齿。

由于需要采用专用磨床，因此成本高。磨削加工后精度可达 4、5、6 级。

在确定大、小齿轮硬度时，应注意使小齿轮的齿面硬度比大齿轮的齿面硬度高 20～50HBW，这是因为小齿轮轮齿啮合次数比大齿轮多，且小齿轮齿根较薄，为使两齿轮的轮齿强度接近，小齿轮的齿面要比大齿轮的齿面硬一些。

齿轮常用材料及力学性能见表 7-1。

表 7-1　齿轮常用材料及其力学性能

材料牌号	热处理方法	强度极限 σ_b/MPa	屈服极限 σ_s/MPa	硬度（HBW）	
				芯部	齿面
HT250		250		170～241	
HT300		300		187～255	
HT350		350		197～269	
QT500-7		500		147～241	
QT600-3		600		229～302	
ZG 310-570	正火	580	320	156～217	
ZG 340-640		650	350	169～229	
45		580	290	162～217	
ZG 340-640		700	380	241～269	
45		650	360	217～255	
30CrMnSi	调质	1100	900	310～360	
35SiMn		750	450	217～269	
40Cr		700	500	241～286	
45	调质后表面淬火			217～255	40～50HRC
40Cr				241～286	48～55HRC
20Cr	渗碳后淬火	650	400	300	58～62HRC
20CrMnTi		1100	850		
12Cr2Ni4		1100	850	320	
20Cr2Ni4		1200	1100	350	
38CrMoAl	调质后渗氮（渗氮层厚 0.3mm、0.5mm）	1000	850	255～321	>850HV
夹布胶木		100		25～35	

（2）铸钢　当齿轮的尺寸较大（大于 400~600mm）而不便于锻造时，可用铸造方法制成铸钢齿坯，再进行正火处理以细化晶粒。

（3）铸铁　低速、轻载场合的齿轮可以制成铸铁齿坯。当尺寸大于 500mm 时可制成轮辐式齿轮。

3. 齿轮材料的选择原则

1）齿轮材料必须满足工作条件的要求。

2）应考虑齿轮尺寸大小、毛坯成形方法、热处理、制造工艺。

3）不论毛坯的制作方法如何，正火碳钢只能用于制作在载荷平稳或轻度冲击下工作的齿轮；调质碳钢可用于中等冲击载荷下工作的齿轮。

4）合金钢常用于制作高速、重载并在冲击载荷下工作的齿轮。

5）飞行器中的齿轮传动，要求齿轮尺寸尽可能小，应采用表面硬化处理的高强度合金钢。

齿轮传动测试题
（第一、二节）

第三节　圆柱齿轮传动的初步设计计算

一、齿轮传动的精度

齿轮共有 13 个精度等级，用数字 0~12 表示，0 级最高，12 级最低。国家标准规定，齿轮传动的精度指标分别用三种公差组来表示。

（1）第Ⅰ公差组　它反映了齿轮传动的运动准确性，用齿轮一转内的转角误差来表示。为了保证齿轮传动的运动准确性，必须限制齿轮一转内的最大转角误差。

（2）第Ⅱ公差组　它反映齿轮传动的平稳性，用齿轮一转内多次重复出现的转角误差来表示。为了保证齿轮传动平稳，没有冲击、振动和噪声，应限制第Ⅱ公差组的等级。

（3）第Ⅲ公差组　它反映载荷分布的均匀性，用啮合区域的形状、位置和大小表示。齿轮在传动过程中，要求载荷分布要均匀，接触良好，以免引起应力集中，造成局部磨损，影响齿轮的使用寿命，需限制第Ⅲ公差组的等级。

不同用途、不同工作条件的齿轮使用要求不同。齿轮精度等级的选择，应根据传动的用途、使用条件、传动功率、圆周速度、性能指标或其他技术要求来确定。如：对于分度机构，仪器仪表中读数机构的齿轮，齿轮一转中的转角误差不超过 1′~2′，甚至是几秒，此时，传递运动准确性是主要的；对于高速、大功率传动装置中用的齿轮，如汽轮机减速器上的齿轮，圆周速度高，传递功率大，其运动精度、工作平稳性精度及接触精度要求都很高，特别是瞬时传动比的变化要求较小，以减少振动和噪声；对于轧钢机、起重机、运输机等低速重载机械，传递动力大，但圆周速度不高，故齿轮接触精度要求较高，齿侧间隙应足够大，而对其运动精度则要求不高。

齿轮传动精度最常用的是 6~9 级，且三个公差组可选择不同等级，也可选择同一精度等级。一般齿轮传动多按齿轮的圆周线速度确定第Ⅱ公差组的精度等级。当对传递运动准确性要求高时，采用第Ⅰ公差组和第Ⅱ公差组同级；当对传递运动准确性没有特别要求时，第

Ⅰ公差组精度常比第Ⅱ公差组低一个等级；当所传递的功率不特别大时（中、轻载），第Ⅲ公差组一般采用和第Ⅱ公差组相同的精度等级；重载齿轮传动则第Ⅲ公差组的精度等级宜高于第Ⅱ公差组的精度等级。

各类机器中使用的齿轮传动的精度等级范围详见表7-2。如图7-7所示根据圆周线速度和接触线单位长度上的最大载荷确定第Ⅱ公差组精度等级。接触线单位长度上的最大载荷 $F'_{ca}=KF_n/L$，式中 K 为载荷系数，详见本章第四节，F_n 为齿轮啮合时的法向载荷，L 为齿轮啮合时的接触线长度。

表 7-2　各类机器所用齿轮传动的精度等级范围

机器名称	精度等级	机器名称	精度等级
汽轮机	3~6	拖拉机	6~8
金属切削机床	3~8	通用减速器	6~8
航空发动机	4~8	锻压机床	6~9
轻型汽车	5~8	起重机	7~10
重型汽车	7~9	农业机器	8~11

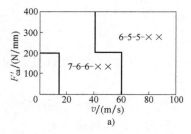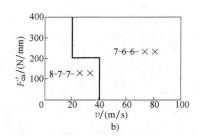

图 7-7　按速度与接触线单位长度上的最大载荷确定齿轮传动精度等级

a）圆柱齿轮传动　b）锥齿轮传动

二、主要尺寸和设计参数的选择

设计齿轮的第一步首先要根据经验来选择齿轮副的主要尺寸和参数，或按经验公式近似确定。

1. 传动比 i（齿数比 u）

单对齿轮传动的传动比或齿数比最大值不应超过6，否则大齿轮齿数会很多，尺寸过大，而且相对于大齿轮的轮齿，小齿轮磨损剧烈。如果要求传动比较大时，可采用两级或多级齿轮传动。一般情况下，多级齿轮传动时，$i<35$ 可采用两级传动，$35<i<150$ 可分为三级传动。各级传动比应尽量避免整数，以使不同轮齿相互啮合，从而使轮齿磨损相对均匀。

2. 小齿轮齿数 z_1

小齿轮齿数 z_1 越大，重合度越小，传动越平稳，振动和噪声越小。同时，当直径不变时，齿数越大，模数越小，齿高降低，有利于减小齿坯尺寸，降低加工时的切削量，从而使加工成本更低。但是模数小，轮齿尺寸变小，齿厚减小，这会降低齿根的弯曲强度。因此，在选择齿轮齿数时，应在保证齿根弯曲强度的条件下齿数取得多一些。另外，为了使相互啮合的齿轮磨损均匀，应注意 z_1 和 z_2 不能有公约数，这样可以避免产生周期性运转特性，如周期性振动。

一般情况下，闭式齿轮传动速度快，齿面较软，为了提高齿面接触强度，减小冲击振动，提高运动的平稳性，应使齿数多一些，小齿轮 $z_1 = 20 \sim 40$。由于受到工作环境的影响，开式齿轮传动多为磨损失效，为了保证轮齿有一定的厚度，小齿轮齿数选择不宜过多，一般可取 $z_1 = 17 \sim 20$。斜齿轮最少齿数可以相对放宽。

3. 齿宽 b

齿宽 b 大，则齿廓接触区更宽，从而使齿面接触应力更小，接触强度更高。但齿宽越大，载荷沿齿宽方向的分布不均匀程度越高。设计时，齿宽系数应选择适当。为了降低齿轮安装轴向精度，在实际生产中，相互啮合的两个齿轮的宽度是不一样的。由于小齿轮的尺寸小，因此小齿轮轮齿应比大齿轮略宽一点。

在齿轮设计中，齿宽 b 用齿宽系数 ψ_d 来确定，$\psi_d = b/d_1$。齿宽系数应根据小齿轮的支承方式、整体结构和啮合精度来合理选择，其推荐值可查表 7-3。

表 7-3　齿宽系数 ψ_d

支承类型	热处理			
	正火 <180HBW	调质 >200HBW	渗碳、火焰或感应硬化	渗氮
	ψ_d			
对称	≤1.6	≤1.4	≤1.1	≤0.8
不对称	≤1.3	≤1.1	≤0.9	≤0.6
悬臂	≤0.8	≤0.7	≤0.6	≤0.4

4. 螺旋角 β 与螺旋线方向

螺旋角是斜齿轮设计最重要的参数之一。螺旋角越大承载能力越大，传动越平稳，振动和噪声越小，但是螺旋角越大，轴向载荷越大，轴系设计越复杂。在生产实际中，在选择螺旋角时，应尽量使轴向重合度 $\varepsilon_\beta \approx 1 \sim 1.2$，这样既即保证了运动的平稳性，同时又不至于使轴向载荷过大。选择螺旋线方向时，应使轴向载荷由受径向载荷较小的轴承来承担。但要注意，相互啮合的两个齿轮的螺旋角大小应相等，外啮合旋向相反，内啮合旋向相同。螺旋角的推荐值：一般斜齿轮 $\beta = 8° \sim 20°$；人字齿轮 $\beta = 30° \sim 45°$。

第四节　圆柱齿轮传动的载荷计算

为了进行齿轮的强度计算，必须要首先确定轮齿上所受到的力，另外轮齿上受到的力也是后期进行轴和轴承设计的重要数据。

齿轮受力分析与
载荷系数视频

一、直齿圆柱齿轮的受力分析

设标准直齿轮为标准中心距安装，齿轮传动一般均加以润滑，齿间摩擦小，故可忽略摩擦力，则齿轮传动过程的作用力集中在齿宽中点，如图 7-8a 所示。

如图 7-8a 所示，C 点为两齿轮的啮合点，过 C 的法线方向得两齿轮在作用点的法向力

F_{n1} 和 F_{n2}。F_{n1} 和 F_{n2} 互为作用力和反作用力，大小相等，方向相反。作用在齿轮上的只有一个法向力，其方向不变，始终沿啮合线作用。为了求出法向力的数值，接下来以主动轮 1 为例进行分析。首先将法向力 F_{n1} 分解为与节圆相切的圆周力 F_{t1} 和沿半径方向的径向力 F_{r1}，如图 7-8b 和图 7-8c 所示。接下来，根据力的平衡条件和各力之间的相互关系，确定其大小和方向。

1. 力的大小

将主动轮的法向力 F_{n1} 在节点 C 处进行分解：

圆周力：
$$F_{t1} = \frac{2T_1}{d_1} \tag{7-1}$$

径向力：
$$F_{r1} = F_{t1}\tan\alpha \tag{7-2}$$

法向力：
$$F_{n1} = \frac{F_{t1}}{\cos\alpha} = \frac{2T_1}{d_1\cos\alpha} \tag{7-3}$$

转矩：
$$T_1 = 9550\frac{P_1}{n_1} \tag{7-4}$$

式中，T_1 为小齿轮传递的转矩（N·mm）；d_1 为小齿轮分度圆直径（mm）；α 为分度圆压力角；P_1 为齿轮传动的功率（kW）；n_1 为小齿轮转速（r/min）。

2. 力的方向

圆周力 F_t：沿节点处的圆周方向（即切线方向），其指向：主动轮上与其转向相反；从动轮上与其转向相同，如图 7-8d 所示。

径向力 F_r：沿半径方向指向各自轮心，如图 7-8d 所示。

3. 力的对应关系

圆周力 F_t、径向力 F_r 各自对应，即，$F_{t1} = -F_{t2}$，$F_{r1} = -F_{r2}$，如图 7-8d 所示。

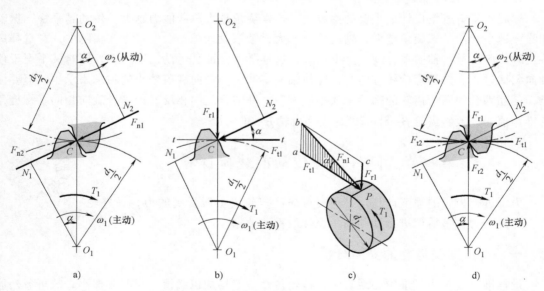

图 7-8 直齿圆柱齿轮受力分析图

a）两齿轮啮合　b）法向力分解　c）法向力分解立体图　d）各力的方向

二、斜齿圆柱齿轮受力分析

同直齿轮一样，斜齿轮传动过程中受到的载荷 F_n 也视作集中在接触点 C 处垂直于接触线并作用于齿宽中点。所不同的是，直齿轮的法向力 F_n 与轴线平行，而斜齿轮的法向力 F_n 与轴线成 $90°-\beta$，其中 β 为斜齿轮的螺旋角。斜齿轮的法向力可沿三个互相垂直的方向分解为三个力，分别为：圆周力 F_t、径向力 F_r 和轴向力 F_a，如图 7-9 所示。

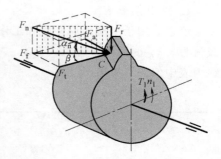

图 7-9　斜齿轮受力分析

1. 力的大小

圆周力：

$$F_{t1} = \frac{2T_1}{d_1} \tag{7-5}$$

径向力：

$$F_{r1} = F_{t1} \tan\alpha_t = F_{t1} \frac{\tan\alpha_n}{\cos\beta} \tag{7-6}$$

轴向力：

$$F_{a1} = F_{t1} \tan\beta \tag{7-7}$$

法向力：

$$F_{n1} = \frac{F_{t1}}{\cos\alpha_n \cos\beta} \tag{7-8}$$

式中，α_t 为端面压力角；α_n 为法面压力角。

根据式（7-7）可以看出，螺旋角 β 越大，则斜齿轮的轴向力越大，轴系结构也越复杂；但是，螺旋角越大，斜齿轮的传动越平稳，承载能力也越大。考虑螺旋角两个方面的影响，一般将其控制在 $8°\sim20°$，人字齿轮可取较大的螺旋角，一般在 $20°\sim40°$。

2. 力的方向

斜齿轮圆周力 F_t、径向力 F_r 的方向判定方法与直齿轮相同，以下重点介绍轴向力 F_a 的方向判定方法。

主动轮轴向力 F_{a1}：用左、右手定则，左旋用左手，右旋用右手，四指为齿轮的转动方向，拇指为轴向力 F_{a1} 方向。

从动轮轴向力 F_{a2}：与 F_{a1} 反向，注意从动轮的轴向力不能运用左右手定则。

3. 力的对应关系

$F_{t2} = -F_{t1}$，$F_{a2} = -F_{a1}$，$F_{r2} = -F_{r1}$，$F_{n2} = -F_{n1}$。

三、载荷影响系数

为了尽可能近似准确地计算出齿轮在实际传动过程中受到的载荷，应引入载荷计算系数 K。根据研究和工作经验确定引入的载荷影响系数包括使用系数 K_A，动载系数 K_v，齿间载荷分配系数 K_α，齿向载荷分配系数 K_β。引入载荷影响系数后，齿轮传动过程中承受的修正后的法向载荷可由下式计算得出。该载荷可用于后期的齿轮承载能力计算，因此常将其称为计算载荷，即

$$F_{ca} = KF_n = K_A K_v K_\alpha K_\beta F_n \tag{7-9}$$

式中，K 为载荷系数。

1. 使用系数 K_A

该系数用于考虑因原动机和工作机本身产生的外部附加载荷，即冲击、转矩波动和尖峰载荷等。K_A 的取值可参考表 7-4。表中所列 K_A 仅适用于减速传动，若为增速传动，K_A 值约为表中值的 1.1 倍。

表 7-4　使用系数 K_A

载荷状态	工作机	原动机			
		电动机、均匀运转的蒸汽机、燃气轮机	蒸汽机、燃气轮机、液压装置	多缸内燃机	单缸内燃机
均匀平稳	发电机、均匀传送的带式输送机或板式输送机、螺旋输送机、轻型升降机、包装机、机床进给机构、通风机、均匀密度材料搅拌机等	1.00	1.10	1.25	1.50
轻微冲击	不均匀传送的带式输送机或板式输送机、机床的主传动机构、重型升降机、工业与矿用风机、重型离心机、变密度材料搅拌机等	1.25	1.35	1.50	1.75
中等冲击	橡胶挤压机、间断工作的橡胶或塑料搅拌机、轻型球磨机、木工机械、钢坯、初轧机、提升装置、单缸活塞泵等	1.50	1.60	1.75	2.00
严重冲击	挖掘机、重型球磨机、橡胶揉合机、破碎机、重型给水泵、旋转式钻探装置、压砖机、带材冷轧机、压坯机等	1.75	1.85	2.00	≥2.25

2. 动载系数 K_v

齿轮传动中不可避免地存在着加工和装配误差。齿轮受到载荷后，轮齿、轮毂和整个传动装置中各零件也会产生变形。这些误差和变形使得齿轮的实际齿形与理论齿形之间存在误差，从而导致齿轮传动产生内部附加动载荷。如果传动装置中的其他零件具有足够的刚度，可将处于啮合状态的轮齿视作刚度不同的弹簧，这样啮合误差还会导致振动，从而引起附加载荷。且齿轮运转的速度越快，这种动载荷就越明显。

在实际生产中，提高齿轮加工和装配精度，减小齿轮直径（为了降低圆周速度）可减小动载荷。

考虑到动载荷的影响，引入了动载系数 K_v。动载系数数值的确定应针对设计对象通过实践确定。对于一般齿轮传动的动载系数可参考图 7-10。图中 v 是齿轮传动过程中的节线速度，曲线为齿轮精度，由图 7-10 选取的数值偏向于保证安全，实际设计中 K_v 取值可以适当偏小一些。若为直齿锥齿轮传动，应按图中低一级的精度线与锥齿轮齿宽中点处的节线速度 v_m 查取 K_v 值。

3. 齿间载荷分配系数 K_α

为了保证齿轮连续传动，重合度必须大于 1。这就意味着，齿轮传动过程同时有多对齿

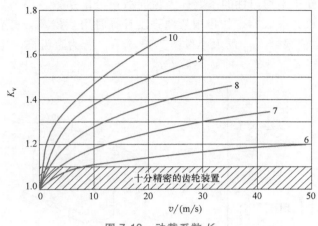

图 7-10　动载系数 K_v

参与啮合，则载荷由多对齿共同承担。但由于加工误差和啮合位置的不同，每对齿承担的载荷不同，为此引入齿间载荷分配系数 K_α。

初步设计时按齿面接触疲劳强度计算的齿间载荷分配系数 $K_{H\alpha}$ 和按齿根弯曲疲劳强度计算的齿间载荷分配系数 $K_{F\alpha}$ 可由公式进行计算也可查表 7-5 确定。若为直齿锥齿轮传动，考虑其精度较低，取 $K_{F\alpha}=K_{H\alpha}=1$。

表 7-5　齿间载荷分配系数 $K_{H\alpha}$ 和 $K_{F\alpha}$

$K_A F_t / b$		≥100N/mm				<100N/mm
精度等级 Ⅱ 组		5	6	7	8	<5
经表面硬化直齿圆柱齿轮	$K_{H\alpha}$	1.0	1.0	1.1	1.2	≥1.2
	$K_{F\alpha}$					≥1.2
经表面硬化斜齿圆柱齿轮	$K_{H\alpha}$	1.0	1.1	1.2	1.4	≥1.4
	$K_{F\alpha}$					≥1.4
未经表面硬化直齿圆柱齿轮	$K_{H\alpha}$	1.0	1.0		1.1	≥1.2
	$K_{F\alpha}$					≥1.2
未经表面硬化斜齿圆柱齿轮	$K_{H\alpha}$	1.0	1.1		1.2	≥1.4
	$K_{F\alpha}$					

4. 齿向载荷分配系数 K_β

考虑齿轮非对称布置、轴的变形会带着轴上齿轮也发生偏斜，这就使作用在齿面上的载荷沿接触线分布不均匀，从而引起载荷集中。当轴发生弯曲变形时，齿轮随之偏斜，引起偏载。当齿轮在轴上不对称布置时，靠近轴承侧受载大，如图 7-11 所示。悬臂布置时，偏载更严重。当轴发生扭转变形时，靠近转矩输入端的齿侧变形大，故受载大。当轴发生弯曲和扭转综合变形时，若齿轮靠近转矩输入端布置，则偏载严重；若齿轮远离转矩输入端布置，则偏载减小。此外齿轮越宽、硬度越大，越容易产生偏载。在实际生产中，降低齿向载荷分配系数的方法有：①布置合理的齿轮位置；②确定合理的齿轮宽度；③提高齿轮轴和支承的刚度；④采用齿面鼓形修整，如图 7-12 所示。

考虑载荷沿齿向分布不均匀性的系数称为齿向载荷分配系数，用 K_β 表示。按齿面接触疲劳强度计算时用系数 $K_{H\beta}$ 表示，按齿根弯曲强度计算时用系数 $K_{F\beta}$ 表示，$K_{H\beta}$ 的取值可按表 7-6 选取。$K_{F\beta}$ 的取值根据 $K_{H\beta}$ 的大小按图 7-13 选取。若为直齿锥齿轮传动，表中的齿宽系数按平均分度圆直径 d_{m1} 计算，即 $\psi_d = b/d_{m1}$。

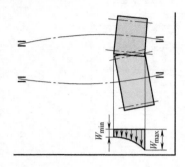

图 7-11　齿轮不对称布置受载图

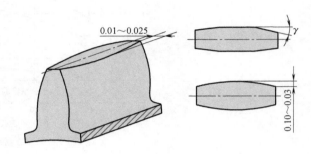

图 7-12　鼓形齿

表 7-6　按齿面接触疲劳强度计算时的系数 $K_{H\beta}$

小齿轮支承位置		软齿面齿轮									硬齿面齿轮					
ψ_d	精度	6	7	8	6	7	8	6	7	8	5	6	5	6	5	6
	b/mm	对称布置			非对称布置			悬臂布置			对称布置		非对称布置		悬臂布置	
0.2	40	1.052	1.066	1.109	1.053	1.066	1.019	1.064	1.067	1.111	1.064	1.067	1.065	1.067	1.067	1.070
	80	1.058	1.075	1.121	1.059	1.075	1.121	1.060	1.077	1.123	1.068	1.073	1.069	1.073	1.071	1.076
	120	1.064	1.084	1.134	1.065	1.084	1.134	1.066	1.086	1.135	1.072	1.079	1.073	1.080	1.075	1.082
	160	1.070	1.093	1.146	1.071	1.093	1.146	1.072	1.095	1.148	1.076	1.086	1.077	1.086	1.079	1.089
	200	1.708	1.102	1.158	1.077	1.103	1.159	1.078	1.104	1.160	.080	1.092	1.081	1.093	1.083	1.095
0.4	40	1.072	1.085	1.128	1.074	1.087	1.130	1.099	1.112	1.155	1.096	1.098	1.100	1.102	1.140	1.143
	80	1.078	1.094	1.140	1.080	1.096	1.143	1.105	1.121	1.168	1.100	1.104	1.104	1.108	1.144	1.149
	120	1.084	1.103	1.153	1.086	1.106	1.155	1.111	1.131	1.180	1.104	1.111	1.108	1.115	1.148	1.155
	160	1.090	1.112	1.165	1.092	1.115	1.168	1.117	1.140	1.193	1.108	1.117	1.112	1.121	1.152	1.162
	200	1.096	1.122	1.178	1.098	1.124	1.180	1.123	1.149	1.205	1.112	1.124	1.116	1.128	1.156	1.168
0.6	40	1.104	1.117	1.160	1.116	1.129	1.172	1.243	1.256	1.299	1.148	1.150	1.168	1.170	1.376	1.388
	80	1.110	1.126	1.172	1.122	1.138	1.185	1.249	1.265	1.311	1.152	1.156	1.172	1.177	1.380	1.396
	120	1.116	1.135	1.185	1.128	1.148	1.197	1.254	1.274	1.324	1.156	1.163	1.176	1.183	1.385	1.404
	160	1.122	1.144	1.197	1.134	1.157	1.210	1.261	1.283	1.336	1.160	1.690	1.180	1.189	1.390	1.411
	200	1.128	1.154	1.210	1.140	1.166	1.222	1.267	1.293	1.349	1.164	1.176	1.184	1.196	1.395	1.419
0.8	40	1.148	1.162	1.205	1.188	1.201	1.244	1.587	1.601	1.644	1.220	1.223	1.284	1.287	2.044	2.057
	80	1.154	1.171	1.217	1.194	1.210	1.257	1.593	1.610	1.656	1.224	1.229	1.288	1.293	2.049	2.064
	120	1.160	1.180	1.230	1.199	1.219	1.269	1.599	1.619	1.669	1.228	1.236	1.292	1.299	2.054.	2.072
	160	1.166	1.189	1.242	1.206	1.229	1.281	1.605	1.628	1.681	1.232	1.242	1.296	1.306	2.058	2.080
	200	1.172	1.198	1.254	1.212	1.238	1.294	1.611	1.637	1.639	1.236	1.248	1.300	1.312	2.063	2.087

（续）

小齿轮支承位置	软齿面齿轮									硬齿面齿轮					
精度	6	7	8	6	7	8	6	7	8	5	6	5	6	5	6
ψ_d ＼ b/mm	对称布置			非对称布置			悬臂布置			对称布置		非对称布置		悬臂布置	
1.0　　40	1.206	1.219	1.262	1.302	1.315	1.358	2.278	2.291	2.334	1.314	1.316	1.491	1.504	3.382	3.395
80	1.212	1.228	1.275	1.308	1.324	1.371	2.284	2.300	2.347	1.318	1.323	1.469	1.511	3.387	3.402
120	1.218	1.238	1.287	1.314	1.334	1.383	2.290	2.310	2.359	1.322	1.329	1.500	1.519	3.391	3.410
160	1.224	1.247	1.300	1.320	1.343	1.396	2.96	2.319	2.372	1.326	1.336	1.505	1.526	3.396	3.417
200	1.230	1.256	1.312	1.326	1.352	1.408	2.302	2.328	2.384	1.330	1.348	1.510	1.534	3.401	3.425
1.2　　40	1.276	1.290	1.333	1.475	1.489	1.532	3.499	3.512	3.556	1.441	1.454	1.827	1.840	5.748	5.761
80	1.282	1.299	1.345	1.481	1.498	1.544	3.505	3.522	3.568	1.446	1.462	1.832	1.847	5.453	5.768
120	1.288	1.308	1.358	1.487	1.507	4.557	3.511	3.531	3.580	1.451	1.469	1.836	1.855	5.758	5.776
160	1.294	1.317	1.370	1.493	1.516	1.569	3.517	3.540	3.593	1.456	1.477	1.841	1.862	5.762	5.784
200	1.300	1.326	1.382	1.500	1.525	1.581	3.523	3.549	3.605	1.460	1.484	1.846	1.870	5.767	5.791

注：上表中 ψ_d 为齿轮的齿宽系数，b 为齿轮宽度。

　　$K_{F\beta}$ 的取值可以根据 $K_{H\beta}$、齿宽 b 与齿高 h 的比值按图 7-13 查得。当两个齿轮的齿宽不等时，$K_{F\beta}$ 取两齿轮中的小值。

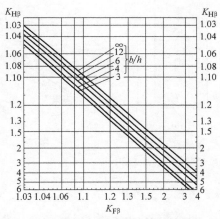

图 7-13　按齿根弯曲强度计算时的系数 $K_{F\beta}$

第五节　圆柱齿轮传动的强度校核与设计

一、圆柱齿轮齿根弯曲疲劳强度计算与设计

齿轮在传动过程中，为防止轮齿发生疲劳折断，需满足的弯曲疲劳强度条件为

$$\sigma_F \leqslant [\sigma_F] \tag{7-10}$$

式中，σ_F 为轮齿上受到的最大弯曲应力（N/mm^2）；$[\sigma_F]$ 为许用弯曲应力（N/mm^2）。

下面分别详细介绍轮齿上实际承受的最大弯曲应力和许用弯曲应力的确定方法。

1. 最大齿根弯曲应力 σ_F

齿轮在运动过程中，从齿根进入啮合，从齿顶退出啮合，尽管齿轮在齿顶啮合时到齿根的力臂最长，但是由于此处为双齿啮合区，因此受到的载荷较小。根据分析，当载荷作用在单齿啮合区的最高点时（如图 7-14a 中的 D 点），齿根产生的弯曲应力最大。由于 D 点的确定较麻烦，为了降低设计计算的工作量，同时又保证一定的精度，以载荷作用于齿顶 E 点，且单对齿啮合时，在齿根产生的弯曲应力进行计算。此时齿根的危险截面可按 30°切线法确定，如图 7-14a 所示。30°切线法具体如下：绘制与齿轮对称中线成 30°，并与齿根过渡曲线相切的切线，以两切点 MN 之间的弦长 S_F 和齿宽 b 为边长的长方形即为危险截面，如图 7-14b 所示。

按照齿顶受载荷进行受力分析如图 7-15 所示。图中 α_F 为载荷作用齿顶时的压力角。将法向力 F_n 分解为 $F_n\cos\alpha_F$ 和 $F_n\sin\alpha_F$，$F_n\cos\alpha_F$ 在齿根处产生弯曲应力 σ_F 以及切应力 τ。$F_n\sin\alpha_F$ 产生压应力 σ_y。图 7-15 给出了各应力的分布曲线。由于切应力 τ 和压应力 σ_y 的值较小，如果忽略不计，合成应力只有很小的变化，所以在设计计算时只考虑纯弯曲应力。为了保证设计计算的精度，用下述修正系数来考虑被忽略的应力、过渡曲线引起的应力集中、多对齿啮合时的载荷分配和斜齿轮接触线增大等因素的影响。

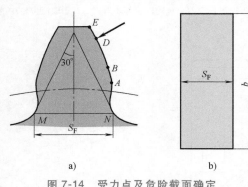

图 7-14 受力点及危险截面确定
a）确定受力点 b）危险截面

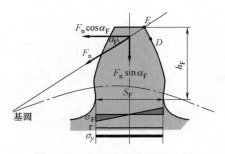

图 7-15 齿顶受载荷受力分析

（1）齿形系数 Y_{Fa} 作用于齿根处的弯矩为

$$M = F_n\cos\sigma_F h_F \tag{7-11}$$

式中，h_F 为齿顶到齿根危险截面的距离（mm）。

则该处的弯曲应力为

$$\sigma_{F0} = \frac{M}{W} = \frac{F_n\cos\alpha_F h_F}{\dfrac{bS_F^2}{6}} = \frac{6F_n\cos\alpha_F h_F}{bS_F^2} \tag{7-12}$$

将式（7-3）代入上式，得

$$\sigma_{F0} = \frac{6F_n\cos\alpha_F h_F}{bS_F^2} = \frac{6F_t\cos\alpha_F h_F}{bS_F^2\cos\alpha} \tag{7-13}$$

分子分母乘以模数 m，得

$$\sigma_{F0} = \frac{6F_t\cos\alpha_F h_F}{bS_F^2\cos\alpha} = \frac{F_t}{bm} \frac{6m\cos\alpha_F h_F}{S_F^2\cos\alpha} = \frac{F_t}{bm}Y_{Fa} \tag{7-14}$$

式中，Y_{Fa} 为齿形系数，用以考虑载荷作用于齿顶以及齿形对齿根弯曲应力的影响。根据式 (7-14) 可得出，Y_{Fa} 与 h_F、S_F 及 α_F 有关。由于 h_F、S_F 及 α_F 与轮齿形状相关，而轮齿的形状取决于变位系数和齿数，如图 7-16 所示，因此可以得出 Y_{Fa} 只同齿数和变位系数有关，与模数 m 无关。根据轮齿形状图可以得出，齿数越多，变位系数越大，齿形系数 Y_{Fa} 越大。

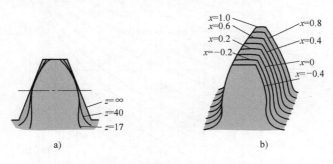

图 7-16　轮齿形状
a) 齿形与齿数关系　b) 齿形与变位系数关系

齿形系数 Y_{Fa} 的数值大小可由图 7-17 选取，图中 x 为齿轮的变位系数。

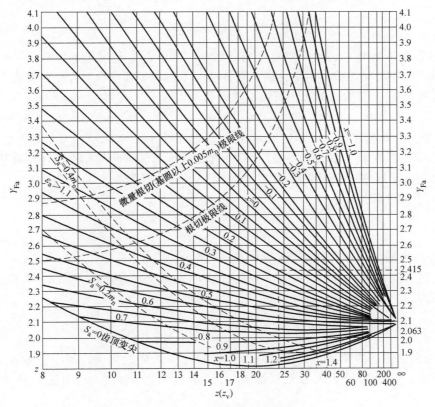

图 7-17　外齿轮齿形系数 Y_{Fa}

（2）应力修正系数 Y_{Sa}　应力修正系数 Y_{Sa} 用于考虑齿根过渡曲线对应力的提高（应力集中），以及除弯曲应力外的其他应力（压应力及剪切应力）对齿根强度的影响。应力修正系数 Y_{Sa} 的数值可根据图 7-18 选取。

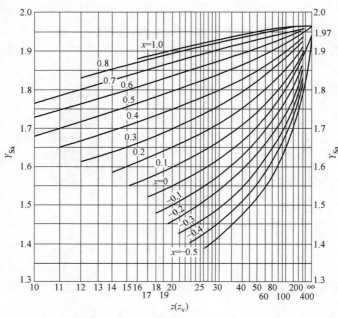

图 7-18　应力修正系数 Y_{Sa}

（3）重合度系数 Y_ε　齿轮在实际传动过程中，有单齿啮合区和多齿啮合区。但是在确定进行齿根弯曲应力时是按单齿啮合进行计算的，考虑到多齿啮合对齿根弯曲应力的影响引入了重合度系数 Y_ε，其数值的大小可由下式计算得出

$$Y_\varepsilon = 0.25 + 0.75/\varepsilon_{\alpha v} \qquad (7\text{-}15)$$

式中，$\varepsilon_{\alpha v}$ 为齿轮的重合度，$\varepsilon_{\alpha v} = \varepsilon_\alpha / \cos^2\beta_b < 2$（直齿轮 $\beta = 0°$）。ε_α 为直齿轮的重合度。

（4）螺旋角系数 Y_β　螺旋角系数 Y_β 用于考虑法向上斜齿轮与作为设计计算基础的直齿轮齿根应力之间的区别。齿廓的倾斜使接触线变长，会对齿根弯曲应力产生一定的影响。Y_β 的值可由下式计算得出

$$Y_\beta = 1 - \varepsilon_\beta \frac{\beta}{120°} \qquad (7\text{-}16)$$

式中，ε_β 为斜齿轮的轴面重合度，$\varepsilon_\beta = bz_1 \tan\beta / (d_1 \pi)$。

计入上述影响系数，引入齿根弯曲疲劳强度计算的载荷系数 $K_F = K_A K_v K_{F\alpha} K_{F\beta}$，得到齿轮的弯曲应力为

$$\sigma_{F0} = \frac{F_{t1}}{bm_n} K_F Y_{Fa} Y_{Sa} Y_\varepsilon Y_\beta \qquad (7\text{-}17)$$

式中，F_{t1} 为齿轮传递的圆周力，按式（7-5）计算；b 为齿轮宽度，两个齿轮齿宽不同时，取小齿轮宽度，一般情况下大齿轮宽度 b_2 大于小齿轮宽度 b_1；m_n 为法向模数，直齿轮 $m_n = m$。

注：由于大小两个齿轮的齿形系数 Y_{Fa} 和应力影响系数 Y_{Sa} 取值不同，在确定齿根弯曲

应力时，取 $Y_{Fa1}Y_{Sa1}$ 和 $Y_{Fa2}Y_{Sa2}$ 中的大值。

2. 许用齿根弯曲应力 $[\sigma_F]$

许用齿根弯曲应力是齿轮材料的齿根弯曲疲劳极限应力 σ_{Flim} 与齿根弯曲安全系数之比。材料承受弯曲应力的能力是由试验齿轮在脉冲试验台上通过试验测得的。通过试验获得的齿

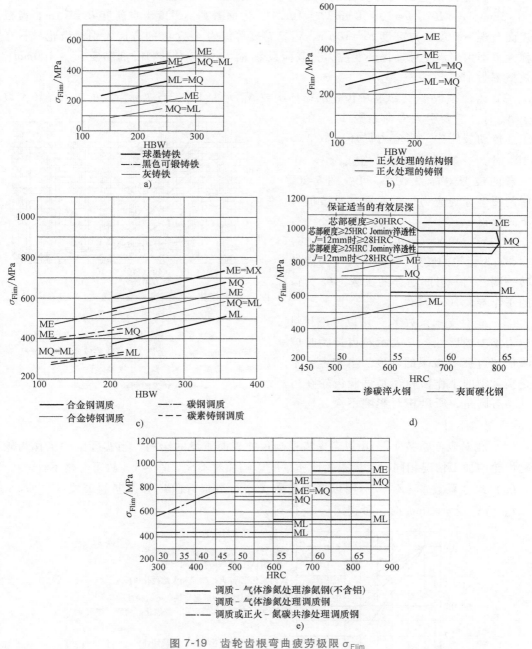

图 7-19 齿轮齿根弯曲疲劳极限 σ_{Flim}

a) 铸铁材料的 σ_{Flim}　b) 正火处理钢的 σ_{Flim}　c) 调质处理钢的 σ_{Flim}

d) 渗碳淬火钢和表面硬化（火焰和感应淬火）钢的 σ_{Flim}　e) 渗氮及氮碳共渗钢的 σ_{Flim}

轮齿根弯曲疲劳极限用 σ_{Flim} 来表示，其数值可查阅图 7-19。图上 ML 为齿轮材料和热处理质量要求低时的曲线；MQ 为齿轮材料和热处理质量中等要求时的曲线；ME 为齿轮材料和热处理质量严格要求时的曲线。考虑到实际生产中使用的齿轮无法保证与试验时齿轮完全相同，因此还必须用相应的系数来修正试验数据。接下来重点介绍试验条件和各修正系数。

（1）齿轮齿根弯曲疲劳极限的试验条件　齿轮疲劳试验的条件：中心距 $a = 100\text{mm}$、$m = 3 \sim 5\text{mm}$，$\alpha = 20°$、$b = 10 \sim 50\text{mm}$、$v = 10\text{m/s}$，齿面微观不平度十点高度 $Rz = 3\mu\text{m}$，齿根过渡表面微观不平度十点高度 $Rz = 10\mu\text{m}$，齿轮精度等级为 4 ~ 7 级的直齿轮副；齿轮材料在完全弹性范围内，承受脉动循环变应力，载荷系数 $K_{H\alpha} = K_{F\alpha} = 1$，润滑剂黏度 $\nu_{50} = 100\text{mm}^2/\text{s}$，失效概率为 1%。

（2）寿命系数 Y_N　试验中齿轮的循环次数 N_0 为 3×10^6，当实际齿轮的应力循环次数不
等于 N_0 时，需要引入寿命系数 Y_N。在一般工业传动装置中，当应力循环次数 $N_0 > 3 \times 10^6$ 时，一般取 $K_N = 1$；当 $N_0 < 3 \times 10^6$ 时，弯曲疲劳寿命系数 Y_N 可查图 7-20。图中的横坐标为应力循环次数，其数值可按下式求得

$$N = 60njL_h \qquad (7-18)$$

式中，n 为齿轮的转数（r/min）；j 为齿轮每转一圈，同一齿面啮合的次数；L_h 为齿轮的工作寿命（h）。

（3）相对支承系数 Y_δ　用以考虑材料的应力集中敏感性，它表示轮齿折断时应力峰值超过疲劳极限的幅度。事实上，不论是实际中的工作齿轮还是试验齿轮在齿根处均有圆角，所以相对影响不大，$Y_\delta \approx 1$，故可忽略不计。

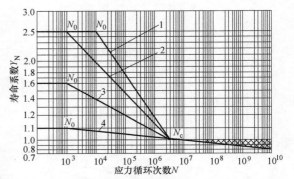

图 7-20　齿根弯曲疲劳寿命系数 Y_N（当 $N > N_c$ 时，可根据经验在网格区内取值）

1—调质钢；球墨铸铁（珠光体、贝氏体）；珠光体可锻铸铁
2—渗碳淬火的渗碳钢；全齿廓火焰或感应淬火钢、球墨铸铁
3—渗氮的渗氮钢；球墨铸铁（铁素体）；灰铸铁；结构钢
4—碳氮共渗的调质钢、渗碳钢

（4）相对表面系数 Y_R　用以考虑齿根圆角处表面质量的影响。当实际中的工作齿轮与试验齿轮的加工情况相同时，齿根表面质量的影响相对不大，$Y_R \approx 1$，故可忽略不计。

（5）尺寸系数 $Y_X(Z_X)$　用以考虑模数大小对齿根弯曲疲劳强度的影响。当 $m < 5\text{mm}$ 时，$Y_X = 1$；当 $m > 5\text{mm}$ 时，可查图 7-21 得到。

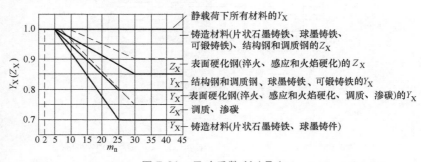

静载荷下所有材料的 Y_X
铸造材料（片状石墨铸铁、球墨铸铁、可锻铸铁）、结构钢和调质钢的 Z_X
表面硬化钢（淬火、感应和火焰硬化）的 Z_X
结构钢和调质钢、球墨铸铁、可锻铸铁的 Y_X
表面硬化钢（淬火、感应和火焰硬化、调质、渗碳）的 Y_X
调质、渗碳
铸造材料（片状石墨铸铁、球墨铸件）

图 7-21　尺寸系数 $Y_X(Z_X)$

代入各修正系数后，许用齿根弯曲应力为

$$[\sigma_F] = \frac{\sigma_{Flim}}{S_{Flim}} Y_N Y_\delta Y_R Y_X \tag{7-19}$$

考虑到相对支承系数 Y_δ 和相对表面系数 Y_R 对齿根弯曲疲劳强度影响较小，忽略其影响，经简化计算后得

$$[\sigma_F] = \frac{\sigma_{Flim}}{S_{Flim}} Y_N Y_X \tag{7-20}$$

式中，S_{Flim} 为齿根弯曲疲劳强度安全系数。所有的影响系数取值越精确，安全系数就可以越小。一般而言，轮齿折断会引起相对比较严重的事故，故一般取 $S_{Flim} = 1.25 \sim 2$，平均值为 1.5，当损坏危险性很高或损坏后果严重时，可取 $S_{Flim} > 3$。

3. 齿根弯曲疲劳强度计算与设计公式

将式（7-17）最大弯曲应力计算的公式和式（7-19）许用弯曲应力的计算公式代入式（7-10）中得

$$\sigma_F = \frac{K_F F_{t1}}{b m_n} Y_{Fa} Y_{Sa} Y_\varepsilon Y_\beta \leq [\sigma_F] \tag{7-21}$$

将 $\psi_d = b/d_1$、$F_{t1} = 2T_1/d_1$、$d_1 = m_n z_1/\cos\beta$ 及 $m_n = d_1/z_1$ 代入上式得

$$\sigma_{F1} = \frac{2K_F T_1 \cos^2\beta}{\psi_d m_n^3 z_1^2} Y_{Fa1} Y_{Sa1} Y_\varepsilon Y_\beta = \frac{2K_F T_1 \cos^2\beta}{\psi_d m_n^3 z_1^2} Y_{Fa1} Y_{Sa1} Y_\varepsilon Y_\beta \leq [\sigma_{F1}] \tag{7-22}$$

同理得

$$\sigma_{F2} = \frac{2K_F T_1 \cos^2\beta}{\psi_d m_n^3 z_1^2} Y_{Fa2} Y_{Sa2} Y_\varepsilon Y_\beta = \frac{2K_F T_1 \cos^2\beta}{\psi_d m_n^3 z_1^2} Y_{Fa2} Y_{Sa2} Y_\varepsilon Y_\beta \leq [\sigma_{F2}] \tag{7-23}$$

经变换，可得按齿根弯曲疲劳强度进行设计的计算公式为

$$m_n \geq \sqrt[3]{\frac{2K_F T_1 Y_\varepsilon Y_\beta \cos^2\beta}{\psi_d z_1^2} \frac{Y_{Fa} Y_{Sa}}{[\sigma_F]}} \tag{7-24}$$

在式（7-21）、式（7-22）和式（7-23）中 β 为斜齿轮的螺旋角，对于直齿轮 $\beta = 0°$。

注：设计时，比较 $\dfrac{Y_{Fa1} Y_{Sa1}}{[\sigma_{F1}]}$ 和 $\dfrac{Y_{Fa2} Y_{Sa2}}{[\sigma_{F2}]}$ 的大小，代入较大值；校核时，两齿轮应分别校核。

二、圆柱齿轮齿面接触疲劳强度计算与设计

齿轮在传动过程中，为防止轮齿齿面发生疲劳点蚀，需满足接触疲劳强度条件为

$$\sigma_H \leq [\sigma_H]$$

式中，σ_H 为轮齿齿面上受到的最大接触应力（N/mm^2）；$[\sigma_H]$ 为许用接触应力（N/mm^2）。

下面分别详细介绍轮齿上实际承受的最大接触应力和许用接触应力的确定方法。

1. 最大齿面接触应力 σ_H

在通用机械零件中，渐开线圆柱齿轮齿面间的接触为线接触，外啮合为外接触，内啮合为内接触。在齿轮传递动力的过程中，受力后由于材料的弹性变形，线接触变为面接触，如

图 7-22a 所示，因此齿面接触应力的计算是一个弹性力学问题，弹性力学给出的接触应力计算公式为

$$\sigma_H = \sqrt{\dfrac{1}{\pi\left(\dfrac{1-\mu_1^2}{E_1}+\dfrac{1-\mu_2^2}{E_2}\right)}\dfrac{F_n}{L\rho_\Sigma}} = Z_E\sqrt{\dfrac{F_n}{L\,\rho_\Sigma}} \qquad (7\text{-}25)$$

式中，μ_1、μ_2 为两圆柱体材料的泊松比；E_1、E_2 为两圆柱体材料的弹性模量；L 为接触线长度（mm）；F_n 为两齿轮传递的法向载荷（N）；ρ_Σ 为综合曲率半径（mm），$\dfrac{1}{\rho_\Sigma}=\dfrac{\rho_1\pm\rho_2}{\rho_1\rho_2}$，"+"号用于外接触，"−"号用于内接触；$Z_E$ 为弹性系数，它的取值同配对小齿轮和大齿轮的材料有关，其数值列于表 7-7。

表 7-7　弹性系数 Z_E

齿轮 1		齿轮 2		$Z_E/\sqrt{\text{MPa}}$
材料	弹性模量/(N/mm²)	材料	弹性模量/(N/mm²)	
钢	206000	钢	206000	189.8
		铸钢	202000	188.9
		球墨铸铁	173000	181.4
		铸造锡青铜	103000	155.0
		锡青铜	113000	159.8
		片状石墨铸铁（灰铸铁）	126000~118000	165.4~162.0
铸钢	202000	铸钢	202000	188.0
		球墨铸铁	173000	180.5
		片状石墨铸铁（灰铸铁）	118000	161.4
球墨铸铁	173000	球墨铸铁	173000	173.9
		片状石墨铸铁（灰铸铁）	218000	156.6
片状石墨铸铁（灰铸铁）	126000~118000	片状石墨铸铁（灰铸铁）	118000	146.0~143.7

两齿轮在啮合过程中，啮合点的接触应力互为作用力和反作用力，其大小相等方向相反。但随着啮合点位置的变化，接触点的法向载荷和曲率半径都是变化的，因此齿面接触应力是变化的。为了对齿轮的齿面强度进行校核，势必要确定轮齿受到的最大应力。由式（7-25）可知，综合曲率 ρ_Σ 越小，载荷 F_n 越大，则接触应力越大。如图 7-22 所示，啮合点越接近齿根则曲率半径越小（$A_1B_1<A_2B_2$），但齿根部分为双齿（多齿）啮合区，载荷最小，如图 7-22b 所示。载荷最大位置为单齿啮合区，因此可以判断出单齿啮合区的最小曲率半径位置即为最大接触应力发生的位置，即单对齿啮合区间的下界点 D 处。考虑到单对齿啮合的下界点 D 的位置确定相对复杂，同时节点 C 处也是一对齿承载，且点蚀常发生于节线附近，为了简化计算，故以节点 C 处的接触应力为计算依据。

考虑到赫兹公式只能近似地得到齿轮的接触应力，且实际运行过程中，齿廓各点的曲率半径是变化的，相互啮合的轮齿间因相对滑移面存在摩擦，在计算接触应力时也并未考虑润滑情况，故还必须要考虑这些因素对齿面接触应力的影响，为此还要引入修正系数进行修

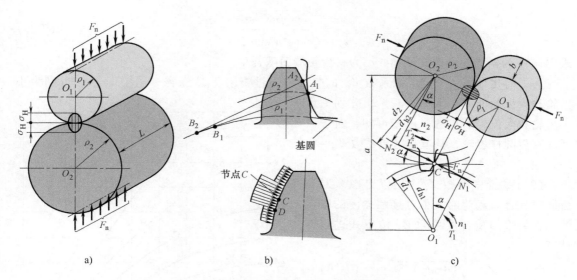

图 7-22　接触应力的最大位置确定

a）啮合示意图　b）接触点与曲率半径关系　c）直齿圆柱齿轮啮合受力情况

正。下面介绍引入的修正系数及最大接触应力的计算公式。

（1）节点区域系数 Z_H　用以考虑节点处齿廓曲率对齿面接触应力的影响。

首先研究相对简单的直齿圆柱齿轮，如图 7-22c 所示，两圆柱体的半径即为节点 C 处的曲率半径，即

$$\begin{cases} \rho_1 = \overline{N_1 C} = \dfrac{d_1'}{2}\sin\alpha' \\ \rho_2 = \overline{N_2 C} = \dfrac{d_2'}{2}\sin\alpha' \end{cases} \tag{7-26}$$

式中，d_1'、d_2' 为直齿圆柱齿轮的节圆直径，标准齿轮则为分度圆直径；α' 为啮合角，标准齿轮则为分度圆压力角 α。

将齿数比 $u=z_2/z_1=d_2'/d_1'$ 和 $d_1'=d_1\cos\alpha/\cos\alpha'$ 代入综合曲率半径计算式中得

$$\rho_\Sigma = \frac{\rho_1\rho_2}{\rho_1\pm\rho_2} = \frac{d_1\cos\alpha\sin\alpha'}{2\cos\alpha'}\frac{u}{u\pm1} \tag{7-27}$$

将综合曲率半径的计算式（7-27）代入接触应力计算式（7-25），引入齿面接触疲劳强度计算的载荷系数 K_H，并取 $F_n=F_t/\cos\alpha$，可求得直齿圆柱齿轮在节点 C 处的接触应力为

$$\sigma_H = Z_E\sqrt{\frac{F_n}{L\rho_\Sigma}} = \sqrt{\frac{K_H F_t}{L d_1}\frac{u\pm1}{u}\frac{2\cos\alpha'}{\cos^2\alpha\sin\alpha'}}Z_E = \sqrt{\frac{K_H F_t}{L d_1}\frac{u\pm1}{u}}Z_H Z_E \tag{7-28}$$

式中，K_H 为齿面接触疲劳强度计算的载荷系数，$K_H=K_A K_v K_{H\alpha} K_{H\beta}$；$Z_H$ 为节点区域系数，

$Z_H = \sqrt{\dfrac{2\cos\alpha'}{\cos^2\alpha\sin\alpha'}}$。

上式中的节点区域系数 Z_H 是根据直齿圆齿轮确定的，对于斜齿圆柱齿轮还要考虑螺旋角对其的影响。考虑螺旋角后，斜齿圆柱齿轮的区域系数为

$$Z_H = \sqrt{\frac{2\cos\beta_b\cos\alpha_t'}{\cos^2\alpha_t\sin\alpha_t'}} \tag{7-29}$$

式中，β_b 为斜齿轮基圆螺旋角；α_t' 为斜齿轮端面啮合角。

为了简化计算，节点区域系数 Z_H 的数据可通过查图 7-23 获得。图中 x_1，x_2 分别为小齿轮和大齿轮的变位系数，z_1，z_2 分别为小齿轮和大齿轮的齿数。由图可知，对于标准直齿圆柱齿轮，其节点区域系数 $Z_H = 2.5$。

（2）重合度系数 Z_ε 用以考虑多对齿同时啮合时载荷的大小对接触强度的影响。直齿轮的重合度系数 Z_ε 按下式进行计算

$$Z_\varepsilon = \sqrt{(4-\varepsilon_\alpha)/3} \tag{7-30}$$

对于斜齿轮，当斜齿轮的轴面重合度 $\varepsilon_\beta \geq 1$ 时，重合度系数为

$$Z_\varepsilon = \sqrt{1/\varepsilon_\alpha} \tag{7-31}$$

当斜齿轮的轴面重合度 $\varepsilon_\beta < 1$ 时，重合度系数为

$$Z_\varepsilon = \sqrt{\frac{(4-\varepsilon_\alpha)}{3}(1-\varepsilon_\beta)+\frac{\varepsilon_\beta}{\varepsilon_\alpha}} \tag{7-32}$$

式中，ε_β 为斜齿轮的轴面重合度，$\varepsilon_\beta = (\psi_d z_1 \tan\beta)/\pi$。

（3）接触线长度 L 考虑多对齿同时啮合及螺旋角对接触线长度的影响，接触线的实际长度按下式计算

$$L = \frac{b}{Z_\varepsilon^2\cos\beta_b} \tag{7-33}$$

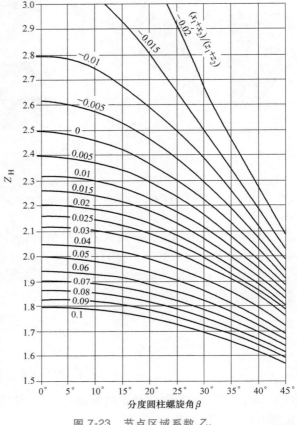

图 7-23 节点区域系数 Z_H

式中，b 为轮齿宽度（mm）；β_b 为斜齿轮的基圆螺旋角（°），对于直齿圆柱齿轮 $\beta_b = 0°$。

（4）螺旋角系数 Z_β 当螺旋角增大时齿轮的承载能力提高，齿面接触应力也相应增大，为此引入螺旋角系数 Z_β，其数值可按下式计算

$$Z_\beta = \sqrt{\cos\beta} \tag{7-34}$$

计入上述各修正系数，并将 $F_t = 2T_1/d_1$，$\psi_d = b/d_1$ 代入（7-29）后，即可得圆柱齿轮的最大接触应力计算公式为

$$\sigma_H = Z_E Z_H Z_\varepsilon Z_\beta \sqrt{\frac{2K_H T_1(u\pm1)}{bd_1^2 u}} = Z_E Z_H Z_\varepsilon Z_\beta \sqrt{\frac{2K_H T_1(u\pm1)}{\psi_d d_1^3 u}} \tag{7-35}$$

2. 许用齿面接触应力 $[\sigma_H]$

许用齿面接触应力是齿面接触疲劳极限应力 σ_{Hlim} 与齿面接触疲劳强度安全系数 S_{Hlim}

之比。齿轮的齿面接触疲劳极限也是在试验条件下获得的，试验条件与齿根弯曲疲劳极限相同。试验条件下获得的齿轮齿面接触疲劳极限 σ_{Hlim} 的数据可根据材料与热处理方法的不同由图 7-24 查得。

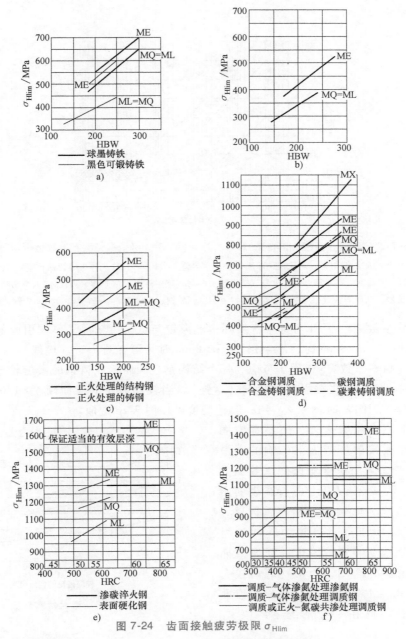

图 7-24 齿面接触疲劳极限 σ_{Hlim}

a）球墨铸铁和黑色可锻铸铁的 σ_{Hlim}　b）灰铸铁的 σ_{Hlim}　c）正火处理的结构钢和铸钢的 σ_{Hlim}　d）调质处理钢的 σ_{Hlim}
e）渗碳淬火钢和表面硬化（火焰或感应淬火）钢的 σ_{Hlim}　f）渗氮和氮碳共渗钢的 σ_{Hlim}

一般来说，齿轮的实际工作条件与得到的疲劳极限试验条件是不一样的，所以还必须对试验数据进行修正，下面介绍相关修正系数。

（1）寿命系数 Z_N　在齿轮疲劳试验中，是按无限寿命进行的，但是生产实际中使用的齿轮只要求有限寿命，使用寿命要求的降低会使许用接触应力提高，因此引入寿命系数对试验中的疲劳极限应力进行修正。寿命系数可近似地由图 7-25 查取，图中的循环次数由式（7-18）求取。

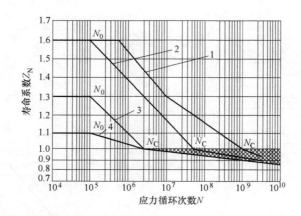

图 7-25　齿面接触疲劳寿命系数 Z_N（当 $N>N_c$ 时，可根据经验在网纹区内取值）

1—允许一定点蚀时的结构钢；调质钢；球墨铸铁（珠光体、贝氏体）；珠光体可锻铸铁；渗碳淬火的渗碳钢

2—结构钢；调质钢；渗碳淬火钢；火焰或感应淬火的钢、球墨铸铁（珠光体、贝氏体）；珠光体可锻铸铁

3—灰铸铁；球墨铸铁（铁素体）；渗氮的渗氮钢、调质钢、渗碳钢　4—碳氮共渗的调质钢、渗碳钢

（2）尺寸系数 Z_X　用于考虑生产实际中的齿轮与试验齿轮尺寸不同引起的齿面接触疲劳极限的不同。当 $m<8\text{mm}$ 时，$Z_X=1$；当 $m>8\text{mm}$ 时，可查图 7-21（虚线）。

（3）配对材料系数 Z_W　用于考虑当一个结构钢、调质钢或铸钢的大齿轮与一个硬齿面小齿轮配对时，对齿面接触强度的影响（增强）。当较弱齿轮的齿面硬度$<130\text{HBW}$ 时，取 $Z_W=1.2$；当$>470\text{HBW}$ 时，取 $Z_W=1$；其他硬度可按图 7-26 选取。

除了以上三个系数之外，还要考虑润滑油黏度对齿面接触疲劳极限影响的润滑油系数 Z_L，考虑圆周速度对齿面承载能力影响的速度系数 Z_V，以及考虑齿廓表面质量对点蚀承载能力影响的粗糙度系数 Z_R。Z_L、Z_V、Z_R 取决于配对齿轮中较软的材料。对于工业传动装置，滚齿、刨齿或插齿加工的齿轮，$Z_L Z_V Z_R=0.85$；磨齿或剃齿时，$Z_L Z_V Z_R=1$。由于齿轮跑合后齿面精度会提高，因此在一般情况下，取 $Z_L Z_V Z_R=1$。

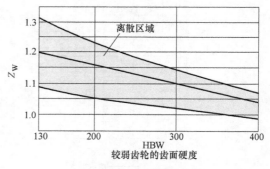

图 7-26　配对材料系数

计入上述修正系数后，许用接触应力（大、小齿轮应分别求取）为

$$[\sigma_H]=\frac{\sigma_{Hlim}}{S_{Hlim}}Z_N Z_X Z_W \tag{7-36}$$

式中，S_{Hlim} 为齿面接触疲劳强度校核计算时所需的最小安全系数，一般取 $S_{Hlim}=1$，破坏危

险性大或损坏后果严重时，取 $S_{Hlim} = 1.3 \sim 1.6$。

3. 齿面接触疲劳强度校核与设计

校核公式为

$$\sigma_H = Z_E Z_H Z_\varepsilon Z_\beta \sqrt{\frac{2K_H T_1(u \pm 1)}{\psi_d d_1^3 u}} \leqslant [\sigma_H] \qquad (7\text{-}37)$$

由于小齿轮和大齿轮的材料、转速不同，因此，许用齿面接触应力不同，式（7-38）中许用齿面接触应力 $[\sigma_H]$ 应取大、小齿轮中的小值代入计算。

上式进行变换后可得到按齿面接触疲劳强度进行设计的公式为

$$d_1 \geqslant \sqrt[3]{\frac{2K_H T_1}{\psi_d} \frac{u \pm 1}{u} \left(\frac{Z_H Z_E Z_\varepsilon Z_\beta}{[\sigma_H]} \right)^2} \qquad (7\text{-}38)$$

齿轮传动测试题（第五节）

齿轮设计实例视频

第六节　锥齿轮传动的设计

一、锥齿轮传动的特点

1）用于两相交轴之间的传动。

2）齿形有直齿、斜齿、曲线齿等。

3）振动和噪声较大，用于低速（$v \leqslant 5\text{m/s}$）传动。

4）轮齿分布在锥面上，逐渐收缩。

5）大端参数定义为标准值。

6）载荷沿齿宽分布不均。

本节只讨论轴线成 $90°$ 夹角的直齿锥齿轮的设计。

为了简化计算，国家标准规定，在强度计算时按齿宽中点处的当量齿轮作为计算模型。为此需要建立锥齿轮大端、齿宽中点及该处当量齿轮的几何参数之间的关系。

二、直齿锥齿轮传动及齿宽中点当量齿轮的主要参数

1. 直齿锥齿轮传动的主要参数

因锥齿轮大端模数 m 为标准值，故几何计算按大端进行。其几何尺寸如图 7-27 所示。大端与齿宽中点相关参数及计算式如下：

大端分度圆直径 　　　　　$d_1 = mz_1$ 　　　$d_2 = mz_2$

齿数比 　　　　　　　　　$u = z_2/z_1 = d_2/d_1$

分锥角为 　　　　　　　　$\tan\delta_1 = 1/u$ 　　$\tan\delta_2 = u$

锥距为 　　　　　　　　　$R = 0.5d_1\sqrt{1 + u^2}$

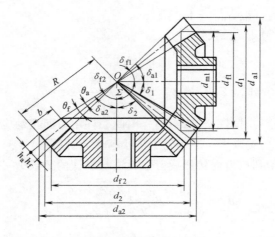

图 7-27　锥齿轮几何尺寸

齿宽系数为 $\qquad\qquad\qquad\psi_R = b/R$

齿宽中点分度圆直径为 $\qquad d_{m1} = (1-0.5\psi_R)d_1$

齿宽中点模数为 $\qquad\qquad m_m = (1-0.5\psi_R)m$

2. 齿宽中点当量齿轮的主要参数

齿宽中点当量齿轮的主要参数及计算式如下：它是假想的圆柱齿轮，其节圆半径等于所研究的锥齿轮齿宽中点的背锥距，如图 7-28 所示。

分度圆直径为 $\qquad\qquad d_{v1} = \dfrac{d_{m1}}{\cos\delta_1}, \quad d_{v2} = \dfrac{d_{m2}}{\cos\delta_2}$

齿数为 $\qquad\qquad\qquad z_{v1} = \dfrac{z_1}{\cos\delta_1}, \quad z_{v2} = \dfrac{z_2}{\cos\delta_2}$

齿数比为 $\qquad\qquad\quad u_v = \dfrac{z_{v2}}{z_{v1}} = \dfrac{z_2 \cos\delta_1}{z_1 \cos\delta_2} = u^2$

转矩为 $\qquad\qquad\qquad T_{v1} = F_{t1}\dfrac{d_{v1}}{2} = \dfrac{T_1}{\cos\delta_1}$

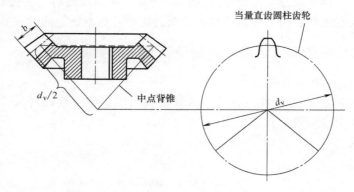

图 7-28　当量齿轮

三、直齿锥齿轮传动受力分析

用当量圆柱齿轮对锥齿轮进行受力分析。设法向力集中作用于齿宽中点节线处，且忽略摩擦力。如图 7-29 所示，可将法向力 F_n 分解为法向径向力 F_f 和圆周力 F_{t1}。法向径向力 F_f 又可以分解为径向力 F_{r1} 和轴向力 F_{a1}。

1. 各力的大小

圆周力为
$$F_{t1} = \frac{2T_1}{d_{m1}} \qquad (7-39)$$

式中，T_1 为主动轮所传递的名义转矩（N·m）；d_{m1} 为平均分度圆直径（mm）。

径向力为
$$F_{r1} = F_{t1}\tan\alpha\cos\delta_1 \qquad (7-40)$$

式中，α 为压力角，$\alpha = \alpha_n = 20°$；δ_1 为主动轮的分锥角。

轴向力为
$$F_{a1} = F_{t1}\tan\alpha\sin\delta_1 \qquad (7-41)$$

将径向力除以轴向力，即 $F_{r1}/F_{a1} = \cos\delta_1/\sin\delta_1 = 1/\tan\delta_1 = i$，所以有

$$F_{r1} = F_{a1}i \qquad (7-42)$$

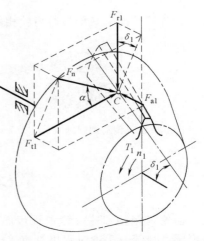

图 7-29　锥齿轮传动受力分析

2. 各力的方向和对应关系

主动轮圆周力方向与转动方向相反，从动轮的圆周力与转动方向相同。径向力指向自己的回转中心。轴向力由锥齿轮的小端指向大端。

由于两个锥齿轮轴线夹角为 90°，一个齿轮的轴向力与另一个齿轮的径向力互为作用力与反作用力。

各力的对应关系为

$$
\begin{aligned}
F_{t1} &= -F_{t2} \\
F_{r1} &= -F_{a2} \\
F_{a1} &= -F_{r2}
\end{aligned}
\qquad (7-43)
$$

四、锥齿轮的设计

1. 齿根弯曲疲劳强度计算

按齿宽中点处的当量直齿圆柱齿轮进行计算。

校核公式为
$$\sigma_F = \frac{4K_F T_1}{\psi_R (1-0.5\psi_R)^2 m^3 z_1^2 \sqrt{1+u^2}} Y_{Fa} Y_{Sa} Y_\varepsilon \leqslant [\sigma_F] \qquad (7-44)$$

设计公式为
$$m \geqslant \sqrt[3]{\frac{4KT_1}{\psi_R (1-0.5\psi_R)^2 z_1^2 \sqrt{1+u^2}} \frac{Y_{Fa} Y_{Sa} Y_\varepsilon}{[\sigma_F]}} \qquad (7-45)$$

式中，各变量的含义、单位和取值方法均同圆柱齿轮相似。$Y_{Fa} Y_{Sa} Y_\varepsilon$ 按当量齿轮的齿数进行选取，齿宽系数 ψ_R 的取值通常为 0.25~0.35。

2. 齿面接触疲劳强度计算

同齿根弯曲疲劳强度一样，齿面承载能力计算也是以当量圆柱齿轮为基础推导出的，忽

略重合度影响，代入当量齿轮参数，由直齿圆柱齿轮的设计公式经整理得

校核公式为

$$\sigma_H = \sqrt{\frac{4K_H T_1}{\psi_R(1-0.5\psi_R)^2 d_1^3 u}} Z_H Z_E Z_\varepsilon \leqslant [\sigma_H] \tag{7-46}$$

设计公式为

$$d_1 \geqslant \sqrt[3]{\frac{4K_H T_1}{\psi_R(1-0.5\psi_R)^2 u}\left(\frac{Z_H Z_E Z_\varepsilon}{[\sigma_H]}\right)^2} \tag{7-47}$$

式中，各符号的含义均与直齿轮相似。Z_H、Z_E、Z_ε 按当量齿数进行选取。

齿轮传动测试题（第六节）

锥齿轮传动视频

第七节　齿轮的结构设计

齿轮（包括圆柱齿轮和锥齿轮）的主要参数，如齿数、模数、齿宽、齿高、螺旋角、分度圆直径等，是通过强度计算确定的，而齿轮结构设计主要确定轮辐、轮毂的形式和尺寸等。齿轮结构设计时，要同时考虑制造、装配、强度、回收利用等多项设计准则，通过对轮辐、轮毂的形状、尺寸进行变换，设计出符合要求的齿轮结构。齿轮的直径大小是影响轮辐、轮毂形状尺寸的主要因素，通常是先根据齿轮直径确定合适的结构形式，然后再考虑其他因素，并对结构进行完善。

齿轮结构可分成以下几种基本形式。

1. 齿轮轴

对于直径很小的齿轮，如果从键槽底面到齿根的距离 x 过小（如圆柱齿轮 $x \leqslant 2.5m_t$，锥齿轮 $x \leqslant 1.6m_t$），则此处的强度可能不足，易发生断裂，此时应将齿轮与轴做成一体，称为齿轮轴，见表 7-8 第 1 行，齿轮与轴的材料相同。

值得注意的是，齿轮轴虽简化了装配，但整体长度大，给轮齿加工带来不便，而且齿轮损坏后，轴也随之报废，不利于回收利用。故当 $x > 2.5m_t$（圆柱齿轮）或 $x > 1.6m$（锥齿轮）时，应将齿轮与轴分开制造。

2. 实心式齿轮

当轮辐的宽度与齿宽相等时得到实心式齿轮结构，见表 7-8 第 2 行，它的结构简单、制造方便。为便于装配和减少边缘应力集中，孔边及齿顶边缘应切制倒角。对于锥齿轮，轮毂的宽度应大于齿宽，以利于制造时装夹。

适用条件：①齿顶圆直径 $d_a \leqslant 200\text{mm}$；②对可靠性有特殊要求；③高速传动时要求低噪声。

3. 辐板式齿轮

当齿顶圆直径 $d_a > 200 \sim 500\text{mm}$ 时，可制作成辐板式结构，以节省材料、减轻重量。考虑到加工时夹紧及搬运的需要，辐板上常对称地开出 4~6 个孔。当直径较小（$d_a \leqslant$

200mm），速度不高，对噪声没有要求时，可采用表7-8第3行所示的辐板式结构。直径较小时，齿轮的毛坯常用可锻材料通过锻造得到，批量小时采用自由锻，批量大时采用模锻，见表7-8第4行。直径较大或结构复杂时，毛坯通常用铸铁、铸钢等材料铸造而成，见表7-8第5行。对于模锻和铸造齿轮，为便于起模，应设计必要的起模斜度和较大的过渡圆角。

4. 轮辐式齿轮

当齿顶圆直径 $d_a > 400 \sim 1000$mm 时，为减轻重量，可制作成轮辐式铸造齿轮，见表7-8第6行，轮辐剖面常为"+"字形。

表 7-8　齿轮结构与尺寸

序号	齿坯	结构图	结构尺寸/mm
1	齿轮轴		当 $d_a < 2d$ 或 $x \leqslant 2.5m_t$ 时，应将齿轮制作成齿轮轴
2	实心式齿轮		当 $d_a \leqslant 200$mm，高速传动且要求低噪声，$x \geqslant 2.5m_t$ 时，应将齿轮制作成实心式
3	辐板式齿轮1（锻造）		$D_1 = 1.6d_h$； $l = (1.2 \sim 1.5)d_h, l \geqslant b$； $\delta = (2.5 \sim 4)m_n$，但不小于 8 $\sim$ 10mm； $n = 0.5m_n$； $D_0 = 0.5(D_1 + D_2)$； $d_0 = 10 \sim 29$mm

（续）

序号	齿坯	结构图	结构尺寸/mm
4	辐板式齿轮2（锻造）	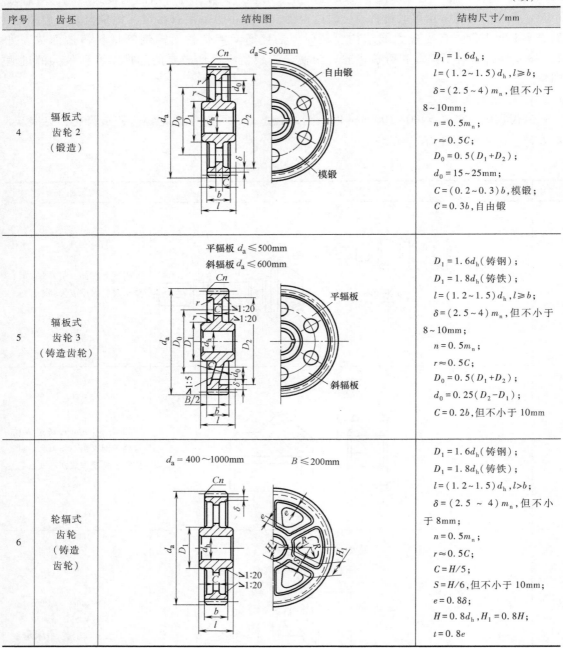	$D_1 = 1.6d_h$； $l = (1.2 \sim 1.5)d_h,l \geqslant b$； $\delta = (2.5 \sim 4)m_n$，但不小于8～10mm； $n = 0.5m_n$； $r \approx 0.5C$； $D_0 = 0.5(D_1+D_2)$； $d_0 = 15 \sim 25mm$； $C = (0.2 \sim 0.3)b$，模锻； $C = 0.3b$，自由锻
5	辐板式齿轮3（铸造齿轮）		$D_1 = 1.6d_h$（铸钢）； $D_1 = 1.8d_h$（铸铁）； $l = (1.2 \sim 1.5)d_h,l \geqslant b$； $\delta = (2.5 \sim 4)m_n$，但不小于8～10mm； $n = 0.5m_n$； $r \approx 0.5C$； $D_0 = 0.5(D_1+D_2)$； $d_0 = 0.25(D_2-D_1)$； $C = 0.2b$，但不小于10mm
6	轮辐式齿轮（铸造齿轮）		$D_1 = 1.6d_h$（铸钢）； $D_1 = 1.8d_h$（铸铁）； $l = (1.2 \sim 1.5)d_h,l>b$； $\delta = (2.5 \sim 4)m_n$，但不小于8mm； $n = 0.5m_n$； $r \approx 0.5C$； $C = H/5$； $S = H/6$，但不小于10mm； $e = 0.8\delta$； $H = 0.8d_h,H_1 = 0.8H$； $t = 0.8e$

第八节　齿轮传动的润滑

　　齿轮传动过程中的压力、滑动速度和温度变化不可避免地会产生齿廓摩擦，而齿廓摩擦会导致齿廓磨损、发热，并产生噪声。润滑的主要作用是减少摩擦和磨损，降低齿面的工作温度。采用液体润滑剂还能带走摩擦所产生的热量，对降温更为有效，同时还具有减振、防锈、密封等作用。

润滑油选择的一般原则是：圆周速度越小，齿面应力及齿廓表面粗糙度值越大，则选用黏度越大的润滑油。

一、齿轮传动的润滑方式

开式齿轮及半开式齿轮传动，或对不密封的闭式传动，通过用人工进行周期性加油润滑，所用润滑剂可为润滑油或润滑脂。

齿轮的润滑方式按齿轮分度圆圆周速度来选择，其计算公式为

$$v = \frac{\pi d_1 n_1}{60 \times 1000} \tag{7-48}$$

式中，v 为齿轮分度圆圆周速度（m/s）；d_1 为小齿轮的分度圆直径（mm）；n_1 为小齿轮的转速（r/min）。

齿轮传动的润滑方式根据圆周速度可由表7-9选取。

表 7-9　齿轮分度圆圆周速度与润滑方式的关系（JB/T 8831—2001）

分度圆圆周速度/（m/s）	推荐润滑方式
≤ 12	油浴润滑[①]
> 12	喷油润滑

① 特殊情况下，也可同时采用油浴润滑与喷油润滑。

二、润滑油种类的选择

润滑油的类型需要根据齿轮的齿面接触应力确定。圆柱齿轮利用式（7-36），锥齿轮利用式（7-46）计算齿轮接触应力，再根据表7-10选择润滑油种类。

表 7-10　工业闭式齿轮润滑油种类选择（JB/T 8831—2001）

条件		推荐使用的工业闭式齿轮润滑油
齿面接触应力 σ_H/（N/mm²）	齿轮使用工况	
< 350	一般齿轮传动	抗氧防锈工业齿轮油（L-CKB）
350~500（轻负荷）	一般齿轮传动	抗氧防锈工业齿轮油（L-CKB）
	有冲击的齿轮传动	中负荷工业齿轮油（L-CKC）
500~1100（中负荷）	矿井提升机、露天采掘机、水泥磨、化工机械、水力电力机械、冶金矿山机械、船舶海港机械等的齿轮传动	中负荷工业齿轮油（L-CKC）
>1100（重负荷）	冶金轧钢、井下采掘、高温有冲击、含水部位的齿轮传动等	重负荷工业齿轮油（L-CKC）
< 500	在更低的、低的或更高的环境温度和轻负荷下运转的齿轮传动	极温工业齿轮油（L-CKS）
≥ 500	在更低的、低的或更高的环境温度和重负荷下运转的齿轮传动	极温重负荷工业齿轮油（L-CKT）

三、润滑油黏度的选择

根据式（7-48）计算出低速级齿轮圆周速度，结合环境温度，参考表7-11即可确定所

选润滑油的黏度等级。

表 7-11   工业闭式齿轮装置润滑油黏度等级的选择（JB/T 8831—2001）

平行轴及锥齿轮传动	环境温度/℃			
低速级齿轮分度圆圆周速度[2]/（m/s）	−40~10	−10~10	10~35	35~55
	润滑油黏度等级[1] $\nu_{40℃}$/（mm²/s）			
≤5	100	150	320	680
>5~15	100	100	220	460
>15~25	68	68	150	320
>25~80[3]	32	46	68	100

① 齿轮分度圆圆周速度≤25m/s 时，表中所选润滑油黏度等级为工业闭式齿轮油。齿轮分度圆圆周速度>25m/s 时，
   表中所选润滑油黏度等级为汽轮机油。当齿轮传动承受较严重冲击负荷时，可适当增加一个黏度等级。
② 锥齿轮传动分度圆圆周速度是指锥齿轮齿宽中点的圆周速度。
③ 当圆周速度>80m/s 时，应由齿轮装置制造者特殊考虑并具体推荐合适的润滑油。

设计任务   项目中齿轮传动的设计

在如图 3-3 所示的链式运输机中，电动机输出轴通过联轴器与减速器相连，根据前面的
设计，已确定了各轴传递的功率、转速和传动比，具体参数详见表 7-12，运输机工况如下：
使用期限为 8 年（每年 300 天），两班制工作，工作平稳，单向运转。

表 7-12   减速器各轴运动和动力参数

轴	功率/kW	转速/（r/min）	转矩/（N·m）	传动比
减速器高速轴	5.05	960	50.25	2.19
减速器中间轴	4.8	438.36	104.57	
减速器低速轴	4.56	109.59	397.37	4

项目中齿轮传动的设计任务主要有 3 个：①锥齿轮传动模数、齿数、背锥角、齿轮宽度
及齿轮结构的设计；②斜齿圆柱齿轮传动模数、齿数、螺旋角、齿轮宽度及齿轮结构的设
计；③齿轮的零件图绘制。

解：

1. 减速器高速级锥齿轮传动的设计

（1）选定齿轮类型、精度等级、材料及齿数

1）选用标准直齿锥齿轮传动，压力角取 20°。

2）齿轮精度和材料选择如下：

根据使用条件可知，项目中的齿轮传动属中速、中载，重要性和可靠性一般的齿轮传
动，可选用软齿面齿轮，也可选用硬齿面齿轮，本项目选用软齿面齿轮，7 级精度。材料具
体选用如下。①小齿轮：45 钢，调质处理，硬度为 230~255HBW。②大齿轮：45 钢，正火
处理，硬度为 190~217HBW。

3）初选小齿轮齿数 $z_1 = 24$，则大齿轮齿数 $z_2 = i_1 \times z_1 = 52.56$，取 $z_2 = 53$。

（2）按齿面接触疲劳强度设计

1）由式（7-47）初算小齿轮分度圆直径，即

$$d_1 \geqslant \sqrt[3]{\frac{4K_{\mathrm{H}}T_1}{\psi_{\mathrm{R}}(1-0.5\psi_{\mathrm{R}})^2 u}\left(\frac{Z_{\mathrm{H}}Z_{\mathrm{E}}Z_{\varepsilon}}{[\sigma_{\mathrm{H}}]}\right)^2}$$

a. 初选 $K_{\mathrm{Ht}} = 1.3$。

b. 计算小齿轮传递的转矩为

$$T_1 = 9550 \times \frac{P}{n_1} = 9550 \times \frac{5.05}{960} \mathrm{N} \cdot \mathrm{m} = 50.24 \mathrm{N} \cdot \mathrm{m} = 5.024 \times 10^4 \mathrm{N} \cdot \mathrm{mm}$$

c. 选用齿宽系数 $\psi_{\mathrm{d}} = 0.3$。

d. 由图 7-23 查得节点区域系数 $Z_{\mathrm{H}} = 2.5$。

e. 由表 7-7 查得材料的弹性系数 $Z_{\mathrm{E}} = 189.8\sqrt{\mathrm{MPa}}$。

f. 计算重合度系数 Z_{ε}。

由分锥角

$$\delta_1 = \arctan\frac{z_1}{z_2} = \arctan\frac{24}{53} = 24.362°$$

$$\delta_2 = 90° - \delta_1 = 90° - 24.362° = 65.638°$$

可得当量齿数

$$z_{\mathrm{v}1} = \frac{z_1}{\cos\delta_1} = \frac{24}{\cos 24.362°} = 26.346$$

$$z_{\mathrm{v}2} = \frac{z_2}{\cos\delta_2} = \frac{53}{\cos 65.638°} = 128.485$$

根据齿顶圆压力角

$$\alpha_{\mathrm{a}1} = \arccos\frac{z_{\mathrm{v}1}\cos\alpha}{z_{\mathrm{v}1}+2h_a^*} = \arccos\frac{26.346\times\cos 20°}{26.346+2\times 1} = 29.145°$$

$$\alpha_{\mathrm{a}2} = \arccos\frac{z_{\mathrm{v}2}\cos\alpha}{z_{\mathrm{v}2}+2h_a^*} = \arccos\frac{128.485\times\cos 20°}{128.485+2\times 1} = 22.288°$$

得到当量齿轮的重合度为

$$\varepsilon_{\alpha\mathrm{v}} = \frac{z_{\mathrm{v}1}(\tan\alpha_{\mathrm{a}1}-\tan\alpha') + z_{\mathrm{v}2}(\tan\alpha_{\mathrm{a}2}-\tan\alpha')}{2\pi}$$

$$= \frac{26.346\times(\tan 29.145°-\tan 20°) + 128.485\times(\tan 22.288°-\tan 20°)}{2\pi}$$

$$= 1.751$$

则重合度系数为

$$Z_{\varepsilon} = \sqrt{(4-\varepsilon_{\alpha\mathrm{v}})/3} = \sqrt{(4-1.751)/3} = 0.866$$

g. 计算齿轮接触疲劳许用应力 $[\sigma_{\mathrm{H}}]$

由图 7-24 查得小齿轮与大齿轮的接触疲劳极限分别为

$$\sigma_{\mathrm{Hlim1}} = 600\mathrm{MPa}, \quad \sigma_{\mathrm{Hlim2}} = 550\mathrm{MPa}$$

由式（7-18）计算应力循环次数为

$$N_1 = 60n_1jL_h = 60 \times 960 \times 1 \times (2 \times 8 \times 300 \times 8) = 2.212 \times 10^9$$

$$N_2 = \frac{N_1}{u} = 2.212 \times \frac{10^9}{2.19} = 1.01 \times 10^9$$

由图 7-25 查取接触疲劳寿命系数 $Z_{N1} = 0.9$，$Z_{N2} = 0.93$。

大齿轮的硬度相对较低，为 190~217HBW，由图 7-26 查取配对材料系数 $Z_{W1} = 1.16$。

由于载荷中等，初估模数应小于 8mm，因此尺寸系数 $Z_{X1} = Z_{X2} = 1$。

取失效概率为 1%，安全系数 $S_{Hlim} = 1$，由可由下式计算得

$$[\sigma_{H1}] = \frac{\sigma_{Hlim1}}{S_{Hlim}} Z_{N1} Z_{X1} Z_{W1} = \frac{600 \times 0.9 \times 1.16 \times 1}{1} MPa = 626MPa$$

$$[\sigma_{H2}] = \frac{\sigma_{Hlim2}}{S_{Hlim}} Z_{N2} Z_{X2} Z_{W2} = \frac{550 \times 0.93 \times 1.16 \times 1}{1} MPa = 593MPa$$

取 $[\sigma_{H1}]$ 和 $[\sigma_{H2}]$ 中较小者作为该齿轮副的接触疲劳许用应力，即

$$[\sigma_H] = [\sigma_{H2}] = 593MPa$$

2）试算小齿轮分度圆直径为

$$d_{1t} \geqslant \sqrt[3]{\frac{4K_H T_1}{\psi_R (1 - 0.5\psi_R)^2 u} \left(\frac{Z_H Z_E Z_\varepsilon}{[\sigma_H]}\right)^2}$$

$$= \sqrt[3]{\frac{4 \times 1.3 \times 5.024 \times 10^4}{0.3 \times (1 - 0.5 \times 0.3)^2 \times \left(\frac{53}{24}\right)} \times \left(\frac{2.5 \times 189.8 \times 0.866}{593}\right)^2} mm$$

$$= 63.995mm$$

3）调整小齿轮分圆度直径。

① 计算实际载荷系数前的数据准备。

a. 圆周速度 v_m 为

$$d_{m1} = d_{1t}(1 - 0.5\psi_R) = 63.995 \times (1 - 0.5 \times 0.3)mm = 54.396mm$$

$$v_m = \frac{\pi d_{m1} n_1}{60000} = \frac{\pi \times 54.396 \times 960}{60000} m/s = 2.73m/s$$

b. 当量齿轮的齿宽系数 ψ_R 为

$$b = \psi_R d_{1t}(\sqrt{u^2 + 1})/2 = 0.3 \times 63.995 \times (\sqrt{(53/24)^2 + 1})/2 mm = 23.27mm$$

$$\psi_d = \frac{b}{d_{m1}} = \frac{23.27}{54.396} = 0.428$$

② 计算实际载荷系数 K_H。

a. 由表 7-4 查得使用系数 $K_A = 1$。

b. 根据 $v_m = 2.73m/s$，8 级精度（降低了一级精度），由图 7-10 查得动载系数 $K_v = 1.173$。

c. 直齿齿轮精度较低，由表 7-5 查得齿间载荷分配系数 $K_{H\alpha} = 1$。

d. 由表 7-6 用插值法查得 7 级精度、$\psi_R = 0.428$，小齿轮悬臂时，齿向载荷分配系数 $K_{H\beta} = 1.173$。

由此得实际载荷系数为

$$K_H = K_A K_v K_{H\alpha} K_{H\beta} = 1 \times 1.173 \times 1 \times 1.173 = 1.376$$

③ 根据实际载荷系数计算得分度圆直径为

$$d_1 = d_{1t}\sqrt[3]{\frac{K_H}{K_{Ht}}} = 63.995 \times \sqrt[3]{\frac{1.376}{1.3}} \, mm = 65.219 mm$$

相应的齿轮模数为

$$m = \frac{d_1}{z_1} = \frac{65.219}{24} mm = 2.717 mm$$

（3）按齿根弯曲疲劳强度设计

1）由式 7-45 试算模数，即

$$m \geqslant \sqrt[3]{\frac{4KT_1}{\psi_R(1-0.5\psi_R)^2 z_1^2 \sqrt{1+u^2}} \frac{Y_{Fa}Y_{Sa}Y_\varepsilon}{[\sigma_F]}}$$

① 确定公式中的各参数值。

a. 初选 $K_{Ft} = 1.3$。

b. 计算 $\dfrac{Y_{Fa}Y_{Sa}}{[\sigma_F]}$。

由分锥角 $\delta_1 = \arctan\left(\dfrac{1}{u}\right) = \arctan\left(\dfrac{24}{53}\right) = 24.362°$ 和 $\delta_2 = 90° - 24.362° = 65.638°$，可得当量

齿数 $z_{v1} = \dfrac{z_1}{\cos\delta_1} = \dfrac{24}{\cos(24.362°)} = 26.346$，$z_{v2} = \dfrac{z_2}{\cos\delta_2} = \dfrac{53}{\cos(65.638°)} = 128.485$。

由图 7-17 查得齿形系数 $Y_{Fa1} = 2.64$，$Y_{Fa2} = 2.16$。

由图 7-18 查得应力修正系数 $Y_{Sa1} = 1.59$，$Y_{Sa2} = 1.89$。

由图 7-19 查得小齿轮和大齿轮的齿根弯曲疲劳极限分别为 $\sigma_{Flim1} = 500 MPa$，$\sigma_{Flim2} = 380 MPa$。

由图 7-20 查得弯曲疲劳寿命系数 $Y_{N1} = 0.85$，$Y_{N2} = 0.88$。

取尺寸系数 $Y_X = 1$，弯曲疲劳强度安全系数 $S_{Flim} = 1.7$，则由式（7-20）得

$$[\sigma_{F1}] = \frac{\sigma_{Flim1}}{S_{Flim}}Y_{N1}Y_{X1} = \frac{500}{1.7} \times 0.85 \times 1 \, MPa = 250 MPa$$

$$[\sigma_{F2}] = \frac{\sigma_{Flim2}}{S_{Flim}}Y_{N2}Y_{X2} = \frac{380}{1.7} \times 0.88 \times 1 \, MPa = 197 MPa$$

$$\frac{Y_{Fa1}Y_{Sa1}}{[\sigma_{F1}]} = \frac{2.64 \times 1.59}{250} = 0.0168$$

$$\frac{Y_{Fa2}Y_{Sa2}}{[\sigma_{F2}]} = \frac{2.16 \times 1.89}{197} = 0.0207$$

因为大齿轮的 $\dfrac{Y_{Fa}Y_{Sa}}{[\sigma_F]}$ 大于小齿轮，所以取

$$\frac{Y_{Fa}Y_{Sa}}{[\sigma_F]} = \frac{Y_{Fa2}Y_{Sa2}}{[\sigma_{F2}]} = 0.0207$$

② 试算模数。

$$m_t \geqslant \sqrt[3]{\frac{4KT_1}{\psi_R(1-0.5\psi_R)^2 z_1^2 \sqrt{1+u^2}} \frac{Y_{Fa}Y_{Sa}Y_\varepsilon}{[\sigma_F]}}$$

$$= \sqrt[3]{\frac{4\times1.3\times5.024\times10^4}{0.3\times(1-0.5\times0.3)^2\times24^2\times\sqrt{1+(53/24)^2}}\times0.0207}\text{ mm}$$

$$= 2.614\text{mm}$$

2）调整齿轮模数。

① 计算实际载荷系数前的数据准备。

a. 圆周速度 v 的计算。

$$d_1 = m_t z_1 = 2.614\times24\text{mm} = 62.744\text{mm}$$

$$d_{m1} = d_1(1-0.5\psi_R) = 62.744\times(1-0.5\times0.3)\text{mm} = 53.332\text{mm}$$

$$v_m = \frac{\pi d_{mt} n_1}{60000} = \frac{\pi\times53.332\times960}{60000}\text{m/s} = 2.681\text{m/s}$$

b. 齿宽 b 的确定。

$$b = \frac{\psi_R d_1 \sqrt{u^2+1}}{2} = \frac{0.3\times62.744\times\sqrt{(53/24)^2+1}}{2}\text{mm} = 22.816\text{mm}$$

$$\psi_d = \frac{b}{d_{m1}} = \frac{22.816}{53.332} = 0.428$$

c. 确定齿宽和中点齿高之比。

$$m_m = m_t(1-0.5\psi_R) = 2.614\times(1-0.5\times0.3)\text{mm} = 2.222\text{mm}$$

$$h_m = (2h_a^*+c^*)m_m = (2\times1+0.25)\times2.222\text{mm} = 4.999\text{mm}$$

$$\frac{b}{h_m} = \frac{22.816}{4.999} = 4.564$$

② 计算实际载荷系数 K_F。

a. 根据 $v=2.681\text{m/s}$，8级精度，由图7-10查得动载系数 $K_v=1.12$。

b. 直齿锥齿轮精度较低，取齿间载荷分配系数 $K_{F\alpha}=1$。

c. 由表7-6用插值法查得 $K_{H\beta}=1.155$，根据 $b/h_m=4.564$，查图7-13得 $K_{F\beta}=1.157$。
则载荷系数为

$$K_F = K_A K_v K_{H\alpha} K_{H\beta} = 1\times1.12\times1\times1.157 = 1.296$$

③ 按实际计算载荷修正得到的齿轮模数为

$$m = m_t \sqrt[3]{\frac{K_F}{K_{Ft}}} = 2.614\times\sqrt[3]{\frac{1.296}{1.3}}\text{mm} = 2.611\text{mm}$$

按齿轮弯曲疲劳强度计算的模数 $m=2.611\text{mm}$，向上圆整取标准 $m=3\text{mm}$，按齿面接触疲劳强度设计分度圆直径 $d_1=65.219$，算出小齿轮齿数 $z_1=d_1/m=21.7$，取 $z_1=22$，则大齿轮齿数 $z_2=i_1 z_1=2.19\times22=48.18$，取 $z_2=48$。

（4）几何尺寸的计算

1）计算分度圆直径。

$$d_1 = mz_1 = 22\times3\text{mm} = 66\text{mm}$$

$$d_2 = mz_2 = 48 \times 3\text{mm} = 144\text{mm}$$

2）计算分锥角。

$$\delta_1 = \arctan\left(\frac{1}{u}\right) = \arctan\left(\frac{22}{48}\right) = 24°37'25''$$

$$\delta_2 = 90° - \delta_1 = 90° - 24°37'25'' = 65°22'35''$$

3）计算齿轮宽度。

$$b = \frac{\psi_R d_1 \sqrt{u^2+1}}{2} = \frac{0.3 \times 66 \times \sqrt{(48/22)^2+1}}{2}\text{mm} = 23.76\text{mm}$$

取 $b_1 = b_2 = 24\text{mm}$。

（5）结构设计及绘制齿轮零件图（略）　考虑到小齿轮的直径较小，为了保证齿轮轮体的强度，将齿轮与轴做成一体。大锥齿轮分度圆直径为 144 mm，可做成实心式齿轮。

（6）主要设计结论　齿数 $z_1 = 22$，$z_2 = 48$，模数 $m = 3\text{mm}$，压力角 $\alpha = 20°$，分锥角 $\delta_1 = 24°37'25''$，$\delta_2 = 65°22'35''$，齿轮 $b_1 = b_2 = 24\text{mm}$。小齿轮选用 45 钢（调质），大齿轮选用 45 钢（正火）。齿轮按 7 级精度设计。

2. 减速器低速级圆柱齿轮传动的设计

（1）要求分析

1）使用条件分析。

传递功率 $P_{\text{III}} = 4.8\text{kW}$，主动轮转速 $n_3 = 438.36\text{r/min}$，传动比 $i_2 = 4$。

转矩 $T_{\text{III}} = 9.55 \times 10^6 \dfrac{P_{\text{III}}}{n_3} = 9.55 \times 10^6 \dfrac{4.8}{438.36}\text{N} \cdot \text{mm} = 104572\text{N} \cdot \text{mm}$。

圆周速度：估计 $v = 4\text{m/s}$。项目中的齿轮传动属于中速、中载，重要性和可靠性一般的齿轮传动。

2）设计任务。

确定一种较好的能满足功能要求和设计约束的设计方案，包括如下参数：

基本参数：m、z_3、z_4、x_3、x_4、β、ψ_d；

主要几何尺寸：d_3、d_4、a 等。

3）选择齿轮类型。

根据齿轮传动的工作条件（中速、中载，$v \leqslant 4\text{m/s}$），选用斜齿圆柱齿轮传动。

4）选择齿轮精度等级。

按估计的圆周速度，根据表 7-2 初步选用 8 级精度齿轮。

5）初选参数。

初选：$\beta = 12°$，齿轮 $z_3 = 26$，$z_4 = i_2 z_3 = 26 \times 4 = 104$，$\psi_d = 0.9$。

（2）选择齿轮材料、热处理方式及计算许用应力

1）选择齿轮材料、热处理方式。

使用条件和前面一致，故本项目此处也选用软齿面齿轮。材料具体选用如下。①小齿轮：45 钢，调质处理，硬度为 230~255HBW。②大齿轮：45 钢，正火处理，硬度为 190~217HBW。

由于大小两齿轮均为软齿轮，其常见失效形式为齿面点蚀，因此先按接触疲劳强度进行设计，再校核弯曲疲劳强度。

2）确定许用应力。

a. 确定极限应力 σ_{Hlim} 和 σ_{Flim}。

齿面硬度：小齿轮定为 230HBW，大齿轮定为 190HBW。查图 7-24 得 $\sigma_{Hlim3} = 400MPa$，$\sigma_{Hlim4} = 380MPa$；查图 7-19 得 $\sigma_{Flim3} = 420MPa$，$\sigma_{Flim4} = 400MPa$。

b. 计算应力循环次数 N，确定寿命系数 Z_N、Y_N。

$$N_3 = 60n_3 jL_h = 60 \times 1 \times 438.36 \times (8 \times 300 \times 16) = 1.0 \times 10^9$$

$$N_4 = \frac{N_3}{i_3} = 1.0 \times 10^9 / 4 = 2.525 \times 10^8$$

查图 7-25 得，$Z_{N3} = Z_{N4} = 1$；查图 7-20 得，$Y_{N3} = Y_{N4} = 1$。

c. 确定齿面接触配对材料系数 Z_w，尺寸系数 Y_X 与 Z_X。

根据图 7-21 得，尺寸系数 $Y_{X3} = Y_{X4} = 1$；根据图 7-26 得，配对材料系数 $Z_{W3} = Z_{W4} = 1.16$，尺寸系数 $Z_X = 1$。

d. 计算许用应力。

齿面接触安全系数 $S_{Hmin} = 1$，齿根弯曲安全系数 $S_{Fmin} = 1.5$。

由式（7-36）得 $[\sigma_{H3}] = \dfrac{\sigma_{Hlim3}}{S_{Hlim}} Z_{N3} Z_{X3} Z_{W3} = \dfrac{400 \times 1 \times 1 \times 1.16}{1} MPa = 464MPa$

$[\sigma_{H4}] = \dfrac{\sigma_{Hlim4}}{S_{Hlim}} Z_{N4} Z_{X4} Z_{W4} = \dfrac{380 \times 1 \times 1 \times 1.16}{1} MPa = 441MPa$

由式（7-20）得 $[\sigma_{F3}] = \dfrac{\sigma_{Flim3}}{S_{Flim}} Y_{N3} Y_{X3} = \dfrac{420 \times 1 \times 1}{1.5} MPa = 280MPa$

$[\sigma_{F4}] = \dfrac{\sigma_{Flim4}}{S_{Flim}} Y_{N4} Y_{X4} = \dfrac{400 \times 1 \times 1}{1.5} MPa = 267MPa$

（3）按齿面接触疲劳强度设计

1）确定载荷系数。

因电动机驱动，工作机载荷平稳，查表 7-4 得，$K_A = 1$。

初选 $K_v = 1.05$；因齿轮采用非对称布置，初取 $K_\beta = 1.13$，$K_\alpha = 1.2$，则有

$$K_{Ht} = K_A K_v K_\alpha K_\beta = 1 \times 1.05 \times 1.13 \times 1.2 = 1.424$$

2）确定节点区域系数、弹性系数和螺旋角系数。

由图 7-23 查得 $Z_H = 2.45$。

查表 7-7 得 $Z_E = 189.8$。

$Z_\beta = \sqrt{\cos\beta} = \sqrt{\cos 12°} = 0.989$。

3）计算接触疲劳强度用重合度系数 Z_ε。

a. 确定齿顶圆端面压力角。

$$\alpha_t = \arctan \frac{\tan\alpha_n}{\cos\beta} = \arctan \frac{\tan 20°}{\cos 12°} = 20.410°$$

$$\alpha_{at3} = \arccos \frac{z_3 \cos\alpha_t}{z_3 + 2h_{an}{}^*\cos\beta} = \arccos \frac{26 \times \cos 20.410°}{26 + 2 \times 1 \times \cos 12°} = 29.351°$$

$$\alpha_{at4} = \arccos \frac{z_4 \cos\alpha_t}{z_4 + 2h_{an}{}^*\cos\beta} = \arccos \frac{104 \times \cos 20.410°}{104 + 2 \times 1 \times \cos 12°} = 23.086°$$

b. 确定端面与轴面重合度。

$$\varepsilon_\alpha = \frac{z_3(\tan\alpha_{at3} - \alpha_t) + z_4(\tan\alpha_{at4} - \alpha_t)}{2\pi}$$

$$= \frac{26 \times (\tan29.351° - \tan20.410°) + 104 \times (\tan23.086° - \tan20.410°)}{2\pi}$$

$$= 1.684$$

$$\varepsilon_\beta = \frac{\psi_d z_3 \tan\beta}{\pi} = \frac{0.9 \times 26 \times \tan12°}{\pi} = 1.583$$

c. 计算重合度系数 Z_ε。

$$Z_\varepsilon = \sqrt{\frac{4-\varepsilon_\alpha}{3}(1-\varepsilon_\beta) + \frac{\varepsilon_\beta}{\varepsilon_\alpha}} = \sqrt{\frac{4-1.684}{3}(1-1.583) + \frac{1.583}{1.684}} = 0.700$$

4) 计算小齿轮分度圆直径。

由式 (7-38)，可初步计算出齿轮的分度圆直径 d_3、m_n 等主要参数和几何尺寸。

$$d_{3t} \geq \sqrt[3]{\frac{2K_{Ht}T_{III}}{\psi_d} \frac{u\pm1}{u}\left(\frac{Z_H Z_E Z_\varepsilon Z_\beta}{[\sigma_H]}\right)^2}$$

$$\geq \sqrt[3]{\frac{2 \times 1.424 \times 104572}{0.9} \times \frac{(104/26)+1}{(104/26)} \times \left(\frac{2.45 \times 189.8 \times 0.700 \times 0.989}{441}\right)^2}\ \text{mm}$$

$$\geq 60.407\text{mm}$$

5) 调整小齿轮分度圆直径。

a. 计算圆周速度。

$$v_3 = \frac{\pi d_{3t} n_3}{60000} = \frac{\pi \times 60.407 \times 438.36}{60000}\text{m/s} = 1.39\text{m/s}$$

$$b = \psi_d d_{3t} = 0.9 \times 60.407\text{mm} = 50.366\text{mm}$$

b. 计算实际载荷系数。

因电动机驱动，工作机载荷平稳，查表 7-4 得，$K_A = 1$。

根据齿轮 3 的线速度，8 级齿轮精度，查图 7-10 得动载系数 $K_v = 1$。

因齿轮采用非对称布置，$F_t = 2T/d = 2 \times 104572/60.407 = 3462\text{N}$，$K_A F_t/b = 68.74\text{N/mm} < 100\text{N/mm}$，查表 7-5，取齿间载荷分配系数 $K_{H\alpha} = 1.2$。

查表 7-6，根据齿轮宽度 b 和齿宽系数 ψ_d，采用线性内插值法得 $K_{H\beta} = 1.278$，则

$$K_H = K_A K_v K_\alpha K_\beta = 1 \times 1 \times 1.2 \times 1.278 = 1.534$$

c. 按实际载荷系统修正分度圆直径。

$$d_3 = d_{3t}\sqrt[3]{\frac{K_H}{K_{Ht}}} = 60.407 \times \sqrt[3]{\frac{1.534}{1.424}}\text{mm} = 61.924\text{mm}$$

d. 确定齿轮的模数。

$$m_n = \frac{d_3 \cos\beta}{z_3} = \frac{61.924 \times \cos12°}{26}\text{mm} = 2.33\text{mm}$$

取标准模数 $m_n = 3\text{mm}$。

e. 确定中心距。

$$a = \frac{m_n}{2\cos\beta}(26+104) = \frac{3}{2\times\cos 12°}(26+104)\,\text{mm} = 199.36\,\text{mm}$$

圆整后取：$a = 200\,\text{mm}$。

f. 修订螺旋角。

$$\beta = \arccos\frac{m_n(z_3+z_4)}{2a} = \arccos\frac{3\times(26+104)}{2\times 200} = 12.839° = 12°50'19''$$

$$d_1 = \frac{m_n z_3}{\cos\beta} = \frac{3\times 26}{\cos(12°50'19'')}\,\text{mm} = 80.000\,\text{mm}$$

g. 确定齿轮宽度。

$b = \psi_d d_3 = 0.9\times 80\,\text{mm} = 72\,\text{mm}$，取 $b_4 = 72\,\text{mm}$，$b_3 = b_4 + (5\sim 10)\,\text{mm} = 78\,\text{mm}$。

（4）按齿根弯曲疲劳强度进行校核设计　按式（7-21）验算轮齿的齿根弯曲疲劳强度。

1）确定载荷系数。

a. 因电动机驱动，工作机载荷平稳，查表 7-4 得，$K_A = 1$。

b. 根据 $v = 1.39\,\text{m/s}$，8 级齿轮精度，查图 7-10 得动载系数 $K_v = 1$。

c. 因齿轮采用非对称布置，$F_t = 2T/d = 2\times 104572/80\,\text{N} = 2614\,\text{N}$，$K_A F_t/b = 36.31\,\text{N/mm} < 100\,\text{N/mm}$，查表 7-5，取齿间载荷分配系数 $K_{H\alpha} = 1.2$。

d. 查表 7-6，用线性内插值法查得 $K_{H\beta} = 1.311$，结合 $b/h = 80/6.75 = 11.852$，查图 7-13 得 $K_{F\beta} = 1.28$。

则载荷系数为

$$K_F = K_A K_v K_{F\alpha} K_{F\beta} = 1\times 1\times 1.2\times 1.28 = 1.536$$

2）计算当量齿数。

$$z_{v3} = \frac{z_3}{\cos^3\beta} = \frac{26}{\cos^3 12°50'19''} = 28$$

$$z_{v4} = \frac{z_4}{\cos^3\beta} = \frac{104}{\cos^3 12°50'19''} = 112$$

3）确定强度公式中的各参数。

a. 确定齿形系数和应力修正系数。

根据当量齿数，查图 7-17 和图 7-18 得 $Y_{Fa3} = 2.58$，$Y_{Fa4} = 2.18$，$Y_{Sa3} = 1.62$，$Y_{Sa4} = 1.82$。

b. 确定齿根弯曲重合度系数。

根据式（7-15）得

$$\varepsilon_{\alpha v} = \varepsilon_\alpha/\cos^2\beta_b = 1.684/\cos^2(\beta\times\cos\alpha) = 1.761$$

$$Y_\varepsilon = 0.25 + 0.75/\varepsilon_{\alpha v} = 0.25 + 0.75/1.761 = 0.676$$

c. 确定螺旋角系数。

$$Y_\beta = 1 - \varepsilon_\beta\frac{\beta}{120°} = 1 - 1.583\times\frac{12.839°}{120°} = 0.831$$

4）计算弯曲应力。

$$\sigma_{F3} = \frac{2K_F T_{III}}{bd_3 m_n} Y_{Fa} Y_{Sa} Y_\varepsilon Y_\beta \leqslant [\sigma_{F3}]$$

$$= \frac{2 \times 1.536 \times 104572}{78 \times 80 \times 3} \times 2.58 \times 1.62 \times 0.676 \times 0.831 \text{MPa}$$

$$= 40.29 \text{MPa} < [\sigma_{F3}]$$

$$\sigma_{F4} = \sigma_{F3} \frac{Y_{Fa4} Y_{Sa4}}{Y_{Fa3} Y_{Sa3}}$$

$$= 40.29 \times \frac{2.18 \times 1.82}{2.58 \times 1.62} \text{MPa}$$

$$= 38.25 \text{MPa} < [\sigma_{F4}]$$

弯曲强度满足要求。

（5）主要设计结论 齿数 $z_3 = 26$，$z_4 = 104$，模数 $m_n = 3\text{mm}$，压力角为 $20°$，螺旋角 $\beta = 12.839° = 12°50'19''$，中心距 $a = 200\text{mm}$，齿宽 $b_3 = 78\text{mm}$，$b_4 = 72\text{mm}$。小齿轮采用 45 钢调质，大齿轮采用 45 钢正火。齿轮为 8 级精度。

（6）齿轮结构设计 小齿轮分度圆直径为 80mm，可采用齿轮轴或实心式齿轮，具体可结合配合轴段直径再确定。

大齿轮分度圆直径为 320mm<500mm，可选用辐板式结构，其他结构尺寸可参考表 7-8 的经验公式进行计算。

大小齿轮的零件图略。

通过上面的计算所得到的齿轮基本参数和尺寸能满足齿轮传动功能要求和条件，是一个可行方案，但不是唯一方案，也可能不是最优方案。适当改变参数或材料、热处理方式，经过同样的计算还可得到多种可行方案，然后再对这些可行方案进行技术经济评价或凭设计者的经验确定出一种较好的方案，此处不再一一赘述。

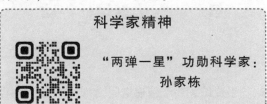

科学家精神

"两弹一星"功勋科学家：
孙家栋

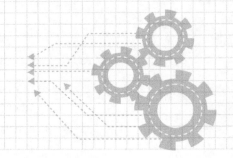

第八章

蜗杆传动

（一）主要内容

普通圆柱蜗杆传动类型、特点、应用，主要参数、几何尺寸，常用材料、失效形式、设计准则、承载能力计算、蜗杆传动的效率、润滑、热平衡计算，蜗杆与蜗轮结构。

（二）学习目标

1. 掌握普通圆柱蜗杆传动主要参数。
2. 了解蜗杆传动变位特点。
3. 掌握蜗杆传动的受力分析、失效形式、设计准则、承载能力计算方法。
4. 掌握蜗杆传动的效率计算、热平衡计算方法。

（三）重点与难点

1. 蜗杆传动几何参数及尺寸计算。
2. 蜗杆传动的受力分析、热平衡计算。

第一节　认识蜗杆传动

一、功能和作用

蜗杆传动是由蜗杆和蜗轮组成的，用于传递空间交错两轴之间的运动和动力。交错角一般为90°。传动中一般蜗杆是主动件，蜗轮是从动件，如图 8-1 所示。

蜗杆可以是一个齿或多个齿，如同螺旋线以相同的导程绕在蜗杆轴上。蜗杆的齿数 z_1 是端面上所截到的齿的数量。根据齿廓方向的不同，分为左旋和右旋两种蜗杆，优先采用右旋。

蜗杆

蜗轮

图 8-1　蜗杆传动

二、蜗杆传动的特点

蜗杆传动传动比大，结构紧凑。蜗杆头数用 z_1 表示（一般 $z_1 = 1 \sim 4$），蜗轮齿数用 z_2 表示。从传动比公式 $i = z_2/z_1$ 可以看出，当 $z_1 = 1$，即蜗杆为单头，蜗杆需转 z_2 转蜗轮才转 1 转，因而可得到很大的传动比，一般在动力传动中，取传动比 $i = 10 \sim 80$；在分度机构中，i 可达 1000。这样大的传动比如用齿轮传动，则需要采取多级传动才行，而蜗杆传动结构紧凑，体积小、重量轻，适合传动比大的传动。具体特点如下：

1）传动平稳，无噪声。因为蜗杆齿是连续不间断的螺旋齿，它与蜗轮齿啮合时是连续不断的，蜗杆齿没有进入和退出啮合的过程，因此工作平稳，冲击、振动、噪声都比较小。

2）具有自锁性。蜗杆的导程角很小时，蜗杆只能带动蜗轮传动，而蜗轮不能带动蜗杆转动。

3）蜗杆传动效率低。一般认为蜗杆传动效率比齿轮传动低。尤其是具有自锁性的蜗杆传动，其效率在50%以下，一般效率只有70%～90%。

4）发热量大，齿面容易磨损，成本高。

三、应用

作为一种通用传动方式，蜗杆传动用于大功率和主动轮大转速下的大传动比传动，另外也常应用于对运动有自锁要求的场合。例如电梯、卷扬机、卷筒和起重机，而且可用于驱动带式输送机和螺旋输送机，还可用于滑轮组和车辆转向机构中。

第二节　蜗杆传动的分类与特点

蜗杆传动类型
与特点视频

根据蜗杆形状的不同，蜗杆传动可以分为圆柱蜗杆传动、环面蜗杆传动和锥蜗杆传动，如图8-2所示。

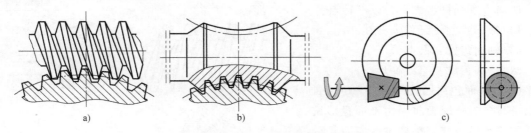

图 8-2　蜗杆传动类型

a）圆柱蜗杆传动　b）环面蜗杆传动　c）锥锅杆传动

一、圆柱蜗杆传动

圆柱蜗杆传动是蜗杆分度曲面为圆柱面的蜗杆传动。蜗杆传动中常用的有普通圆柱蜗杆传动和圆弧齿圆柱蜗杆传动。

1. 普通圆柱蜗杆（Z）

普通圆柱蜗杆一般是在车床上用直线刀刃的车刀加工的。车刀安装位置不同，则齿廓形状不同。按照齿廓形状又可将普通圆柱蜗杆分为阿基米德蜗杆、渐开线蜗杆、法向直廓蜗杆和锥面包络圆柱蜗杆。

（1）阿基米德蜗杆（ZA）　加工时，梯形车刀的切削刃位于轴截面内即可加工出阿基米德蜗杆，如图8-3所示。

阿基米德蜗杆齿廓具备以下特点：

1）端面齿廓：阿基米德螺旋线。

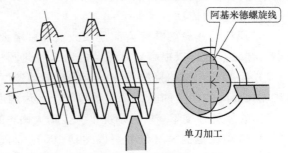

阿基米德螺旋线

单刀加工

图 8-3　阿基米德蜗杆加工及其齿廓

2）轴向齿廓：直线梯形。

3）法向齿廓：曲线。

此类蜗杆车削加工方便，但磨削困难，不易保证精度，常用于低速、轻载或不太重要的传动。

（2）渐开线蜗杆（ZI）渐开线蜗杆（ZI）端面为渐开线，相当于一个少齿数（齿数等于蜗杆头数）、大螺旋角的渐开线圆柱斜齿轮。加工时，可用两把直线刀刃的车刀在车床上车削加工。刀刃顶面应与基圆柱相切，其中一把刀具高于蜗杆轴线，另一把刀具则低于蜗杆轴线，如图 8-4 所示。渐开线蜗杆加工刀具可以是成形车刀，也可以是滚刀，由于其加工经济性好，因此具有极其重要的意义。

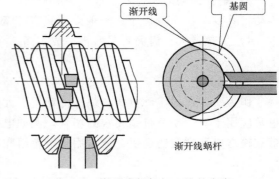

图 8-4　渐开线蜗杆加工及其齿廓

（3）法向直廓蜗杆（ZN）这种蜗杆的端面齿廓为延伸渐开线，也是用直线刀刃的单刀或双刀在车床上车削加工。加工时，刀具平面垂直于螺旋线，如图 8-5 所示。

法向直廓蜗杆齿廓具备以下特点：

1）端面齿廓：延伸渐开线。

2）轴向齿廓：凸曲线。

3）法向齿廓：直线梯形。

（4）锥面包络圆柱蜗杆（ZK）锥面包络圆柱蜗杆螺旋曲面由锥面盘形铣刀或砂轮包络而成，蜗杆轴线与刀具轴线在空间交叉成分度圆柱上的导程角，工件做螺旋运动，刀具做旋转运动，如图 8-6 所示。形成的齿廓在不同截面上

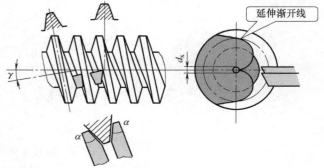

图 8-5　法向直廓蜗杆加工及其齿廓

呈不同的曲线。齿廓形状不但与蜗杆几何参数有关，而且与刀盘直径有关。由于其加工经济性好，故得到广泛应用。

2. 圆弧圆柱蜗杆（ZC）

圆弧圆柱蜗杆传动是一种非直纹面圆柱蜗杆，在中平面上蜗杆的齿廓为凹圆弧，与之相配的蜗轮齿廓为凸圆弧，如图 8-7 所示。

这种蜗杆的传动特点如下：

1）蜗杆与蜗轮两共轭齿面是凹凸啮合，增大了综合曲率半径，因而单位齿面接触应力减小，接触强度得以提高。其承载能力为普通圆柱蜗杆的 1.5～2.5 倍。

2）瞬时啮合时的接触线方向与相对滑动速度方向的夹角（润滑角）大，易于形成和保持共轭齿面间的动压油膜，摩擦系数较小，齿面磨损小，传动效率可达 95% 以上。

3）在蜗杆强度不减弱的情况下，能增大蜗轮的齿根厚度，使蜗轮轮齿的弯曲强度增大。

4）传动比范围大（最大可以达到 100），制造工艺简单，重量轻。

5）传动中心距难以调整，对中心距误差敏感性强。

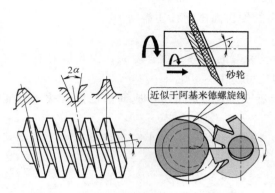

图 8-6 锥面包络圆柱蜗杆加工及其齿廓

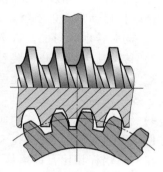

图 8-7 圆弧圆柱蜗杆

二、环面蜗杆传动

环面蜗杆传动由一个环面蜗杆和一个与它配对的蜗轮组成。两轴的交错角通常为 90°。环面蜗杆是一个分度曲面为圆环面的蜗杆，如图 8-8a 所示。蜗杆螺旋面以直线为母线进行螺旋运动而形成的环面蜗杆称为直线环面蜗杆。直线环面蜗杆传动的特点是：①蜗杆和蜗轮互相包围，能实现多齿接触和双线接触；②接触线和相对滑动速度方向之间的夹角接近 90°，易于形成润滑油膜；③相啮合齿面间综合曲率半径较大，因而承载能力大大高于普通圆柱蜗杆传动；④制造工艺复杂，且蜗杆相对蜗轮的轴向和径向安装位置要求严格；⑤直线环面蜗杆难于用砂轮精确磨削，对加工蜗杆和蜗轮用的滚刀的精度要求很高，故蜗杆和蜗轮表面的粗糙度难以降低。直线环面蜗杆传动应用较广，常用于轧钢机压下装置等重型机械设备中。

除直线环面蜗杆传动外，还有包络环面蜗杆传动。包络环面蜗杆传动为了克服直线环面蜗杆难于精确磨削的缺点，可以用平面或简单曲面代替直母线作为蜗杆螺旋面的母面，按包络法展成蜗杆螺旋面。包络环面蜗杆传动的主要类型有：平面一次包络环面蜗杆传动、平面二次包络环面蜗杆传动、锥面二次包络环面蜗杆传动。包络环面蜗杆传动同时接触齿数多，齿面接触面积大，因此承载能力和效率较直线环面蜗杆传动均有所提高。

三、锥蜗杆传动

锥蜗杆传动是由锥蜗杆和锥蜗轮组成的蜗杆传动。锥蜗杆是一个等导程的锥螺旋。锥蜗轮与锥蜗杆配对，其外形类似曲线齿锥齿轮。锥蜗杆传动适用于传动比大于 10 的交错轴传动（可以不为 90°）。锥蜗杆偏置于锥蜗轮的一侧，如图 8-8b 所示，锥蜗杆可以用车、铣、

a)

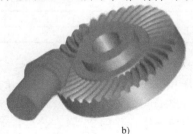

b)

图 8-8 环面蜗杆传动与锥蜗杆传动三维模型

a）环面蜗杆传动 b）锥蜗杆传动

滚压等方法加工，精度和表面粗糙度要求较高的硬齿面锥蜗杆还需磨齿。

锥蜗杆传动具有以下特点：

1）同时接触的齿的对数多，大约为锥蜗轮齿数的10%，重合度大，因此传动平稳。

2）传动比大，作减速装置用时单级传动比可达10~400。

3）接触线和相对滑动速度之间的夹角接近90°，齿面间易形成润滑油膜，故承载能力较大、效率较高。

4）锥蜗轮能做轴向移动而脱离锥蜗杆，这时两轴线间的最小距离保持不变，故两者离合方便，可兼作离合器使用。

与圆柱蜗杆相比，锥蜗杆传动平稳、承载能力大、效率高、传动比较大时结构也紧凑。当齿面光洁度高，齿面接触良好，并采用极压润滑油时，可采用渗碳淬火钢或渗氮钢代替青铜作为蜗轮材料。这与现代齿轮行业推荐的使用硬齿面的要求相符，但在制造方面比圆柱蜗杆略复杂一些。

与环面蜗杆比较，锥蜗杆制造和装配都较简单，对轴向位置误差不敏感，在轴向力作用下锥蜗杆略有移动时仍能保持良好的接触区。

蜗杆传动
测试题
（第二节）

第三节　普通蜗杆传动的参数与尺寸

一、普通蜗杆传动的主要参数

如图8-9所示，蜗杆传动在中平面内相当于齿轮齿条的啮合，为了便于设计和计算，将蜗杆传动中平面内的参数作为基准。那么如何确定中平面呢？过蜗杆轴线绘制出一垂直于蜗轮轴线的平面，如图8-9a所示，该平面对于蜗轮是端面，对于蜗杆是轴面，此平面即为中平面。接下来讨论蜗杆传动在中平面内的参数和尺寸。

1. 模数 m 和压力角 α

在中平面上，蜗轮蜗杆的参数取标准值，蜗轮蜗杆的模数与齿轮的模数标准相同，详见表8-1。

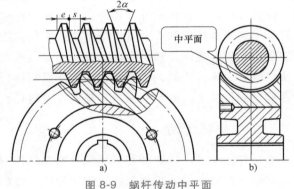

图8-9　蜗杆传动中平面

表8-1　蜗轮蜗杆传动的标准模数　　　　（单位：mm）

第一系列	1,1.25,1.6,2,2.5,3.15,4,5,6.3,8,10,12.5,16,20,25,31.5,40
第二系列	1.5,3,3.5,4.5,5.5,6,7,12,14

对于阿基米德蜗杆的标准压力角（$\alpha_a = 20°$）在轴平面内，即中平面内。而渐开线蜗杆、法向直廓蜗杆和锥面包络蜗杆的标准压力角在法平面内，即 $\alpha_n = 20°$。根据法平面与轴平面的角度关系可得出 $\tan\alpha_a = \tan\alpha_n / \cos\gamma$，$\gamma$ 为蜗杆的导程角。在动力传动中，当导程角 $\gamma > 30°$ 时，允许增大压力角，推荐采用25°；在分度传动中，允许减小压力角，推荐采用15°或12°。

蜗轮蜗杆在中平面内相当于齿轮齿条的啮合，因此蜗轮蜗杆正确啮合的条件为蜗杆在轴面内的模数和压力角分别等于蜗轮在端面内的模数和压力角，即

$$m_{a1} = m_{t2} = m$$
$$\alpha_{a1} = \alpha_{t2} = \alpha$$

2. 蜗杆直径系数 q 与直径 d_1

如图 8-9 所示，将齿厚等于齿槽宽的假想圆柱称为蜗杆的分度圆柱，分度圆柱直径用 d_1 表示。加工蜗轮时，因为是由与蜗杆相同直径和形状的滚刀来切制，为了减少滚刀的数量，便于刀具标准化，不但要规定标准模数，同时还必须规定分度圆直径 d_1 为标准值。将分度圆直径与模数之比值用 q 表示，即 $q = d_1/m$，称为蜗杆直径系数。d_1 与 m 的匹配关系见表 8-2。

表 8-2　d_1 与 m 的匹配关系

模数 m /mm	分度圆直径 d_1/mm	蜗杆头数 z_1	直径系数 q	$m^2 d_1$ /mm³	模数 m /mm	分度圆直径 d_1/mm	蜗杆头数 z_1	直径系数 q	$m^2 d_1$ /mm³
1	18	1	18.000	18	6.3	(80)	1,2,4	12.698	3175
1.25	20	1	16.000	31.25		112	1	17.778	4445
	22.4	1	17.920	35	8	(63)	1,2,4	7.875	4032
1.6	20	1,2,4	12.500	51.2		80	1,2,4,6	10.000	5376
	28	1	17.500	71.68		(100)	1,2,4	12.500	6400
2	(18)	1,2,4	9.000	72		140	1	17.500	8960
	22.4	1,2,4,6	11.200	89.6	10	(71)	1,2,4	7.100	7100
	(28)	1,2,4	14.000	112		90	1,2,4,6	9.000	9000
	35.5	1	17.750	142		(112)	1,2,4	11.200	11200
2.5	(22.4)	1,2,4	8.960	140		160	1	16.000	16000
	28	1,2,4,6	11.200	175	12.5	(90)	1,2,4	7.200	14062
	(35.5)	1,2,4	14.200	221.9		112	1,2,4	8.960	17500
	45	1	18.000	281		(140)	1,2,4	11.200	21875
3.15	(28)	1,2,4	8.889	278		200	1	16.000	31250
	35.5	1,2,4,6	11.27	352	16	(112)	1,2,4	7.000	28672
	45	1,2,4	14.286	447.5		140	1,2,4	8.750	35840
	56	1	17.778	556		(180)	1,2,4	11.250	46080
4	(31.5)	1,2,4	7.875	504		250	1	15.625	64000
	40	1,2,4,6	10.000	640	20	(140)	1,2,4	7.000	56000
	(50)	1,2,4	12.500	800		160	1,2,4	8.000	64000
	71	1	17.750	1136		(224)	1,2,4	11.200	89600
5	(40)	1,2,4	8.000	1000		315	1	15.750	126000
	50	1,2,4,6	10.000	1250	25	(180)	1,2,4	7.200	112500
	(63)	1,2,4	12.600	1575		200	1,2,4	8.000	125000
	90	1	18.000	2250		(280)	1,2,4	11.200	175000
6.3	(50)	1,2,4	7.936	1985		400	1	16.000	250000
	63	1,2,4,6	10.000	2500					

注：1. 表中模数和分度圆直径仅列出了第一系列的较常用数据。

　　2. 括号内的数字尽可能不用。

3. 蜗杆头数 z_1 与蜗轮齿数 z_2

如图 8-10 所示，将螺旋线的头数称为蜗杆的头数。蜗杆头数的选择应综合考虑结构、效率和传动比等因素。当传动比 i 一定时，蜗杆头数 z_1 越多则蜗轮齿数 z_2 越多，蜗轮的结构尺寸越大，蜗杆的加工也更

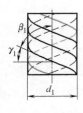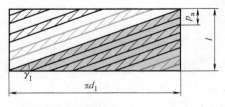

图 8-10　导程角

加复杂。但是蜗杆的头数 z_1 越多，导程角 γ 越大，蜗杆传动的效率越高；蜗杆头数 z_1 越少，导程角越小，效率也越低；当头数 z_1 为 1 时，蜗轮蜗杆传动具有自锁性。

一般来说，当传动比较大时，z_1 应选择少一些；当传动比较小时，z_1 可选择多一些，效率要求较高时，z_1 可选择多一些。表 8-3 给出了传动比与头数 z_1 的推荐数据。

蜗轮的齿数 $z_2 = iz_1$，为了避免产生根切，与单头蜗杆啮合的蜗轮，其齿数 $z_2 \geqslant 17$；为了增大啮合区，提高蜗轮蜗杆传动的平稳性，通常规定 $z_2 > 28$（以保持两对齿啮合）；但蜗轮的齿数不宜过多。当模数 m 不变时，蜗轮 z_2 的齿数越多，则蜗轮的分度圆直径 d_2 也越大，造成蜗杆轴跨距大，从而降低了蜗杆的刚度。为防止蜗轮尺寸过大造成蜗杆轴跨距大而降低蜗杆的弯曲刚度，一般蜗轮的齿数 $Z_{2max} \leqslant 80$。

表 8-3　蜗轮蜗杆传动参数

传动比 i	$\geqslant 28$	$14 \sim 28$	$7 \sim 14$	$5 \sim 8$
蜗杆头数 z_1	1	2	4	6
蜗轮齿数 z_2	$29 \sim 82$	$29 \sim 61$	$29 \sim 61$	$29 \sim 31$

4. 传动比 i

通常蜗杆传动是以蜗杆为主动件的减速装置，故传动比与齿数比相等，即 $i = \dfrac{n_1}{n_2} = \dfrac{z_2}{z_1} = u$。

但一定要注意，$i \neq \dfrac{d_2}{d_1}$，因为蜗杆的分度圆直径 $d_1 = qm$。

一般圆柱蜗杆传动的减速装置的传动比 i 的公称值应按下列数值选取：5、7.5、10、12.5、15、20、25、30、40、50、60、70、80。

5. 蜗杆分度圆柱导程角 γ

如图 8-10 所示，蜗杆的分度圆柱导程角是蜗杆齿廓在分度圆上的切线与端面之间的夹角。

蜗杆轴向齿距为相邻两齿同侧齿廓之间的轴向距离，用 P_a 表示：$P_a = \pi m$。

蜗杆导程为同一条螺旋线上相邻两齿同侧齿廓之间的轴向距离，用 P_z 表示：$P_z = z_1 P_a$。

由图 8-10 可得

$$\tan\gamma = \frac{z_1 p_a}{\pi d_1} = \frac{l}{\pi d_1} = \frac{z_1 m}{d_1} = \frac{z_1 m}{qm} = \frac{z_1}{q} \tag{8-1}$$

6. 蜗杆传动的中心距 a

当蜗杆节圆与蜗轮分度圆重合时称为标准传动，其中心距计算式为

$$a = \frac{1}{2}(d_1 + d_2) = \frac{1}{2}(q + z_2)m \qquad (8\text{-}2)$$

注：蜗杆传动的中心距 $a \neq 0.5m(z_1 + z_2)$。

一般圆柱蜗杆传动的减速装置的中心距 a（单位：mm）应按下列数值选取：40、50、63、80、100、125、160、（180）、200、（225）、315、（355）、400、450、500。括号中的数字尽可能不选。当 a 大于 500mm 时，可按 R_{20} 优先数系选用（R_{20} 为公比的级数）。

7. 蜗杆传动齿面间的滑动速度 v_s

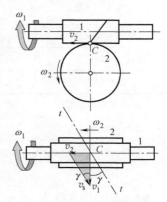

蜗杆传动即使在节点 C 处啮合，齿廓之间也有较大的相对滑动，滑动速度 v_s 方向为沿蜗杆螺旋线方向。设蜗杆圆周速度为 v_1、蜗轮圆周速度为 v_2，如图 8-11 所示，由图可得

$$v_s = \sqrt{v_1^2 + v_2^2} = \frac{v_1}{\cos\gamma} \qquad (8\text{-}3)$$

式中，v_1 为蜗杆在啮合点处的线速度（m/s）；v_2 为蜗轮在啮合点处的线速度（m/s）。

滑动速度的大小对齿面的润滑情况、齿面失效形式、发热，以及传动效率等都有很大影响。

图 8-11　齿面滑动速度

二、普通圆柱蜗杆传动的几何尺寸计算

设计蜗杆传动时，一般是先根据传动的功用和传动比的要求，选择蜗杆头数 z_1 和蜗轮齿数 z_2，然后再按强度计算并确定模数 m 和蜗杆分度圆直径 d_1（或 q），再根据图 8-12、表 8-4、表 8-5 计算出蜗杆、蜗轮的几何尺寸（两轴交错角为 90°、标准传动）。

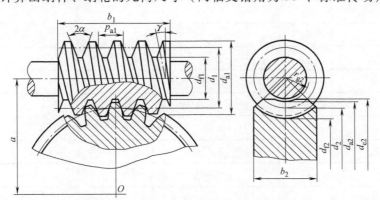

图 8-12　普通圆柱蜗杆基本几何尺寸

表 8-4　普通圆柱蜗杆传动基本的几何计算关系式

名称	代号	计算关系式	说明
中心距	a	$a = (d_1 + d_2 + 2x_2 m)/2$	按规定选取
蜗杆头数	z_1		按规定选取
蜗轮齿数	z_2		按传动比确定
压力角	α	$\alpha_a = 20°$ 或 $\alpha_n = 20°$	按蜗杆类型确定

（续）

名称	代号	计算关系式	说明
模数	m	$m = m_a = m_n / \cos\gamma$	按规定选取
传动比	i	$i = n_1 / n_2$	蜗杆为主动时，按规定选取
齿数比	u	$u = z_2 / z_1$	当蜗杆主动时，$i = u$
蜗轮变位系数	x_2	$x_2 = \dfrac{a}{m} - \dfrac{d_1 + d_2}{2m}$	
蜗杆直径系数	q	$q = d_1 / m$	
蜗杆轴向齿距	p_a	$p_a = \pi m$	
蜗杆导程	p_z	$p_z = \pi m z_1$	
蜗杆分度圆直径	d_1	$d_1 = mq$	按规定选取
蜗杆齿顶圆直径	d_{a1}	$d_{a1} = d_1 + 2h_{a1} = d_1 + 2h_a^* m$	
蜗杆齿根圆直径	d_{f1}	$d_{f1} = d_1 - 2h_{f1} = d_1 - 2(h_a^* m + c^* m)$	
顶隙	c	$c = c^* m$	一般 $c^* = 0.2$
渐开线蜗杆基圆直径	d_{b1}	$d_{b1} = d_1 \tan\gamma / \tan\gamma_b = m z_1 / \tan\gamma_b$	
蜗杆齿顶高	h_{a1}	$h_{a1} = h_a^* m = 0.5(d_{a1} - d_1)$	按规定选取
蜗杆齿根高	h_{f1}	$h_{f1} = (h_a^* + c^*) m = 0.5(d_1 - d_{f1})$	
蜗杆齿高	h_1	$h_1 = h_{a1} + h_{f1} = 0.5(d_{a1} - d_{f1})$	
蜗杆导程角	γ	$\tan\gamma = m z_1 / d_1 = z_1 / q$	
渐开线蜗杆基圆导程角	γ_b	$\cos\gamma_b = \cos\gamma \cos\alpha_n$	
蜗杆齿宽	b_1		见表 8-5，由设计确定
蜗轮分度圆直径	d_2	$d_2 = m z_2 = 2a - d_1 - 2x_2 m$	
蜗轮喉圆直径	d_{a2}	$d_{a2} = d_2 + 2h_{a2}$	
蜗轮齿根圆直径	d_{f2}	$d_{f2} = d_2 - 2h_{f2}$	
蜗轮齿顶高	h_{a2}	$h_{a2} = 0.5(d_{a2} - d_2) = m(h_a^* + x_2)$	
蜗轮齿根高	h_{f2}	$h_{f2} = 0.5(d_2 - d_{f2}) = m(h_a^* - x_2 + c^*)$	
蜗轮齿高	h_2	$h_2 = h_{a2} + h_{f2} = 0.5(d_{a2} - d_{f2})$	
蜗轮咽喉母圆半径	r_{g2}	$r_{g2} = a - 0.5 d_{a2}$	
蜗轮齿宽	b_2		由设计确定
蜗轮齿宽角	θ	$\theta = 2\arcsin(b_2 / d_1)$	
蜗杆轴向齿厚	s_a	$s_a = 0.5 \pi m$	
蜗杆法向齿厚	s_n	$s_n = s_a \cos\gamma$	
蜗轮齿厚	s_t		按蜗杆节圆处轴向齿槽宽 e_a' 确定
蜗杆节圆直径	d_1'	$d_1' = d_1 + 2x_2 m = m(q + 2x_2)$	
蜗轮节圆直径	d_2'	$d_2' = d_2$	

表 8-5　蜗轮宽度 B、顶圆直径 d_{e2} 及蜗杆齿宽 b_1 的计算公式

z_1	B	d_{e2}	x_2/mm	b_1	
1		$\leqslant d_{a2}+2m$	0	$\geqslant(11+0.06z_2)m$	
	$\leqslant 0.75d_{a1}$		-0.5	$\geqslant(8+0.06z_2)m$	当变位系数 x_2 为中间值时，b_1 取 x_2 邻近两公式所求值的较大者。
			-1.0	$\geqslant(10.5+z_1)m$	
2		$\leqslant d_{a2}+1.5m$	0.5	$\geqslant(11+0.1z_2)m$	经磨削的蜗杆，按左式所求的长度应再增加下列值：
			1.0	$\geqslant(12+0.1z_2)m$	当 $m<10$mm 时，增加 25mm；
4	$\leqslant 0.67d_{a1}$	$\leqslant d_{a2}+m$	0	$\geqslant(12.5+0.09z_2)m$	当 $m=10\sim16$mm 时，增加 $35\sim40$mm；
			-0.5	$\geqslant(9.5+0.09z_2)m$	当 $m>16$mm 时，增加 50mm
			-1.0	$\geqslant(10.5+z_1)m$	
			0.5	$\geqslant(12.5+0.1z_2)m$	
			1.0	$\geqslant(13+0.1z_2)m$	

三、变位蜗杆传动简介

变位圆柱蜗杆传动指蜗杆节圆与分度圆不重合时的圆柱蜗杆传动。

1. 变位的目的

1）凑配中心距。

2）提高蜗杆传动的承载能力。

3）改变传动比。

4）提高传动效率。

2. 特点

变位是利用蜗轮加工刀具相对于蜗轮毛坯的径向位移来实现的。变位后，蜗轮分度圆与节圆仍然重合，但蜗杆在主平面上的节线有所改变，不再与分度线重合。蜗杆变位方法与齿轮传动的变位方法相似，但是在蜗杆传动中，由于蜗杆的齿廓形状和尺寸要同加工蜗轮的滚刀形状与尺寸相同，所以为了保持刀具尺寸不变，蜗杆尺寸是不能变动的，因而只能对蜗轮进行变位。

3. 变位方式

1）改变中心距，不改变蜗轮齿数，则传动比不变。

变位前后齿数不变，即 $z_2'=z_2$，则

$$a'=\frac{1}{2}m(q+z_2)+x_2m=a+x_2m$$

$$x_2=\frac{a'-a}{m} \qquad (8\text{-}4)$$

2）中心距不变，改变蜗轮齿数，则传动比改变；正变位可以提高蜗轮强度。

变位前后中心距不变，即 $a'=a$，则

$$a'=\frac{1}{2}m(q+z_2')+x_2m=\frac{1}{2}m(q+z_2)$$

$$x_2 = \frac{z_2 - z'_2}{2} \tag{8-5}$$

蜗杆传动测试题
（第三节）

蜗轮变位系数的常用范围为 $-0.5 \leqslant x \leqslant +0.5$。为了有利于蜗轮轮齿强度的提高，变位系数 x 最好取正值。

第四节　普通蜗杆传动设计计算

一、蜗杆传动的失效形式及设计准则

1. 蜗杆传动的失效形式

在蜗杆传动中，蜗轮轮齿的失效形式有点蚀、磨损、胶合和轮齿弯曲折断。但由于一般蜗杆传动效率较低，滑动速度较大，容易发热等因素，胶合和磨损破坏更为常见。

在润滑良好的闭式传动中，由于齿面接触应力的循环作用，常引起齿面点蚀，当蜗轮的齿数 $z_2 > 80$ 时也会出现轮齿的弯曲折断；蜗杆蜗轮齿面相对滑动速度较大，效率低，发热量大，若不能及时散热，会使润滑油因温度升高而黏度下降，润滑条件变坏，胶合则成为其主要的失效形式。

在开式和润滑密封不良的闭式蜗杆传动中，蜗轮轮齿的磨损尤其显著。

2. 蜗杆传动的设计准则

根据蜗杆传动的失效形式，其设计准则如下：

1）闭式蜗杆传动。按齿面接触强度设计，校核齿根弯曲强度。连续工作的闭式传动，摩擦发热大、效率低、温度升高、散热不良，引起润滑条件恶化而产生胶合，需要进行传动效率和热平衡计算以控制温升。

2）开式蜗杆传动。主要失效形式是因磨损而引起的蜗轮轮齿的折断。因此，开式蜗杆传动的设计准则是按齿根弯曲疲劳强度条件进行设计计算或校核计算。

3. 蜗杆传动的材料选择

考虑到蜗杆传动难于保证高的接触精度，滑动速度较大，以及蜗杆易变形等因素，蜗杆和蜗轮材料不能都用硬材料制造：其一（通常是蜗轮）宜用减摩性良好的软材料来制造。

（1）蜗轮材料　蜗轮多数用青铜制造，对低速不重要的传动，有时也用黄铜或铸铁。为了防止胶合和减轻磨损，应选择良好的润滑方式，选用含有抗胶合添加剂的润滑油。

铸造锡青铜（ZCuSn10Pb1、ZCuSn5Pb5Zn5）：适用于滑动速度在 $12 \sim 26m/s$ 范围内和持续运转的工况。离心铸造可得到致密的结晶粒组织，可取大值；砂型铸造的取小值。

铸造铝青铜（ZCuAl10Fe3）：适用于滑动速度小于 $10m/s$ 的工况。此类材料抗胶合能力差，蜗杆硬度应不低于 45HRC。

铸造黄铜：点蚀强度高，但抗磨性差，宜用于低滑动速度场合。

灰铸铁（HT150、HT200）和球墨铸铁：适用于滑动速度小于 $2m/s$ 的工况。前者表面硫化处理有利于减轻磨损，后者与淬火蜗杆配对能用于重载场合；直径较大的蜗轮常用铸铁。

（2）蜗杆材料　蜗杆结构细长而易变形，由于其齿数少，转速高，应力循环次数大，且连续运转，因此为了避免胶合和减缓磨损，蜗杆传动的材料必须具备减摩、耐磨和抗胶合的性能。一般蜗杆用碳钢或合金钢制成，螺旋表面应经热处理（如淬火和渗碳），以便达到高的硬度（45~63HRC），然后经过磨削或珩磨以提高传动的承载能力。

若按材料分类，主要有碳钢和合金钢（40、45 钢和 40Cr、40CrNi、42SiMn 表面淬火，20Cr、20CrMnTi、12CrNi3A 表面渗碳淬火）。若按热处理方式不同分类有硬面蜗杆和调质蜗杆。

首先应考虑选用硬面蜗杆。渗碳钢淬火或碳钢表面/整体淬火并磨削，渗氮钢经过渗氮处理并抛光，用于要求持久性高的传动中。

只有在缺乏磨削设备时才选用调质蜗杆。受短时冲击的蜗杆，不宜用渗碳钢淬火，最好用调质钢。铸铁蜗轮与镀铬蜗杆配对时有利于提高传动的承载能力和滑动速度。

对于蜗杆传动的胶合和磨损，还没有成熟的计算方法。齿面接触应力是引起齿面胶合和磨损的重要因素，因此以齿面接触强度计算为蜗杆传动的基本计算。此外，有时还应验算轮齿的弯曲强度。一般蜗杆齿不易损坏，故通常不必进行轮齿的强度计算，但必要时应验算蜗杆轴的强度和刚度。对闭式蜗杆传动还应进行热平衡计算。如果热平衡计算不能满足要求，则在箱体外侧加设散热片或采用强制冷却装置。

二、普通蜗杆传动受力分析

蜗轮蜗杆传动的受力分析与斜齿圆柱齿轮相似，在不考虑摩擦的情况下，轮齿所受的法向力 F_n 作用于 C 点，其可分解为径向力 F_r、圆周力 F_t 和轴向力 F_a，如图 8-13b 所示。

蜗杆传动受力
分析视频

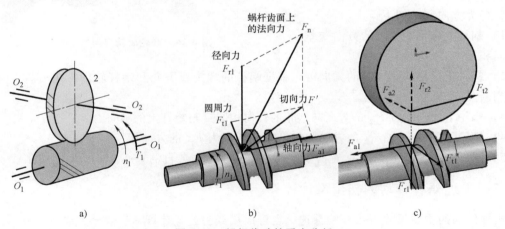

图 8-13　蜗杆传动的受力分析

1. 各力相互之间的关系

由于蜗杆的轴线与蜗轮的轴线空间成 90°，如图 8-13a 所示，作用在蜗杆上的轴向力 F_{a1} 等于蜗轮上的圆周力 F_{t2}；蜗杆上的圆周力 F_{t1} 等于蜗轮上的轴向力 F_{a2}；蜗杆上的径向力 F_{r1} 等于蜗轮上的径向力 F_{r2}。这些对应力的大小相等，方向彼此相反，即

$$F_{t1} = -F_{a2}$$
$$F_{a1} = -F_{t2}$$

$$F_{r1} = -F_{r2} \tag{8-6}$$

2. 各力的大小

在不计摩擦的情况下，各力的大小可按下式进行计算，各力的单位均为 N。

$$F_{t1} = F_{a2} = \frac{2T_1}{d_1} \tag{8-7}$$

$$F_{a1} = F_{t2} = \frac{2T_2}{d_2} \tag{8-8}$$

$$F_{r1} = F_{r2} = F_{t2}\tan\alpha \tag{8-9}$$

$$F_n = \frac{F_{a1}}{\cos\alpha_n\cos\gamma} = \frac{F_{t2}}{\cos\alpha_n\cos\gamma} = \frac{2T_2}{d_2\cos\alpha_n\cos\gamma} \tag{8-10}$$

式中，T_1、T_2 分别为作用在蜗杆与蜗轮上的转矩（N·mm），$T_2 = T_1 i\eta$；d_1，d_2 分别为蜗杆与蜗轮的分度圆直径（mm）；α_n，α 分别为蜗杆法面压力角及标准压力角，$\alpha_n = \alpha = 20°$；γ 为蜗杆分度圆柱导程角。

3. 各力的方向

（1）蜗轮旋转方向的判断　蜗杆主动时，蜗轮的旋转方向可按照蜗杆旋转方向和螺旋线方向进行判断。具体的方法可采用左、右手定则，左旋用左手，右旋用右手，四指方向为蜗杆 n_1 的旋转方法，则大拇指的反方向为蜗轮与蜗杆啮合点处蜗轮的线速度方向，如图 8-14 所示。

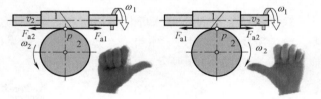

图 8-14　蜗轮旋转方向判断

（2）各力方向的判断　当蜗杆主动时，各力方向判断如下：

1）蜗杆上圆周力 F_{t1} 的方向与蜗杆转向相反。

2）蜗杆上的轴向力 F_{a1} 的方向可以根据蜗杆的螺旋线方向和蜗杆转向，用（左）右手定则判断。

3）蜗轮上的圆周力 F_{t2} 的方向与蜗轮的转向相同（与蜗杆上的轴向力 F_{a1} 的方向相反）。

4）蜗轮上的轴向力 F_{a2} 的方向与蜗杆上的圆周力 F_{t1} 的方向相反。

5）蜗杆和蜗轮上的径向力 F_{r1}、F_{r2} 的方向分别指向各自的轴心。

三、普通蜗杆传动的初步设计计算

蜗杆传动的主要尺寸可按经验预选，也可以用经验公式计算，一般分为以下 2 种情况来进行。

1）情况 1：已知中心距 a 和齿数比 u（即传动比 i）。

蜗杆的齿数 z_1 可按表 8-3 选取，也可由下式计算

$$z_1 \approx \frac{1}{u}(7+2.4)\sqrt{a} \tag{8-11}$$

式中，$u = i$ 为齿数比（传动比）；a 为中心距（mm）。

将式（8-11）的计算值圆整成整数后得齿数 z_1，然后就可以得到蜗轮齿数 $z_2 = uz_1$。

初定蜗杆的分度圆直径为

$$d_1 \approx \psi_a a \tag{8-12}$$

式中，$\psi_a = d_1/a$，为直径中心距比，一般在 0.3~0.5 取值。

则蜗轮的分度圆直径为

$$d_2 \approx 2a - d_1 \tag{8-13}$$

在蜗轮与蜗杆传动过程中，蜗轮的端面模数等于蜗杆的轴向模数（$\sum 90°$），即 $m_a = m_t = m = d_2/z_2$；这样就可以根据表 8-2 向上取大一号的标准模数，同时可确定直径系数 q 和蜗杆的导程角 γ。根据 m_t 即可得蜗轮的最终分度圆直径 $d_2 = mz_2$ 和蜗杆的分度圆直径 $d_1 = 2a - d_2$。将选定数据代入表 8-4 可计算得出其他几何参数。

2）情况 2：已知输出转矩 T_2 或输出功率 P_2 和转速 n_2，齿数比 u，对中心距 a 无特殊要求。

对于情况 2，可先根据下式初定中心距为

$$a \approx 750 \sqrt[3]{\frac{T_2}{[\sigma_H]^2}} \approx 16 \times 10^3 \sqrt[3]{\frac{P_2}{n_2[\sigma_H]^2}} \tag{8-14}$$

式中，T_2 为蜗轮输出转矩（N·m），如果已知蜗杆转矩 T_1，则 $T_2 = T_1 u \eta$，η 表示传动效率；P_2 为蜗轮输出功率（kW），如果已知蜗杆功率 P_1，则 $P_2 = P_1 \eta$；n_2 为蜗轮转速（r/min）；$[\sigma_H]$ 为给定材料的许用接触应力。

初定中心距后，按情况 1 进行初步设计。

四、普通蜗杆传动的效率

闭式蜗杆传动的效率由三部分组成，蜗杆传动的啮合效率、轴承摩擦损耗的效率、油的搅动和飞溅损耗的效率，具体可由下式计算得出

$$\eta = \eta_1 \eta_2 \eta_3 \tag{8-15}$$

式中，η_1 为蜗杆传动的啮合效率；考虑到齿面间相对滑动的功率损失，啮合效率可近似地按螺旋副的效率计算。η_2 为轴承摩擦损耗的效率，蜗杆传动中，多数用滚动轴承，故 η_2 可取 0.99，若采用滑动轴承 η_2 可取 0.98~0.99。η_3 为油的搅动和飞溅损耗的效率，这部分的功耗同蜗轮或蜗杆的浸油深度、速度、油的黏度，以及箱体的内部结构有关，一般地，这部分功耗不大，η_3 可取 0.99。

当蜗杆主动时 η_1 为：

$$\eta_1 = \frac{\tan\gamma}{\tan(\gamma + \varphi_v)} \tag{8-16}$$

当蜗轮主动时 η_1 为：

$$\eta_1 = \frac{\tan(\gamma - \varphi_v)}{\tan\gamma} \tag{8-17}$$

φ_v 除了与蜗轮蜗杆材料、润滑油的种类、啮合角等因素有关外，还与滑动速度 v_s 有关，具体数值可查表 8-6；导程角与啮合效率之间的关系如图 8-15 所示。由图可知，导程角 γ 是影响蜗杆传动啮合效率最主要的参数之一，从图可见，η_1 随 γ 增大而提高，但到一定值后 η_1 随 γ 增大而下降。当 $\gamma > 28°$ 后，η_1 随 γ 的变化就比较缓慢，而大导程角的蜗杆制造比较困难，所以一般选取 $\gamma < 28°$。由于轴承摩擦及浸入油中零件搅油所损耗的功率不大，一般 $\eta_2 \eta_3 = 0.95~0.96$，故总效率为

$$\eta = (0.95 \sim 0.96) \frac{\tan\gamma}{\tan(\gamma + \varphi_v)} \tag{8-18}$$

表 8-6　普通圆柱蜗杆传动的滑动速度 v_s、当量摩擦因数 f_v、当量摩擦角 φ_v

蜗轮材料	锡青铜				无锡青铜		灰铸铁			
蜗杆齿面硬度	≥45HRC		其他		≥45HRC		≥45HRC		其他	
滑动速度 v_s/(m/s)	f_v	φ_v	f_v	φ_v	f_v	φ_v	f_v	φ_v	f_v	φ_v
0.01	0.110	6°17′	0.120	6°51′	0.180	10°12′	0.180	10°12′	0.190	10°45′
0.05	0.090	5°09′	0.100	5°43′	0.140	7°58′	0.140	7°58′	0.160	9°05′
0.10	0.080	4°34′	0.090	5°09′	0.130	7°24′	0.130	7°24′	0.140	7°58′
0.25	0.065	3°43′	0.075	4°17′	0.100	5°43′	0.100	5°43′	0.120	6°51′
0.50	0.055	3°09′	0.065	3°43′	0.090	5°09′	0.090	5°09′	0.100	5°43′
1.0	0.045	2°35′	0.055	3°09′	0.070	4°00′	0.070	4°00′	0.090	5°09′
1.5	0.040	2°17′	0.050	2°52′	0.065	3°43′	0.065	3°43′	0.800	4°34′
2.0	0.035	2°00′	0.045	2°35′	0.055	3°09′	0.055	3°09′	0.070	4°00′
2.5	0.030	1°43′	0.040	2°17′	0.050	2°52′				
3.0	0.028	1°36′	0.035	2°00′	0.045	2°35′				
4	0.024	1°22′	0.031	1°47′	0.040	2°17′				
5	0.022	1°16′	0.029	1°40′	0.035	2°00′				
8	0.018	1°02′	0.026	1°29′	0.300	1°43′				
10	0.016	0°55′	0.024	1°22′						
15	0.014	0°48′	0.020	1°09′						
24	0.013	0°45′								

五、普通蜗杆传动的承载能力校核

1. 蜗杆传动的强度计算

（1）蜗轮齿面接触疲劳强度计算

目的：防止点蚀和胶合失效。

强度条件：$\sigma_H \leqslant [\sigma_H]$。

以蜗杆蜗轮节点为计算点，按照赫兹公式计算齿面接触应力 σ_H（MPa）为

$$\sigma_H = Z_E \sqrt{\frac{KF_n}{L_0 \rho_\Sigma}} \leqslant [\sigma_H]$$

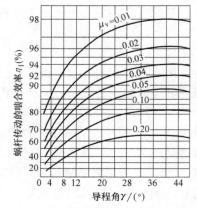

图 8-15　蜗杆传动的啮合效率与
蜗杆导程角的关系

式中，Z_E 为弹性系数，铜或铸铁蜗轮与钢蜗杆组合时，$Z_E = 160\sqrt{MPa}$；K 为载荷系数，取 $K = K_A K_v K_\beta$，使用系数 K_A 可由表 8-7 选取，当 $v_2 \leqslant 3m/s$，动载系数 $K_v = 1.1 \sim 1.1$，当 $v_2 > 3m/s$，$K_v = 1.1 \sim 1.2$，当载荷平稳时，齿向载荷分布系数 $K_\beta = 1$，当载荷变化时，取 $K_\beta = 1.1 \sim 1.3$；L_0 为接触线总长（mm），最小接触线长度 $L_{min} = \xi \varepsilon_\alpha \dfrac{2\pi d_1 \theta}{360° \cos\gamma}$，$\xi$ 为接触线长度变化系数，ε_α 为端面重合度，$\varepsilon_\alpha = 1.8 \sim 2.2$，取 $\xi = 0.75$，$\varepsilon_\alpha = 2$，$2\theta = 100°$，则 $L_{min} = \dfrac{1.31 d_1}{\cos\gamma}$；$\rho_\Sigma$ 为综合曲率半径（mm），$\dfrac{1}{\rho_\Sigma} = \dfrac{2\cos^2\gamma}{mz_2 \sin\alpha_n}$；$[\sigma_H]$ 为蜗轮齿面的许用接触应力（MPa）。

当蜗轮材料为抗拉强度 <300MPa 的锡青铜时，由于齿面材料相对较软，故蜗轮的主要失效形式为疲劳点蚀，许用接触应力为

$$[\sigma_H] = Z_N [\sigma_H]'$$

式中，Z_N 为寿命系数，$Z_N = \sqrt[8]{\dfrac{10^7}{N}}$，$N = 60jn_2L_h$，$[\sigma_H]'$ 为 $N = 10^7$ 时材料的基本许用接触应力，可由表 8-8 查得。当蜗轮材料为抗拉强度 $\geq 300\text{MPa}$ 的灰铸铁或高强度青铜时，蜗杆传动的主要失效形式为胶合，许用应力大小与应力作用次数无关，可按表 8-9 选取。

表 8-7　使用系数 K_A

工作类型	I	II	III
载荷性质	均匀、无冲击	不均匀、小冲击	不均匀、大冲击
每小时启动次数	<25	25~50	>50
超动载荷	小	较大	大
K_A	1	1.15	1.2

表 8-8　铸造锡青铜蜗轮的基本许用接触应力 $[\sigma_H]'$　（单位：MPa）

蜗轮材料	铸造方法	蜗杆螺旋面的硬度	
		≤45HRC	>45HRC
ZCuSn10Pb1	砂型铸造	150	180
	金属型铸造	220	268
ZCuSn5Pb5Zn5	砂型铸造	113	135
	金属型铸造	128	140

表 8-9　灰铸铁及铸铝铁青铜蜗轮的许用接触应力 $[\sigma_H]$　（单位：MPa）

材料		滑动速度 $v_s/(\text{m/s})$						
蜗杆	蜗轮	<0.25	0.25	0.5	1	2	3	4
20 或 20Cr 渗碳淬火，45 钢淬火，齿面硬度大于 45HRC	灰铸铁 HT150	206	166	150	127	95	—	—
	灰铸铁 HT200	250	202	182	154	155	—	—
	铸造铝青铜 ZCuAl10Fe3	—	—	25	230	210	180	160
45 钢或 Q275	灰铸铁 HT150	172	139	125	106	79	—	—
	灰铸铁 HT200	208	168	152	128	96	—	—

将上式中 F_n 换算成蜗轮分度圆直径 d_2 与蜗轮转矩 T_2 的关系式，再将 $d_2 = mz_2$ 等代入齿面接触应力 σ_H 计算式中，得

校核公式为

$$\sigma_H = Z_E\sqrt{\frac{9KT_2}{m^2d_1z_2^2}} = 480\sqrt{\frac{KT_2}{m^2d_1z_2^2}} \leq [\sigma_H] \tag{8-19}$$

设计公式为

$$m^2d_1 \geq KT_2\left(\frac{480}{[\sigma_H]z_2}\right)^2 \tag{8-20}$$

（2）蜗轮齿根弯曲疲劳强度计算

目的：防止"疲劳断齿"。

强度条件：$\sigma_F \leq [\sigma_F]$。

蜗轮轮齿的弯曲疲劳强度取决于轮齿模数的大小。由于轮齿结构比较复杂，其弯曲疲劳强度难于精确计算，只好进行条件性的估算。通常把蜗轮近似地当作斜齿圆柱齿轮来考虑。

校核公式为

$$\sigma_F = \frac{1.53 K T_2}{m d_1 d_2} Y_{Fa2} Y_\beta \leq [\sigma_F] \qquad (8\text{-}21)$$

设计公式为

$$m^2 d_1 \geq \frac{1.53 K T_2}{z_2 [\sigma_F]} Y_{Fa2} Y_\beta \qquad (8\text{-}22)$$

式中，Y_{Fa2} 为蜗轮齿形系数，按当量齿数和蜗轮变位系数选取，如图 8-16 所示；Y_β 为螺旋角系数，$Y_\beta = 1 - \gamma/140°$；$[\sigma_F]$ 为蜗轮的许用齿轮弯曲应力（MPa），$[\sigma_F] = Y_N [\sigma_F]'$，$Y_N$ 为寿命系数，$Y_N = \sqrt[9]{\dfrac{10^6}{N}}$，应力循环次数 N 的计算方法同前，$[\sigma_F]'$ 为计算齿根应力校正系数后的蜗轮的基本许用应力，可由表 8-10 选取。

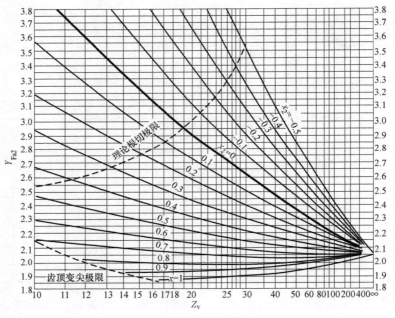

图 8-16　蜗轮齿形系数 Y_{Fa2}

表 8-10　蜗轮的基本许用弯曲应力 $[\sigma_F]'$　　　　　　　　　（单位：MPa）

蜗轮材料		铸造方法	单侧工作$[\sigma_{0F}]'$	双侧工作$[\sigma_{-1F}]'$
ZCuSn10P1		砂型铸造	40	29
		金属型铸造	56	40
ZCuSn5Pb5Zn5		砂型铸造	26	22
		金属型铸造	32	26
ZCuAl10Fe3		砂型铸造	80	57
		金属型铸造	90	64
灰铸铁	HT150	砂型铸造	40	28
	HT200		48	34

2. 蜗杆的挠度计算

特点：由于蜗杆的轴向尺寸大，径向尺寸小，在蜗杆传动中，蜗杆受力后易产生变形。

危害：若产生过大的变形，就会造成轮齿上的应力集中，影响蜗杆与蜗轮的正确啮合，所以除强度校核外，还需要对蜗杆进行挠度校核。

蜗杆的挠度主要是由圆周力 F_{t1} 和径向力 F_{r1} 造成的，轴向力的影响可以忽略。蜗杆圆周力和径向力在轴的啮合部分的挠度分别为

$$y_{t1} = \frac{F_{t1}l^3}{48EI}, \quad y_{r1} = \frac{F_{r1}l^3}{48EI}$$

则其最大挠度为

$$y = \frac{\sqrt{F_{t1}^2 + F_{r1}^2}}{48EI}l^3 \leqslant [y] \tag{8-23}$$

式中，F_{t1} 为蜗杆所受到的圆周力（N）；F_{r1} 为蜗杆所受到的径向力（N）；E 为蜗杆材料的弹性模量（MPa）；I 为蜗杆危险截面的惯性矩（mm^4）$I = \frac{\pi d_{f1}^4}{64}$，其中 d_{f1} 为蜗杆齿根圆直径（mm）；l 为蜗杆两端支承间的跨距（mm），初步计算时，可初取 $l = 0.9d_2$，d_2 为蜗轮的分度圆直径（mm）；$[y]$ 为许用最大挠度（mm），$[y] = d_1/1000$，此处 d_1 为蜗杆的分度圆直径（mm）。

六、蜗杆传动的热平衡计算

蜗杆传动效率一般比齿轮传动和其他几种机械传动都要低，工作时会产生较多的热量。闭式箱体若散热条件不足，则易造成润滑油工作温度过高而导致使用寿命降低，甚至有使蜗杆副发生胶合的危险，因此对蜗杆传动有必要进行热平衡计算。所谓热平衡即单位时间内产生的热量与散发的热量相等。

油池润滑的蜗杆传动，在单位时间内产生的热量可由下式计算得出

$$\Phi_1 = 1000P_1(1-\eta) \tag{8-24}$$

箱体可以散发的热量可由式（8-25）近似计算为

$$\Phi_2 = \alpha_d S(t_1 - t_0) \tag{8-25}$$

上两式中，P_1 为蜗杆功率（kW）；η 为蜗杆传动的总效率；S 为箱体的散热面积（m^2），指箱体外壁与空气接触而内壁被油飞溅到的箱体面积，对于箱体上的散热片，其散热面积按 50% 计算，对于散热肋片布置良好的固定式蜗杆减速器，其散热面积可用 $S = 9 \times 10^{-5}a^{1.88}$ 来估算，其中 a 为蜗杆传动的中心距；t_1 为箱体的工作温度，一般为 $60 \sim 70℃$，最高不超过 $80℃$；t_0 为工作环境温度，通常取 $20℃$；α_d 为箱体表面传热系数 [$W/(m^2 \cdot ℃)$]，一般取 $\alpha_d = 8.15 \sim 17.45$。

根据热平衡条件，工作条件下的油温应满足的要求为

$$t_1 = t_0 + \frac{1000P_1(1-\eta)}{\alpha_d S} \leqslant 80℃ \tag{8-26}$$

或可求出保持规定油温时所需要的散热面积 $S(m^2)$ 为

$$S = \frac{1000P_1(1-\eta)}{\alpha_d(t_0 - t_1)} \tag{8-27}$$

若油温过高，散热面积不足，则首先考虑在不增大箱体尺寸的前提下，设法增加散热面积。若仍未能满足要求，则可采用下列强制冷却的措施以增强其传热能力：

1）增加散热片以增大散热面积；合理设计箱体结构，铸出或焊上散热片。

2）提高表面传热系数；在蜗杆轴上装置风扇如图 8-17a 所示，或在箱体油池内装设蛇形冷却水管，如图 8-17b 所示，或用循环油冷却，如图 8-17c 所示。

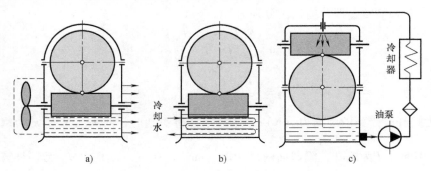

图 8-17　提高表面传热系数

七、普通圆柱蜗杆传动的精度等级及其选择

普通圆柱蜗杆传动规定了 1~12 个精度等级。1 级精度最高，12 级精度最低，6~9 级精度应用最多。6 级精度传动一般用于中等精度的机床传动机构，圆周速度 $v_2 \geqslant 5\text{m/s}$；7 级精度用于中等精度的运输机或高速传递动力场合，圆周速度 $v_2 \geqslant 7.5\text{m/s}$；8 级精度多用于一般的动力传动中，圆周速度 $v_2 \geqslant 3\text{m/s}$；9 级精度一般用于不重要的低速传动机构或手动机构。

蜗杆传动安装要求精度较高，应使蜗轮的中平面通过蜗杆的轴线。为保证传动的正确啮合，工作时蜗轮的中平面不允许有轴向移动，因此蜗轮轴支撑应采用两端固定的方式。蜗杆传动的维护很重要，还要注意周围的通风散热情况。

蜗杆传动测试题
（第四节）

第五节　蜗杆传动的结构设计与润滑

一、蜗杆传动的结构设计

1. 蜗杆的结构

蜗杆螺旋部分的直径不大，所以常和轴做成一个整体，很少做成装配式的。如图 8-18、图 8-19 所示是两种常见的蜗杆结构。

当蜗杆齿根圆直径小于轴径，加工螺旋部分时只能用铣削的办法。

图 8-18　铣削蜗杆

当蜗杆齿根圆直径大于轴径，螺旋部分可用车削加工，也可用铣削加工。

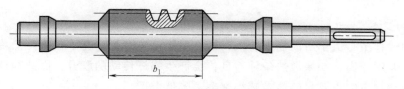

图 8-19　车削蜗杆

蜗杆 b_1 长度的确定：当蜗杆头数 $z_1 = 1$ 或 2 时，$b_1 \geqslant (11+0.06z_2)$ mm；当蜗杆头数 $z_1 =$ 4 时，$b_1 \geqslant (12.5+0.09z_2)$ mm。

2. 蜗轮的结构

常用的蜗轮结构主要有整体式和组合式。组合式可分为过盈配合式、铰制孔式（螺钉连接）和铸造拼接式三大类，如图 8-20 所示。组合式蜗轮往往结构尺寸较大，齿圈部分采用贵重耐磨金属（青铜）制造，而轮毂部分采用铸铁或铸钢制造。

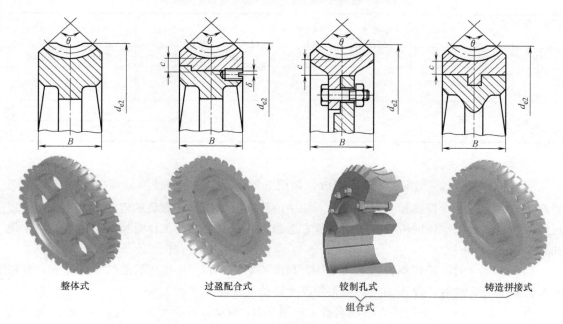

整体式　　　　　过盈配合式　　　　　铰制孔式　　　　　铸造拼接式

组合式

图 8-20　蜗轮结构

图 8-20 中各参数的数值可按表 8-11 选取。

表 8-11　蜗杆结构参数

蜗杆头数 z_1	1	2	4
蜗轮顶圆直径 d_{e2}	$\leqslant d_{a2}+2m$	$d_{a2}+1.5m$	$d_{a2}+2m$
蜗轮宽度 B	$\leqslant 0.75d_{a2}$		$0.67d_{a2}$
蜗轮齿宽角 θ	$90° \sim 130°$		
轮圈厚度 c	$1.6m+1.5$ mm		

二、蜗杆传动的润滑

1. 润滑的目的

蜗杆传动过程中，由于滑动速度较大，易产生摩擦与磨损，这不仅会降低传动效率，还会造成传动时温度较高，如果散热条件不良，会产生蜗杆传动的胶合，因此蜗杆的润滑非常重要。蜗杆传动润滑的主要目的就是减小摩擦，降低温度。

2. 润滑油黏度及给油方法

蜗杆传动一般根据相对滑动速度和载荷类型选择润滑油的黏度和给油方法，润滑油的黏度和给油方法可参照表 8-12 选取。为提高蜗杆传动的抗胶合性能，宜选用黏度较高的润滑油。在矿物油中适当加些油性添加剂，有利于提高油膜厚度，减轻胶合危险。用青铜制造的蜗轮，则不允许采用活性大的极压添加剂以免腐蚀青铜。采用聚乙二醇、聚醚合成油时，摩擦系数较小，有利于提高传动效率，可以承受较高的工作温度，减少磨损。

表 8-12　蜗杆传动的润滑油黏度及给油方法推荐

相对滑动速度 v_s/(m/s)	0~1	0~2.5	0~5	>5~10	>10~15	>15~25	>25
载荷类型	重	重	中	不限	不限	不限	不限
运动黏度 v_{40}/(mm²/s)	900、1000	500、680	320、350	220	150	100	68、80
给油方法	油润滑			喷油压力/MPa			
				0.7	2	3	

3. 润滑方式及油量

当 $v_s \leqslant 5$m/s 时，采用油池浸油润滑，如图 8-21a 所示。采用油池润滑时，蜗杆最好布置在下方。为了减少搅油损失，蜗杆浸入油中的深度至少能浸入螺旋的齿高，且油面不应超过滚动轴承最低滚动体的中心。油池容量宜适当大些，以免蜗杆工作时搅起箱内沉淀物，使油很快老化。

当 $v_s > 4$m/s 时，采用蜗杆在上的结构，如图 8-21b 所示。只有在不得已的情况下，蜗杆才布置在上方。这时，浸入油池的蜗轮深度允许达到蜗轮半径的 1/6~1/3。

当 $v_s > 10$m/s 时，采用压力喷油润滑，如图 8-21c 所示。若速度高于10m/s，必须采用压力喷油润滑，由喷油嘴向传动的啮合区供油。为增强冷却效果，喷油嘴宜放在啮出侧，双向转动的应布置在双侧。

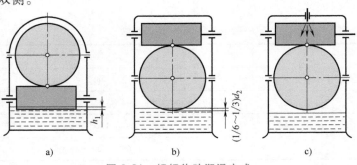

a)　　　　　　　　b)　　　　　　　　c)

图 8-21　蜗杆传动润滑方式

设计任务　项目中蜗杆传动的设计

接下来以选题 F 带式运输机中的单级蜗杆减速器设计为例，讲述蜗杆传动设计的方法。假设前期已完成电动机选择和传动比分配，已选定电动机功率 $P_1 = 7.5\mathrm{kW}$，转速 $n_1 = 1440\mathrm{r/min}$，传动比 $i = 15$，运输机连续工作，单向运转，载荷平稳，空载起动。运输带容许速度误差为 $\pm 5\%$。减速器为小批生产，大修期为 5 年，单班制工作，如图 8-22 所示。

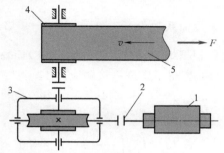

图 8-22　带式运输机（蜗轮蜗杆减速器）传动原理图
1—电动机　2—联轴器　3—蜗杆减速器
4—卷筒　5—带式运输机

解：

1. 选择蜗杆传动类型

根据 GB/T 10085—2018 的推荐，采用渐开线蜗杆（ZI）。

2. 选择蜗杆蜗轮的材料

蜗杆材料：考虑到蜗杆传动的功率不大，速度中等，故采用 45 钢；因希望效率高些，耐磨性好些，故蜗杆螺旋齿面采用淬火处理，齿面硬度 45~55HRC。

蜗轮材料：计算速度

$$
\begin{aligned}
v_{\mathrm{s估}} &= (0.02 \sim 0.03)\sqrt[3]{P_1 n_1^2} \\
&= (0.02 \sim 0.03)\sqrt[3]{7.5 \times 1440^2} \\
&= 4.9922 \sim 7.4883\mathrm{m/s} > 4\mathrm{m/s}
\end{aligned}
$$

故选铸造锡青铜 ZCuSn10Pb1，砂型铸造。为了节约贵重有色金属，仅齿圈用青铜制造，轮芯用灰铸铁 HT100 制造。

3. 确定主要参数

选择蜗杆头数 z_1：因 $i = 15$，带式运输机无自锁要求，可选 $z_1 = 2$。

蜗轮齿数 $z_2 = i\, z_1 = 15 \times 2 = 30$。

4. 按齿面接触强度条件进行设计计算

（1）作用于蜗轮上的转矩 T_2

$$
T_1 = 9.55 \times 10^6 \frac{P_1}{n_1} = 9.55 \times 10^6 \frac{7.5}{1440}\mathrm{N \cdot mm} = 4.974 \times 10^4 \mathrm{N \cdot mm}
$$

因 $z_1 = 2$，$i = 15$，初估 $\eta_{估} = 0.8$，则

$$
T_2 = T_1 i \eta_{估} = 4.974 \times 10^4 \times 15 \times 0.8\,\mathrm{N \cdot mm} = 5.969 \times 10^5 \mathrm{N \cdot mm}
$$

（2）确定载荷系数

使用系数 K_A：因原动机为电动机，载荷平稳，查表 8-7 取 $K_A = 1$。

动载系数 K_v：考虑到转速不高，冲击不大，可取 $K_v = 1.05$。

齿向载荷分布系数 K_β：因工作载荷平稳，故可取 $K_\beta = 1$。

则载荷系数为

$$
K = K_A K_v K_\beta = 1 \times 1.05 \times 1 = 1.05
$$

（3）确定弹性系数 Z_E

青铜蜗轮与钢制蜗杆相配时，$Z_E = 160\sqrt{MPa}$。

（4）确定许用应力 $[\sigma_H]$：$[\sigma_H] = Z_N[\sigma_H]'$

应力循环次数为
$$N_2 = 60n_2L_h = 60 \times \frac{n_1}{i} \times 5 \times 300 \times 8 = 6.912 \times 10^7$$

寿命系数为
$$Z_N = \sqrt[8]{\frac{10^7}{N_2}} = 0.7853$$

根据蜗轮材料为铸造锡青铜 ZCuSn10Pb1，砂型铸造，蜗杆螺旋齿面硬度 >45HRC，从表 8-8 查得基本许用接触应力 $[\sigma_H]' = 180MPa$，则许用接触应力为
$$[\sigma_H] = Z_N[\sigma_H]' = 180 \times 0.7853 MPa = 141.354 MPa$$

（5）确定模数 m 和蜗杆直径 d_1

$$m^2d_1 = KT_2\left(\frac{480}{z_2[\sigma_H]}\right)^2 = 1.05 \times 5.969 \times 10^5 \times \left(\frac{480}{30 \times 141.354}\right)^2 mm^3 = 8029.983 mm^3$$

由表 8-2 查得 $m = 10mm$，$d_1 = 90mm$，$q = 9$，满足要求。

5. 计算蜗杆与蜗轮的主要参数和几何尺寸

（1）计算中心距 a
$$a = 0.5m(q+z_2) = 0.5 \times 10 \times (9+30) mm = 195mm$$

（2）蜗杆

蜗杆轴向齿距为 $\qquad p_a = \pi m = 3.14 \times 10 mm = 31.4mm$

蜗杆齿顶圆直径为 $\qquad d_{a1} = d_1 + 2h_{a1} = d_1 + 2h_a^*m = 90 + 2 \times 1 \times 10 mm = 110mm$

蜗杆齿根圆直径为 $\qquad d_{f1} = d_1 - 2h_{f1} = d_1 - 2(h_a^*m + c^*m) = 90 - 2(1 \times 10 + 0.2 \times 10) = 66mm$

蜗杆分度圆导程角为 $\qquad \gamma = \arctan(z_1/q) = \arctan(2/9) = 12.529° = 12°31'44''$

蜗杆轴向齿厚为 $\qquad s_a = 0.5\pi m = 0.5 \times 3.14 \times 10 = 15.7mm$

（3）蜗轮

蜗轮分度圆直径为 $\qquad d_2 = mz_2 = 30 \times 10 mm = 300mm$

蜗轮喉圆直径为 $\qquad d_{a2} = d_2 + 2h_{a2} = 300mm + 2 \times 10mm = 320mm$

蜗轮齿根圆直径为 $\qquad d_{f2} = d_2 - 2h_{f2} = 300mm - 2(1 \times 10 + 0.2 \times 10) mm = 276mm$

蜗轮咽喉母圆半径为 $\qquad r_{g2} = a - 0.5d_{a2} = 195mm - 0.5 \times 320mm = 35mm$

6. 按齿根弯曲疲劳强度条件进行校核

（1）确定齿形系数

当量齿数为
$$z_{v2} = \frac{z_2}{\cos^3\gamma} = \frac{30}{\cos^3(12.529°)} = 32.25$$

根据当量齿数 $z_{v2} = 32.25$，查图 8-16 得齿形系数 $Y_{Fa2} = 2.6$。

（2）确定螺旋角系数

$$Y_\beta = 1 - \frac{\gamma}{140°} = 1 - \frac{12.529°}{140°} = 0.9105$$

（3）确定许用弯曲应力

寿命系数为
$$Y_N = \sqrt[9]{\frac{10^6}{N}} = \sqrt[9]{\frac{10^6}{6.912 \times 10^7}} = 0.625$$

从表 8-10 中查得，铸造锡青铜 ZCuSn10Pb1 砂型铸造的蜗轮单侧工作的基本许用弯曲应

力 $[\sigma_F]' = 40\text{MPa}$，则许用弯曲应力为

$$[\sigma_F] = Y_N [\sigma_F]' = 0.625 \times 40\text{MPa} = 25\text{MPa}$$

（4）确定齿根弯曲应力

$$\sigma_F = \frac{1.53KT_2}{md_1d_2}Y_{Fa2}Y_\beta \leqslant [\sigma_F]$$

$$= \frac{1.53 \times 1.05 \times 5.969 \times 10^5}{10 \times 90 \times 300} \times 2.6 \times 0.9105\text{MPa}$$

$$= 8.408\text{MPa} \leqslant [\sigma_F]$$

故弯曲强度是满足要求的。

7. 验算效率

（1）滑动速度 v_s

$$v_s = \frac{v_1}{\cos\gamma} = \frac{\pi d_1 n_1}{60000 \times \cos 12.529°} = \frac{\pi \times 90 \times 1440}{60000 \times \cos 12.529°}\text{m/s} = 6.9514\text{m/s}$$

（2）确定 φ_v　由表 8-6，采用线性内插值法得 $f_v = 0.020$，$\varphi_v = 1°9' = 1.15°$。

（3）计算 η　$\eta = (0.95 \sim 0.96)\dfrac{\tan\gamma}{\tan(\gamma + \varphi_v)} = 0.8674 \sim 0.8765 = 0.87$。

计算出的效率 $\eta = 0.87$，大于原估计值 $\eta = 0.80$，因此应该根据 $\eta = 0.87$ 重新算得 $T_2 = 6.491 \times 10^5\text{N} \cdot \text{mm}$，$m^2 d \geqslant 8029.983\text{mm}^3$，已选定的 $m = 10\text{mm}$，$d_1 = 90\text{mm}$，$m^2 d = 9000\text{mm}^3$，齿面接触强度满足要求。重算齿根弯曲应力 $\sigma_F = 9.14\text{MPa}$，弯曲强度满足要求。

8. 精度等级公差和表面粗糙度值的确定

考虑所设计的蜗杆传动是动力传动，从 GB/T 10089—2018 圆柱蜗杆、蜗轮精度中选择 8 级精度，侧隙种类为 f，标注为 8f GB/T 10089—2018。然后再由有关手册查得要求的公差项目及表面粗糙度值，此处从略。

9. 热平衡校核

（1）确定箱体散热面积

$$S = 9 \times 10^{-5} \times a^{1.88} = 9 \times 10^{-5} \times 195^{1.88}\text{m}^2 = 1.818\text{m}^2$$

（2）热平衡计算　取环境温度 $t_0 = 20℃$，表面传热系数 $\alpha_d = 15\text{W}/(\text{m}^2 \cdot ℃)$，达到热平衡时的工作油温为

$$t_1 = \frac{1000P_1(1-\eta)}{\alpha_d S} + t_0 \leqslant 80℃$$

$$= \frac{1000 \times 7.5 \times (1 - 0.87)}{15 \times 1.818} + 20$$

$$= 35.754 + 20℃$$

$$= 55.754℃ \leqslant 80℃$$

结论：散热面积足够，蜗杆传动的参数选择合理。

10. 主要设计结论

模数 $m = 10\text{mm}$，蜗杆直径 $d_1 = 90\text{mm}$，蜗杆头数 $z_1 = 2$，蜗轮齿数 $z_2 = 30$。蜗杆材料选用 45 钢，表面淬火；蜗轮材料选用 ZCuSn10Pb1，砂型铸造。

11. 蜗杆结构设计及工作图绘制（略）

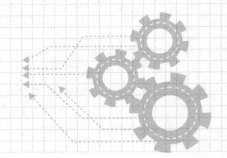

第九章

轴 的 设 计

（一）主要内容

轴的分类；轴的材料；轴的结构设计；轴的强度计算、刚度校核等。

（二）学习目标

1. 了解轴的用途，掌握轴的类型和特点。

2. 熟悉常见轴的材料及热处理方式。

3. 掌握轴上零件的固定方法。

4. 了解轴的结构工艺性。

5. 掌握轴的设计计算。

（三）重点与难点

1. 轴的结构尺寸设计。

2. 轴的强度和刚度校核。

第一节 认 识 轴

1. 轴的用途

轴（Shaft）是穿在轴承中间或车轮中间或齿轮、带轮、链轮等传动件中间的圆柱形零件，但也有少部分是四棱柱形的。轴是支承转动零件并与之一起回转以传递运动、转矩或弯矩的机械零件。轴一般为金属圆杆状，各段可以有不同的直径。机器中进行回转运动的零件都要安装在轴上。

2. 轴的分类

常见的轴根据轴线的形状可以分为曲轴（图9-1e）和直轴（图9-1a、b 、d）；曲轴的各段轴线不在同一条直线上，主要用于有往复式运动的机械中，如内燃机中的曲柄。

按照轴的外形可以分为光轴（图9-1a）和阶梯轴（图9-1b 、d）。光轴形状简单，应力集中少，易于加工，但轴上零件不易装配和定位，常用于心轴和传动轴。阶梯轴容易实现轴上零件的装配和定位，但加工复杂，应力集中源多，常用于转轴。

按照轴的刚度分为刚性轴（图9-1a、b、d、e）和挠性轴（图9-1c、f）。挠性轴由多组钢丝分层卷绕而成，具有良好的挠性，可将回转运动灵活地传到不宽敞的空间位置，具有缓和冲击的作用。

直轴一般为实心轴（图9-1a、d），但由于机器要求需要在轴中装其他零件或者减小轴的质量时，也可将轴制成空心轴（图9-1b），空心轴内径与外径的比值通常为 0.5~0.6，以保证轴的刚度和稳定性。

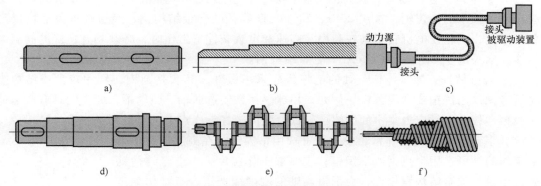

图 9-1　轴的类型（按轴线形状分）

直轴按照其承受载荷的不同可分为转轴、心轴和传动轴三类。转轴，工作时既承受弯矩又承受转矩，是机械中最常见的轴，如各种减速器中的轴等（图 9-2a）。心轴，用来支承转动零件，只承受弯矩而不传递转矩，有些心轴转动，如铁路车辆的轴等，称之为转动心轴（图 9-2b）；有些心轴则不转动，如支承滑轮的轴、自行车前轴等，称之为固定心轴（图 9-2c）。传动轴，主要用来传递转矩而不承受弯矩，如起重机移动机构中的长光轴、汽车的驱动轴等（图 9-2d）。

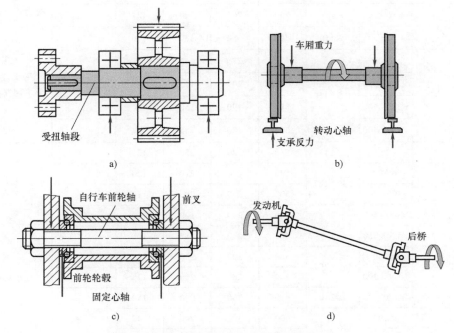

图 9-2　轴的类型（按承受载荷分）

3. 轴的材料

（1）碳素钢　35、45、50 等优质碳素结构钢因具有较高的综合力学性能，应用较多，其中以 45 钢用得最为广泛。为了改善其力学性能，应进行正火或调质处理。不重要或受力较小的轴，则可采用 Q235、Q275 等碳素结构钢。

（2）合金钢　合金钢具有较高的力学性能，但价格较贵，多用于有特殊要求的轴。例如采用滑动轴承的高速轴，常用 20Cr、20CrMnTi 等低碳合金结构钢，经渗碳淬火后可提高轴颈耐磨性；汽轮发电机转子轴在高温、高速和重载条件下工作时，必须具有良好的高温力学性能，常采用 40CrNi、38CrMoAl 等合金结构钢。

（3）合金铸铁、球墨铸铁　轴的毛坯优先采用锻件，其次是圆钢；尺寸较大或结构复杂时可考虑采用铸钢或球墨铸铁。例如，用球墨铸铁制造曲轴、凸轮轴，此类轴具有成本低廉、吸振性较好，对应力集中的敏感性较低、强度较好等优点。

（4）其他　大截面且非常重要的轴可选用铬镍钢；在高温或腐蚀条件下工作的轴可选用耐热钢或不锈钢；在一般工作温度下，合金结构钢的弹性模量与碳素结构钢相近，为了提高轴的刚度而选用合金结构钢是不合适的。

轴的常用材料及其主要力学性能见表 9-1。

轴的设计测试题
（第一节）

表 9-1　轴的常用材料及其主要力学性能

材料牌号	热处理	毛坯直径 /mm	硬度 HBW	抗拉强度 /MPa	屈服强度 /MPa	弯曲疲劳强度 σ_{-1}/MPa	剪切疲劳强度 τ_{-1}/MPa	许用弯曲应力 $[\sigma_{-1}]$/MPa	备注
Q235		>16~40		418	225	174	100	40	用于不重要或
Q275		>16~40		550	265	220	127		受力较小的轴
20	正火	25	≤156	420	250	180	100		用于载荷不大，要求韧性好的轴
	正火/回火	≤100	103~156	400	220	165	95		
		>100~300		380	200	155	90		
		>300~500		370	190	150	85		
		>500~700		360	180	145	80		
35	正火	25	≤187	540	320	230	130		应用最广泛
	正火/回火	≤100	149~187	520	270	210	120		
		>100~300		500	260	205	115		
		>300~500	143~187	480	240	190	110		
		>500~750		460	230	185	105		
	调质	≤100	156~207	560	300	230	130		
		>100~300		540	280	220	125		
45	正火	25	≤241	610	360	260	150		
	正火回火	≤100	170~217	600	300	240	140	55	
		>100~300		580	290	235	135		
		>300~500	162~217	560	280	225	130		
		>500~750	156~217	540	270	215	135		
	调质	≤200	217~255	650	360	270	155	60	

（续）

材料牌号	热处理	毛坯直径/mm	硬度 HBW	抗拉强度/MPa	屈服强度/MPa	弯曲疲劳强度 σ_{-1}/MPa	剪切疲劳强度 τ_{-1}/MPa	许用弯曲应力 $[\sigma_{-1}]$/MPa	备注
40Cr	调质	25		1000	800	485	280	70	用于载荷较大，而无大冲击的重要轴
		≤100	241~286	750	550	350	200		
		>100~300	229~269	700	500	320	185		
		>300~500		650	450	295	170		
		>500~800	217~255	600	350	255	145		
37SiMn2MoV	调质	25		1000	800	495	285	70	用于高强度、大尺寸及重载荷的轴。35SiMn、42SiMn、40MnB 的性能与之相近
		≤200	269~320	880	700	425	245		
		>200~400	241~286	830	650	395	230		
		>400~600	241~269	780	600	370	215		
38CrMoAlA	调质	30	229	1000	850	495	285	75	用于要求高耐磨性、高强度且变形很小的轴
20Cr	渗碳淬火回火	15	表面56~62HRC	850	550	375	215	60	用于要求强度和韧性均较高的轴（如齿轮轴、蜗杆等）
		30		650	400	280	160		
		≤60		650	400	280	160		
20CrMnTi	渗碳淬火回火	15	表面56~62HRC	1100	850	525	300		
12Cr13	调质	≤60	187~217	600	420	275	155		用于腐蚀条件下工作的轴（如螺旋桨轴等）
20Cr13	调质	≤100	197~248	660	450	295	170		
QT600—3			190~270	600	370	215	185		用于结构形状复杂的凸轮轴及曲轴等
QT800—2			245~335	800	480	285	245		

第二节 轴的结构设计

一、轴设计的内容

1. 轴的失效形式

轴的失效通常表现为断裂、磨损和过量变形，主要失效形式是疲劳断裂。轴颈因磨损而失去原有的几何形状与尺寸，变成椭圆形或圆锥形，轻微状态的磨损将使零件间配合精度降低，较严重时导致零部件发生移位而失去原有规定功能。轴受载以后，如果产生了过大的弯曲变形或扭转变形，将影响轴上零件的正常工作。例如，装有齿轮的轴弯曲变形，会使齿轮啮合发生偏移；滚动轴承支承的轴弯曲变形会使轴承内、外圈相互倾斜，当超过允许值时，将导致轴承寿命快速降低。扭转变形过大，将影响设备的精度及运转零部件上负荷的分布均匀性，并对轴的振动造成一定的影响。

2. 轴的设计准则

1）保证轴具有足够的强度和刚度，防止轴在运转过程中发生断裂和过大的变形。

2）具有足够的稳定性，尤其是高速轴，防止运转过程中机器的自振频率与轴转速接近而产生共振。

3. 轴的设计步骤

轴的设计与其他传动件相似，也包括结构设计和工作能力计算，具体步骤如图 9-3 所示。

二、轴的结构设计

1. 轴结构设计的任务

轴结构设计的主要任务是确定轴各部分的形状和尺寸。

2. 轴结构设计的要求

1）轴应便于加工制造，轴上零件要易于装、拆。

2）轴和轴上零件要有准确的工作位置。

3）各零件要牢固而且可靠地相对固定。

4）轴的结构要有利于提高轴的强度和刚度。

5）轴要有良好的工艺性、减少应力集中。

3. 拟定轴上零件的装配方案

轴的结构设计与轴上零件的装配方案密切相关，轴上零件的装配方案不同，则轴的结构形状也不相同。拟定轴上零件的装配方案就是要确定轴上零件的装配方向、顺序和相互关系。如图 9-4 所示为典型的轴系装配图，左侧轴承端盖与左侧轴承从轴的左端装入，齿轮、右侧滚动轴承、右侧轴承端盖和半联轴器由右侧装入。确定了装配方案也就基本确定了各段轴径的粗细关系。

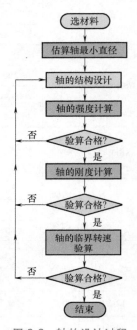

图 9-3　轴的设计过程

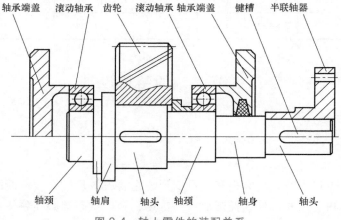

图 9-4　轴上零件的装配关系

拟定装配方案时，一般应考虑多种方案，并进行比较和分析。如图 9-5a 所示的齿轮减速器，图 9-5b 和图 9-5c 分别给出了其输出轴两种不同的装配方案。通过比较发现，图 9-5c 中齿轮与右侧轴承之间采用轴套定位，精加工段过长，制造工艺复杂，且轴的质量较大，不如图 9-5b 的方案合理。

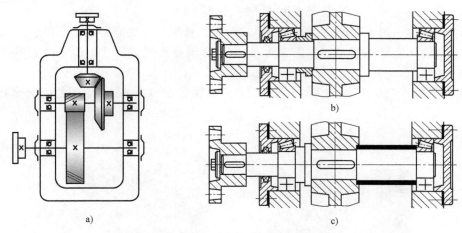

a)

b)

c)

图 9-5　装配方案比较

4. 轴上零件的定位

轴上零件的定位是为了使轴上零件处于正确的工作位置，即使受力也使其牢固地保持这一工作位置。轴上零件的定位包括轴向定位和周向定位。轴向定位是为了保证轴上零件工作时不发生轴向窜动。周向定位是为了保证轴上零件工作时不发生圆周方向的转动。接下来将分别介绍轴向定位和周向定位的方式。

（1）轴的各部分名称及功能　所谓轴段是对轴上剖面直径不相等的各部分的统称。如图 9-4 所示，不同轴段安装的零件不同，为了便于描述和理解，根据安装零件的类型及各轴段的作用，将不同轴段命名如下：

1）轴头：安装传动件的轴段，如图 9-4 中安装齿轮和半联轴器处。

2）轴颈：支承轴转动或安装轴承的轴段，如图 9-4 中左、右轴承处。

3）轴肩（轴环）：由定位面和过渡圆角组成。用作零件轴向固定的台阶部分称为轴肩；用作零件轴向固定的环形部分称为轴环，如图 9-4 中左侧的第二和第三轴段处。

4）轴身：连接轴头和轴颈的部分，如图 9-4 右侧第二轴段处。

（2）轴上零件的轴向定位　常用的轴向固定方法有：轴肩（轴环）、定位套筒、圆螺母与止动垫圈、弹性挡圈、轴端挡圈、紧定螺钉等。可根据零件所受轴向力的大小选定。

轴上零部件
的定位视频

轴向力大时，常用过盈配合、轴肩（轴环）等方式固定。

轴向力中等时，可用定位套筒、圆螺母 、轴端挡圈等方式固定。

轴向力小时，可用弹性挡圈、紧定螺钉及锁紧挡圈等方式固定。

圆锥面定位可用于承受冲击载荷和同心度要求较高的轴端零件。

1）轴肩（轴环）是指阶梯轴上截面尺寸变化的部位。按其作用分为定位轴肩和过渡轴肩。定位轴肩是起定位作用的；过渡轴肩是为了便于轴上零件的拆装或避免应力集中而设置的工艺轴肩，如图 9-6 所示。

特点：结构简单，定位可靠，可承受较大的轴向力。

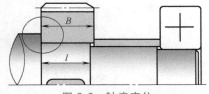

图 9-6　轴肩定位

应用：齿轮、带轮、联轴器、轴承等的轴向定位。

注意：为了防止过定位，轮毂宽度 B>轴头长度 l，取 $l=B-(2\sim3)$ mm。

如图 9-7 所示，为了保证轴上零件的可靠定位，轴肩的尺寸应满足以下要求：

① $r<C_1$ 或 $r<R$。r 为轴肩过渡圆角半径；C_1 为轴零件倒角尺寸；R 为轴上零件过渡圆角半径。

② 定位轴肩 $h=(0.07\sim0.1)d>R$ 或 C；非定位轴肩 $h=1\sim2$ mm，作用是便于轴上零件的装拆。

③ 轴环：宽度一般取 $b=1.4h$。

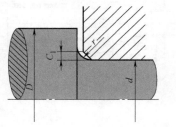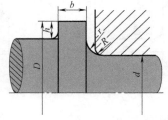

图 9-7　轴肩尺寸

2）定位套筒适合于两个零件之间的轴向定位，如图 9-8 所示。

特点：结构简单，定位可靠，可承受较大轴向力，不影响轴的疲劳强度，但套筒不宜过长。

应用：常用于两个距离相近的零件之间，起定位和固定的作用。套筒与轴之间配合较松，不宜用于转速较高的轴上。

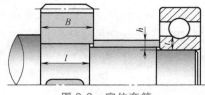

图 9-8　定位套筒

注意：$h<$滚动轴承内圈高度 t。

3）圆螺母常与圆螺母用止动垫圈配用，装配时将垫圈内舌插入轴上的槽内，而将垫圈的外舌嵌入圆螺母的槽内，螺母即被锁紧；或采用双螺母防松。该结构常作为滚动轴承的轴向固定，如图 9-9 所示。

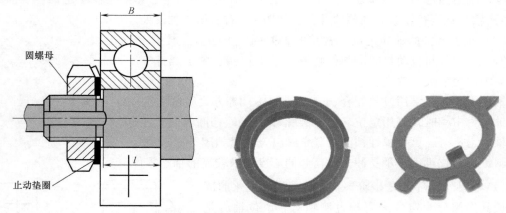

图 9-9　圆螺母与止动垫圈

优点：①可承受较大的轴向力，拆装方便；②用于零件与轴承较远处，可避免用长套筒，有利于零件的固定，也可用于轴端。

缺点：螺纹牙型对轴的载荷和退刀槽对轴的强度有削弱，且会造成应力集中。

4）轴用弹性挡圈是一种安装于槽轴上，用于固定零部件轴向运动的零件。这类挡圈的内径比装配轴径稍小，如图9-10所示。安装时需用卡簧钳，将钳嘴插入挡圈的钳孔中，扩张挡圈，才能放入预先加工好的轴槽上。

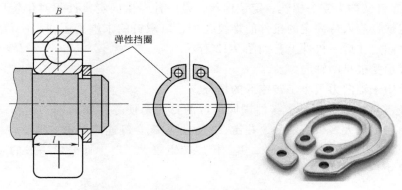

图 9-10　弹性挡圈

特点：结构简单紧凑，但在轴上需切槽，会引起应力集中。

应用：一般用于轴向力不大的零件的轴向固定。

注意：零件宽度 $B >$ 轴颈长度 l，取 $l = B - (2 \sim 3)\,\mathrm{mm}$。

5）轴端挡圈适于轴端零件的定位和固定，可承受剧烈的振动和冲击载荷，需采取防松措施和定位，如图9-11所示。当零件位于轴端时，可用轴端与轴肩、轴套、圆锥面等的组

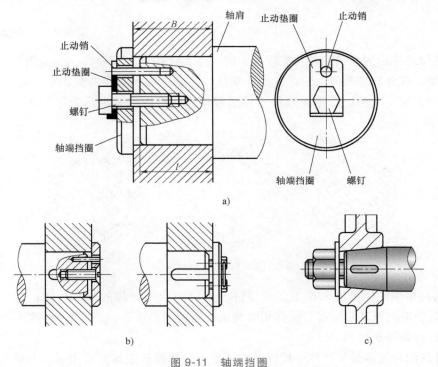

图 9-11　轴端挡圈

a）轴端挡圈1　b）轴端挡圈2　c）圆锥面轴端挡圈

合，使零件双向固定。挡板用螺钉紧固在轴端，并压紧被定位零件的端面。

特点：简单可靠，装拆方便，可承受剧烈振动和冲击，但需在轴端加工螺纹孔。

应用：用于轴端零件的固定。

注意：轮毂宽度 $B>$ 轴头长度 l，取 $l=B-(2\sim3)\,\mathrm{mm}$。

6）紧定螺钉又称为支头螺丝、定位螺丝，是一种专供固定机件相对位置用的螺钉。使用时，把紧定螺钉旋入待固定的机件的螺纹孔中，以螺钉的末端紧压在另一机件的表面上，使得前一机件固定在后一机件上，如图 9-12 所示。

特点：可承受很小的轴向力。

应用：适用于轴向力很小、转速低的场合。

（3）轴上零件的周向定位　零件周向定位的目的是使零件能同轴一起转动，并传递转矩。常用的周向定位大多采用平键、花键、销或过盈配合等连接形式来实现。

1）平键　制造简单、装拆方便，用于传递转矩较大、对中性要求一般的场合，应用最为广泛，如图 9-13 所示。

图 9-12　紧定螺钉　　　　　图 9-13　平键连接

2）花键连接由内花键和外花键组成。内、外花键均为多齿零件，在内圆柱表面上的花键为内花键，在外圆柱表面上的花键为外花键。花键连接承载能力高，定心好，导向性好，制造较困难，成本较高。花键连接用于传递转矩大、对中性要求高或导向性好的场合，如图 9-14 所示。

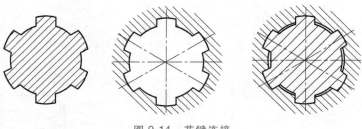

图 9-14　花键连接

3）销是标准件，可用来作为定位零件，用以确定零件间的相互位置；也可起连接作用，以传递横向力或转矩。起连接作用时常用于固定不太重要、受力不大，但同时需要轴向固定的零件，如图 9-15 所示。

4）过盈配合连接是靠两被连接件间的过盈配合构成的连接，常用于轴与带毂零件的连接。过盈配合结构简单，定心好，承载能力高，工作可靠，但装配困难，对配合尺寸的精度要求较高，如图 9-16 所示。

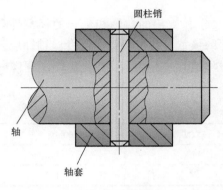

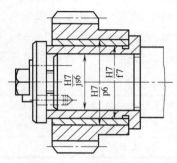

图 9-15　销连接　　　　　　　　　　图 9-16　过盈配合连接

5. 各轴段直径和长度的确定

（1）轴段直径　各轴段所需的直径与轴上载荷的大小有关。初步确定轴的直径时，通常还不知道支反力的作用点，不能决定弯矩的大小与分布情况，因而还不能按轴所受的具体载荷及其引起的应力来确定轴的直径。但在进行轴的结构设计前，通常已能求得轴所受的转矩。因此，可按轴所受的转矩初步估算轴所需的最小直径 d_{min}，然后再按轴上零件的装配方案和定位要求，从 d_{min} 处起逐一确定各段轴的直径。对于实心圆轴，d_{min}（mm）可按式（9-1）计算为

轴各段直径的确定视频

$$d_{min} = \sqrt[3]{\frac{9.55 \times 10^6}{0.2[\tau_T]}} \sqrt[3]{\frac{P}{n}} = A\sqrt[3]{\frac{P}{n}} \tag{9-1}$$

对于空心轴，d_{min}（mm）可按式（9-2）计算为

$$d_{min} = A\sqrt[3]{\frac{P}{n(1-\beta^4)}} \tag{9-2}$$

式中，P 为轴所传递的功率（kW）；n 为轴的转速（r/min）；$[\tau_T]$ 为许用扭转切应力（MPa），见表 9-2；A 为与轴的材料和承载情况有关的系数，见表 9-2；β 为空心轴的内径 d_1 与外径 d 之比，即 $\beta = d_1/d$，通常取 $\beta = 0.5 \sim 0.6$。

表 9-2　轴常用材料的 $[\tau_T]$ 和 A 值

轴的材料	Q235、20	Q275、35	45	40Cr、35SiMn、Cr13
$[\tau_T]$/MPa	12~20	20~30	30~40	40~52
A	135~160	118~135	106~118	98~106

以上轴径计算的几点说明如下：

1）求得的 d_{min} 为受扭部分的最小直径，通常为轴端。

2）该轴段有键槽时要适当加大直径，单键槽增大 5%，双键槽增大 10%，将所计算的直径圆整为标准值，即 $d' = (1.05 \sim 1.10)d_{min}$。

3）为了满足轴强度要求，轴的直径 d 应该大于或等于 d'，同时应该满足该段轴上零件的孔径要求。

4）按经验公式估算轴径：对于高速轴 $d=(0.8\sim1.2)D$，其中 D 为电动机轴径；对于低速轴 $d=(0.3\sim0.4)a$，其中 a 为同级齿轮中心距。

5）安装标准件的轴径，应满足标准件装配尺寸要求；常用的与轴相配合的标准件有滚动轴承、联轴器等。与滚动轴承配合段轴径一般为 5 的倍数，与滑动轴承配合段轴径应采用标准直径系列轴套（mm）：32、35、38、40、45、48、50、55、60、65、70 等；装配联轴器的轴段直径应符合联轴器的尺寸系列，见表 9-3。

表 9-3　联轴器的孔径与长度系列

孔径 d/mm		30、32、35、38、40	42、45、48、50、55、65	60、63、65
长度 L/mm	长系列	82	112	142
	短系列	60	84	107

6）有配合要求的轴段，应尽量采用标准直径。

轴虽然是非标准件，但对有配合要求的轴段国家规定有专门的轴直径的标准系列表，其实也就是轴直径的优先数系列表。对于其他的轴段，轴的直径没有严格的要求，能满足性能和使用要求即可。

（2）轴段长度　轴段的长度是由轴上零件相对位置及零件宽度决定的，同时考虑以下设计要点：

1）为了保证轴上零件的可靠定位，轴段长度应比轮毂长度小 $2\sim3$mm。

2）传动件、箱体、轴承、联轴器等零件间距离需查阅手册。

6. 轴的结构工艺性

轴的结构工艺性是指轴的结构形式应便于加工和装配轴上零件，并且要满足生产率高、成本低。一般地说，轴的结构越简单，工艺性越好。因此，在满足使用要求的前提下，轴的结构形式应尽量简化。

轴各段长度的确定视频

（1）轴的加工工艺性要求

1）不同轴段的键槽应布置在轴的同一侧线上，以减少键槽加工时的装卡次数，如图 9-17 所示。

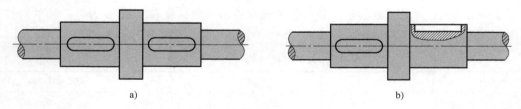

a)　　　　　　　　　　　　　　b)

图 9-17　键槽工艺性
a）正确　b）不正确

2）需磨制轴段时，应留砂轮越程槽；需车削螺纹的轴段时，应留螺纹退刀槽，如图 9-18 所示。

3）相近直径轴段的过渡圆角、键槽、越程槽、退刀槽尺寸尽量统一。

（2）轴上零件装配工艺性要求

1）轴的配合直径应圆整为标准值。

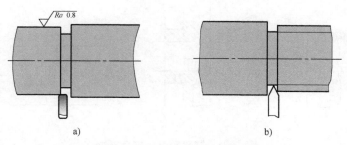

图 9-18 砂轮越程槽和螺纹退刀槽

a）砂轮越程槽 b）螺纹退刀槽

2）轴端应有 45°的倒角，如图 9-19a 所示。

3）与零件过盈配合的轴端应加工出导向锥面，如图 9-19b 所示。

4）装配段不宜过长，如图 9-20 所示。

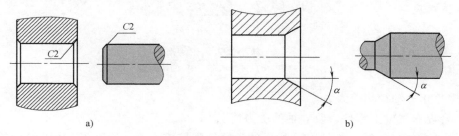

图 9-19 装配工艺性

a）倒角 b）导向锥面

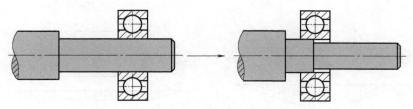

图 9-20 装配段长度工艺性

7. 通过结构设计提高轴强度和刚度的措施

（1）减小应力集中 合金钢对应力集中比较敏感，应加以注意。轴应力集中的位置往往多在轴的截面发生突变处，常见的应力集中如下：

1）截面尺寸变化处的应力集中，如图 9-21a 所示。

2）过盈配合处的应力集中，如图 9-21b 所示。

3）小孔处的应力集中，如图 9-21c 所示。

减小应力集中的措施包括：

1）用圆角过渡。

2）尽量避免在轴上开横孔、切口或凹槽。

3）重要结构可增加卸载槽（图 9-22a）、过渡肩环（图 9-22b）、凹切圆角（图 9-22c），增大圆角半径，也可以减小过盈配合处的局部应力。

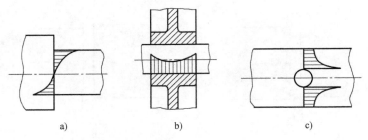

图 9-21 常见轴上的应力集中

a）截面尺寸变化处的应力集中 b）过盈配合处的应力集中 c）小孔处的应力集中

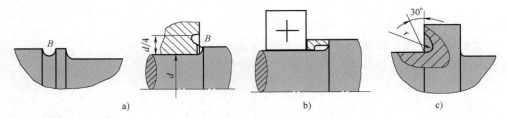

图 9-22 减小应力集中的措施

a）卸载槽 b）过渡肩环 c）凹切圆角

4）避免相邻轴径相差太大。

（2）合理布置轴上零件，改善轴的受力情况

1）使弯矩分布合理。如图 9-23 所示的卷筒轮毂连接方式，图 9-23a 中卷筒的轮毂配合面很小，把轮毂配合面分成两段，如图 9-23b 所示的布局，将减小轴的弯矩，同时还改善了轴孔的配合。

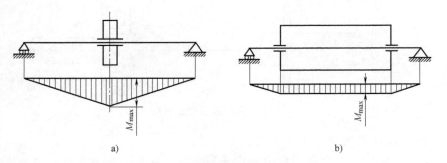

图 9-23 卷筒的轮毂结构

a）不合理布置 b）合理布置

2）使转矩分配合理。如图 9-24 所示，当转矩由一个传动件输入，由多个传动件输出时，为了减小轴上的转矩，应将输入件放在中间。图 9-24a 所示轴承受的最大转矩 $T_{max} = T_2 + T_3 + T_4$，而图 9-24b 所示轴承受的最大转矩 $T_{max} = T_3 + T_4$，显然，图 9-24b 中轴承的转矩小，设计更加合理。

3）改进轴上零件结构，减轻轴的载荷。如图 9-25a 所示，大齿轮与卷筒为同一零件，转矩直接通过大齿轮传递给卷筒，轴只承受弯矩，为心轴。如图 9-25b 所示，大齿轮和卷筒为两个分开的零件，大齿轮先将转矩传递给轴，再由轴传递给卷筒，此时轴既要承受弯矩又

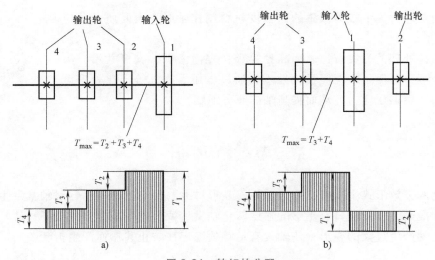

图 9-24 转矩的分配

a）不合理布置 b）合理布置

要承受转矩，为转轴。在相同载荷 F 的作用下，两轴承受的载荷显然不同，图 9-25a 更合理。

4）采用局部相互抵消力或力平衡的办法减少轴的载荷。如图 9-26a 所示，轴上有两个斜齿轮，一主动一从动。根据齿轮的受力分析可知，当两齿轮螺旋线方向相同时，两齿轮产生的轴向力可局部相互抵消，从而减小轴承受的载荷。

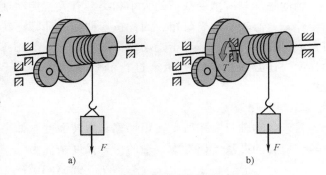

图 9-25 大齿轮与卷筒两种安装方案

如图 9-26b 所示，在行星齿轮减速器中，多个行星轮均匀分布，各齿轮的径向力相互平衡，从而改善了各轴的受力情况。

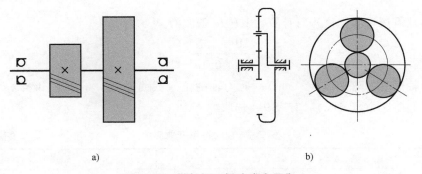

图 9-26 局部相互抵消或力平衡

a）局部相互抵消 b）力平衡

（3）改善轴的表面质量，以提高轴的强度 轴的表面质量对轴的疲劳强度会产生影响，表面越粗糙，疲劳强度越低。除此之外，轴的表面强化处理方法也会对轴的疲劳强度产生影响。当采用对应力集中较为敏感的高强度材料制作轴时，表面质量尤应予以注意。

表面强化处理的方法有：表面高频淬火；表面渗碳、碳氮共渗、渗氮等化学处理；碾压、喷丸等强化处理。通过碾压、喷丸等强化处理可使轴的表面产生预压应力，从而提高轴的疲劳强度。

轴的设计测试题
（第二节）

第三节　轴 的 计 算

轴常见的失效形式主要有：疲劳破坏、变形过大、振动折断等。针对轴常发生的失效形式，其设计准则为：使轴具有足够的强度防止轴发生疲劳破坏或静强度破坏；使轴具有足够的刚度防止轴产生过大的变形；使轴具有足够的稳定性防止共振而产生折断。

一、轴的强度校核计算

轴的强度与所承受载荷的大小和类型有关，传动轴只承受或主要承受转矩，因此按扭转强度计算；心轴只承受弯矩，因此按弯曲强度计算；转轴则因既受转矩又受弯矩，因此按弯扭合成强度进行计算。对于受动载荷的轴，不但要用等效力矩（考虑使用系数 K_A）来校核动强度，还必须用最大力矩来进行静强度校核。对于重要的轴还要按疲劳强度进行精确校核。

1. 扭转强度计算

对于传动轴只需按所受转矩计算其扭转强度。如果轴还承受不大的弯矩，则用降低许用扭转切应力的办法予以考虑。轴的扭转强度条件为

$$\tau_T = \frac{T}{W_T} = \frac{9.55 \times 10^6 P}{0.2 d^3 n} \leqslant [\tau_T] \tag{9-3}$$

式中，P 为轴传递的功率（kW）；W_T 为轴的抗扭截面系数（mm^3），$W_T = \pi d^3 / 16$；$[\tau_T]$ 为轴的许用扭转切应力（MPa）；d 为计算截面处的轴径（mm）。

2. 弯曲强度计算

对于心轴需按弯曲强度进行计算，其强度条件为

$$\sigma_b = \frac{M}{W} = \frac{M}{0.1 d^3} \leqslant [\sigma] \tag{9-4}$$

式中，M 为轴所受的弯矩（N·mm）；W 为轴的抗弯截面系数（mm^3），$W = \pi d^3 / 32$；$[\sigma]$ 为轴的许用弯曲应力（MPa），查表 9-4 选取。

表 9-4　轴的许用弯曲应力　　　　　　（单位：MPa）

材料	σ_b	$[\sigma]_{-1b}$	$[\sigma]_{0b}$	$[\sigma]_{+1b}$
碳素钢	400	130	70	40
	500	170	75	45
	600	200	95	55
	700	230	110	65

（续）

材料	σ_b	$[\sigma]_{-1b}$	$[\sigma]_{0b}$	$[\sigma]_{+1b}$
合金钢	800	270	130	75
	900	300	140	80
	1000	330	150	90
铸钢	400	100	50	30
	500	120	70	40

注：1. 表中 σ_b 为材料的抗拉极限。

2. $[\sigma]_{-1b}$ 为轴所承受的应力为对称循环时对应的许用应力。

3. $[\sigma]_{0b}$ 为轴所承受的应力为脉动循环时对应的许用应力。

4. $[\sigma]_{+1b}$ 为轴所承受的应力为静应力时对应的许用应力。

3. 弯扭合成强度计算

在进行轴的强度校核之前，轴的结构设计已初步完成，轴上零件的位置及支承点的位置已确定，轴上的载荷可求，因而可按弯扭合成强度条件对轴进行校核。接下来以减速器中输入轴的强度校核为例来介绍转轴的弯扭合成强度。

（1）建立力学模型　建立轴的力学模型，最关键是对轴进行受力分析。轴所受到的载荷是由轴上零件传递过来的。为了简化计算，假设外来载荷（齿轮载荷、轴承载荷、带轮、联轴器等）为集中载荷，且其作用线一般位于作用面的中心，即齿轮宽度、带轮宽度、轴承宽度等的中间，如图 9-27 所示为减速器轴的受力分析。只有载荷通过相对较宽的轮毂来传递时，才可将载荷视为分布载荷。

在进行受力分析时，首先应计算出轴上零件所承受的载荷。如图 9-27a 所示，确定轴上齿轮的圆周、径向力和轴向力，轴承上的支反力，及联轴器传递的转矩，并最后转化到轴上，然后将载荷分解为水平分力和垂直分力，如图 9-27b、图 9-27c 所示。

（2）绘制弯矩图　分别按水平面和垂直面计算各力产生的弯矩，并按计算结果分别绘出水平面的弯矩 M_H 图（图 9-27b）和垂直面的弯矩 M_V 图（图 9-27c），然后计算总弯矩并绘图（图 9-27d）。

$$M = \sqrt{M_H^2 + M_V^2}$$

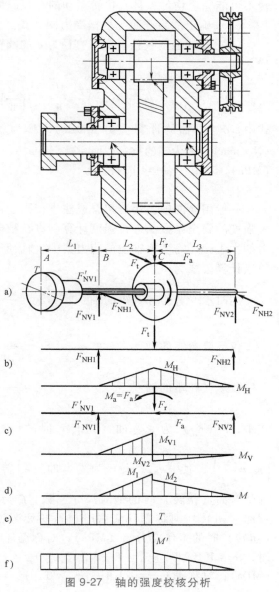

图 9-27　轴的强度校核分析

（3）绘制转矩图　联轴器通过轴将转矩传递给齿轮，因此联轴器到齿轮之间的轴段承受扭转力矩，按计算结果绘制转矩图（图9-27e）。

（4）求当量弯矩并绘图　根据已求得的总弯矩和转矩，确定轴承受的合成力矩。因为轴承受的弯矩和转矩产生的应力的循环特性不同，弯矩引起的弯曲应力一般为对称循环变化，即 $r_\sigma = -1$，而一般 $r_\tau \ne -1$。将转矩 T 转化为对称循环变化，需引入应力修正系数 α。将引入系数后求得的合成力矩称为当量弯矩，计算式为

$$M' = \sqrt{M^2 + (\alpha T)^2} \tag{9-5}$$

α 的取值与轴所承受转矩 T 的类型有关，当轴承受不变转矩时（$r_\tau = 1$），$\alpha \approx 0.3$；当轴受脉动转矩时（有振动冲击或频繁起动停车，$r_\tau = 0$），取 $\alpha \approx 0.6$；当轴受对称转矩时（频繁双向运转，$r_\tau = -1$），取 $\alpha \approx 1$；当转矩的变化不清楚时按脉动循环处理。因为实际机器运转不可能完全均匀，且有扭转振动的存在，故为保证安全，常按脉动转矩计算。

（5）确定危险截面　根据受力图，找到危险截面位置。

（6）轴的强度校核　对于直径为 d 的圆轴，根据第三强度理论，将式（9-3）和式（9-4）代入得

$$\sigma_{ca} = \sqrt{\sigma^2 + 4(\alpha \tau)^2} = \frac{M'}{W} = \sqrt{\left(\frac{M}{W}\right)^2 + 4\left(\frac{\alpha T}{2W}\right)^2} = \frac{\sqrt{M^2 + (\alpha T)^2}}{0.1d^3} \le [\sigma_{-1}] \tag{9-6}$$

式中，σ_{ca} 为轴的计算应力（MPa）；M 为轴所受的弯矩（N·mm）；T 为轴所受的转矩（N·mm）；W 为轴的抗弯截面系数（mm³）；$[\sigma_{-1}]$ 为对称循环变应力时轴的许用弯曲应力（MPa），其值按表9-4选取。

4. 轴的精确校核计算

一般用途的轴，用弯扭合成法进行强度计算即可，对于重要场合的轴，还要采用基于疲劳强度的安全系数法进行强度计算。进行精确校核时不仅需要考虑轴的弯曲应力和扭转切应力的大小，还需考虑轴上的应力集中、轴径尺寸和表面质量的影响。基于疲劳强度的安全系数法计算公式为

同时承受弯矩和转矩的轴
$$S_{ca} = \frac{S_\sigma S_\tau}{\sqrt{S_\sigma^2 + S_\tau^2}} \ge S \tag{9-7}$$

仅承受弯矩的轴
$$S_\sigma = \frac{\sigma_{-1}}{K_\sigma \sigma_a + \psi_\sigma \sigma_m} \ge S \tag{9-8}$$

仅承受转矩的轴
$$S_\tau = \frac{\tau_{-1}}{K_\tau \tau_a + \psi_\tau \tau_m} \ge S \tag{9-9}$$

式中，$K_\sigma(K_\tau)$ 为受弯曲（扭转）时的应力幅的综合影响系数；$K_\sigma = \dfrac{K_\sigma}{\varepsilon_\sigma \beta}$

$\left(K_\tau = \dfrac{K_\tau}{\varepsilon_\tau \beta}\right)$，其中 $K_\sigma(K_\tau)$ 为受弯曲（扭转）时的应力集中系数，$\varepsilon_\sigma(\varepsilon_\tau)$ 为受弯曲（扭转）时的绝对尺寸系数，β 为表面质量系数。$\sigma_{-1}(\tau_{-1})$ 为受弯曲（扭转）对称循环应力时材料的疲劳极限（MPa）。$\sigma_a(\tau_a)$ 为受弯曲（扭转）时的工作应力幅（MPa）；对称循环 $r = -1$ 时，$\sigma_a = M/W$（$\tau_a = T/W_T$）；脉动循环 $r = 0$ 时，$\sigma_a = M/(2W)$ $[\tau_a = T/(2W_T)]$。$\sigma_m(\tau_m)$ 为受弯曲（扭转）时的工作应力平均值（MPa）；对称循环 $r = -1$ 时，$\sigma_m = 0$（$\tau_m = 0$）；脉动循环 $r = 0$ 时，$\sigma_m = M/(2W)$ $[\tau_m = T/$

轴疲劳强度
相关表格

$(2W_T)$]。$\psi_\sigma(\psi_\tau)$ 为受弯曲（扭转）时的等效系数，$\psi_\sigma = \dfrac{2\sigma_{-1}-\sigma_0}{\sigma_0}\left(\psi_\tau = \dfrac{2\tau_{-1}-\tau_0}{\tau_0}\right)$。$S$ 为设计安全系数；材料均匀，载荷与应力计算精确时 $S=1.3\sim1.5$；材料不够均匀，计算精确度较低时 $S=1.5\sim1.8$；材料均匀但计算精度很低，或轴的直径 $d>200\text{mm}$ 时，$S=1.8\sim2.5$。

5. 按静强度条件进行校核（防止过载）

对于那些瞬时过载很大，或是应力循环的不对称性较为严重的轴除了进行疲劳强度校核外，还需要进行静强度校核以评定轴对塑性变形的抵抗能力。在对轴进行静强度校核时需根据轴上作用的最大瞬时载荷来计算。静强度计算条件为

$$S_{Sca} = \frac{S_{S\sigma}S_{S\tau}}{\sqrt{S_{S\sigma}{}^2+S_{S\tau}{}^2}} \geqslant S_S \tag{9-10}$$

式中，S_{Sca} 为危险截面静强度的计算安全系数；$S_{S\sigma}$ 为只考虑弯矩和轴向力时的安全系数，$S_{S\sigma} = \dfrac{\sigma_s}{M_{max}/W + F_{amax}/A}$，$\sigma_s$ 为材料的抗弯屈服极限（MPa），M_{max} 为轴的危险截面上所受的最大弯矩（N·mm），F_{amax} 为轴的危险截面上所受的最大轴向力（N），W 和 A 分别为危险截面的抗弯截面系数和面积；$S_{S\tau}$ 为只考虑扭矩时的安全系数，$S_{S\tau} = \dfrac{\tau_s}{T_{max}/W_T}$，$\tau_s$ 为材料的抗扭屈服极限，$\tau_s = (0.55\sim0.62)\sigma_s$（MPa），$T_{max}$ 为轴的危险截面上所受的最大转矩（N·mm），W_T 为危险截面的抗扭截面系数（mm³）；S_S 为按屈服强度的设计安全系数。对于高塑性材料的钢轴（$\sigma_s/\sigma_b \leqslant 0.6$），$S_S=1.2\sim1.4$；中等塑性材料的钢轴（$\sigma_s/\sigma_b=0.6\sim0.8$），$S_S=1.4\sim1.8$；低塑性材料的钢轴，$S_S=1.8\sim2.0$；铸造轴，$S_S=2.0\sim2.3$。

二、轴的刚度校核计算

轴在载荷作用下，会发生变形，弯矩产生弯曲变形，转矩产生扭转变形，如果变形过大，将会影响轴上零件的工作。例如，在电动机中，如果由于弯矩使轴所产生的挠度 y 过大，就会改变电动机定转子间气隙的大小，而影响电动机的性能。又如，内燃机凸轮轴受转矩所产生的扭转角过大就会影响气门启闭时间。对于一般的轴，如果弯矩产生的偏转角过大，就会引起轴承上的载荷集中，造成不均匀磨损和发热过度。轴上装齿轮的地方如有过大的转角，也会使轮齿啮合发生偏载，所以在设计机器时，常要进行轴的刚度计算。

轴的刚度分为弯曲刚度和扭转刚度，弯曲刚度用挠度 y 和偏转角 θ 来度量，如图 9-28a 所示，扭转刚度以单位长度扭转角 Φ 来度量，如图 9-28b 所示。各种机器对轴的刚度要求并不一致，所以没有统一的规定。

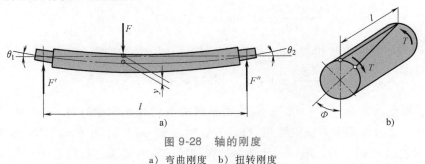

图 9-28 轴的刚度

a）弯曲刚度 b）扭转刚度

1. 轴的弯曲刚度计算

轴的挠度和偏转角的计算可采用材料力学里的微分方程法或变形能法。微分方程法适用于等直径的光轴，而变形能法适用于阶梯轴。变形能法计算量较大，如果对阶梯轴计算精度要求不高，可将阶梯轴转化为当量直径为 d_v 的光轴，再按光轴的微分方程法计算轴的刚度。阶梯轴当量直径 d_v 的计算公式为

$$d_v = \sqrt[4]{\frac{L}{\sum\limits_{i=1}^{z} \frac{l_i}{d_i^4}}} \tag{9-11}$$

式中，l_i 为阶梯轴第 i 段的长度（mm）；d_i 为阶梯轴第 i 段的直径（mm）；L 为阶梯轴的计算长度（mm），当外载荷作用于两支承之间时，$L = l$（l 为支承间的跨距），当载荷作用于悬臂端时，$L = l + K$（K 为轴的悬臂长度）；z 为阶梯轴计算长度内的轴段数。

轴弯曲刚度的强度条件为

$$y \leq [y] \tag{9-12}$$
$$\theta \leq [\theta] \tag{9-13}$$

式中，$[y]$ 为轴的许用挠度（mm），见表9-5；$[\theta]$ 为轴的许用偏转角（rad），见表9-5。

表 9-5 轴的许用变形量

变形类型	适用场合	许用值	变形类型	适用场合	许用值
许用挠度$[y]$ /mm	一般用途的轴	$(0.0003 \sim 0.0005)l$	许用偏转角$[\theta]$ /rad	滑动轴承	≤ 0.001
	刚度要求较高的轴	$\leq 0.0002l$		深沟球轴承	≤ 0.005
	感应电动机的轴	$\leq 0.1\Delta$		调心球轴承	≤ 0.05
	安装齿轮的轴	$(0.01 \sim 0.03)m_n$		圆柱滚子轴承	≤ 0.0025
	安装蜗轮的轴	$(0.02 \sim 0.05)m_a$		圆锥滚子轴承	≤ 0.0016
	l—支承件间的跨距 Δ—电动机定子与转子间的气隙 m_n—齿轮的法向模数 m_a—蜗轮的端面模数			齿轮处轴截面	$0.001 \sim 0.002$
			许用扭转角$[\varphi]$/(°/m)	一般传动	$0.5 \sim 1$
				精密传动	$0.25 \sim 0.5$
				重要传动	< 0.25

2. 轴的扭转刚度计算

轴受转矩 T 作用时，其 l 长度的扭转角 $\Phi = Tl/(GI_p)$，由此可计算出单位长度的扭转角。等直径光轴的单位长度扭转角为

$$\varphi = \frac{\Phi}{l} = \frac{T}{GI_p}(\text{rad/mm}) = 5.73 \times 10^4 \frac{T}{GI_p}(°/\text{m}) \tag{9-14}$$

阶梯轴的单位长度扭转角为

$$\varphi = \frac{1}{LG}\sum_{i=1}^{z}\frac{T_i l_i}{I_{pi}}(\text{rad/mm}) = 5.73 \times 10^4 \frac{1}{LG}\sum_{i=1}^{z}\frac{T_i l_i}{I_{pi}}(°/\text{m}) \tag{9-15}$$

式中，T 为轴所受的转矩（N·mm）；G 为轴材料的剪切弹性模量（MPa），对于钢材，$G = 8.1 \times 10^4$ MPa；I_p 为轴截面的极惯性矩（mm⁴），对于实心圆轴，$I_p = \pi d^4/32$；L 为阶梯轴受转矩作用的长度（mm）；T_i、l_i、I_{pi} 分别为阶梯轴第 i 段的转矩、长度和极惯性矩，单位同

前；z 为阶梯轴受转矩作用的轴段数。

轴的扭转刚度强度条件为

$$\varphi \leqslant [\varphi] \qquad (9\text{-}16)$$

式中，$[\varphi]$ 为轴单位长度（每米）允许的扭转角，见表 9-5。

三、轴的临界转速

1. 振动、共振

当轴受到一个短时作用的载荷 F 时，会产生弹性变形，该载荷 F 消失后，它会受到一个大小相同、方向相反的恢复力作用，从而产生弯曲振动。轴的弯曲振动频率同其弹性和质量有关，弹性越大、质量越小，则振动频率就越大。轴所承受的载荷大小对轴的弯曲振动频率没有影响，它只决定振动幅度的大小。如果轴只承受一次性的载荷，载荷消失，则轴的振动在空气阻力、摩擦等阻抗作用下逐渐停止下来。如果轴以其固有频率不断地受到外加载荷的冲击，就会产生共振，随着冲击次数的增加，振幅越来越大，有时甚至会发生断裂。同样的现象也会出现在扭转振动中，如图 9-29 所示。

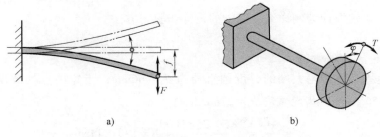

图 9-29 弹性振动
a）弯曲振动 b）扭转振动

2. 弯曲临界转速

如果轴上零件（如齿轮、带轮、联轴器等）的重心与轴的回转中心不重合，就会存在不平衡质量，这个不平衡质量在轴回转时会产生离心力，即振动激发载荷。根据离心力计算公式 $F = mr\omega^2$ 可知，随着角速度 ω 的增大，离心力增加，轴的弯曲振动幅度增加，它可能会导致轴的断裂，这就是共振。所以对于高速轴控制其临界转速是非常重要的。关于弯曲临界转速的计算可参考相关文献，此处不再赘述。

3. 扭转临界转速

如果转矩冲击的频率与转轴的固有频率一致的话，就会出现扭转振动。这对于发动机曲轴尤为危险。如果结构中的传动轴在一个特定的转速产生剧烈的振动，并将该振动传递到整个机器上，就会出现扭转振动共振。

轴的设计测试题
（第三节）

设计任务 项目中轴的设计

在如图 3-3 所示的链式运输机项目中，前述章节已完成了齿轮传动机构的设计，齿轮传动相关参数列于表 9-6，为便于计算，各轴传递的功率与转速见表 9-7，运输机工作平稳单向运转，工作期限为 8 年（每年 300 天），两班制工作。

表 9-6　齿轮传动机构相关参数

级别	小齿轮齿数	大齿轮齿数	m_n/mm	m_t/mm	$\delta(\beta)$	α_n	h_a^*	齿宽/mm
高速级	22	48		3	$\delta_1=24°37'25''$ $\delta_2=65°22'35''$	20°	1	$b_1=b_2=24$
低速级	26	104	3	3.1925	$\beta=12°50'19''$			$b_3=78,b_4=72$

表 9-7　减速器各轴传递的功率与转速

轴	功率/kW	转速/(r/min)	转矩/(N·m)	传动比
减速器高速轴	5.05	960	50.25	2.19
减速器中间轴	4.8	438.36	104.57	
减速器低速轴	4.56	109.59	397.37	4

项目中轴的结构设计任务主要有 3 个：①轴的结构尺寸设计；②轴的强度校核；③轴的零件图绘制。

接下来以高速轴设计为例详细介绍轴的设计步骤与方法。

解：

1. 求作用在高速轴齿轮上的力

因已知高速级小锥齿轮大端的分度圆直径为 $d_1=66$mm；齿宽中点处分度圆直径 $d_{m1}=(1-0.5\psi_R)d_1=56.1$mm，齿轮宽度 $b_1=24$mm，则

$$F_{t1}=\frac{2T_1}{d_{m1}}=\frac{2\times50.25\times1000}{56.1}N=1791.44N$$

$$F_{r1}=F_{t1}\tan\alpha\cos\delta_1=1791.44N\times\tan20°\times\cos24°37'25''=592.74N$$

$$F_{a1}=F_{t1}\tan\alpha\sin\delta_1=1791.44N\times\tan20°\times\sin24°37'25''=271.67N$$

2. 选择材料并按转矩初算轴径

选用 45 钢，调质处理，其硬度为 217～255HBW，抗拉强度 $\sigma_b=650$MPa。查表 9-2 得 $A=112$，于是得

$$d_{min}=A\sqrt[3]{\frac{P}{n_1}}=112\times\sqrt[3]{\frac{5.05}{960}}mm=19.48mm$$

输入轴的最小直径显然是安装联轴器处轴的直径，为了使所选轴的直径与联轴器的孔径相适应，故应同时考虑联轴器型号。在第四章的项目设计中，已完成了联轴器电动机侧尺寸的确定。

联轴器的计算转矩 $T_{ca}=K_AT$，查表 4-1，取 $K_A=1.3$，则

$$T_{ca}=K_AT_1=1.3\times50.25N·m=65.325N·m$$

根据电动机侧联轴器的型号与安装尺寸，查 GB/T 5014—2017 或手册[2,14]，选用 LX3 型弹性柱销联轴器，其公称转矩为 1250N·m，许用转速为 4750r/min，轴孔范围为 30～48mm，考虑初估的最小直径 $d_{min}=19.48$mm，取半联轴器的孔径为 30mm，轴孔长度为 60mm。Y 型轴孔，A 型键，联轴器型号标记为：LX3 联轴器 $\dfrac{YA38\times60}{YA30\times60}$，相应的轴段 $d_{I1}=$

30mm，其长度略小于毂孔宽度，取 $l_{I1}=58$mm。

3. 轴的结构设计

轴的结构设计构想如图 9-30 所示。

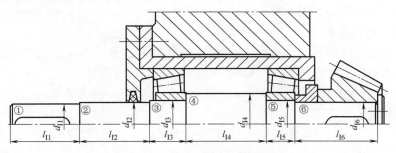

图 9-30 轴的结构设计构想图

（1）拟订轴上零件的装配方案 为方便轴承部件的装拆，减速器的机体采用剖分式结构，该减速器发热小，轴不长，故轴承采用两端固定方式。如图 9-30 所示采用齿轮从右端装入，联轴器从左端装配的方式。

（2）轴段②的设计 为了满足半联轴器轴向定位要求，轴段①的右端制出轴肩，轴肩 $h=(0.07\sim0.1)d_{I1}=1.75\sim2.5$mm。轴段②的轴径 $d_{I2}=d_{I1}+2(1.75\sim2.5)=33.5\sim35$mm，其最终由密封圈确定。该处轴的圆周速度均小于 5m/s，可选用毡圈油封，由机械行业标准 JB/ZQ 4606—1997 或查机械设计手册[2]，取 $d_{I2}=35$mm。

根据轴承端盖的装拆及便于对轴承添加润滑脂的要求，取端盖的外端面与半联轴器的右端面间的距离 $l=20$mm；轴承端盖凸缘安装面与轴承左端面之间的距离应大于或等于套筒凸缘厚度 $l_d=18$mm，此处根据 JB/ZQ 4606—1997 毛毡圈尺寸表查得，透盖毛毡圈处宽度 $B_d=15$mm；则 $l_{I2}=20+15+18=53$mm。

（3）轴承与轴段③、轴段⑤的设计 初选用圆锥滚子轴承，轴段直径取 $d_{I3}=d_{I5}=40$mm，初定轴承代号为 30207，根据国标 GB/T 297—2015 或查手册得其参数见表 9-8。

表 9-8 轴承参数

内径 d/mm	外径 D/mm	内圈宽度 B/mm	宽度 T/mm	内圈定位直径 d_a/mm	外圈定位直径 D_a/mm	对轴的力作用点与外圈大端面的距离 a/mm	基本额定动载荷 C/kN	基本额定静载荷 C_0/kN
40	80	18	19.75	47	69	16.9	63.0	74.0

为了使轴承在轴上可靠定位，使该段轴的长度略小于轴承宽度，取 $l_{I3}=l_{I5}=17$mm。

（4）轴段④的设计

该轴段为轴承提供轴向定位作用，故取该轴段直径为轴承定位轴肩直径，即 $d_{I4}=47$mm，该处长度与轴的悬臂长度有关，故需先确定其悬臂长度后再进行设计。

（5）齿轮与轴段⑥的设计

轴段⑥上安装齿轮，小锥齿轮所在的轴段采用悬臂结构，d_{I6} 应小于 d_{I4}，可初定 $d_{I6}=37$mm，小锥齿轮齿根圆直径 $d_{f1}=d_1-2h_f\cos\delta_1=61.64$mm，直径较小，可采用实心式齿轮。齿轮宽度 $b_1=24$mm，锥齿轮分度圆齿宽中点到锥齿轮大端侧径向端面的距离 M 由齿轮结构确定，初定 $M=14$mm，锥齿轮大端侧径向端面与轴承套筒端面距离取为 $\Delta_1=10$mm，轴承外圈宽边侧距套筒右侧距离，即轴承套筒凸肩厚 $C=8mm$，齿轮大端侧径向端面与轮毂右端面的距离按齿轮结构需要取为 25mm，齿轮左侧用轴套定位，右侧采用轴端挡圈固定，为使挡圈能够压紧齿轮端面，取轴与齿轮配合段比齿轮毂孔略短，值为 1.25mm，则

$$l_{I6} = 25 + \Delta_1 + C + T - l_{I5} - 1.25 = 25mm + 10mm + 8mm + 19.75mm - 17mm - 1.25mm = 44.5mm$$

（6）轴段④的长度设计

轴段④的长度与该轴的悬臂长度 l_3 有关。小锥齿轮的受力作用点与右端轴承对轴的力作用点间的距离为

$$l_3 = M + \Delta_1 + C + a_3 = 14mm + 10mm + 8mm + 16.9mm = 48.9mm$$

则两轴承对轴的力作用点间的距离为

$$l_2 = (2 \sim 2.5) l_3 = (2 \sim 2.5) \times 48.9mm = 97.8 \sim 122.25mm$$

轴段④的长度为

$$l_{I4} = l_2 + 2a_3 - 2T = (97.8 \sim 122.25)mm + 2 \times 16.9mm - 2 \times 19.75mm = 92.1 \sim 116.55mm$$

取 $l_{I4} = 100mm$，则有

$$l_2 = l_{I4} - 2a_3 + 2T = 100mm - 2 \times 16.9mm + 2 \times 19.75mm = 105.7mm$$

l_2 在其取值范围内，合格。

（7）确定轴段①力作用点与左轴承对轴力作用点的间距　由图 9-30 可得

$$l_1 = l_{I1} + l_{I2} - T + a_3 - \frac{62}{2} + 2 = 58mm + 53mm - 19.75mm + 16.9mm - 30 + 2mm = 80.15mm$$

4. 轴的受力分析

1）轴的结构与受力分析如图 9-31 所示。

2）计算支反力，如图 9-31b 所示。

a. 求垂直面支反力：

由 $\Sigma M_A = 0$，即 $-R_{BV} \times l_2 + F_{t1} \times (l_2 + l_3) = 0$，得

$$R_{BV} = \frac{F_{t1} \times (l_2 + l_3)}{l_2} = \frac{1791.44 \times (105.7 + 48.9)}{105.7}N = 2620.21N$$

由 $\Sigma F_V = 0$，得

$$R_{AV} = R_{BV} - F_{t1} = 2620.21N - 1791.44N = 828.77N$$

b. 求水平面支反力：

由 $\Sigma M_A = 0$，即 $R_{BH} \times l_2 + F_{a1} \times d_{m1}/2 - F_{r1} \times (l_2 + l_3) = 0$，得

$$R_{BH} = \frac{F_{r1} \times (l_2 + l_3) - F_{a1} d_{m1}/2}{l_2} = \frac{592.74 \times 154.6 - 271.67 \times 56.1/2}{105.7}N = 794.87N$$

由 $\Sigma F_H = 0$，得

$$R_{AH} = R_{BH} - F_{r1} = 794.87N - 592.74N = 202.13N$$

3）画出轴的弯矩图、合成弯矩图及转矩图。

a. 垂直面弯矩 M_V 图，如图 9-31c 所示。

B 点的弯矩 $M_{BV} = R_{AV} \times l_2 = 828.77 \times 105.7N \cdot mm = 87600.99N \cdot mm$

b. 水平面弯矩 M_H 图，如图 9-31d 所示。

B 点的弯矩 $M_{BH} = R_{AH} \times l_2 = 202.13 \times 105.7N \cdot mm = 21365.14N \cdot mm$

C 点的弯矩 $M_{CH} = F_{a1} d_{m1}/2 = 271.67 \times 56.1/2N \cdot mm = 7620.34N \cdot mm$

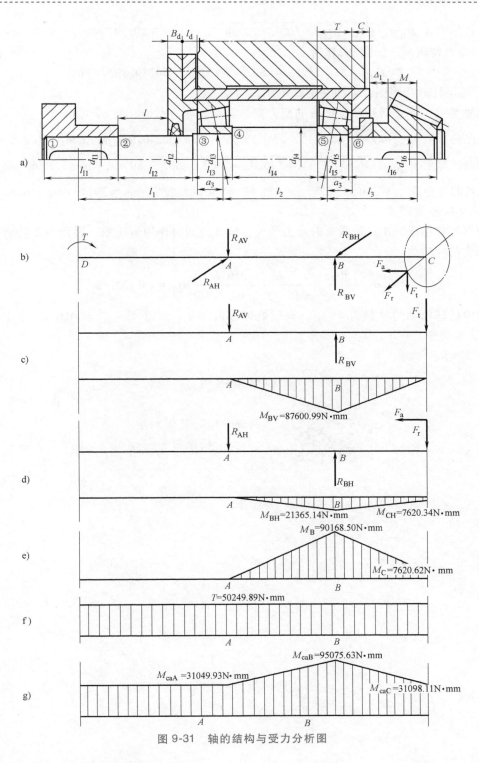

图 9-31　轴的结构与受力分析图

c. 合成弯矩 M 图，如图 9-31e 所示。

B 点的弯矩 $M_{\mathrm{B}}=\sqrt{M_{\mathrm{BV}}^2+M_{\mathrm{BH}}^2}=\sqrt{87600.99^2+21365.14^2}\,\mathrm{N}\cdot\mathrm{mm}=90168.75\mathrm{N}\cdot\mathrm{mm}$

C 点的弯矩 $M_C = \sqrt{M_{CV}^2 + M_{CH}^2} = \sqrt{0^2 + 7620.34^2}$ N·mm = 7620.34N·mm

d. 画出转矩图，如图 9-31f 所示。

$$T = F_{t1}d_{m1}/2 = 1791.44 \times 56.1/2 \text{N·mm} = 50249.89\text{N·mm}$$

e. 画出计算弯矩图，如图 9-31g 所示。

该轴单向工作，转矩产生的弯曲应力按脉动循环应力考虑，取 $\alpha = 0.6$。

B 点的弯矩 $M_{caB} = \sqrt{M_B^2 + (\alpha T_B)^2} = \sqrt{90168.75^2 + (0.6 \times 50249.89)^2}$ N·mm = 95075.63N·mm

C 点的弯矩 $M_{caC} = \sqrt{M_C^2 + (\alpha T_C)^2} = \sqrt{7620.34^2 + (0.6 \times 50249.89)^2}$ N·mm = 31098.04N·mm

A 点的弯矩 $M_{caA} = \sqrt{M_A^2 + (\alpha T_A)^2} = \alpha T_A = 0.6 \times 50249.89$ N·mm = 30149.93N·mm

5. 校核轴的强度

根据计算结果，B 点处截面的弯矩最大，该截面同时作用有转矩，因此为危险截面，该截面承受的应力为

$$\sigma_{ca} = \frac{M_{caB}}{W_{I5}} = \frac{M_{caB}}{\pi d_{I5}^3/32} = \frac{95075.63}{6283.19}\text{MPa} = 15.13\text{MPa}$$

前面已选择轴的材料为 45 钢，调质处理，由表 9-1 查得 $[\sigma_{-1}] = 60$MPa。由于，$\sigma_{ca} < [\sigma_{-1}]$，故安全。

6. 轴的零件图（略）

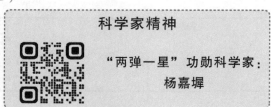

科学家精神

"两弹一星"功勋科学家：
杨嘉墀

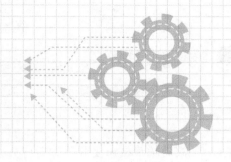

第十章

滚动轴承

（一）主要内容

滚动轴承的主要类型及其代号、类型的选择，滚动轴承的寿命计算、滚动轴承组合设计等。

（二）学习目标

1. 了解滚动轴承的结构、材料、特点和应用。

2. 掌握滚动轴承的类型、代号和选择。

3. 掌握滚动轴承的失效形式、设计准则及校核计算方法。

4. 掌握轴承的当量动载荷计算方法和寿命计算方法。

5. 掌握轴承装置的设计方法。

（三）重点与难点

1. 滚动轴承的失效形式、设计准则及滚动轴承的选择。

2. 角接触球轴承和圆锥滚子轴承当量动载荷计算及滚动轴承的寿命计算。

3. 滚动轴承装置的设计。

第一节 认识滚动轴承

一、滚动轴承的组成和类型

（一）滚动轴承的组成

滚动轴承（Rolling Bearing）是将运转的轴与轴座之间的滑动摩擦变为滚动摩擦，从而减少摩擦损失的一种精密的机械元件。如图 10-1 所示，滚动轴承一般由内圈、外圈、滚动体和保持架 4 部分组成。内圈的作用是与轴相配合并与轴一起旋转；外圈的作用是与轴承座相配合，起支承作用；滚动体是滚动轴承的核心元件，常见的滚动体有球、圆柱滚子、圆锥滚子、球面滚子和滚针等；保持架能使滚动体均匀分布，引导滚动体旋转，起到避免摩擦的作用。轴承借助于保持架均匀地将滚动体分布在内圈和外圈之间，其形状大小和数量直接影响着滚动轴承的使用性能和寿命。润

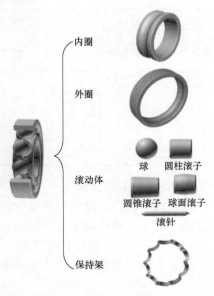

图 10-1　滚动轴承的组成

内圈

外圈

滚动体

　　球　　圆柱滚子

圆锥滚子　球面滚子

　　　滚针

保持架

滑剂也被认为是滚动轴承的第 5 部分，它主要起润滑、冷却、清洗等作用。

（二）滚动轴承的类型

1. 按轴承承受载荷的方向分

滚动轴承按承受载荷方向可分为向心轴承（图 10-2a）、推力轴承（图 10-2b）和向心推力轴承（图 10-2c）。向心轴承主要承受径向载荷，推力轴承承受轴向载荷，向心推力轴承既可承受径向载荷又可以承受轴向载荷。

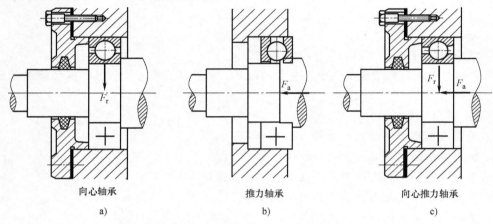

向心轴承	推力轴承	向心推力轴承
a)	b)	c)

图 10-2　轴承的类型（按载荷方向分）

轴承承受不同方向载荷的能力同滚动体与外圈滚道接触点（线）的接触角有关。滚动体与外圈接触处的法线与轴承的径向平面之间的夹角称为轴承的公称接触角（Nominal Contact Angle）α，见表 10-1，它是滚动轴承的一个主要参数。公称接触角越大，轴承承受轴向载荷的能力也越大。根据公称接触角的不同，轴承又可分为径向接触轴承、向心角接触轴承、推力角接触轴承、轴向接触轴承 4 种，详见表 10-1 所示。

表 10-1　按接触角分类的轴承

轴承类型	向心轴承：主要承受径向载荷		推力轴承：主要承受轴向载荷	
公称接触角 α	径向接触轴承	向心角接触轴承	推力角接触轴承	轴向接触轴承
	$\alpha = 0°$	$0° < \alpha \leqslant 45°$	$45° < \alpha < 90°$	$\alpha = 90°$
图例				

2. 按滚动体形状分

按滚动体的形状可将轴承分为球轴承和滚子轴承两大类，滚子轴承又有圆柱滚子轴承、圆锥滚子轴承、球面轴承和滚针轴承等。滚动体的形状不同则轴承的性能和特点不同。

（三）滚动轴承的性能与特点

滚动轴承的类型繁多，接下来将重点介绍常用各类轴承的性能和特点。

1. 调心球轴承（10000）

结构特点：调心球轴承有两列钢球，内圈有两条滚道，外圈滚道为内球面形。

承载类型：该种轴承主要承受径向载荷，在承受径向载荷的同时，亦可承受少量的轴向载荷，通常不用于承受纯轴向载荷，如承受纯轴向载荷，只有一列钢球受力。

调心性：具有自动调心的性能；可以自动补偿由于轴的挠曲和壳体变形产生的同轴度误差，适用于支承座孔不能保证严格同轴度的部件中。允许内圈与外圈轴线的相对偏斜量≤2°～3°，如图10-3a所示。

主要用途：主要用在联合收割机等农业机械、鼓风机、造纸机、纺织机械、木工机械、桥式吊车的走轮及传动轴上。

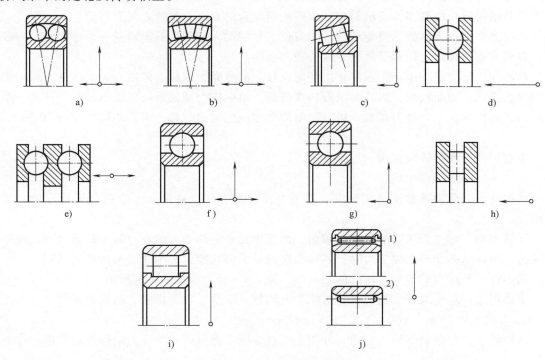

图10-3　滚动轴承简图

a）调心球轴承　b）调心滚子轴承　c）圆锥滚子轴承　d）单向推力球轴承　e）双向推力球轴承
f）深沟球轴承　g）角接触球轴承　h）推力圆柱滚子轴承　i）圆柱滚子轴承　j）滚针轴承

2. 调心滚子轴承（20000）

结构特点：调心滚子轴承具有两列滚子。

承载类型：主要用于承受径向载荷，同时也能承受任一方向的轴向载荷。该种轴承径向载荷能力高，特别适用于在重载或振动载荷下工作，但不能承受纯轴向载荷。

调心性：调心性能良好，能补偿同轴承误差，允许内圈与外圈轴线的相对偏斜量≤1.5°～2.5°，如图10-3b所示。

主要用途：用于造纸机械、减速装置、铁路车辆车轴、轧钢机齿轮箱、破碎机、各类产业用减速器等。

3. 圆锥滚子轴承（30000）

结构特点：此种轴承为分离型轴承，其内圈（含圆锥滚子和保持架）和外圈可以分别安装，成对使用。

承载类型：圆锥滚子轴承主要适用于承受以径向载荷为主的径向与轴向联合载荷，而大锥角圆锥滚子轴承可以用于承受以轴向载荷为主的径向与轴向联合载荷。

调心性：允许内圈与外圈轴线的相对偏斜量≤2′，如图10-3c所示。

主要用途：在安装和使用过程中可以调整轴承的径向游隙和轴向游隙，也可以预过盈安装用于汽车后桥轮毂、大型机床主轴、大功率减速器、车轴轴承箱、输送装置的滚轮。

4. 推力球轴承（50000）

结构特点：推力球轴承是一种分离型轴承，轴圈、座圈可以和保持架钢球的组件分离。轴圈是与轴相配合的套圈，座圈是与轴承座孔相配合的套圈，和轴之间有间隙。

承载类型：推力球轴承只能承受轴向载荷，单向推力球轴承只能承受一个方向的轴向载荷，双向推力球轴承可以承受两个方向的轴向载荷。

调心性：推力球轴承不能限制轴的径向位移。高速时，因滚动体离心力大，球与保持架摩擦发热严重，寿命较低，因此其极限转速很低。单向推力球轴承可以限制轴和壳体的一个方向的轴向位移，双向推力球轴承可以限制两个方向的轴向位移，无调心性，如图10-3d、e所示。

主要用途：汽车转向机构、机床主轴。

5. 深沟球轴承（60000）

结构特点：深沟球轴承结构简单、使用方便，是生产批量最大、应用范围最广的一类轴承。

承载类型：它主要用于承受径向载荷，也可承受一定的轴向载荷，其摩擦阻力小，极限转速高。当轴承的径向游隙加大时，具有角接触轴承的功能，可承受较大的轴向载荷。

调心性：允许内圈与外圈轴线的相对偏斜量≤8′~16′，如图10-3f所示。

主要用途：用于汽车、拖拉机、机床、电动机、水泵、农业机械、纺织机械等。

6. 角接触球轴承（70000）

结构特点：角接触球轴承的内、外圈上都有滚道，而且内、外圈能沿轴承轴向进行相对位移。

承载类型：这类轴承特别适用于承受复合载荷，即径向和轴向同时作用的载荷，也可以承受纯轴向载荷。角接触球轴承极限转速较高，其轴向载荷能力由接触角决定，并随接触角增大而增大，一般成对使用。

分类：按接触角的不同，可以分为$\alpha=15°$的角接触球轴承（70000C型）；$\alpha=25°$的角接触球轴承（70000AC型）；$\alpha=40°$的角接触球轴承（70000B型）；高精度和高速轴承通常取15°接触角。

调心性：允许内圈与外圈轴线的相对偏斜量≤2′~10′，如图10-3g所示。

主要用途：多用于液压泵、空气压缩机、各类变速器、燃料喷射泵、印刷机械。

7. 推力圆柱滚子轴承（80000）

结构特点：推力圆柱滚子轴承可以拆分为推力圆柱滚子和保持架组件、轴圈和座圈。

承载类型：推力圆柱滚子轴承可以承受单方向很大的轴向载荷，但是不能承受径向载荷。

调心性：无自动调心能力，不允许内圈与相对外圈轴线的偏斜，如图10-3h所示。

主要用途：适用于低速重载荷场合，如起重机吊钩、立式水泵、立式离心机、千斤顶、低速减速器等。

8. 圆柱滚子轴承 (N0000)

结构特点：圆柱滚子轴承的滚子通常由一个轴承套圈的两个挡边引导，保持架、滚子和引导套圈组成一组合件，可与另一个轴承套圈分离，属于可分离轴承。此种轴承安装、拆卸比较方便，尤其是当要求内、外圈与轴、壳体都是过盈配合时其优点更为明显。

承载类型：此类轴承一般只用于承受径向载荷，只有内、外圈均带挡边的单列轴承可承受较小的定常轴向载荷或较大的间歇轴向载荷。

调心性：允许内圈与外圈轴线的相对偏斜量≤2′~4′，如图 10-3i 所示。

主要用途：用于大型电动机、机床主轴、车轴轴箱、柴油机曲轴，以及汽车、拖拉机的变速箱等。

9. 滚针轴承 (NA0000/RNA0000)

结构特点：滚针轴承装有细而长的滚子（滚子长度为直径的 3~10 倍，直径一般不大于5mm），因此径向结构紧凑，其内径尺寸和载荷能力同其他类型轴承相同时，外径最小，特别适用于径向安装尺寸受限制的支承结构。根据使用场合不同，可选用无内圈的轴承或滚针和保持架组件，此时与轴承相配的轴颈表面和外壳孔表面直接作为轴承的内、外滚动表面，为保持载荷能力和运转性能同有套圈的轴承相同，轴或外壳孔滚道表面的硬度、加工精度和表面质量应同轴承套圈的滚道相仿。

承载类型：此种轴承仅能承受径向载荷。

调心性：该类轴承无调心能力，故不允许内圈与外圈轴线的相对偏斜，如图 10-3j 所示。

主要用途：常用于万向联轴器、液压泵、薄板轧机、凿岩机、机床齿轮箱，以及汽车、拖拉机变速箱等。

除了以上介绍的滚动轴承之外，标准的滚动轴承还有双列角接触球轴承（00000）、双列深沟球轴承（40000）、推力调心滚子轴承（29000）等。

二、滚动轴承的材料

滚动轴承对材料的基本要求在很大程度上取决于轴承的工作性能。选择制造滚动轴承的材料是否合适，对其使用性能和寿命将有很大影响。一般情况下，滚动轴承的主要破坏形式是在交变应力作用下的疲劳剥落，以及由于摩擦磨损而使轴承精度丧失。此外，还有裂纹、压痕、锈蚀等原因造成轴承的正常破坏。因此，滚动轴承应具有高的抗塑性变形能力，少的摩擦磨损，良好的旋转精度、良好的尺寸精度和稳定性，以及长的接触疲劳寿命。这些是由材料和热处理工艺共同决定的。常用的滚动轴承材料（套圈和滚动体），一般用强度高、耐磨性好的铬锰高碳钢制造，滚动轴承的内、外圈和滚动体一般用 GCr15、GCr15SiMn、GCr6、GCr9（G 表示滚动轴承钢）等高碳铬或铬锰轴承钢，以及 GSiMnV 等无铬轴承钢制造，也有用渗碳轴承钢20CrMo、20CrNiMo 等轴承材料。经渗碳热处理后，一般要求材料表面硬度应不低于 61~65HRC，芯部硬度一般为 30~45HRC；韧性好，能够承受较大冲击载荷；工作表面要求磨削、抛光。

保持架在轴承中起等距离隔离滚动体，引导并带动滚动体旋转的作用。它主要受到摩擦力和拉伸力的作用，并承受一定的冲击，这就要求它具有一定的强韧性，良好的弹性和刚度，较小的摩擦系数及良好的耐磨性和导热性，并具有与滚动体相近的热膨胀系数。保持架根据要求需选用较软材料制造，常用低碳钢板（如 08 或 10 钢板）冲压，冲压后铆接或焊接而成。实体保持架则选用 HPb59-1 铅黄铜、铝合金、酚醛层压布板或工程塑料等材料。

高速轴承多采用有色金属（如黄铜）或塑料保持架。目前我国常用的金属材料保持架材料有 08、10、30、40、45、65Mn、12Cr18Ni9 等。

三、滚动轴承的优缺点

1. 优点

1）摩擦阻力小，功率消耗小，机械效率高，易起动。

2）尺寸标准化，具有互换性，便于安装拆卸，维修方便。

3）结构紧凑，质量轻，轴向尺寸更小。

4）精度高，载荷大，磨损小，使用寿命长。

5）部分轴承具有自动调心的性能。

6）适用于大批量生产，质量稳定可靠，生产效率高。

7）传动摩擦力矩比流体动压轴承低得多，因此摩擦温升与功耗较低。

8）起动摩擦力矩仅略高于转动摩擦力矩。

9）轴承变形对载荷变化的敏感性小于流体动压轴承。

10）只需要少量的润滑剂便能正常运行，运行时能够长时间无须再提供润滑剂。

11）轴向尺寸小于传统流体动压轴承。

12）某些轴承可以同时承受径向和轴向组合载荷。

13）在很大的载荷和速度范围内，利用独特的设计可以获得优良的性能。

14）轴承性能对载荷、速度和运行速度的波动相对不敏感。

2. 缺点

1）减振性能比滑动轴承差，工作时振动和噪声较大。

2）轴承座的结构比较复杂。

3）小批生产特殊的滚动轴承时成本较高。

4）即使轴承润滑良好，安装正确，防尘防潮严密，运转正常，它们最终也会因为滚动接触表面的疲劳而失效。

5）接触应力高，承受冲击载荷的能力较差，高速重载下轴承的寿命较短。

四、滚动轴承的代号

滚动轴承代号用来表明轴承的内径、直径系列、宽度系列和类型。根据滚动轴承代号，专业技术人员可以获得该滚动轴承的一些基本信息，比如：承载能力、方向和性质；允许达到的最高转速；轴承的刚性、调心性能及安装误差等关键因素，便于后续轴承的选型。代号一般最多为 5 位数，包括前置代号、基本代号、后置代号，如图 10-4 所示。

滚动轴承的
代号视频

1. 前置代号
前置代号用字母表示，用以说明成套轴承部件的特点。常用前置代号字母含义见表 10-2。

2. 基本代号
基本代号从左起分别是类型代号、尺寸系列代号和内径代号。现分述如下。

（1）类型代号　类型代号用阿拉伯数字（以下简称数字）或大写拉丁字母（以下简称字母）表示，详见表 10-3。

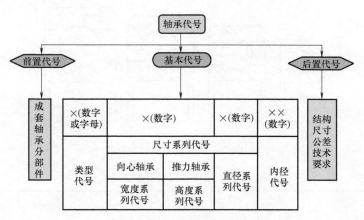

图 10-4 滚动轴承代号

表 10-2 前置代号字母含义

代号	含 义	示例
L	可分离轴承的可分离内圈或外圈	LNU 205
R	不带可分离内圈和外圈的轴承（滚针轴承仅适用于 NA 型）	RNU 205
K	滚子和保持架组件	K 81105
WS	推力圆柱滚子轴承轴圈	WS 81105
GS	推力圆柱滚子轴承座圈	GS 81105
F	凸缘外圈的深沟球轴承（仅适用于 $d \leqslant 10\text{mm}$）	F 619/5
KOW-	无轴圈推力轴承	KOW-51105
KIW-	无座圈推力轴承	KIW-51106
LR	带可分离的内圈或外圈与滚动体组件轴承	—

表 10-3 滚动轴承类型代号

轴承代号	轴承类型	轴承代号	轴承类型
0	双列角接触球轴承	6	深沟球轴承
1	调心球轴承	7	角接触球轴承
2	调心滚子轴承和推力调心滚子轴承	8	推力圆柱滚子轴承
3	圆锥滚子轴承	N	圆柱滚子轴承,双列或多列用字母 NN 表示
4	双列深沟球轴承	U	外球面轴承
5	推力球轴承	QJ	四点接触球轴承

（2）尺寸系列代号　基本代号左起第二、第三位为尺寸系列代号，用数字表示。尺寸系列代号由轴承的宽（高）度系列代号（一位数字）和直径系列代号（一位数字）左右排列组成。它反映了同种轴承在内圈孔径相同时内、外圈的宽度的不同，厚度的不同及滚动体大小的不同。如图 10-5 所示为同类型轴承直径系列尺寸对比图。显然，尺寸系列代号不同的轴承其外廓尺寸不同，承载能力也不同。尺寸系列代号及其含义见表 10-4。

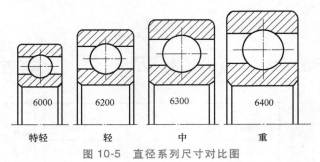

图 10-5 直径系列尺寸对比图

表 10-4 尺寸系列代号及其含义

直径系列代号	宽度系列代号								高度系列代号			
	8	0	1	2	3	4	5	6	7	9	1	2
	特窄	窄	正常	宽	特宽				特低	低	正常	
7 超特轻	—	—	17	—	37	—	—	—	—	—	—	—
8 超轻	—	08	18	28	38	48	58	68	—	—	—	—
9 超轻	—	09	19	29	39	49	59	69	—	—	—	—
0 特轻	—	00	10	20	30	40	50	60	70	90	10	—
1 特轻	—	01	11	21	31	41	51	61	71	91	11	—
2 轻	82	02	12	22	32	42	52	62	72	92	12	22
3 中	83	03	13	23	33	—	—	63	73	93	13	23
4 重	—	04	—	24	—	—	—	—	74	94	14	24

尺寸系列代号有时可以省略：除圆锥滚子轴承外，其余各类轴承宽度系列代号"0"均省略；深沟球轴承和角接触球轴承的 10 尺寸系列代号中的"1"可以省略；双列深沟球轴承的宽度系列代号"2"可以省略。

（3）内径代号 滚动轴承内径代号用两位数字表示。具体轴承内径表示方法见表 10-5。

表 10-5 滚动轴承内径代号

轴承公称内径/mm		内径代号	示例
0.6~10（非整数）		用公称内径毫米数值表示,在内径与尺寸系列代号之间用"/"分开	深沟球轴承 618/2.5 $d = 2.5$mm
1~9（整数）		用公称内径毫米数值表示,对深沟球轴承及角接触球轴承 7、8、9 直径系列,在内径与尺寸系列代号之间用"/"分开	深沟球轴承 625/5 $d = 5$mm
10~17	10	00	深沟球轴承 6201 $d = 12$mm
	12	01	
	15	02	
	17	03	
20~480（22、28、32 除外）		公称内径除以 5 的商数,商数为个位数,需在商数左边加"0",如 08	调心滚子轴承 23208 $d = 40$mm
≥500 以及 22、28、32		用公称内径毫米数值表示,但在内径与尺寸系列之间用"/"分开	调心滚子轴承 230/500 $d = 500$mm 深沟球轴承 62/22 $d = 22$mm

3. 后置代号

后置代号用字母或加数字表示,后置代号置于基本代号的右边并与基本代号空半个汉字距(代号中有符号"-""\"除外)。当具有多组后置代号时,见表 10-6,按从左到右的顺序排列。后置代号的内容很多,下面介绍几种常用的代号。

表 10-6　滚动轴承后置代号

后置代号(组)								
1	2	3	4	5	6	7	8	9
内部结构	密封与防尘结构	保持架及其材料	轴承零件材料	公差等级	游隙	配置	振动及噪声	其他

(1)内部结构　内部结构代号表示同一类型轴承的不同内部结构,用字母紧跟着基本代号表示,常用的轴承内部结构代号详见表 10-7。

表 10-7　轴承内部结构代号

代号	含义及示例
C	角接触球轴承,公称接触角 $\alpha = 15°$,7210C;调心滚子轴承,C 型,23122C
AC	角接触球轴承,公称接触角 $\alpha = 25°$,7210AC
B	角接触球轴承,公称接触角 $\alpha = 45°$,7210B;圆锥滚子轴承,接触角增大,32310B
E	加强型(即内部结构设计改进,增大轴承承载能力),NU207E

(2)公差等级　轴承的公差等级分为 2 级、4 级、5 级、6X 级、6 级和 0 级,共 6 个级别,依次由高级到低级。公差等级中,6X 级仅适用于圆锥滚子轴承;0 级为普通级,在轴承代号中不标出,详见表 10-8。

表 10-8　轴承公差代号

代号	含　义	示例
/P0	公差等级符合标准规定的 0 级,代号中省略不表示	6203
/P6	公差等级符合标准规定的 6 级	6203/P6
/P6X	公差等级符合标准规定的 6X 级	30210/P6x
/P5	公差等级符合标准规定的 5 级	6203/P5
/P4	公差等级符合标准规定的 4 级	6203/P4
/P2	公差等级符合标准规定的 2 级	6203/P2
/SP	尺寸精度相当于 P5 级,旋转精度相当于 P4 级	234420/SP
/UP	尺寸精度相当于 P4 级,旋转精度高于 P4 级	234730/UP

(3)游隙代号　游隙指轴承内、外圈之间相对极限移动量。滚动轴承的游隙分为径向游隙和轴向游隙,如图 10-6 所示。径向游隙:在无载荷时,当一个套圈固定不动,另一个套圈相对于固定套圈沿径向由一个极端位置到另一个极端位置的移动量。轴向游隙:在无载荷时,当一个套圈固定不动,另一个套圈相对于固定套圈沿轴向由一个极端位置到另一个极端位置的移动量。

游隙代号用"/C+数字"表示,数字为游隙组号。游隙级有 1 组、2 组、0 组、3 组、4

组、5 组，游隙量按由小到大排列，其中游隙组为基本游隙，"/C0"在轴承代号中省略不标注。公差等级代号与游隙代号需同时表示时，可进行简化，取公差等级代号加上游隙级号（0 级不表示）组合表示。

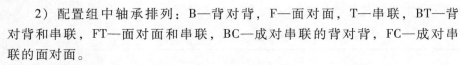

例：/P63，表示轴承公差等级 P6 级，径向游隙 3 组。

（4）配置代号

1）配置组中轴承数目：/D—两套轴承，/T—三套轴承，/Q—四套轴承，/P—五套轴承，/S—六套轴承。

图 10-6　轴承游隙

2）配置组中轴承排列：B—背对背，F—面对面，T—串联，BT—背对背和串联，FT—面对面和串联，BC—成对串联的背对背，FC—成对串联的面对面。

3）配置组中轴向游隙、预紧及轴向载荷分配：A—轻预紧，B—中预紧，C—重预紧。

滚动轴承测
试题（第一节）

第二节　滚动轴承类型的选择

滚动轴承的类型多种多样，为了充分发挥机械装置的性能，选择最适宜的轴承至关重要。接下来重点介绍轴承类型选择时应重点关注的因素。

一、轴承的载荷

轴承所受载荷的大小、性质和方向是选择轴承类型的主要根据。

1. 载荷大小和性质

按照滚动体的形状，轴承可分为球轴承和滚子轴承两大类。球轴承的滚动体与内、外圈之间是点接触，而滚子轴承的滚动体与内、外圈之间是线接触。因此在同样的外形尺寸下，滚子轴承的承载能力大于球轴承，一般滚子轴承的承载能力是球轴承的 1.5~3 倍。

线接触的滚子轴承受载后变形较小，因此载荷波动较大的场合宜选用滚子轴承，载荷波动较小的场合宜选用球轴承。

深沟球轴承具有精度高、价格低和安装空间小的优点，因此应优先选择。只有在球轴承无法满足所给要求时，才考虑选用其他轴承。且当轴承内径 $d \leqslant 20mm$ 时，两者承载能力接近，宜采用球轴承。

2. 载荷方向

以径向载荷为主时可选择深沟球轴承（6）、圆柱滚子轴承（N）及滚针轴承（NA），只承受较大的纯径向载荷时，可选择圆柱滚子轴承；当径向尺寸受到限制时可选择滚针轴承。当承受以轴向为主的载荷时可选用推力轴承，当轴向载荷较小时可采用推力球轴承（5），当轴向载荷较大时可采用推力圆柱滚子轴承（8）。当同时承受径向和轴向双向载荷时，若以径向为主，则可选用深沟球轴承或接触角不大的角接触球轴承；当径向载荷和轴向载荷都很大时，可选用角接触球轴承（7）和圆锥滚子轴承（3）；当轴向载荷很大而径向载荷较小时，可选用推力调心滚子轴承（2），也可用径向接触轴承和轴向接触轴承组合在一起的结构，例如圆柱滚子轴承（N）或深沟球轴承（6）同推力球轴承（5）或推力圆柱滚子轴承（8）联合使用，圆柱滚子轴承或深沟球轴承承担径向载荷，推力球轴承或推力圆柱滚子轴承承受轴向载荷，联合使用轴承在极高轴向载荷或特别要求有较大轴向刚性时尤为适合。

二、轴承的转速

轴承的转速主要受到轴承内部摩擦发热引起的温升的限制，当转速超过某一界限后，轴承会因烧伤等原因而不能继续旋转。

轴承的极限转速是指不产生导致烧伤的摩擦发热并可连续旋转的界限值。因此，在进行轴承的类型选择时一定要考虑转速的影响。

轴承的最高许用转速（即极限转速）随着轴承直径系列尺寸和宽度系列尺寸的递增而减小。轴承样本或设计手册中列出了各种类型、各种尺寸轴承的极限转速 $n_{\lim}$ 值，其是在当量动载荷 $P \leqslant 0.1C$（C 为基本额定动载荷），冷却条件正常，且为 0 级公差轴承试验条件下的最大允许转速。但是，由于极限转速主要受工作时温升的限制，因此，不能认为样本中的极限转速是一个绝对不可超越的界限。

从工作转速对轴承的要求看，可以确定以下几点：

1）球轴承比滚子轴承具有较高的极限转速和旋转精度，故在高速时应优先选用球轴承。

2）在内径相同的条件下，外径越小，则滚动体就越小，运转时滚动体加在外圈滚道上的离心惯性力也就越小，因而也就适用于在更高的转速下工作。故在高速时，宜选用同一直径系列中外径较小的轴承。若用一个外径较小的轴承而承载能力达不到要求时，可再并装相同的轴承，或者考虑采用宽系列的轴承。

3）保持架的材料与结构对轴承转速影响极大。实体保持架比冲压保持架允许高一些的转速，青铜实体保持架允许更高的转速。

4）轴向接触轴承不适宜高转速，可用深沟球轴承或角接触球轴承代替。

5）若工作转速超过了轴承样本的规定，可以用提高公差等级、适当增大游隙、选用循环冷却等方法来解决。

三、轴承的调心性要求

轴承由于安装误差或轴的变形等都会引起内、外圈中心线发生相对倾斜。其倾斜角称为角偏差，如图 10-7 所示。角偏差过大则会增加轴承的附加载荷而降低其寿命，影响轴承的正常运转，此时可采用具有调心功能的轴承。这类轴承的滚子滚道是球面形的，能调整内、外圈轴心线间的角偏差。

滚子轴承在偏斜状态下的承载能力较弱，因此在偏斜角较大时应尽量避免使用滚子轴承。当轴的刚度低、挠度变形大、轴承座孔的同轴度低或多支点轴时，可采用调心轴承。

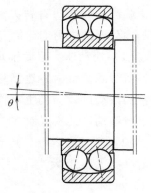

图 10-7 角偏差

四、轴承的装拆调整性能

圆锥滚子轴承（3）、圆柱滚子轴承（N）和滚针轴承（NA）的内、外圈可分离，便于装拆。当轴承座不是剖分式而必须沿轴向安装和拆卸轴承时，应优先选用内、外圈可分离的轴承。为方便在长轴上进行轴承的装拆和紧固，可选用带内锥孔和紧定套的轴承。当径向尺寸受限制可优先选用轻系列、特轻系列轴承或滚针轴承。当轴向尺寸受限制要选用窄系列轴承。

五、轴承的经济性

一般球轴承的价格低于滚子轴承，在同精度的轴承中深沟球轴承的价格最低。

公差等级越高价格越昂贵，选用高精度轴承时应进行性能价格比的分析。低精度能满足要求时，不选高精度。

滚动轴承测
试题（第二节）

第三节　滚动轴承的受力分析、失效形式和设计准则

一、滚动轴承的受力分析

1. 滚动轴承载荷分布

当滚动轴承受纯轴向载荷 F_a 时，各滚动体受力相同。

当滚动轴承受纯径向载荷 F_r 时，由于各接触点存在着弹性变形，使内圈沿 F_r 方向下移一段距离 δ。因此，只有下半圈滚动体受载，上半圈滚动体不受载。沿 F_r 作用线上滚动体受载最大（F_{max}），而邻近的滚动体受载逐渐减小（$F_{max} > F_{N1} > F_{N2}$），如图 10-8 所示。根据力的平衡原理可知，所有滚动体作用在内圈上的反力之和必定与径向外载荷大小相等方向相反。

2. 滚动轴承的应力分析

滚动轴承工作时，一般是内圈转动，外圈固定，滚动体边随内圈转动边自转以减小摩擦。接下来分别分析滚动体与内外圈的应力变化情况。

（1）滚动体　滚动轴承工作时，当滚动体进入承载区后，所受载荷就由零逐渐增大到最大，然后再逐渐减小至零。当滚动体转动到上半圈的非承载区时，载荷为零。因此，对滚动体某一点而言，它的应力是周期性不稳定变化的，如图 10-9a 所示。

（2）转动的内圈　其上各点的受载情况类似于滚动体。当内圈转动至轴承承载区，载荷由小变大再由大变小。因此，转动的内圈上任一点的应力是周期性不稳定变化的，如图 10-9a 所示。

（3）固定的外圈　各点所受应力随位置不同而大小不同，对位于承载区内的任一点，

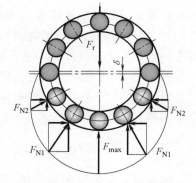

图 10-8　轴承径向载荷分布

当每个滚动体滚过一次便受载一次，而所受负荷和应力的最大值是不变的，承受稳定的脉动循环应力，如图 10-9b 所示。

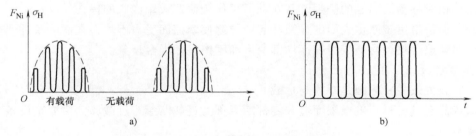

a)

b)

图 10-9　滚动轴承应力变化

a）滚动体与动圈（内圈）应力变化　b）定圈（外圈）应力变化

二、滚动轴承的主要失效形式

滚动轴承是运转机械不可缺少的基础部件之一。虽然滚动轴承体积小成本低，可是一旦滚动轴承失效，给运转机械乃至整个生产设备带来的损失却是巨大的。根据滚动轴承受力分析可知，轴承各元件在工作过程中承受的是变应力，因此疲劳失效最为常见，以下重点介绍滚动轴承的主要失效形式。

1. 接触疲劳失效（点蚀）

接触疲劳失效是指轴承工作表面受到交变应力的作用而产生的材料疲劳失效。

接触疲劳失效常见的形式是接触疲劳剥落。接触疲劳剥落发生在轴承工作表面，往往伴随着疲劳裂纹，首先从接触表面以下最大交变切应力处产生，然后扩展到表面形成不同的剥落形状，如点状称为点蚀或麻点剥落，剥落成小片状的称为浅层剥落。由于剥落面的逐渐扩大，会慢慢向深层扩展，形成深层剥落。深层剥落是接触疲劳失效的疲劳源，如图 10-10 所示。

2. 磨损失效

磨损失效是指表面之间的相对滑动摩擦导致其工作表面金属不断磨损而产生的失效，如图 10-11 所示。

图 10-10　接触疲劳失效

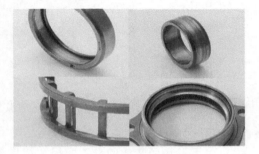

图 10-11　磨损失效

持续的磨损将引起轴承零件逐渐损坏，并最终导致轴承尺寸精度丧失及其他问题。

磨损失效是各类轴承常见的失效模式之一，按磨损形式通常可分为磨粒磨损和黏着磨损。多尘条件下工作的轴承，易产生磨粒磨损。润滑不良的高速轴承，易产生黏着磨损

（胶合）。

　　磨粒磨损是指轴承工作表面之间挤入外来坚硬粒子（或硬质异物或金属表面的磨屑）接触表面且相对移动而引起的磨损，常在轴承工作表面造成犁沟状的擦伤。

　　黏着磨损是指由于摩擦表面的显微凸起或异物使摩擦面受力不均，在润滑条件严重恶化时，因局部摩擦生热，易造成摩擦面局部变形和摩擦显微焊合现象。

3. 断裂失效

　　轴承断裂失效主要原因是缺陷与过载。

　　外加载荷超过材料强度极限而造成零件断裂称为过载断裂。过载原因主要是设备突发故障或安装不当。

　　轴承零件的微裂纹、缩孔、气泡、大块外来杂物、过热组织及局部烧伤等缺陷，在冲击过载或剧烈振动时也会使轴承在缺陷处发生断裂，称为缺陷断裂。但一般来说，通常出现的轴承断裂失效大多数为过载失效。常见滚动轴承断裂失效如图 10-12 所示。

4. 腐蚀失效

　　有些滚动轴承在实际运行当中不可避免地接触到水、水汽以及腐蚀性介质，这些物质会引起滚动轴承的生锈和腐蚀。

　　另外滚动轴承在运转过程中还会受到微电流和静电的作用，造成滚动轴承的电流腐蚀。

　　滚动轴承的生锈和腐蚀会造成套圈、滚动体表面的坑状锈，梨皮状锈，与滚动体间隔相同的坑状锈，全面生锈及腐蚀，最终引起滚动轴承的失效，如图 10-13 所示。

图 10-12　常见滚动轴承断裂失效

图 10-13　腐蚀失效

三、滚动轴承的设计准则

　　1）一般（$10\text{r/min} < n < n_{\lim}$），在正常安装和维护下，轴承主要失效形式是接触疲劳失效，需进行寿命计算。

　　2）由于发热而造成的黏着磨损和烧伤是高速轴承的主要失效形式，所以除了要进行寿命计算外，还需使其转速不得超过极限转速。

　　3）对于缓慢摆动或低速回转的轴承（$n < 1\text{r/min}$），可近似地认为轴承各元件是在静应力作用下工作的，一般会发生塑性变形和过载断裂，需进行静强度计算。

滚动轴承测
试题（第三节）

第四节　滚动轴承的校核计算

一、滚动轴承的寿命计算

1. 基本额定寿命和基本额定动载荷

滚动轴承的寿命：单个轴承中任一元件（滚动体或套圈）首次出现点蚀之前，内、外圈的相对总转数或在一定转速下的运转小时数。由于材料、加工精度、热处理方式与装配质量不可能完全相同，因此同批同型号的轴承，即使在相同条件下各个轴承的寿命也会相差很大，所以采用数理统计的办法来处理。

滚动轴承的寿命可靠度：一组相同轴承能达到或超过规定寿命的百分比。如图 10-14 所示为典型的滚动轴承的寿命曲线。从图中曲线可以看出，当轴承的寿命可靠度为 50% 时（50% 的轴承已失效），轴承的寿命为 $5 \times 10^6 \mathrm{r}$，而当轴承的寿命可靠度为 90% 时（10% 的轴承失效），轴承的寿命为 $1 \times 10^6 \mathrm{r}$。因此可以看出，可靠度越大，则轴承的寿命越小。

基本额定寿命：国家标准规定，一批相同的轴承，在相同的条件下运转，其中 90% 的轴承不发生疲劳点蚀前所转过的总转数，用 L_{10}（单位为 $10^6 \mathrm{r}$）表示，或用一定转速下运转的总小时数 L_h（单位为 h）表示。

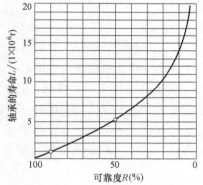

图 10-14　滚动轴承的寿命曲线

基本额定动载荷：轴承抵抗点蚀破坏的承载能力可由基本额定动载荷表征。基本额定寿命为 10^6 转，即 $L_{10} = 1$ 时轴承能承受的最大载荷称为基本额定动载荷，用符号 C 表示。其意义为轴承在基本额定动载荷 C 作用下，可以工作 10^6 转而不发生点蚀失效的轴承寿命可靠度为 90%。基本额定动载荷是有方向性的，对于向心轴承而言是指径向载荷，称为径向基本额定动载荷 C_r；对于推力轴承而言是指轴向载荷，称为轴向基本额定动载荷 C_a。基本额定动载荷是由试验得出的，同类不同型号轴承的基本额定动载荷不同，可查阅手册。基本额定动载荷越大，轴承抗疲劳承载能力越高，在设计时轴承实际承受的动载荷应大于轴承的基本额定动载荷。

2. 滚动轴承的寿命计算

滚动轴承寿命计算主要解决当轴承承受的实际工作载荷不等于基本额定动载荷时，滚动轴承的寿命是多少的问题，具体情况如下：

滚动轴承
寿命计算

1）对于具有基本额定动载荷 C 的轴承，当轴承所受的载荷 P 恰好为 C 时，它的寿命是多少？

2）对于具有基本额定动载荷 C 的轴承，当它所受的载荷 $P \neq C$ 时，它的寿命是多少？

3）当轴承所受的载荷为 P，而且要求其预期寿命为 L'_h 时，需要选用具有多大基本额定动载荷的轴承？

通过试验可得出轴承的载荷-寿命曲线，所有型号的轴承都有其对应的曲线，如图 10-15

所示为 6208 轴承的载荷-寿命曲线，利用该曲线公式即可解决以上 3 个问题。

轴承的载荷-寿命曲线公式为

$$L_{10} = \left(\frac{C}{P}\right)^{\varepsilon} \qquad (10\text{-}1)$$

式中，L_{10} 为轴承的实际寿命（10^6 r）；P 为当量动载荷（kN）；ε 为寿命指数，球轴承 $\varepsilon = 3$，滚子轴承 $\varepsilon = 10/3$。

实际计算时，常用小时数表示轴承的额定寿命，则式（10-1）可改写为

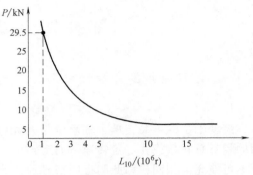

图 10-15　轴承载荷-寿命曲线（6208）

$$L_{h} = \frac{10^6}{60n}\left(\frac{C}{P}\right)^{\varepsilon} \qquad (10\text{-}2)$$

式中，n 为轴承的转速（r/min）。

利用式（10-1）可得出，对于具有基本额定动载荷 C 的轴承，当轴承所受的载荷 P 恰好为 C 时，它的寿命是 10^6 r，即基本额定寿命。对于具有基本额定动载荷 C 的轴承，当它所受的载荷 $P \neq C$ 时，只要将 P 代入公式中即可求出其寿命。而对于第 3 个问题，则需要改写为式（10-3）的形式求解该轴承应具有的基本额定动载荷的大小：

$$C = P\sqrt[\varepsilon]{\frac{60nL'_{h}}{10^6}} \qquad (10\text{-}3)$$

式中，L'_{h} 为轴承预期寿命（h）。常用设备的中修期或大修期作为轴承的设计预期寿命。

所选型号轴承的基本额定动载荷应大于或等于式（10-3）计算出的轴承应具有的基本额定动载荷。

当工作温度低于 120℃ 时，可直接选取有关手册中的基本额定动载荷数据；当工作温度高于 120℃ 时，基本额定动载荷 C 值会下降，因此要用温度系数 f_t 修正（表 10-9）；除此之外，考虑到工作中冲击和振动的影响，用载荷系数 f_p 修正（表 10-10），引入温度系数和载荷系数后，式（10-1）、式（10-2）、式（10-3）分别改写为

$$L_{10} = \left(\frac{f_t C}{f_p P}\right)^{\varepsilon} \qquad (10\text{-}4)$$

$$L_{h} = \frac{10^6}{60n}\left(\frac{f_t C}{f_p P}\right)^{\varepsilon} \qquad (10\text{-}5)$$

$$C = \frac{f_p P}{f_t}\sqrt[\varepsilon]{\frac{60nL'_{h}}{10^6}} \qquad (10\text{-}6)$$

表 10-9　温度系数表

轴承工作温度/℃	≤120	150	175	200	225	250	300	350
温度系数 f_t	1.00	0.95	0.90	0.80	0.75	0.70	0.60	0.50

表 10-10 载荷系数

载荷性质	载荷系数 f_p	举例
无冲击或轻微冲击	1.0~1.2	电动机、汽轮机、通风机、水泵等
中等冲击或中等惯性冲击	1.2~1.8	机床、车辆、动力机械、起重机、造纸机、选矿机、冶金机械、卷扬机等
强大冲击	1.8~3.0	碎石机、轧钢机、钻探机、振动筛等

3. 滚动轴承当量动载荷 P 的确定

当量动载荷：轴承的基本额定动载荷 C 是在单向载荷条件下测得的，即轴承只承受径向载荷或只承受轴向载荷。但实际上轴承经常同时承受径向载荷 F_r 和轴向载荷 F_a。因此在寿命计算时，需把实际复合载荷转换为与基本额定动载荷 C 条件一致的载荷，将转换以后的载荷称为当量动载荷，用字母 P 表示。

滚动轴承径向载荷与轴向载荷视频

如果是向心轴承要把复合载荷转换为纯径向载荷，如果是推力轴承要把复合载荷转换为纯轴向载荷，如果是向心推力轴承，由于试验中采用纯径向轴承测得的基本额定动载荷，因此也需要把复合载荷转换为纯径向载荷。当量动载荷 P 是假想的，轴承的寿命在 P 作用下与在实际复合载荷作用下是相同的。当量动载荷 P 的一般计算公式为

$$P = XF_r + YF_a \tag{10-7}$$

式中，X、Y 分别为径向、轴向载荷系数。X、Y 的数值由 F_a/F_r 和参数 e 确定。

e 为轴向载荷影响系数，e 的取值可查阅表 10-11。若 $F_a/F_r \leqslant e$ 说明轴向载荷 F_a 对轴承寿命影响较小，可忽略，则 $X=1$、$Y=0$、$P=F_r$；若 $F_a/F_r > e$ 说明轴向载荷 F_a 对轴承寿命影响较大，不能忽略，此时 X、Y 的值详见表 10-11。

表 10-11 径向动载荷系数 X 与轴向动载荷系数 Y

轴承类型		iF_a/C_0	e	单列轴承			
				$F_a/F_r \leqslant e$		$F_a/F_r > e$	
				X	Y	X	Y
深沟球轴承		0.014	0.19	1	0	0.56	2.30
		0.028	0.22				1.99
		0.056	0.26				1.71
		0.084	0.28				1.55
		0.11	0.30				1.45
		0.17	0.34				1.31
		0.28	0.38				1.05
		0.42	0.42				1.04
		0.56	0.44				1.00
角接触球轴承	$\alpha = 15°$	0.015	0.39	1	0	0.44	1.47
		0.029	0.40				1.40
		0.058	0.43				1.30

（续）

轴承类型		iF_a/C_0	e	单列轴承			
				$F_a/F_r \leqslant e$		$F_a/F_r > e$	
				X	Y	X	Y
角接触球轴承	$\alpha = 15°$	0.087	0.46	1	0	0.44	1.23
		0.12	0.47				1.19
		0.17	0.50				1.12
		0.29	0.55				1.02
		0.44	0.56				1.00
		0.58	0.56				1.00
	$\alpha = 25°$	—	0.68	1	0	0.41	0.87
	$\alpha = 40°$	—	1.14	1	0	0.35	0.57
圆锥滚子轴承		—	$1.5\tan\alpha$	1	0	0.40	$0.40\cot\alpha$
调心球轴承		—	$1.5\tan\alpha$	1	$0.42\cos\alpha$	0.65	$0.65\cos\alpha$

上表中，C_0 为轴承的基本额定静载荷，α 为接触角，均可查手册；i 为滚动体的列数。表中未列出的 iF_a/C_0 的中间值，可采用线性插值法求出相应的 e、X、Y 值。

X、Y 确定步骤：①根据轴承型号查出基本额定静载荷 C_0；②计算出相对轴向载荷 iF_a/C_0 的大小；③求出 e 值的大小，可能需要利用线性插值法计算；④将 F_a/F_r 值与 e 值进行比较，求得 X、Y 值。

4. 滚动轴承的径向载荷 F_r

在根据式（10-7）计算当量动载荷 P 时，需要确定轴承承受的径向载荷 F_r。F_r 是由外界作用到轴上的径向力在各轴承上产生的径向载荷，接下来以图 10-16a 所示的齿轮轴为例来说明轴承径向载荷的确定方法。

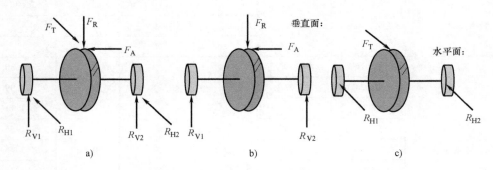

图 10-16 轴承径向受力图

如图 10-16a 所示，齿轮作用力有径向力 F_R、圆周力 F_T 和轴向力 F_A，齿轮的外力通过轴传递给轴承，其中径向力 F_R 和圆周力 F_T 使轴承承受径向载荷。将齿轮上的外力分为水平方向和垂直方向，如图 10-16a、b 所示。根据力的径向平衡条件，在垂直面，根据齿轮上的径向力 F_R 可求出两轴承垂直反力 R_{V1} 和 R_{V2}；在水平面，根据齿轮上的圆周力 F_T 可求出两轴承水平反力 R_{H1} 和 R_{H2}；则轴承 1 和 2 上所承受的径向力 F_{r1} 和 F_{r2} 分别为

$$\begin{cases} F_{r1} = \sqrt{R_{H1}^2 + R_{V1}^2} \\ F_{r2} = \sqrt{R_{H2}^2 + R_{V2}^2} \end{cases} \qquad (10\text{-}8)$$

5. 滚动轴承轴向载荷 F_a 的确定

（1）派生轴向力 角接触球轴承和圆锥滚子轴（向心推力轴承）在滚动体和滚道接触处存在接触角 α，当其承受纯径向载荷 F_R 时，第 i 个滚动体所受力为 F_{Ni}，可分解为轴向力 F_{di} 和径向力 F_{ri}，如图 10-17 所示。滚动体所受力 F_{Ni}，轴向分力 F_{di} 和径向力 F_{ri} 计算式为

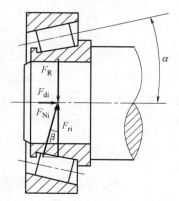

$$\begin{cases} \boldsymbol{F}_{Ni} = \boldsymbol{F}_{di} + \boldsymbol{F}_{ri} \\ F_{di} = F_{ri}\tan\beta \end{cases} \qquad (10\text{-}9)$$

所有受力滚动体轴向力之和为

$$F_d = \sum F_{di} = \sum F_{ri}\tan\beta \qquad (10\text{-}10)$$

由于所有滚动体所受的轴向力是因为角接触球轴承和圆锥滚子轴承的内部结构引起的，因此将该轴向力称之为派生轴向力。

图 10-17 派生轴向力

派生轴向力 F_d 的近似数值可根据轴承类型按表 10-12 选择相应公式进行计算。如图 10-17 可知，其方向为从外圈的宽边指向窄边，在生产中常将外圈的宽边称之为轴承的背面，而将外圈的窄边称之为正面，因此派生轴向力的方向是从轴承的背面指向正面。由于向心推力轴承承受径向力会产生内部的派生轴向力，故常成对使用。成对使用的向心推力轴承有两种安装方式，正装（面对面）和反装（背靠背），如图 10-18 所示。

表 10-12 向心推力轴承派生轴向力 F_d 的计算式

轴承类型	圆锥滚子轴承	角接触球轴承		
	30000 型	70000C($\alpha=15°$)	70000AC($\alpha=25°$)	70000B($\alpha=40°$)
F_d	$F_d = F_r/(2Y)$	$F_d = eF_r$	$F_d = 0.68F_r$	$F_d = 1.14F_r$

注：Y 为 $F_a/F_r > e$ 时的载荷系数。

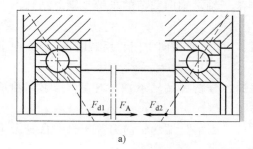

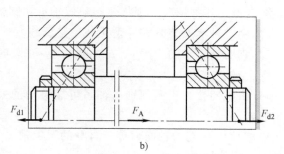

a)   b)

图 10-18 角接触球轴承轴向受力分析

a）正装 b）反装

（2）角接触球轴承和圆锥滚子轴承轴向载荷 F_a 的确定 当外载既有径向载荷又有轴向载荷时，角接触球轴承和圆锥滚子轴承的轴向载荷 F_a 的确定要同时考虑轴向外载荷 F_A 和

派生轴向力 F_d。接下来以角接触球轴承为例来分析轴向载荷 F_a 的确定方法。

1）轴承正装时（图 10-18a）。

① 若 $F_{d1}+F_A>F_{d2}$，轴有向右移动的趋势，右侧轴承 2 被"压紧"，左侧轴承 1 被"放松"。但实际上轴必须处于平衡位置，则轴承座必然要通过轴承元件施加一个附加的轴向力来阻止轴的窜动，所以右侧被"压紧"的轴承 2 所受的总轴向力 F_{a2} 必须与 $F_{d1}+F_A$ 平衡，而被"放松"的左侧的轴承 1 则只受自己的内部派生轴向力，即

$$放松端轴承：F_{a1}=F_{d1} \tag{10-11}$$
$$压紧端轴承：F_{a2}=F_{d1}+F_A$$

② 若 $F_{d1}+F_A<F_{d2}$，轴有向左移动的趋势，外圈固定，左轴承 1 被"压紧"，而右侧轴承 2 被"放松"，同前所述，被"压紧"的轴承 1 所受的总轴向力 F_{a1} 必须与 $F_{d1}-F_A$ 平衡，而被"放松"的右侧的轴承 2 则只受自己的内部派生轴向力，即

$$放松端轴承：F_{a2}=F_{d2} \tag{10-12}$$
$$压紧端轴承：F_{a1}=F_{d2}-F_A$$

③ 若 $F_{d1}+F_A=F_{d2}$，则轴处于平衡状态，左、右侧轴承都不受外力作用，因此两轴承只承受自身的内部派生轴向力，即

$$左端轴承：F_{a2}=F_{d2} \tag{10-13}$$
$$右端轴承：F_{a1}=F_{d1}$$

2）轴承反装时（图 10-18b）。

① 若 $F_{d2}+F_A>F_{d1}$，轴有向右移动的趋势，左侧轴承 1 被"压紧"，右侧轴承 2 被"放松"，则

$$放松端轴承：F_{a2}=F_{d2} \tag{10-14}$$
$$压紧端轴承：F_{a1}=F_{d1}+F_A$$

② 若 $F_{d2}+F_A<F_{d1}$，轴有向左移动的趋势，右侧轴承 2 被"压紧"，左侧轴承 1 被"放松"，则

$$放松端轴承：F_{a1}=F_{d1} \tag{10-15}$$
$$压紧端轴承：F_{a2}=F_{d1}-F_A$$

综合上述几种情况，现将角接触球轴承和圆锥滚子轴承轴向载荷的求解步骤总结如下：

1）确定轴承安装方式：是正装还是反装。

2）判明派生轴向力 F_{d1}、F_{d2} 的方向，正装时 F_d 的方向指向中间，反装时 F_d 的方向指向外侧。

3）由轴向合力指向判别出轴系可能移动的方向，分析哪端轴承被"压紧"，哪端轴承被"放松"。

4）"放松"端的轴向力等于自身的派生轴向力，"压紧"端的轴向力等于除去自身派生轴向力后其他轴向力的代数和。

二、滚动轴承的静强度计算

对于转速很低，或者是缓慢转动的轴承，其主要失效形式是滚动体和套圈产生永久塑性变形。当轴承承受的瞬时载荷过大时甚至会产生断裂。为了防止滚动轴承在静载荷或冲击载

荷作用下产生过大的塑性变形，需进行静强度计算。国家标准规定采用轴承的基本额定静载荷作为轴承的静强度极限。

基本额定静载荷 C_0：轴承套圈间相对转速为零，在受载最大的滚动体与套圈滚道接触处产生的总塑性变形量达到滚动体直径的万分之一时对应的接触应力，引起这一应力的载荷就称为滚动轴承的基本额定静载荷 C_0。对向心轴承而言为径向基本额定静载荷 C_{0r}。对推力轴承而言为轴向基本额定静载荷 C_{0a}。

利用轴承的基本额定静载荷选择滚动轴承的要求为

$$C_0 \geqslant S_0 P_0 \tag{10-16}$$

式中，S_0 为轴承静强度安全系数，其取值参考表 10-13；P_0 为当量静载荷，对于同时承受径向载荷和轴向载荷的轴承，应按当量静载荷 P_0 进行计算。

当量静载荷为假定载荷，在此载荷作用下，受载最大的滚动体和滚道接触中心处的接触应力与实际载荷作用下的接触应力值相同。对于 $\alpha = 0°$ 且仅受径向载荷的圆柱滚子轴承，当量静载荷 $P_0 = F_r$；对于 $\alpha = 90°$ 且只受中心轴向载荷的推力轴承，当量静载荷 $P_0 = F_a$；对于向心轴承和向心推力轴承，径向当量静载荷按以下两式计算后取其大值：

$$P_0 = X_0 F_r + Y_0 F_a$$
$$P_0 = F_r \tag{10-17}$$

式中，X_0 和 Y_0 分别为静径向系数和静轴向系数，其值可查轴承手册。

表 10-13　轴承静强度安全系数

轴承使用情况	使用要求、载荷性质或使用场合	S_{0min}	
		球轴承	滚子轴承
旋转轴承	旋转精度及平稳性要求较高，或受冲击载荷	1.5~2	2.5~4
	正常使用	0.5~2	1~3.5
	旋转精度及平稳性要求较低，没有冲击或振动	0.5~2	1~3
静止或摆动的轴承	水坝闸门装置，大型起重吊钩（附加载荷小）	$\geqslant 1$	
	吊桥，小型起重吊钩（附加载荷大）	$\geqslant 1.6$	

三、滚动轴承的极限转速计算

极限转速 n_0 是指轴承在一定的工作条件下，达到所能承受最高热平衡温度时的转速值。轴承的工作转速应低于其极限转速。它同轴承的类型、尺寸、载荷、精度和游隙、润滑与冷却条件、保持架的结构与材料等因素有关。

滚动轴承性能表中所给出的极限转速值分别是在脂润滑和油润滑条件下确定的，仅适用于 0 级公差、润滑冷却正常、与刚性轴承座和轴配合、轴承载荷 $P \leqslant 0.1C$（C 为轴承的基本额定动载荷，向心轴承只受径向载荷，推力轴承只受轴向载荷）的轴承。当滚动轴承载荷 $P > 0.1C$ 时，接触应力将增大；轴承承受联合载荷时，受载滚动体数量将增加，这都会增大轴承接触表面间的摩擦，使润滑状态变差。此时，极限转速值应修正，实际许用转速值为

$$n = f_1 f_2 n_0 \tag{10-18}$$

式中，n 为实际许用转速（r/min）；n_0 为轴承的极限转速（r/min）；f_1 为载荷系数（图 10-19）；f_2 为载荷分布系数（图 10-20）。

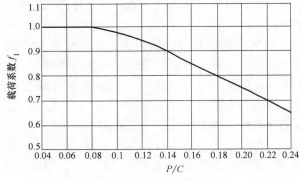

图 10-19　载荷系数 f_1

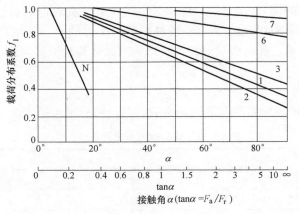

图 10-20　载荷分布系数 f_2

滚动轴承测
试题（第四节）

第五节　滚动轴承的组合结构设计

为了保证轴承的正常工作，除了正确选择轴承的类型和尺寸外，还要合理地进行轴承部件的组合设计。轴承的组合设计是为了更加合理地使用轴承。组合设计主要是解决安装、固定、配合、调整、润滑、密封等问题。

一、滚动轴承的配置

轴承配置指对于一个轴系应采用几个轴承支承、如何支承等问题。

目的：通过轴承与轴和轴承座之间的连接固定，使轴系在机器中有确定的位置。

要求：①使轴上的载荷能可靠地传到机架上去，防止轴沿轴向窜动；②受热膨胀时，轴能自由伸缩。

典型的轴系固定方法主要有三种：两端固定支承、一端固定一端游动支承、两端游动支承。

1. 两端固定支承

如图 10-21 所示，两个轴承外圈都在单方向用轴承盖进行固定。一端轴承的固定只限制轴沿一个方向的窜动，另一端轴承的固定限制另一方向的窜动，两端轴承的固定共同限制轴的双向窜动，可承受双向轴向载荷。此方法适合于工作温升不高的短轴（跨距 $L \leqslant 400\text{mm}$）。考虑到轴的受热伸长，应留出热补偿间隙 C。对于深沟球轴承 $C = 0.2 \sim 0.4\text{mm}$，图上可省略不画。对于向心角接触轴承其轴向间隙可在轴承内部调整。

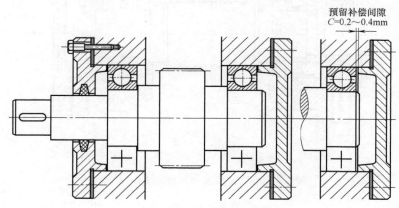

图 10-21　两端固定支承

2. 一端固定一端游动支承

当轴较长或工作温度较高时，轴的伸缩量大，宜采用一端固定、一端游动的型式。如图 10-22 所示。一端轴承的固定即限制轴的双向窜动，可承受双向轴向力；另一端轴承不固定，为游动支承，只承受径向力，不承受轴向力。

对于固定支点，当轴向力不大时，可采用深沟球轴承（图 10-22）；当轴向力较大时，可采用一对角接触球轴承或圆锥滚子轴承（图 10-23）；当轴向力和径向力均大时，可采用推力球轴承与深沟球轴承组合的形式。注意固定支点的内圈亦需进行轴向固定。

对于游动支点，如采用深沟球轴承内圈轴向需要固定，如图 10-22a 所示；若采用圆柱滚子轴承，内、外圈轴向均需固定，如图 10-22b 所示。

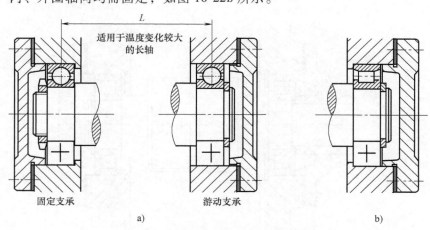

图 10-22　一端固定一端游动支承（一）

3. 两端游动支承

两端轴承的固定均不限制轴的轴向窜动，均为游动支承，如图 10-24 所示。适用于轴可

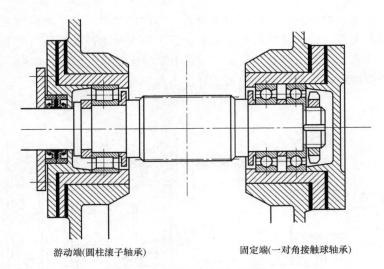

游动端(圆柱滚子轴承)　　　　　　固定端(一对角接触球轴承)

图 10-23　一端固定一端游动支承（二）

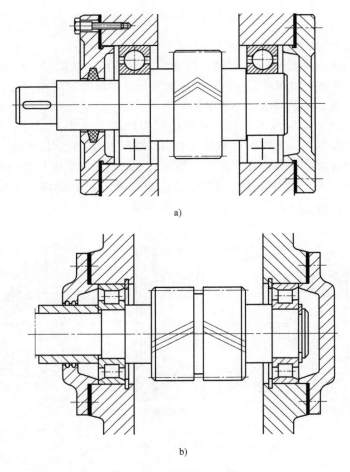

a)

b)

图 10-24　两端游动支承

a) 角接触球轴承游动支承　b) 圆柱滚子轴承游动支承

能发生设计时无法预期的左右移动的情况。例如：人字齿圆柱齿轮传动中的小齿轮轴必须采用两端游动支承，但大齿轮的轴向位置必须固定。当游动式支承采用深沟球支承时只需要对内圈单向固定，如图10-24a所示；当采用圆柱滚子轴承游动支承时，由于其内、外圈可分离，因此内、外圈均需双向轴向固定，如图10-24b所示。

二、滚动轴承的定位

滚动轴承的轴向定位是指将轴承的内圈或外圈相对于轴或轴承座实施紧固。仅仅靠过盈配合来对轴承进行轴向定位是不够的。通常，需要采用一些合适的方法来对轴承进行轴承定位。定位轴承的内、外圈应该在两侧都进行轴承固定。对于不可分离结构的非定位轴承，例如角接触球轴承，一个轴承圈采用较紧的配合，通常是内圈，需要轴向固定，另一个轴承圈则相对其安装面可以自由地轴向移动。对于可分离结构的非定位轴承，例如圆柱滚子轴承，内外圈都需要轴向固定。接下来分别对内、外圈的轴向定位方式进行介绍。

1. 轴承内圈的定位

（1）弹性挡圈定位　在轴承承受轴向载荷不大、转速不高、轴较短且在轴颈上不易加工螺纹的情况下，可采用断面为矩形的弹性挡圈定位。此种方法装卸很方便，所占位置小，制造简单，如图10-25a所示。

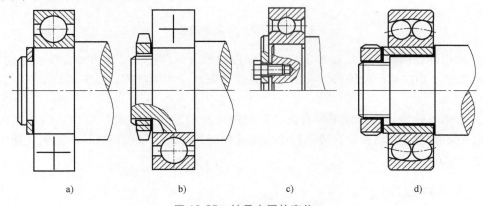

图 10-25　轴承内圈的定位

（2）圆螺母与止动垫圈定位　在轴承转速较高、承受较大轴向载荷的情况下，螺母与轴承内圈接触的端面要与轴的旋转中心线垂直。否则即使拧紧螺母也会破坏轴承的安装位置及轴承的正常工作状态，降低轴承旋转精度和使用寿命。特别是轴承内孔与轴的配合为松配合时，更需要严格控制。

为了防止螺母在旋转过程中发生松动，需要采取适当的防止措施，使用螺母与垫圈定位，将止动垫圈内键齿置入轴的键槽内，再将其外圈上各齿中的一个弯入螺母的切口中，如图10-25b所示。

（3）轴端挡圈定位　在轴承较短、轴颈上加工成螺纹不易，轴承转速较高、轴向载荷较大的情况下，可采用垫圈定位，即用垫圈在轴端面上用两个以上螺钉进行定位，用止动垫圈或铁丝固定，防止松动，如图10-25c所示。

（4）紧定套定位　轴承转速不高，承受平稳径向载荷和不大的轴向载荷的调心轴承，可在光轴上借助锥形紧定套安装。紧定套用螺母和止动垫圈进行定位。利用螺母锁紧紧定套的摩擦力将轴承定位。如图 10-25d 所示。

2. 轴承外圈的定位

（1）端盖定位　端盖定位用于所有类型的向心轴向和向心推力轴承，在轴承转速较高、轴向载荷较大的情况下使用。端盖用螺钉定位压紧轴承外圈，端盖也可以做成迷宫式的密封装置，如图 10-26a 所示。

（2）螺纹环定位　轴承转速较高，轴向载荷较大，不适于使用端盖定位的情况下，可用螺纹环定位向心轴承和推力轴承，此时可调整轴承的轴向间隙，如图 10-26b 所示。

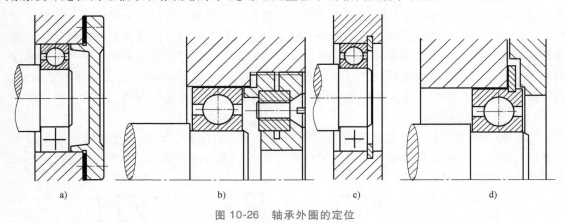

a)　　　　　　b)　　　　　　c)　　　　　　d)

图 10-26　轴承外圈的定位

（3）孔用弹性挡圈定位　这种定位方法所占的轴向位置小，安装拆卸方便，制造简单，适用于承受较小轴向载荷的场合。在轴承与弹性挡圈之间加调整环，便于调整轴向位置，如图 10-26c 所示。

（4）止动环定位　轴承外圈带有止动槽的深沟球轴承可用止动环定位。当外壳内由于条件的限制不能加工止动挡肩，或部件必须缩减轮廓尺寸时，可选用这种类型的外圈定位方法，如图 10-26d 所示。

三、轴承间隙的调整

为保证轴承正常工作，装配轴承时一般要留出适当的游隙或间隙。游隙过大，则轴承的旋转精度降低，噪声增大；游隙过小，则由于轴的热膨胀使轴承受的载荷加大，寿命缩短，效率降低。

轴承内部的轴向间隙可以借助移动外圈的轴向位置来实现。

1. 调整垫片法

在轴承端盖与轴承座端面之间填放一组软材料（软钢片或弹性纸）垫片，如图 10-27a 所示。调整时，先不放垫片装上轴承端盖，一面均匀地拧紧轴承端盖上的螺钉，一面用手转动轴，直到轴承滚动体与外圈接触而轴内部没有间隙

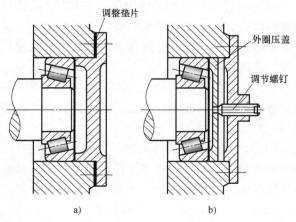

调整垫片
外圈压盖
调节螺钉

a)　　　　　b)

图 10-27　轴承间隙调整

为止；这时测量轴承端盖与轴承座端面之间的间隙，再加上轴承在正常工作时所需要的轴向间隙，这就是所需填放垫片的总厚度；然后把准备好的垫片填放在轴承端盖与轴承座端面之间，最后拧紧螺钉。

2. 调整螺栓法

把压圈压在轴承的外圈上，用调整螺栓加压，如图 10-27b 所示；在加压调整之前，首先要测量调整螺栓的螺距，然后把调整螺栓慢慢旋紧，直到轴承内部没有间隙为止，然后算出调整螺栓相应的旋转角。

四、轴系部件位置的调整

目的：使轴上零件处于准确的工作位置，通常用垫片调整。

例如：锥齿轮传动，要求两个节锥顶点相重合。对于蜗杆传动，要求蜗轮中平面通过蜗杆的轴线。

如图 10-28a 所示，当圆锥滚子轴承正装时，通过轴承端盖和箱体之间的垫片来调整轴承间隙；套筒和机体之间的垫片则用来调整小锥齿轮的轴向位置。如图 10-28b 所示，当圆锥滚子轴承反装时，通过圆螺母来调整轴承间隙；套筒和机体之间的垫片则用来调整小锥齿轮的轴向位置。

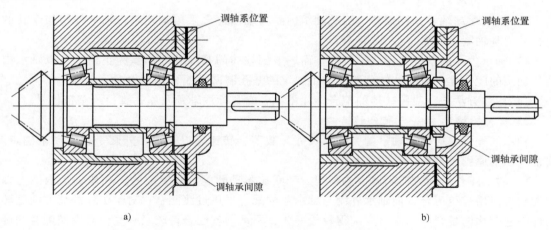

图 10-28　轴系部件位置的调整
a）正装　b）反装

五、滚动轴承的预紧

预紧：用某种方法使轴承中产生并保持一定的轴向力，以消除轴承的游隙。

目的：提高轴承的刚性、提高轴承的回转精度、减小轴承的振动。成对并列使用的角接触轴承、圆锥滚子轴承、对旋转精度和刚度有较高要求的轴系通常都会采用预紧。

方法：内、外圈产生相对位移，使滚动体和内、外圈接触点产生弹性预变形。具体方法如下：

1）内、外圈加长度不同的间隔套或用垫片预紧，如图 10-29a 所示。"背对背"安装时，在两外圈间置一薄垫片；"面对面"安装时，将垫片置于两内圈之间。

2）磨窄内圈或外圈，安装时在磨窄的套圈外侧施加轴向力，如图 10-29b 所示。"背对背"安装时，磨窄内圈；"面对面"安装时，磨窄外圈。

轴承预紧的方法还有弹簧推压外圈、螺纹端盖推压轴承外圈、加装不等长套筒等，详细可查阅相关资料。

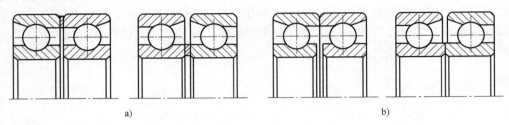

图 10-29　滚动轴承的预紧

a）加垫片预紧　b）磨窄套圈预紧

六、滚动轴承的配合

滚动轴承的配合主要是指轴承内孔与轴颈的配合，轴承外圈与机座孔的配合。

1. 滚动轴承的公差与配合特点

1）由于滚动轴承是标准件，因此轴承内圈与轴的配合采用基孔制，轴承外圈与座孔的配合采用基轴制。

2）轴承内孔的基准孔偏差为负值，而一般圆柱体的基准孔的偏差为正值。所以轴承内径与轴颈的配合比一般圆柱体公差标准中规定的基孔制同类配合要紧得多。

3）标注方法与一般圆柱体的配合标注不同，它只标注轴颈及座孔直径公差带代号。

2. 滚动轴承的公差与配合的选择

轴承的配合，应根据轴承的类型，尺寸，载荷，转速，以及内、外圈是否转动来确定。通常按以下原则来选择：

1）对于工作载荷方向不改变的情况，动圈比不动圈配合更紧一些。一般轴承内圈与轴的配合应采用过盈配合，而轴承外圈与轴承座的配合采用过渡配合；对于工作载荷方向随转动件一起变化的场合，动圈就应配得较松一些，不动圈就配合得较紧一些。与内圈配合的旋转轴，通常采用 n6、m6、k5、k6、j5、js6；与不转动的外圈相配合的座孔，通常采用 J6、J7、H7、G7 等。

2）考虑到热胀冷缩，如果轴承座的温度要高于轴承的温度，则轴承外圈与轴承座的配合应偏紧一些，如果轴的温度高于轴承的温度，则轴承内圈与轴的配合就应偏松一些。

3）高速、重载、有冲击和振动时，配合应紧一些，载荷平稳时，配合应松一些。

4）旋转精度要求高时，配合应紧一些。

5）常拆卸的轴承或游动套圈应取较松的配合。

6）与空心轴配合的轴承应取较紧的配合。

七、滚动轴承的润滑

滚动轴承润滑的目的：降低摩擦，减少磨损和发热量；起冷却作用，降低轴承的工作温度，延长使用寿命；在滚动体与滚道间形成油膜，减小接触压力；防止表面氧化生锈；润滑剂还能吸收振动，并降低噪声。要达到以上目的，就要保证在所有工作状态下，滚动轴承滚动体的表面总是有足够的润滑剂。

滚动轴承常用的润滑剂有润滑脂、润滑油和固体润滑剂三种。润滑剂的类型主要取决于轴承的转速和工作温度。速度一般用滚动轴承的 dn 值表示，d 为滚动轴承的内径，单位为 mm；n 为轴承转速，单位为 r/min。对于不同类型的轴承，适用于脂润滑和油润滑的 dn 值界限见表 10-14。

表 10-14　轴承常用润滑方式的 dn 值界限　　（单位：10^4 mm·r/min）

轴承类型	脂润滑	油润滑			
		油浴	滴油	喷油	油雾
深沟球轴承	16	25	40	60	>60
调心球轴承	16	25	40	50	—
角接触球轴承	16	25	40	60	>60
圆柱滚子轴承	12	25	40	60	>60
圆锥滚子轴承	10	16	23	30	
调心滚子轴承	8	12	20	25	
推力球轴承	4	6	12	15	

1. 脂润滑

脂润滑的优点：油膜强度高，能承受较大的载荷，润滑脂不易流失，便于密封和维护，一次填充可运转较长时间。

脂润滑的缺点：摩擦较大，功率损失大；散热效果差，不能起到很好的冷却作用。

装填润滑脂时一般不超过轴承内空隙的 1/3~1/2，以免因润滑脂过多而引起轴承发热，影响轴承正常工作。

润滑方法：填脂法、油杯油枪注脂法。

2. 油润滑

油润滑优点：不仅能使摩擦阻力减小，还可起到散热、冷却作用。

油润滑缺点：对密封和供油条件要求较高。

应用场合：高温高速条件下，脂润滑不适合的场合，及邻近组件使用油润滑时，应采用油润滑的方式。

润滑油的主要性能指标是黏度，转速较高时应选用黏度较低的润滑油；载荷较大，应选用较高黏度的润滑油。根据滚动轴承的温度和 dn 值，参考图 10-30 选择润滑油的黏度值。例如，当工作温度为 90℃，dn 值为 100000mm·r/min 时，应选择黏度为 110cSt 的润滑油。

润滑方法：油浴润滑、飞溅润滑、喷油润滑、油雾润滑。

（1）油浴润滑　油浴润滑时油面不应高于最下方滚动体中心，以免因搅油能量损失较大，使轴承过热。该

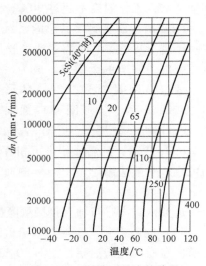

图 10-30　润滑油黏度的选择

方法简单易行，适用于中、低速的轴承。

（2）飞溅润滑　一般闭式齿轮传动装置中轴承常用飞溅润滑方法。利用转动的齿轮把润滑油甩到箱体四周内壁面上，然后通过沟槽把油引到轴承中。

（3）喷油润滑　利用油泵将润滑油增压，通过油管或油孔，经喷嘴将润滑油对准轴承内圈与滚动体间的位置喷射，从而润滑轴承。这种方法适用于转速高、载荷大、要求润滑可靠的轴承。

（4）油雾润滑　油的雾化需用专门的油雾发生器。油雾润滑有益于轴承冷却，供油量可以精确调节，适用于高速、高温轴承部件的润滑。使用时应注意避免油雾外逸而污染环境。

3. 固体润滑

在润滑油和润滑脂均不适宜的场合，如在低温或高温、真空、辐射环境下工作，或要避免润滑剂汽化不能形成油膜的滚动轴承上，可采用固体润滑。最常用的固体润滑剂有石墨、二硫化钼和聚四氟乙烯。它们为一层干润滑层，为了使它与轴承表面更好接合，常将轴承表面酸洗或采用磷酸盐处理。另外一种是含有所需固体润滑剂的 $2 \sim 4\mu m$ 薄的滑动蜡层，它主要应用于低速轴承中。

八、滚动轴承的密封

密封的目的：为了阻止润滑剂流失和防止灰尘、杂质等侵入轴承内部。

滚动轴承密封方式的选择与润滑的种类、工作环境、温度、密封表面的圆周速度有关。常用的密封方法有：接触式密封、非接触式密封和组合式密封。

1. 接触式密封

在轴承盖内放置软材料（毛毡、橡胶圈或皮碗等）与转动轴直接接触而起密封作用。

（1）毡圈密封　在轴承盖上开出梯形槽，将矩形剖面的细毛毡放置在梯形槽内与轴接触，如图 10-31 所示。这种密封结构简单，但摩擦严重，主要用于 $v<4 \sim 5m/s$ 的脂润滑场合，要求工作环境清洁，工作温度不超过 90℃。

（2）唇形圈密封　唇形圈密封又称皮碗密封。在轴承盖中放置一个密封皮碗，它是用耐油橡胶等材料组成的，并组装在一个钢外壳之中（有的无钢壳）成为一个整体部件，皮碗直接压在轴上。为增强密封效果，用一环形螺旋弹簧压在皮碗的唇部。图 10-32a 所示，唇形圈开口面向轴承，起防漏油的作用；如图 10-32b 所示，唇形圈开口背向轴承，起防灰尘的作用；如图 10-32c 所示，两唇形圈也可相背安装。这种密封安装方便，使用可靠，一般适用于 $v<10m/s$ 的油润滑或脂润滑场合，工作温度为 $-40 \sim 100℃$。

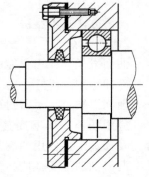

图 10-31　毡圈密封

2. 非接触式密封

这类密封没有与轴直接接触摩擦，多用于速度较高的场合。

（1）间隙密封　在轴与轴承盖的通孔壁间留 0.1~0.3mm 的窄缝隙，并在轴承盖上车出沟槽，在槽内充满油脂，如图 10-33 所示。这种形式的密封，结构简单，多用于 $v<5 \sim 6m/s$ 的情况下，要求环境干燥清洁。

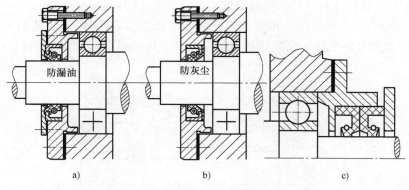

图 10-32　唇形圈密封

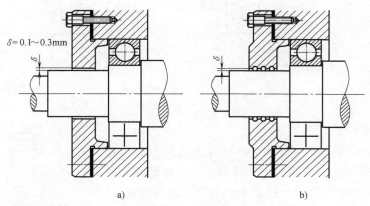

图 10-33　间隙密封

（2）迷宫式密封　将旋转的和固定的密封零件间的间隙制成迷宫（曲路）的形式，缝隙间填入润滑脂以加强密封效果，此方式又称为曲路式密封。如图 10-34 所示，这种方法对脂润滑和油润滑都很有效，工作温度需不高于密封用脂的滴点，密封效果可靠，尤其适用于环境较脏的场合。图 10-34a 为径向曲路，径向间隙 δ 不大于 0.1~0.2mm；图 10-34b 为轴向

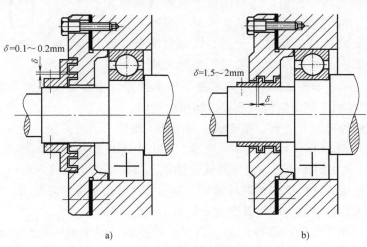

图 10-34　迷宫式密封

曲路，因考虑到轴受热后会伸长，间隙应取大些，$\delta = 1.5 \sim 2mm$。

（3）甩油密封　油润滑时，在轴上开出沟槽，如图 10-35a 所示，或装入一个环，如图 10-35b 所示，均可将欲向外流失的油沿径向甩开，再经过与轴承端盖的集油腔相通的油孔流回。

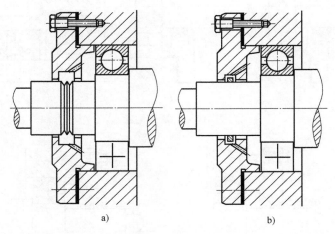

图 10-35　甩油密封

3. 组合式密封

把毛毡和迷宫组合在一起的一种密封方式称为组合式密封，如图 10-36 所示。该密封方式可以充分发挥毡圈密封与迷宫式密封各自的优点，能提高密封效果，多用于密封要求较高的场合。

九、滚动轴承的拆装

1. 滚动轴承的拆卸

滚动轴承与轴为紧配合、与座孔为较松的配合时，可将轴承与轴一起从壳体中拆出，然后用压力机或其他拆卸工具将轴承从轴上拆下来。装拆滚动轴承时，要特别注意以下两点：①不允许通过滚动体来传力，以免对滚道或滚动体造成损伤；②由于轴承的配合较紧，装拆时应使用专

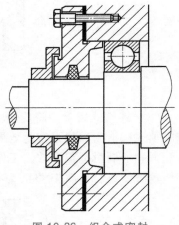

图 10-36　组合式密封

门的工具。用专用拆装器时，轴肩过高不便于轴承拆卸，轴肩高度通常不大于内圈高度的 3/4，否则，必须在轴上制出沟槽以形成拆卸用的空间。

滚动轴承常用的拆卸方法有：敲击法、拉出法、推压法、热拆法。

（1）敲击法　敲击力一般加在轴承内圈，敲击力不应加在轴承的滚动体和保持架上，如图 10-37 所示，此法简单易行，但容易损伤轴承，当轴承位于轴的末端时，用小于轴承内径的铜棒或其他软金属材料抵住轴端，轴承下部加垫块，用手锤轻轻敲击，即可拆下内、外圈。应用此法应注意垫块放置的位置要适当，着力点应正确。

（2）拉出法　采用专门拉具拆卸时，只要旋转手柄，轴承就会被慢慢拉出来。拆卸轴承外圈时，拉具两脚弯角应向外张开，如图 10-38a 所示；拆卸轴承内圈时，拉具两脚应向

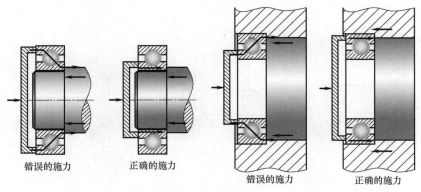

图 10-37　敲击法拆卸

内卡于轴承内圈端面上，如图 10-38b 所示。注重事项：①应将拉具的拉钩钩住轴承的内圈，而不应钩在外圈上，以免轴承松动过度或损坏；②使用拉具时，要使丝杠对准轴的中心孔，不得歪斜；还应注重拉钩与轴承的受力情况，不要将拉钩及轴承损坏；③注重防止拉钩滑脱；④拉具两脚的弯角小于 90°。

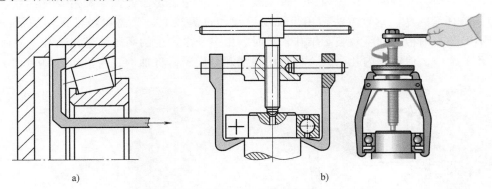

图 10-38　拉出法拆卸

（3）推压法　用压力机推压轴承，工作平稳可靠，不损伤机器和轴承。压力机有手动压力机，机械式或液压式压力机。注重事项：压力机着力点应在轴的中心上，不得压偏。

（4）热拆法　拆卸滚针轴承或 NU、NJ 和 NUP 型圆柱滚子轴承的内圈时，适合使用热拆法。先将加热至 100℃ 左右的润滑油用油壶浇在待拆的轴承上，待轴承圈受热膨胀后，即可用拉具将轴承拉出。也可直接使用加热工具加热轴承，常用的加热工具有加热环和可调式感应加热器，如图 10-39 所示。

2. 滚动轴承的安装

（1）压入法　当轴承内孔与轴颈配合较紧，外圈与壳体配合较松时，应先将轴承装在轴上，但不能压轴承外圈（如图 10-40a 所示），而应压轴承内圈（如图 10-40b 所示）。如轴承内孔与轴颈配合较紧，同时外圈与壳体也配合较紧，则应将轴承内孔与外圈同时装在轴和壳体上，如图 10-40c 所示。

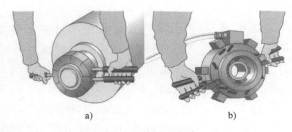

图 10-39　热拆法拆卸
a）加热环　b）可调式感应加热器

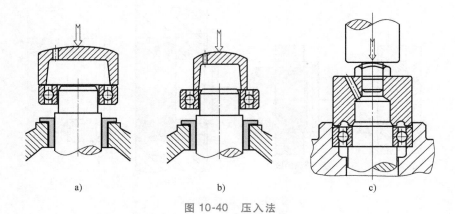

图 10-40　压入法

（2）均匀敲入法　在配合过盈量较小又无专用套筒时，可通过圆棒分别对称地在轴承的内环或外环上均匀敲入，也可通过装配套筒，用锤子敲入，如图 10-41 所示。但不能用铜棒等软金属敲入，因为容易将软金属屑落入轴承内，不可用锤子直接敲击轴承。敲击时应在四周对称交替均匀地轻敲，避免因用力过大或集中一点敲击，而使轴承发生倾斜。

（3）液压套入法　这种方法适用于轴承尺寸和过盈较大，又需要经常拆卸的情况，也可用于不可锤击的精密轴承。装配锥孔轴承时，由手动泵产生的高压油进入轴端，经通路引入轴颈环形槽中，使轴承内孔胀大，再利用轴端螺母旋紧，将轴承装入，如图 10-42 所示。

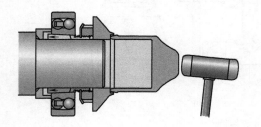

图 10-41　均匀敲入法

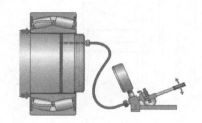

图 10-42　液压套入法

（4）温差法　有过盈配合的轴承常采用温差法装配。可把轴承放在 80～100℃ 的油池中加热，加热时应放在距油池底部一定高度的网格上，对较小的轴承可用挂钩悬于油池中加热，防止过热。

设计任务　项目中轴承的设计

滚动轴承测
试题（第五节）

在如图 3-3 所示的链式运输机项目中，第九章已经完成了高速轴结构设计与校核，初步确定了高速轴上轴承的型号：30208，根据 GB/T 297—2015 或查手册得其参数见表 10-15。确定了轴上各外载荷的大小与方向，具体见表 10-16。轴承受力分析图如图 10-43 所示。

接下来将以高速轴上轴承的设计为例详细介绍轴承的设计步骤与方法。

注：为了与轴向外载荷下标 A 区分开，在接下来的设计中，轴承 A 用数字 1 表示，轴承 B 用数字 2 表示。另外为了与教材中轴承的径向载荷符号统一，R_A 用 F_{r1} 表示，R_B 用 F_{r2} 表示。

表 10-15　轴承参数表

内径 d /mm	外径 D /mm	内圈宽度 B/mm	宽度 T/mm	内圈定位直径 d_a/mm	外圈定位直径 D_a/mm	对轴的力作用点与外圈大端面的距离 a/mm	基本额定动载荷 C/kN	基本额定静载荷 C_0/kN
40	80	18	19.75	47	69	16.9	63.0	74.0

表 10-16　高速轴上外载荷参数

轴承 1(A)支反力/N		轴承 2(B)支反力/N		轴向外载荷 F_A/N	
R_{AV}	828.77	R_{BV}	2620.21	$F_A = F_a$	271.67
R_{AH}	202.13	R_{BH}	794.86		

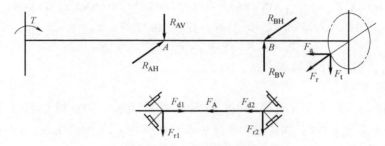

图 10-43　轴承受力分析图

解：

1. 确定两个轴承的径向支反力

轴承 1 的总支反力为

$$F_{r1} = \sqrt{R_{AV}^2 + R_{AH}^2} = \sqrt{828.77^2 + 202.13^2}\,\mathrm{N} = 853.06\mathrm{N}$$

轴承 2 的总支反力为

$$F_{r2} = \sqrt{R_{BV}^2 + R_{BH}^2} = \sqrt{2620.21^2 + 794.86^2}\,\mathrm{N} = 2738.12\mathrm{N}$$

2. 确定两个轴承的轴向支反力

1）求两轴承的内部派生轴向力 F_{d1}、F_{d2} 的大小和方向。

根据国标 GB/T 297—2015 可查得圆锥滚子轴承的接触角 $\alpha = 15°$，再结合表 10-11 得，$Y = 0.4\cot\alpha = 1.493$，则

$$F_{d1} = \frac{F_{r1}}{2Y} = \frac{853.06}{2 \times 1.493}\mathrm{N} = 285.69\mathrm{N}$$

$$F_{d2} = \frac{F_{r2}}{2Y} = \frac{2738.12}{2 \times 1.493}\mathrm{N} = 916.99\mathrm{N}$$

方向：根据轴承的派生轴向力方向总是从轴承的宽边指向窄边，即由背面指向正面，故轴承 1 的派生轴向力指向右，轴承 2 的派生轴向力指向左，如图 10-43 所示。

2）求轴承所受的轴向力 F_{a1}、F_{a2}。

$$F_A + F_{d2} = 271.67 + 916.99\mathrm{N} = 1188.66\mathrm{N} > F_{d1} = 285.69\mathrm{N}$$

故左侧轴承 1 被"压紧"，右侧轴承 2 被"放松"，则

左侧被"压紧"的轴承 1 承受的轴向力为

$$F_{a1} = F_A + F_{d2} = 1188.66N$$

右侧被"放松"的轴承 2 承受的轴向力为

$$F_{a2} = F_{d2} = 916.99N$$

3. 确定轴承的当量动载荷 P_1、P_2

根据表 10-11 查得圆锥滚子轴承的系数 $e = 1.5\tan\alpha = 0.4$。

根据 $F_{a1}/F_{r1} = 1188.66/853.06 = 1.393 > e = 0.40$，查表 10-11 得：$X_1 = 0.4$，$Y_1 = 1.493$，则

$$P_1 = X_1 F_{r1} + Y_1 F_{a1} = 0.4 \times 853.06N + 1.493 \times 1188.66N = 2115.89N$$

根据 $F_{a2}/F_{r2} = 916.99/2738.12 = 0.33 < e$，查表 10-11 得：$X_2 = 1$，$Y_2 = 0$，则

$$P_2 = X_2 F_{r2} + Y_2 F_{a2} = F_{r2} = 2738.12N$$

因为 $P_2 > P_1$，用 P_2 计算轴承寿命，$P = P_2$。

4. 计算轴承寿命

轴承在 100℃ 以下工作，查表 10-9 得温度系数 $f_t = 1.00$；输送机工作载荷平稳，查 10-10 得载荷系数 $f_p = 1.1$；高速轴转速等于电动机转速 $n_I = 960r/min$；30208 圆锥滚子轴承的基本额定动载荷 $C = 63kN$，则

$$L_h = \frac{10^6}{60n}\left(\frac{f_t C}{f_p P}\right)^{\varepsilon} = \frac{10^6}{60 \times 960} \times \left(\frac{63000}{1.1 \times 2738.12}\right)^{10/3} h = 437752.67h$$

减速期的预期寿命为

$$L_h' = 2 \times 8 \times 8 \times 300 = 38400h$$

$L_h > L_h'$，故轴承具有足够的寿命。

科学家精神

"两弹一星"功勋科学家：
钱学森

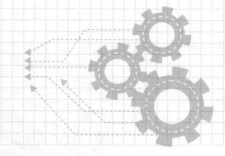

第十一章

键、花键、无键连接及销连接

（一）主要内容

键连接、花键连接与销连接。

（二）学习目标

1. 了解键连接的主要类型及应用特点。

2. 掌握键的类型及尺寸的选择方法。

3. 了解花键连接的类型、特点和应用。

4. 了解花键连接强度计算。

5. 了解销连接的类型、特点和应用。

（三）重点与难点

平键连接选型方法及强度校核计算。

第一节　键　连　接

一、键的类型、功能、结构及应用场合

作用：实现轴和轴上零件之间的周向固定，以传递转矩，有的键还能实现轴上零件的轴向固定（如楔键和切向键）或作为轴向滑动的导向（如滑键）。

类型：平键、半圆键、楔键、切向键，如图 11-1 所示。

图 11-1　键的类型

a）平键　b）半圆键　c）楔键　d）切向键

（一）平键连接

平键连接的工作原理：平键的下半部分装在轴上的键槽中，上半部分装在轮毂的键槽中。平键的两侧面是工作面，上表面与轮毂槽底之间留有间隙。工作时，靠键与键槽的互相挤压传递转矩。轮毂与轴通过圆柱表面配合实现轮毂中心与轴心的对中，如图 11-2 所示。

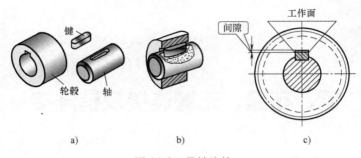

图 11-2　平键连接

a) 分解图　b) 装配图　c) 简图

根据用途不同，平键可分为普通平键、薄型平键、导向平键和滑键四种。普通平键与轮毂上键槽的配合较紧，属于静连接。导向平键和滑键同轮毂或轴的键槽配合较松，属于动连接。

1. 普通平键

分类：按端部形状可分为圆头（A 型）、平头（B 型）、单圆头（C 型）三种，其结构形式如图 11-3 所示。

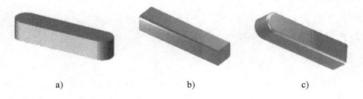

图 11-3　普通平键

a) A 型　b) B 型　c) C 型

特点：A 型平键的轴槽用面铣刀加工，键在槽中固定良好，但轴上槽引起的应力集中较大，如图 11-4a 所示；B 型平键的轴槽用盘铣刀加工，轴的应力集中较小，但键在槽中的位置不固定，如图 11-4b 所示；C 型常用于轴端与毂类零件连接，与 A 型平键一样，其圆头部分的侧面与键槽并不接触，未能充分利用，如图 11-4c 所示。

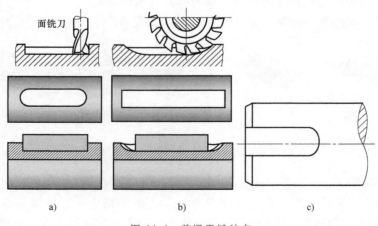

图 11-4　普通平键特点

a) A 型　b) B 型　c) C 型

用途：普通平键应用最广，因为其结构简单，拆装方便，对中性好，适用于高精度、高速或承受变载、冲击的场合。

2. 薄型平键

特点：薄型平键与普通平键的主要区别是薄型平键的高度为普通平键的 60%～70%，结构形式与普通平键结构相同，也分为圆头、平头和单圆头三种形式，但传递转矩的能力较差。

用途：薄型平键主要用于薄壁结构、空心轴以及一些径向尺寸受限制的场合。

3. 导向平键

特点：当被连接的毂类零件在工作中必须在轴上做轴向移动时，可采用导向平键。导向平键是一种较长的平键，分为圆头（A 型）和平头（B 型）两种。导向平键一般用螺钉固定在轴槽中，导向平键与轮毂的键槽采用间隙配合，轮毂可沿导向平键轴向移动。为了装拆方便，键中间设有起键螺纹孔，结构形式如图 11-5 所示。

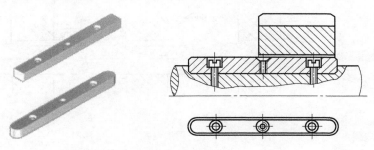

图 11-5　导向平键

用途：用于轴上零件轴向移动量不大的场合，如变速箱中的滑移齿轮。

4. 滑键

当零件需滑移的距离较大时，因所需导向平键的长度过大，制造困难，故宜采用滑键。滑键随轮毂一起沿轴上的键槽移动，故轴上应铣出较长的键槽。滑键结构可采用不同固定方式，图 11-6 所示是两种典型的结构。

（二）半圆键连接

特点：半圆键连接如图 11-7 所示。半圆键的两侧面为工作面，其工作原理与平键相同，即工作时靠键与键槽侧面的挤压传递转矩。轴上的键槽用与键尺寸相对的半圆键槽盘铣刀铣出，键在槽中能绕键的几何中心摆动，可以自动适应轮毂上键槽的斜度。这种键工艺性较好，装配方便，但轴上槽较深，对轴的强度削弱较大。

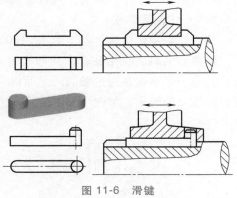

图 11-6　滑键

用途：一般用于轻载静连接，适用于轴的锥形端部与轮毂的连接。

（三）楔键连接

楔键按结构分为普通楔键和钩头楔键，如图 11-8a 所示，普通楔键又分为圆头、平头和单圆头三种。钩头型楔键的钩头是为了拆键用的。

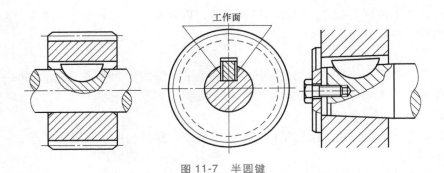

图 11-7　半圆键

特点：键的上下两面是工作面，键的上表面和毂槽的底面各有 1∶100 的斜度。装配时，将键打入轴和毂槽内，如图 11-8b 所示，其工作面上产生很大的预紧力 F_n，工作时，主要靠摩擦力 fF_n（f 为接触面间的摩擦系数）传递转矩 T，并能承受单方向的轴向力。

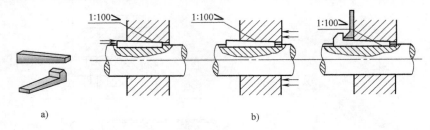

图 11-8　楔键连接

楔键的侧面与键槽侧面间有很小的间隙，当转矩过载而导致轴与轮毂之间发生相对转动时，键的侧面可以像平键那样进行工作。因此楔键连接在传递有冲击和振动的较大转矩时，仍能保证连接的可靠性。楔键的缺点是轴上零件与轴的配合产生偏心与偏斜，如图 11-9 所示。

用途：普通楔键用于精度要求不高、转速较低时，传递较大的、双向的或有振动的转矩。钩头楔键用于不能从另一端将键打出的场合。钩头供拆卸用，应注意加装保护罩。

（四）切向键连接

特点：切向键由两个斜度为 1∶100 的普通楔键组成。装配时两个键分别自轮毂两端楔入，使两键的斜面互相贴合，共同楔紧在轴毂之间。切向键的工作面是上下互相平行的窄面，其中一个窄面在通过轴线的平面内，使工作面上产生的挤压力沿轴的切线方向作用，故能传递较大的转矩，如图 11-10 所示。

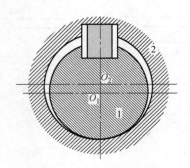

图 11-9　楔键工作图

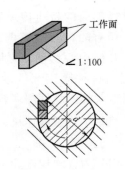

图 11-10　切向键及工作原理图

用途：用于载荷很大，对中要求不严的场合。由于键槽对轴削弱较大，常用于直径大于100mm 的轴上，如大型带轮及飞轮、矿用大型绞车的卷筒及齿轮等与轴的连接。

二、键的设计

平键设计
实例视频

（一）键的选择

键一般采用抗拉强度<600MPa 的碳钢制造，通常用 45 钢。

键是机械连接中常用的标准件，键的选择是机械设计中一项重要工作，键的选择包括类型选择和尺寸选择两个方面。

1. 类型选择

键的类型应根据键连接的结构、使用特性及工作条件来选择。选择时应考虑以下各方面的情况：需要传递转矩的大小；连接于轴上的零件是否需要沿轴滑动及滑动距离的长短；对于连接的对中性要求；键是否需要具有轴向固定的作用；以及键在轴上的位置（在轴的中部还是端部）等。

2. 尺寸选择

键的剖视图如图 11-11 所示。键的剖面尺寸 $b \times h$ 按轴的直径 d 根据标准确定。键的长度 L 一般按轮毂宽度确定，要求键长比轮毂略短 $5 \sim 10$mm，且符合长度系列值。导向平键则要按轮毂长度及其滑移距离确定。

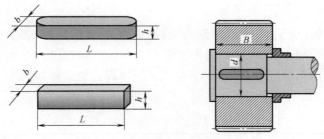

图 11-11　键的剖视图

键的剖面尺寸和长度都应符合标准。普通平键的主要尺寸见表 11-1。

表 11-1　普通平键主要尺寸　　　　　　　　　　（单位：mm）

轴的直径 d	$6 \sim 8$	$>8 \sim 10$	$>10 \sim 12$	$>12 \sim 17$	$>17 \sim 22$	$>22 \sim 30$	$>30 \sim 38$	$>38 \sim 44$
键宽 $b \times$ 键高 h	2×2	3×3	4×4	5×5	6×6	8×7	10×8	12×8
轴的直径 d	$>44 \sim 50$	$>50 \sim 58$	$>58 \sim 65$	$>65 \sim 75$	$>75 \sim 85$	$>85 \sim 95$	$>95 \sim 110$	$>110 \sim 130$
键宽 $b \times$ 键高 h	14×9	16×10	18×11	20×12	22×14	25×14	28×16	32×18
键的长度系列 L	6,8,10,12,14,16,18,20,22,25,28,32,36,40,45,50,56,63,70,80,90,100,110,125,140,180,200,220,250							

3. 标记示例

键 16×100　GB 1095—2003　圆头普通平键　A 型　　$b = 16$mm，$h = 10$mm，$L = 100$mm

键 B16×100 GB 1095—2003　平头普通平键　B 型　　$b = 16$mm，$h = 10$mm，$L = 100$mm

键 C16×100　GB 1095—2003　单圆头普通平键 C 型　　$b = 16$mm，$h = 10$mm，$L = 100$mm

键 16×100　　GB 1097—2003　　圆头导向平键　　A 型　　$b = 16\text{mm}$，$h = 10\text{mm}$，$L = 100\text{mm}$

键 B16×100 GB 1097—2003　　平头导向平键　　B 型　　$b = 16\text{mm}$，$h = 10\text{mm}$，$L = 100\text{mm}$

键 16×100　　GB 1564—2003　　圆头普通楔键　　A 型　　$b = 16\text{mm}$，$h = 10\text{mm}$，$L = 100\text{mm}$

键 B16×100 GB 1564—2003　　平头普通楔键　　B 型　　$b = 16\text{mm}$，$h = 10\text{mm}$，$L = 100\text{mm}$

键 C16×100 GB 1564—2003　　单圆头普通楔键 C 型　　$b = 16\text{mm}$，$h = 10\text{mm}$，$L = 100\text{mm}$

键 16×100　　GB 1564—2003　　钩头型楔键　　　　$b = 16\text{mm}$，$h = 10\text{mm}$，$L = 100\text{mm}$

（二）键连接的强度校核

1. 平键连接的强度计算

平键连接的主要失效形式有：工作面被压溃（静连接），工作面过度磨损（动连接），个别情况会出现的被剪断。

对于按尺寸选择的平键连接，通常只按工作面上的挤压应力（对于动连接常用压强）进行条件性强度校核。如图 11-12 所示，假设载荷沿键长和键高均匀分布，则挤压强度条件为

$$\sigma_{\text{p}} = \frac{F}{kl} = \frac{2T}{kld} \leqslant [\sigma_{\text{p}}] \qquad (11\text{-}1)$$

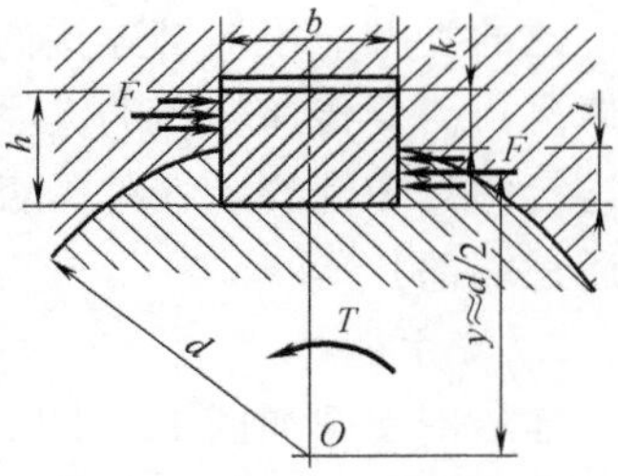

对于动连接的导向平键和滑键的强度条件为

$$p = \frac{2T}{kld} \leqslant [p] \qquad (11\text{-}2)$$

图 11-12　平键受力情况

式中，T 为传动的转矩；k 为键与轮毂键槽的接触高度，$k = 0.5h$；l 为键的工作长度，圆头平键 $l = L - b$，单圆头平键 $l = L - 0.5b$，平头平键 $l = L$；d 为轴的直径；$[\sigma_{\text{p}}]$ 为键、轴、轮毂三者中最弱材料的许用挤压应力，见表 11-2；$[p]$ 为键、轴、轮毂三者中最弱材料的许用压强，见表 11-2。

表 11-2　键连接的许用挤压应力、许用压强　　　　　　　（单位：MPa）

许用挤压应力、许用压强	连接工作方式	键、轴、轮毂的材料	载荷性质		
			静载荷	轻微冲击	冲击
$[\sigma_{\text{p}}]$	静连接	钢	120～150	100～120	60～90
		铸铁	70～80	50～60	30～45
$[p]$	动连接	钢	50	40	3

2. 半圆键连接的强度计算

半圆键用于静连接，失效形式为表面压溃，通过按工作面的挤压应力进行强度校核计算，其受力情况如图 11-13 所示。半圆键的强度校核通常按工作面的挤压应力进行计算，计算公式同平键，详见式（11-1）。所不同的是，半圆键的接触高度 k 应根据键的尺寸从标准中查取，工作长度 l 近似等于键的长度，即 $l \approx L = 2\sqrt{h(d-h)}$，$h$ 为键的高度，d 为半圆键的直径。

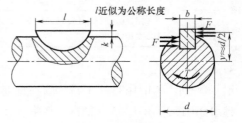

图 11-13　半圆键受力情况

3. 楔键连接的强度计算

楔键连接的主要失效形式是相互楔紧的工作面被压溃，故应校核各工作面的挤压强度。为简化计算，将轴和键视为一体，由键和轴一体对轴心的受力平衡条件分析得，楔键连接的挤压强度条件为

$$\sigma_p = \frac{2F}{bl} = \frac{12T \times 10^3}{bl(b+bfd)} \le [\sigma_p] \tag{11-3}$$

式中，T 为轴传递的转矩（N·mm）；b 为楔键键宽（mm）；f 为摩擦系数，取 $f = 0.12 \sim 0.17$；l 为楔键的接触长度（mm）；d 为轴径（mm）；$[\sigma_p]$ 为键、轴、轮毂三者中最弱材料的许用挤压应力（MPa），见表11-2。

4. 切向键连接的强度计算

切向键连接的主要失效形式是工作面被压溃。假设把键和轴看成一体，假定压力在键的工作面上均匀分布，按一个切向键计算时，由键和轴一体对轴心的受力平衡条件，可得切向键的挤压强度条件为

$$\sigma_p = \frac{F}{(t-C)l} = \frac{T \times 10^3}{(t-C)dl(0.5f+0.45)} \le [\sigma_p] \tag{11-4}$$

式中，T 为轴传递的转矩（N·mm）；f 为摩擦系数，取 $f = 0.12 \sim 0.17$；l 为键的工作长度（mm）；d 为轴的直径（mm）；t 为键槽的深度（mm）；C 为键的倒角尺寸（mm）；$[\sigma_p]$ 为键、轴、轮毂三者中最弱材料的许用挤压应力（MPa），见表11-2。

5. 双键的布置

在进行强度校核时，若强度不够，可采用双键，双键的合理布置与键的类型相关，具体如下：采用一个平键不能满足传递转矩的要求时，可在同一连接处相错180°布置两个平键，如图11-14a 所示。

一个切向键只能传递一个方向的转矩，当传递双向转矩时，需用互成120°～130°角的两个键，如图11-14b 所示。

如果采用两个半圆键时，由于半圆键对轴的强度削弱比较大，因此要在同一条母线上并排设置两个键，如图11-14c 所示。

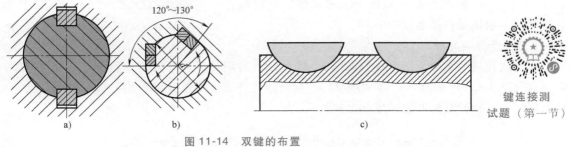

键连接测试题（第一节）

图 11-14　双键的布置

考虑到采用双键时各键的载荷分配不均匀，故连接强度的计算只按1.5个键计入。

第二节　花键连接

一、花键连接的类型、特点及应用

定义：花键连接由内花键和外花键组成。内、外花键均为多齿零件，在内圆柱表面上的

花键为内花键，在外圆柱表面上的花键为外花键，如图 11-15 所示。显然，花键连接是平键连接在数目上的发展。

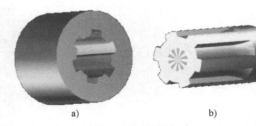

由于结构形式和制造工艺的不同，与平键连接比较，花键连接在强度、工艺和使用方面有下列特点：

图 11-15　花键

a）内花键　b）外花键

1）因为在轴上与毂孔上直接而均匀地制出较多的齿与槽，故连接受力较为均匀。

2）因槽较浅，齿根处应力集中较小，轴与轮毂的强度削弱较少。

3）齿数较多，总接触面积较大，因而可承受较大的载荷。

4）轴上零件与轴的对中性好，这对高速及精密机器很重要。

5）导向性好，这对动连接很重要。

6）可用磨削的方法提高加工精度及连接质量。

7）制造工艺较复杂，有时需要专门设备，成本较高。

适用场合：定心精度要求高、传递转矩大或经常滑移的连接。

分类：花键连接按齿形的不同，可分为矩形花键连接和渐开线花键连接两类，这两类花键均已标准化。

（一）矩形花键

按齿高的不同，矩形花键的齿形尺寸在标准中规定了两个系列，即轻系列和中系列。轻系列的承载能力较弱，多用于静连接或轻载连接；中系列用于中等载荷。

矩形花键的定心方式为小径定心（图 11-16），即外花键和内花键的小径为配合面。其特点是定心精度高，定心的稳定性好，能用磨削的方法消除热处理引起的变形。矩形花键连接是应用领域最为广泛的花键连接，如用于航空发动机、汽车、燃气轮机、机床、工程机械、拖拉机、农业机械、一般机械传动装置等。

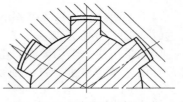

图 11-16　矩形花键

（二）渐开线花键

渐开线花键的齿廓为渐开线，如图 11-17 所示，常用分度圆压力角 α 有 30° 及 45° 两种。齿顶高分别为 $0.5m$ 和 $0.4m$（m 为模数）。渐开线花键可以用制造齿轮的方法来加工，工艺性较好，易获得较高的制造精度和互换性。

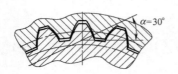
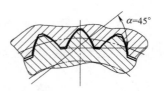

图 11-17　渐开线花键

渐开线花键的定心方式为齿形定心；受载时齿上有径向力，能起自动定心作用，有利于各齿受力均匀，强度高，寿命长；常用于载荷较大，定心精度要求较高以及尺寸较大的连接，如航空发动机、燃气轮机、汽车等。压力角 45° 的花键多用于轻载、小直径和薄型零件的连接。

二、花键连接强度计算

花键连接的强度计算与键连接相似，首先根据连接的结构特点、使用要求和工作条件选定花键类型和尺寸，然后进行必要的强度校核计算。

花键连接测试题（第二节）

花键的主要失效形式是工作面被压溃（静连接）或工作面过度磨损（动连接）。因此静连接通常按工作面上的挤压应力进行强度计算，动连接则按工作面上的压力进行强度计算。

花键受力情况如图 11-18 所示。计算时，假定载荷在键的工作面上均匀分布，每个齿工作面上的压力的合力 F 作用在平均直径 d_m 处，即传递的转矩 $T = zFd_m/2$，并引入系数 ψ 来考虑实际载荷在各花键齿上分配不均的影响，则花键连接的强度条件为

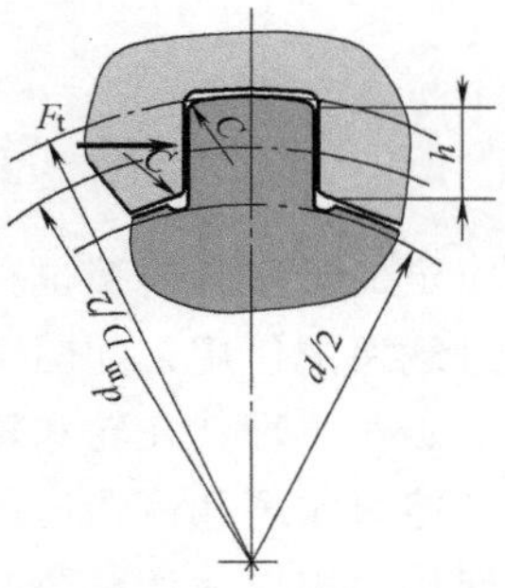

静连接
$$\sigma_p = \frac{2T \times 10^3}{\psi zhld_m} \leqslant [\sigma_p]$$

动连接
$$p = \frac{2T \times 10^3}{\psi zhld_m} \leqslant [p]$$

图 11-18　花键受力情况

式中，ψ 为载荷分配不均匀系数，与齿数多少有关，一般 $\psi = 0.7 \sim 0.8$，齿数多时取偏小值；z 为花键的齿数；l 为齿的工作长度（mm）；h 为花键齿侧面的工作高度（mm），矩形花键 $h = \frac{D-d}{2} - 2C$，此处 D 为外花键的大径，d 为内花键的小径，C 为倒角尺寸；渐开线花键的 $\alpha = 30°$ 时，$h = m$、$\alpha = 45°$ 时，$h = 0.8m$，m 为模数；d_m 为花键的平均直径，矩形花键的 $d_m = \frac{D+d}{2}$；渐开线花键的 $d_m = d_i$，d_i 为分度圆直径。$[\sigma_p]$、$[p]$ 分别为花键连接的许用挤压应力和许用压强。

第三节　无键连接

不用键与花键的轴与轮毂连接，统称为无键连接。无键连接通常有型面连接、胀紧连接两种。

一、型面连接

轴和毂孔有柱形的和圆锥形的，如图 11-19 所示。

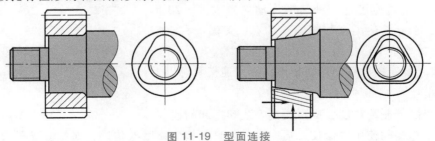

图 11-19　型面连接

特点：型面连接没有应力集中源，对中性好，承载能力强，装拆方便，但加工不方便，需用专用设备，应用较少。

型面连接截面也可以为带缺口的圆形、三角形、正方形、正六边形和等距曲线平面，如图 11-20 所示。

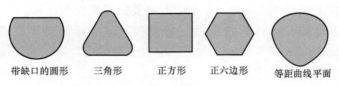

| 带缺口的圆形 | 三角形 | 正方形 | 正六边形 | 等距曲线平面 |

图 11-20　型面图形

二、胀紧连接

定义：胀紧连接也称为弹性连接，利用锥面贴合并挤紧在轴毂之间用摩擦力传递转矩，有过载保护作用，如图 11-21、图 11-22 所示。

工作原理：在轮和轴的连接中，胀紧连接是靠拧紧高强度螺栓利用包容面间产生的压力和摩擦力实现载荷传送的一种无键连接装置，以实现机件（如齿轮、飞轮、带轮等）与轴的连接，用以传递载荷。它使用时通过高强度螺栓的作用，使内环与轴之间，外环与轮毂之间产生大抱紧力；当承受载荷时，靠胀套与机件的结合压力及相伴产生的摩擦力传递转矩、轴向力或二者的复合载荷。

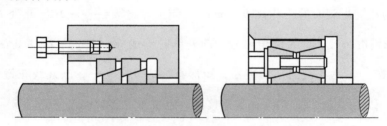

图 11-21　常见的两种胀紧连接

材料：弹性环材料为高碳钢或高碳合金钢并经热处理。锥角一般为 $12.5° \sim 17°$，另外要求内、外环锥面配合良好。

特点：胀紧连接可传递较大转矩和轴向力，无应力集中，对中性好，但加工要求较高，应用受限制。

应用：胀紧连接是广泛用于重型载荷下机械连接的一种先进方法。胀紧连接是一种新型传动连接方式，20 世纪 80 年代，工业发达国家如德国、日本、美国等在重型载荷下的机械连接中广泛地采用了这一新技术。

图 11-22　胀紧连接实物图

与一般过盈连接、有键连接相比，胀紧连接具有以下独特的优点：

1）可以降低制造难度，提高连接安装和拆卸的便利性。

2）胀紧连接的使用寿命长，强度高，胀紧连接依靠摩擦传动，对被连接件没有键槽削弱，也无相对运动，工作中不会产生磨损。

3）胀紧连接在超载时，将失去连接作用，可以保护设备不受损害。

4）胀紧连接可以承受多种载荷，其结构可以做成多种式样，根据载荷大小，还可以使用多个胀套串联。

5）胀紧连接拆卸方便，且具有良好的互换性。

第四节　销　连　接

作用：销可以用来定位，传递不大的动力和转矩，在安全装置中作为被切断的保护件使用。

按结构分，销可以分为圆柱销、圆锥销和异形销（槽销、销轴和开口销）。

圆柱销（图11-23）依靠少量过盈固定在孔中，对销孔的尺寸精度、形状精度、表面质量等要求较高，销孔在装配前需铰削。通常被连接件的两孔应同时钻铰，孔壁的表面粗糙度值不大于 $Ra0.6\mu m$。装配时，在销上涂上润滑油，用铜棒将销打入孔中。多次装拆会降低定位精度。

圆锥销可以自锁，靠锥面挤压作用固定在销孔中，定位精度高，安装也方便，可多次装拆。装配时，被连接件的两孔也应同时钻铰，但必须控制直径。钻孔时按圆锥销小头直径选用钻头，用1∶50锥度的铰刀铰孔。铰孔时用试装法控制孔径，以圆锥销自由插入全长的80%～85%为宜，然后用软锤敲入。敲入后，销的大头可与被连接件表面平齐，或露出部分不超过倒棱值，如图11-24所示。

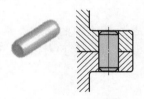

图 11-23　圆柱销

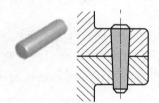

图 11-24　圆锥销

开口圆锥销适用于有冲击、有振动的场合，如图11-25a所示。槽销不易松动，能承受振动和变载荷，加工时不铰孔，可多次装拆，如图11-25b所示。

按功能分，销可以分为定位销、连接销和安全销。

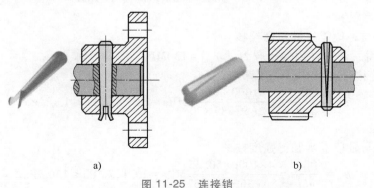

a)　　　　　　　　　　　　　　　　　b)

图 11-25　连接销

a）开口圆锥销　b）槽销

定位销为如图 11-23 所示的圆柱销。它用来固定零件之间的相对位置，是组合加工和装配时的重要辅助零件，通常不受载荷或只受很小的载荷，故不进行强度校核计算，其直径按结构确定，数目一般不少于 2 个。

连接销为如图 11-24 和图 11-25 所示的圆锥销、开口圆锥销和槽销。它们用来实现两零件之间的连接，可用来传递不大的载荷。其类型可根据工作要求选定，其尺寸可根据连接的结构特点按经验或规范确定，必要时再按剪切和挤压强度条件进行校核计算。

安全销为如图 11-26 所示的联轴器中的圆柱销，可以作为安全装置中的过载剪切元件。安全销在过载时被剪断，因此，销的直径应按剪切条件确定。为了确保安全销被剪断而不提前发生挤压破坏，通常可在安全销上加一个销套。

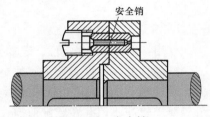

图 11-26　安全销

销的类型在使用中依其工作要求选用。连接用的销，其直径可根据连接的结构特点，按经验确定，必要时再做强度校核。定位销的直径可按结构确定。销在每一连接件内的长度为其直径的 1~2 倍。

销的常用材料为 35 钢或 45 钢。安全销的材料一般为 35、45、50、T8A、T10A 等，热处理后硬度为 30~36HRC。销套材料可用 45、35SiMn、40Cr 等，热处理后硬度为 40~50HRC。

设计任务　项目中键的设计

在如图 3-3 所示的链式运输机项目中，第九章已经完成了高速轴的结构设计与校核，如图 9-30 所示，该轴传递的转矩 $T_{\mathrm{II}} = 50.25\mathrm{N} \cdot \mathrm{m}$。接下来以高速轴上平键的设计为例详述键连接的设计。

键连接测试题（第三、四节）

解：

1. 键的类型选择

联轴器与轴段①采用 A 型平键连接，轴段①的直径 $d_{\mathrm{I1}} = 30\mathrm{mm}$，长度 $l_{\mathrm{I1}} = 58\mathrm{mm}$，查表 11-1 取其型号为键 8×50　GB/T 1095—2003，键高 $h = 7\mathrm{mm}$。

锥齿轮与轴段⑥采用 A 型平键连接，轴段⑥的直径 $d_{\mathrm{I6}} = 37\mathrm{mm}$，长度 $l_{\mathrm{I6}} = 44.5\mathrm{mm}$，查表 11-1 取其型号为键 10×36　GB/T 1095—2003，键高 $h = 8\mathrm{mm}$。

2. 键的强度校核

1）联轴器与轴段①平键强度校核。

查表 11-2 得，键的许用挤压应力 $[\sigma_{\mathrm{p}}] = 130\mathrm{MPa}$。

按平键静连接强度校核公式计算可得

$$\sigma_{\mathrm{p}} = \frac{4000T}{hld} = \frac{4 \times 1000 \times 50.25}{7 \times (50-8) \times 30}\mathrm{MPa} = 22.789\mathrm{MPa} \leqslant 130\mathrm{MPa}$$

故该平键强度足够。

2）锥齿轮与轴段⑥半圆键强度校核。

$$\sigma_{\mathrm{p}} = \frac{4000T}{hld} = \frac{4 \times 1000 \times 50.25}{8 \times (36-10) \times 37}\mathrm{MPa} = 26.117\mathrm{MPa} \leqslant 130\mathrm{MPa}$$

故该平键强度足够。

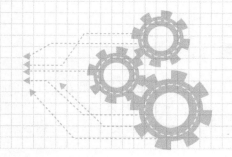

第十二章

螺纹连接

（一）主要内容

螺纹的分类；螺纹连接件的材料；螺栓的结构设计；螺栓的强度计算、刚度校核等。

（二）学习目标

1. 掌握螺纹的基本知识（参数、种类、特性和应用）。

2. 掌握螺纹连接的基本知识（螺纹连接的基本类型、螺纹连接标准件、螺纹连接的预紧与防松）。

3. 掌握螺纹连接防松的目的、防松原理及防松结构。

4. 掌握单个螺栓连接的强度计算。

5. 掌握螺栓组连接的结构设计和受力分析方法（受力分析包括受横向载荷、受转矩载荷、受轴向载荷、受倾覆力矩载荷）。

6. 掌握螺栓的设计计算。

（三）重点与难点

重点：螺纹的基本知识、单个螺栓连接的强度计算、螺栓组连接的结构设计和受力分析。

难点：螺栓组连接的受力分析。

第一节　认识螺纹

一、螺纹的形成、类型及应用

螺纹件是用途最广泛的机械零件和连接件，相对于其他形式的连接件，螺纹连接件的类型最多且已标准化。

1. 螺纹的形成

螺纹线：一动点在一圆柱体的表面上，一边绕轴线等速旋转，一边沿轴向等速移动形成的轨迹，如图 12-1a 所示。

螺纹定义：螺纹指的是在圆柱或圆锥母体表面上制出的螺旋线形的、具有特定截面的连续凸起部分，如图 12-1b 所示。

2. 螺纹分类及应用

在机械制造中，螺纹是在一根圆柱形的轴上（或内孔表面）用刀具或砂轮切成的，此时工件转一转，刀具沿着工件轴向移动一定的距离，刀具在工件上切出的痕迹就是螺纹。螺纹种类繁多，具体如下：

1）在外圆表面形成的螺纹称外螺纹，在内孔表面形成的螺纹称内螺纹，如图 12-2 所示。

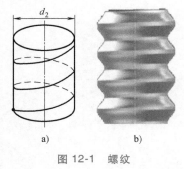

图 12-1 螺纹

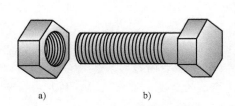

图 12-2 内螺纹与外螺纹

a）内螺纹 b）外螺纹

2）按其母体形状分为圆柱螺纹、圆锥螺纹和管螺纹，如图 12-3 所示。圆锥螺纹的牙型为三角形，主要靠牙的变形来保证螺纹副的紧密性，多用于管件。管螺纹是位于管壁上用于连接的螺纹，有 55°非密封管螺纹和 55°密封管螺纹，主要用来进行管道的连接，使其内外螺纹的配合紧密，可以分为直管和锥管两种。

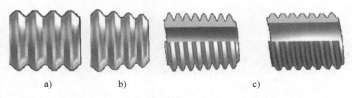

图 12-3 螺纹分类（按其母体形状）

a）圆柱螺纹 b）圆锥螺纹 c）管螺纹

3）按其截面形状（牙型）分为三角形螺纹（普通螺纹）、矩形螺纹、梯形螺纹、锯齿形螺纹等，如图 12-4 所示。其中普通螺纹主要用于连接，矩形、梯形和锯齿形螺纹主要用于传动。普通螺纹自锁性能好，它分粗牙和细牙两种，一般连接多用粗牙螺纹。细牙的螺距小，导程角小，自锁性能更好，常用于细小零件薄壁管中，亦可用于有振动或变载荷的连接以及微调装置等，如图 12-5 所示。矩形螺纹效率高，但因不易磨制，且内、外螺纹旋合定

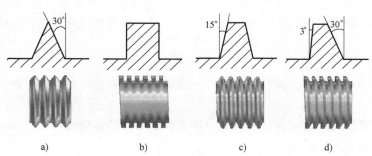

图 12-4 螺纹分类（按截面形状）

a）普通螺纹 b）矩形螺纹 c）梯形螺纹 d）锯齿形螺纹

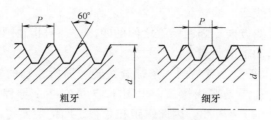

图 12-5 三角形螺纹分类

心较难，故常为梯形螺纹所代替。锯齿形螺纹牙的工作边接近矩形直边，多用于承受单向轴向力。

4）按其螺旋方向可分为左旋螺纹和右旋螺纹，如图 12-6 所示。规定将螺纹直立时螺旋线向右上升为右旋螺纹，向左上升为左旋螺纹。机械制造中一般采用右旋螺纹，有特殊要求时，才采用左旋螺纹。

5）按螺旋线的根数可分为单线螺纹和等距排列的多线螺纹，如图 12-7 所示。连接用的多为单线；用于传动时要求进升快或效率高，采用双线或多线，为了制造方便，螺纹一般不超过 4 线。

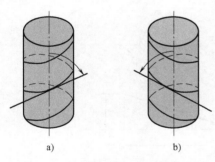

图 12-6 螺纹分类（按螺旋方向）
a）右旋螺纹　b）左旋螺纹

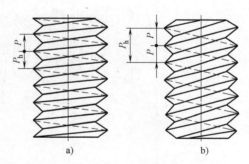

图 12-7 螺纹分类（按螺旋线的根数）
a）单线螺纹　b）多线螺纹

6）按其用途可分为连接螺纹、传动螺纹。连接螺纹用来产生夹紧连接，而传动螺纹用于将旋转运动转换为轴向运动或用来产生更大的力，例如车床的丝杠、螺旋千斤顶、螺旋台虎钳等。

二、螺纹的主要参数

如图 12-8 所示为普通圆柱外螺纹的主要参数。

（1）大径（外径）d（D）　螺纹的公称直径，选择螺纹时使用。普通螺纹的大径是指与外螺纹牙顶或内螺纹牙底相切的假想圆柱面的直径。内螺纹的大径用代号 D 表示，外螺纹的大径用代号 d 表示。

（2）小径（内径）d_1（D_1）　与外螺纹牙底相重合的假想圆柱面直径，在强度计算中作为危险截面的计算直径。

（3）中径 d_2　在轴向剖面内牙厚与牙间宽相等处的假想圆柱面的直径，近似等于螺纹的平均直径，$d_2 \approx 0.5(d+d_1)$，可作为确定螺纹几何参数和配合性质的直径。

（4）线数 n　螺纹螺旋线的数目，连接螺纹要求自锁性能，多用于单线螺纹；传动螺纹要求传动效率高，多用双线或三线螺纹。

（5）螺距 P　沿螺旋线方向相邻两螺纹之间的距离。一般指在螺纹上相邻两牙在中径圆柱面的素线上对应两点间的轴向距离。

（6）导程 P_h　螺纹上任意一点沿同一条螺旋线转一周所移动的轴向距离，用 P_h 表示。如果是单线螺纹 $P = P_h$；如果是双线螺纹，由图 12-7 可知一个导程包括两个螺距，则 $P = P_h/2$；如果是三线螺纹，则 $P = P_h/3$。因此螺距和导程之间的关系可以表示为 $P = P_h/n$。

（7）牙型角 α　螺纹牙型上相邻两牙侧边的夹角。

（8）牙型斜角 β　螺纹牙型的侧边与螺纹轴线的垂直平面的夹角。对于对称牙型，$\beta = \alpha/2$。

（9）导程角 ψ　中径圆柱上螺旋线的切线与垂直于螺纹轴线的平面之间的夹角，即

$$\tan\psi = \frac{P_h}{\pi d_2} = \frac{nP}{\pi d_2}$$

（10）工作高度 h　两相配合螺纹牙型上相互重合部分在垂直于螺纹轴线方向上的距离。

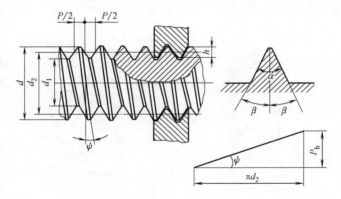

图 12-8　螺纹主要参数

螺纹的公称直径除管螺纹以管子内径为公称直径外，其余都以外径为公称直径。螺纹已标准化，有米制（公制）和寸制两种。国际标准采用米制，我国也采用米制。导程角小于摩擦角的螺纹副，在轴向力作用下螺纹副之间不松转，称为螺纹自锁，螺纹副自锁的条件为

$$\psi \leqslant \varphi_v = \arctan(f/\cos\beta)$$

式中，φ_v 为当量摩擦角；f 为螺纹副的摩擦系数。

螺纹副的传动效率 η 为

$$\eta = \frac{\tan\psi}{\tan(\psi + \varphi_v)}$$

螺纹连接测
试题（第一节）

第二节　认识螺纹连接

一、螺纹连接的类型与特点

螺纹连接的类型很多，常用的螺纹连接有螺栓连接、螺柱连接、螺钉连

螺纹连接
类型视频

接、紧定螺钉连接、特殊结构连接等，各连接的结构、特点和应用见表 12-1。

表 12-1　螺纹连接

类型		结构	特点和应用
螺栓连接	普通螺栓连接		用于连接两个较薄零件。在被连接件上开有通孔。普通螺栓的杆与孔之间有间隙，通孔的加工要求低，结构简单，装拆方便，应用广泛
	铰制孔用螺栓连接		铰制孔螺栓孔与螺杆常采用过渡配合如 H7/m6，H7/n6。这种连接能精确固定被连接件的相对位置。适用于承受横向载荷，但孔的加工精度要求较高
螺柱连接			用于被连接件之一较厚，不宜用螺栓连接，较厚的被连接件强度较差，又需经常拆卸的场合。在厚零件上加工出螺纹孔，薄零件上加工光孔，螺栓拧入螺纹孔中，用螺母压紧薄零件。在拆卸时，只需旋下螺母而不必拆下螺柱。可避免大型被连接件上的螺纹孔损坏
螺钉连接			螺栓（或螺钉）直接拧入被连接件的螺纹孔中，不用螺母。结构比螺柱简单，紧凑。用于两个被连接件中一个较厚，但不需经常拆卸的场合，以免螺纹孔损坏
紧定螺钉连接		a) 平端紧定螺钉　　b) 锥端紧定螺钉	利用拧入零件螺纹孔中的螺纹末端顶住另一零件的表面或顶入另一零件上的凹坑中，以固定两个零件的相对位置。这种连接方式结构简单，有的可任意改变零件在周向或轴向的位置，以便调整，如电器开关旋钮的固定
特殊结构连接	地脚螺栓连接		地脚螺栓连接是指螺栓杆的一部分与地相连，伸出地的一部分通过通孔，利用螺母预紧。地脚螺栓通常是在设备基础浇筑前进行定位固定，浇筑后与基础形成稳固性连接；也有在基础浇筑时预留出孔洞，在设备就位、安装、找平找正后再浇筑孔洞；小型设备也有的在基础上钻孔，再使用膨胀螺栓固定

（续）

类型		结构	特点和应用
特殊结构连接	吊环螺钉连接		吊环螺钉一般是装在零件的顶部正中心,或者是对称布置,主要作用是起吊载荷、起吊各种设备,如模具、机箱、电动机等
	T形槽螺栓连接		T形槽螺栓是一种紧固件,通常与T形槽配合使用。在安装过程中它能自动定位锁紧。常用于只旋松螺母而不卸下螺栓的场合,使被连接件脱出或回松,但在另一连接件上需制出相应的T形槽,如机床及其附件等

二、螺纹连接标准件

螺纹连接件指的是通过螺纹旋合起到连接、紧固作用的零件。螺纹连接件的种类很多,常见的螺纹连接件有螺栓、螺柱、螺钉、紧定螺钉、螺母和垫圈等,这些零件均为标准件。它们的结构、特点和应用详见表 12-2 所示。

螺纹连接测试题（第二节）

螺纹连接预紧与防松视频

表 12-2　标准螺纹连接件

类型	结构	特点和应用
六角头螺栓		六角头螺栓分为外六角和内六角两种。精度分 A、B、C 三级,通用机械中多用 C 级。螺栓杆部可制成一段螺纹或全螺纹,螺纹可用粗牙或细牙
螺柱	A型　　　　　B型	螺柱是指两端均有螺纹的圆柱形紧固件。螺柱可带退刀槽或制成腰杆,也可制成全螺纹的螺柱。螺柱的一端常用于旋入铸件或有色金属的螺纹孔中,旋入后即不可拆卸,另一端则用于安装螺母以固定其他零件
螺钉		按头部形状有六角头、圆头、方形头、沉头等。一般沉头用在要求连接后表面光滑没突起的地方,因为沉头可以拧到零件里。圆头也可以拧进零件里。方头的拧紧力可以大些,但是尺寸较大,六角头是最常用的

（续）

类型	结构	特点与应用
紧定螺钉	头部结构　　末端结构	紧定螺钉用于固定机件的相对位置。把紧定螺钉旋入待拧紧的零件的螺纹孔中,以其末端紧压在另一零件的表面上,即把前一零件固定在后一零件上。紧定螺钉通常由钢或不锈钢材料制造,它的端头形状有锥形、凹形、平头形、圆柱形和阶梯形等。锥端或凹端紧定螺钉的端头直接顶紧零件,一般用于安装后不常拆卸处;平端紧定螺钉的端头平滑,顶紧后不损伤零件表面,用于需经常调节位置的连接处,只能传递较小的载荷;圆柱端紧定螺钉用在需经常调节位置处,它能承受较大的载荷作用,但防松性能差,固定时需采取防松措施;阶梯形紧定螺钉适用于固定壁厚较大的零件
自攻螺钉		自攻螺钉用在被连接件上时,被连接处可以不预先制出螺纹。在连接时利用螺钉直接攻出螺纹。它常用于连接厚度较薄的金属板。头部形状有圆头、平头、半沉头及沉头等。头部起子槽有一字槽、十字槽等形式。末端形状有锥端和平端两种
六角螺母	六角螺母　　六角扁螺母　　六角厚螺母	根据厚度分为标准螺母、扁螺母和厚螺母。制造精度分为 A、B、C 三级,分别与相同级别的螺柱配合使用。C 级螺母用于表面比较粗糙、对精度要求不高的机器、设备或结构上;A 级和 B 级螺母用于表面比较光洁、对精度要求较高的机器、设备或结构上。标准螺母使用最为广泛,厚螺母多用于常需要拆装的场合,扁螺母多用于连接件的表面空间受限制的场合
圆螺母		圆螺母常与止动垫圈配用,装配时将垫圈内舌插入轴上的槽内,再将垫圈的外舌嵌入圆螺母的槽内,螺母即被锁紧;或采用双螺母防松。常作为滚动轴承的轴向固定件
垫圈	平垫片　斜垫片　　　　　弹簧垫片	垫圈是垫在连接件与螺母之间的零件,一般为扁平形的金属环。平垫圈分为 A 级和 C 级两种。用于同一螺纹直径的垫圈又分为特大、大、普通和小四种规格。斜垫圈只用于倾斜的支承面上。弹簧垫片具有弹性,是可防止螺栓或螺母松动的垫圈
止动垫圈	止动垫片　双耳　　单耳	止动垫圈就是与螺母配合使用、防止螺母松动的垫圈。止动垫圈一般分为圆螺母用止动垫圈、双耳止动垫圈、单耳止动垫圈等。圆螺母用止动垫圈主要是用在小圆螺母锁紧的场合;双耳止动垫圈、单耳止动垫圈都是用在一般螺母锁紧的场合,需要根据被连接件的外形结构不同而采用不同的形式

第三节　螺纹连接的预紧与防松

一、螺纹连接的预紧

1. 预紧的目的

预紧：大多数螺纹连接在承受工作载荷之前，装配时就必须要拧紧，称之为预紧。

预紧力：螺纹连接在承受工作载荷之前预先受到的一个拧紧作用力叫预紧力。装配时预紧的螺栓连接称为紧螺栓连接。

预紧的目的：①防止连接松脱，增加连接可靠性；②被连接件接合面具有足够的紧密性；③使接合面产生摩擦力，以承受横向载荷。

2. 预紧力的确定原则

大量的试验和使用经验表明：较高的预紧力对连接的可靠性和被连接件的寿命都是有益的，特别对有密封要求的连接更为必要。当然，俗话说得好，物极必反，过高的预紧力，如若控制不当或者偶然过载，也常会导致连接的失效。因此，准确确定螺栓的预紧力是非常重要的。一般规定，拧紧后螺纹连接件的预紧力不应超过其材料屈服应力的80%。对于一般连接用的钢制螺栓连接的预紧力 F_0，推荐按下列关系式确定

碳素钢螺栓：
$$F_0 \leqslant (0.6 \sim 0.7)\sigma_s A_1$$
合金钢螺栓：
$$F_0 \leqslant (0.5 \sim 0.6)\sigma_s A_1 \tag{12-1}$$

式中，σ_s 为螺栓材料的屈服极限（MPa）；A_1 为螺栓危险截面的面积，$A_1 \approx \pi d_1^2/4$（mm）。

具体预紧力的数值还与螺栓的工作条件有关，例如载荷性质、载荷大小等。

3. 预紧力的控制

预紧力过大，会使整个螺纹连接的结构尺寸增大；也可能会使连接件在装配时因过载而断裂。预紧力不足，则又可能导致连接失效，重要的螺纹连接应控制预紧力。预紧力的控制方法如下：

（1）测力矩扳手　测力矩扳手工作时的拧紧力矩与扳手杆的弹性变形成正比，扳手力矩通过指示表显示，如图 12-9a 所示。

（2）定力矩扳手　定力矩扳手可以通过压缩弹簧的预压缩量调整最大拧紧力矩，当工作力矩等于最大调定力矩时扳手打滑，卡盘不再转动，如图 12-9b 所示。

（3）测量螺栓伸长量　当需要精确控制预紧力的大小时，或装配大型的螺栓连接，或

a)　　　　　　　　　　　b)

图 12-9　力矩扳手

a）测力矩扳手　b）定力矩扳手

在螺纹连接结构的试验研究中，可采用测量预紧过程中螺栓的应变或伸长量的方法，如图 12-10 所示。

（4）凭手感 对于不重要的螺栓连接，可凭手感拧紧即可，也可根据拧紧螺母的转角估计螺栓的预紧力值，虽然精确性差些，但简单直观。

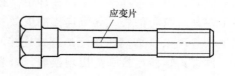

图 12-10 测量螺栓伸长量

4. 预紧力与预紧力矩的关系

如上所述，装配时的预紧力大小是通过拧紧力矩来控制的，因此需要找出预紧力与拧紧力矩之间的关系。在拧紧螺旋副的过程中，需要克服螺母与螺杆之间（内、外螺纹之间）的摩擦力矩 T_1，以及螺母底面与被连接件之间的支承面摩擦力矩 T_2，如图 12-11 所示。

螺母与螺杆之间（内、外螺纹之间）的摩擦力矩 T_1 等于螺纹面摩擦力与螺纹中径（半径）的乘积，具体为

$$T_1 = \frac{d_2}{2} F_0 \tan(\psi + \rho_v) \qquad (12\text{-}2)$$

式中，F_0 为预紧力（N）；d_2 为螺纹中径（mm）；ψ 为导程角；ρ_v 为螺纹当量摩擦角。

螺母底面与被连接件之间的支承面摩擦力矩 T_2 可通过下式计算为

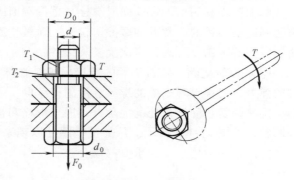

图 12-11 预紧力矩

$$T_2 = \frac{1}{3} \mu F_0 \frac{D_0^3 - d_0^3}{D_0^2 - d_0^2} \qquad (12\text{-}3)$$

式中，μ 为支承面的摩擦系数；D_0 为螺母环形支承面的外径（mm），$D_0 \approx 1.5d$；d_0 为螺栓孔直径（mm），$d_0 \approx 1.1d$。

则螺栓预紧力矩为

$$T = T_1 + T_2 = \frac{d_2}{2} F_0 \tan(\psi + \rho_v) + \frac{1}{3} \mu F_0 \frac{D_0^3 - d_0^3}{D_0^2 - d_0^2} \qquad (12\text{-}4)$$

$$= \frac{1}{2} F_0 \left[d_2 \tan(\psi + \rho_v) + \frac{2}{3} \mu \frac{D_0^3 - d_0^3}{D_0^2 - d_0^2} \right]$$

对常用的粗牙普通螺纹，其螺纹中径 $d_2 \approx 0.9d$，导程角 $\psi = 1°42' \sim 3°2'$，螺纹副的当量摩擦角 $\rho_v \approx \arctan(1.155\mu)$，摩擦系数 $\mu \approx 0.15$，螺母支承环面外径 $D_0 \approx 1.5d$，螺母支承环面内径 $d_0 \approx 1.1d$，代入式（12-4）整理得

$$T \approx 0.2 F_0 d \qquad (12\text{-}5)$$

二、螺纹连接的防松

螺纹连接松动的原因：一般情况下，三角形螺纹都具有自锁性，在静载荷和工作温度变

化不大时，不会自动松脱；但在冲击、振动和变载条件下，螺纹副之间的摩擦力可能减小，甚至在某一瞬时消失，导致连接的失效；高温下的螺栓连接，由于温度变形差异等，也可能发生松脱现象（如高压锅上的螺栓连接）。

危害：螺栓连接一旦出现松脱，轻者会影响机器的正常运转，重者会造成严重事故。因此，为了防止连接松脱，保证连接安全可靠，设计时必须采取有效的防松措施。

防松的原理：消除或限制螺纹副之间的相对运动，或增大相对运动的难度。

常用的螺纹防松方法有三种：摩擦防松、机械防松和永久防松。其中摩擦防松和机械防松为可拆卸防松，而永久防松为不可拆卸防松。机械防松的方法比较可靠，对于重要的连接要使用机械防松的方法。

1. 摩擦防松

摩擦防松利用增加螺纹间或螺栓与螺母端面的摩擦力，或同时增加两者的摩擦力的方法来达到防松的目的。常见的摩擦防松有：弹簧垫圈、对顶螺母及自锁螺母等。摩擦防松不受使用空间的限制，可进行多次反复装拆。

（1）弹簧垫圈　弹簧垫圈的防松原理是在把弹簧垫圈压平后，弹簧垫圈会产生一个持续的弹力，使螺母与螺栓的螺纹连接副持续保持一个摩擦力，产生阻力矩，从而防止螺母松动。同时弹簧垫圈开口处的尖角分别嵌入螺栓和被连接件表面，从而防止螺栓相对于被连接件回转，如图 12-12a 所示。从弹簧垫圈的原理来看，用弹簧垫圈来防松并不是一种很好的防松方法，一般用于不太重要的场合。

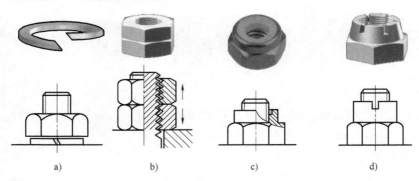

图 12-12　摩擦防松

a）弹簧垫圈　b）对顶螺母　c）嵌尼龙圈锁紧螺母　d）带颈收口锁紧螺母

（2）对顶螺母　两螺母对顶拧紧后，使旋合螺纹间始终受到附加的压力或摩擦力的作用，该防松方法结构简单，适用于平稳、低速、重载的固定装置上的连接，如图 12-12b 所示。由于多用一个螺母，并且工作不十分可靠，目前已经很少使用。

（3）自锁螺母　自锁螺母按功能分类有嵌尼龙圈锁紧螺母（图 12-12c）、和带颈收口锁紧螺母（图 12-12d）。该类螺母结构简单，防松可靠，可多次装拆而不降低防松性能。

嵌尼龙圈锁紧螺母在安装过程中，螺栓的螺纹对螺母中嵌入的尼龙挤压，使得尼龙变形，安装完毕后，尼龙和螺纹完全是挤压接触，被挤压的尼龙对螺栓产生一个很大的回弹力，这个力使得螺栓不容易松动。

带颈收口锁紧螺母的一端制成非圆形收口或开缝后径向收口。当螺母拧紧后，收口胀开，利用收口的弹力使旋合螺纹间压紧。

2. 机械防松

在螺纹连接中加入其他机械元件，利用机械元件使螺纹件与被连接件之间，或螺纹件与螺纹件之间固定和锁紧以防止松动。如开口销与开槽六角螺母、止动垫圈、串联钢丝等。机械连接防松可靠，适用于有冲击振动载荷的重要场合，但该防松方式增加了螺纹连接的重量，且制造和安装复杂，成本高。

（1）开口销与开槽六角螺母　开槽六角螺母拧紧后将开口销穿入螺栓尾部小孔和螺母的槽内，并将开口销尾部掰开与螺母侧面贴紧，如图 12-13a 所示，适用于有较大冲击、振动的高速机械中运动部件的连接。

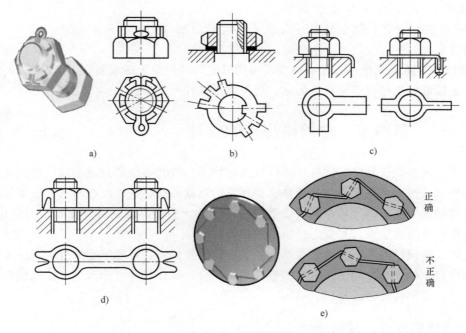

a)　　　　　　　b)　　　　　　　c)

d)　　　　　　　　　e)

图 12-13　机械防松

a）开口销与开槽六角螺母　b）圆螺母与止动垫圈　c）双、单耳止动垫圈　d）双联止动垫圈　e）串联钢丝

（2）止动垫圈　止动垫圈就是与螺母配合使用、防止螺母松动的垫圈。止动垫圈一般分为圆螺母用止动垫圈、双耳止动垫圈、单耳止动垫圈等。

如图 12-13b 所示，圆螺母与止动垫圈是一种利用止动耳和圆螺母开口以及轴的键槽的配合来防止圆螺母松动的垫圈。使用时垫圈装在螺母开槽的那一侧，紧固后将内、外止动耳折弯放到槽里。圆螺母紧固后，分别将内外耳朵扳成轴向，分别卡在轴上的键槽和圆螺母的开口处，这样，圆螺母就不会由于轴的转动而松脱。

如图 12-13c 所示，双、单耳止动垫圈在使用时，螺母拧紧后，将单耳和双耳止动垫圈分别向螺母和被连接件的侧面折弯贴紧，实现螺纹副的防松。如果两个螺栓需要防松则可采用双联止动垫片，如图 12-13d 所示。

（3）串联钢丝　如图 12-13e 所示，用低碳钢钢丝穿入各螺栓头部的孔内，将各螺栓串联起来，使其相互制动。这种结构需要注意钢丝穿入的方向。图 12-13e 上图的串联方式正确，下图不正确。该防松可靠，且拆装方便，用于高速、振动和冲击等场合。

3. 永久防松（不可拆卸防松）

不可拆卸防松是一种采用冲点、粘合或铆接等方式将可拆卸螺纹连接改变为不可拆卸螺纹连接的防松方法，是一种很可靠的传统防松方法。其缺点是螺纹紧固件不能重复使用，且操作麻烦。常用于某些要求防松可靠性高而又不需要拆卸的重要场合。

如图 12-14a 所示为冲点防松。在螺纹拧紧后，用冲点的方法使螺栓（螺钉）螺母局部变形，阻止其相互松转，防松可靠。

如图 12-14b 所示为粘合防松。通常采用厌氧胶黏结剂涂于螺纹旋合表面，拧紧螺母后黏结剂能够自行固化，防松效果良好。

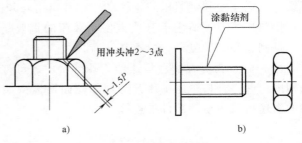

图 12-14　不可拆卸防松

螺纹连接测
试题（第三节）

第四节　螺栓组连接的设计

工程中，大多数机器中的螺纹连接件皆成组使用，因此必须研究成组螺纹连接件的设计和受力分析方法，它是单个螺纹连接件强度计算的基础和前提条件。在所有的成组螺纹连接中以螺栓连接最为典型，故接下来将以螺栓组连接设计为例，研究其设计和受力分析方法，其他螺纹连接件的成组设计和受力分析方法相同。

螺栓组连接设计的顺序为选定布局方式、确定螺栓数目、螺栓组受力分析、单个螺栓强度计算和确定螺栓尺寸。对于不重要的螺栓连接场合，螺栓尺寸可参考现有的机械设备，用类比法确定，可不进行强度校核。

一、螺栓组连接的结构设计

螺栓组连接结构设计的目的是力求各螺栓和结合面间受力均匀，便于加工和装配，因此必须合理地设计连接结合面的几何形状和螺栓的布置形式。设计时应综合考虑以下几个方面的问题。

1. 轴对称结合面

为了使螺栓组受力均匀，螺栓组的受力中心应与连接结合面形心重合，因此通常将连接结合面设计成轴对称的简单几何形状，这种轴对称几何加工制造工艺性好，常用的有圆形、圆环形、矩形、框形、三角形等，如图 12-15 所示。

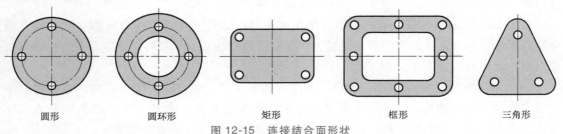

圆形　　　　圆环形　　　　　矩形　　　　　　框形　　　　　　三角形

图 12-15　连接结合面形状

2. 螺栓布置应使各螺栓的受力合理

1）如图 12-16 所示，采用铰制孔用螺栓连接的两个被连接件，上面的被连接件承受向右的工作载荷，而下面的被连接件承受向左的工作载荷，在与工作载荷平行的方向上成排布置了 8 个（以上）螺栓，根据理论力学的知识可知，8 个螺栓载荷分布过于不均。因此应避免在平行于工作载荷的方向上成排布置 8 个以上的铰制孔用螺栓。

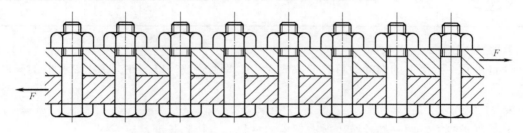

图 12-16　结合面受拉时铰制孔用螺栓布置

2）如图 12-17 所示，当螺栓连接承受弯矩或转矩时，力矩的不同使各螺栓受到弯矩或转矩不同，为了使螺栓受到的载荷最小，应使螺栓的位置适当靠近连接接合面的边缘。

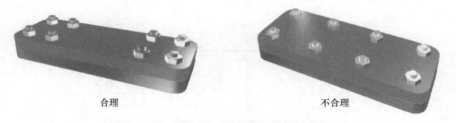

合理　　　　　　　　　　　　　　不合理

图 12-17　结合面受弯矩或转矩时螺栓的布置

3. 螺栓的排列应有合理的间距、边距

（1）保证足够的扳手活动空间　布置螺栓时应保证螺栓轴线之间，以及螺栓轴线与机体壁之间有足够的扳手活动空间。一般而言，为了螺栓的拆装便利应保证扳手至少有 60° 的旋转空间，如图 12-18 所示为扳手空间尺寸图，相关数据可查阅相关资料。

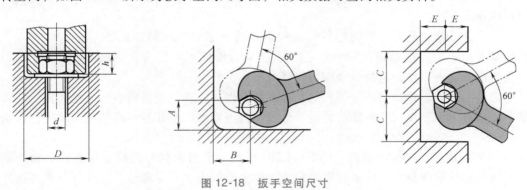

图 12-18　扳手空间尺寸

（2）保证足够的连接可靠性　对于压力容器等紧密性要求较高的重要连接，螺栓的间距 t_0 不得大于表 12-3 的推荐数值。

表 12-3　螺栓间距 t_0

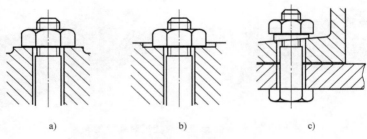

	工作压力/MPa					
	≤1.6	>1.6~4	>4~10	>10~16	>16~20	>20~30
	t_0/mm					
	7d	5.5d	4.5d	4d	3.5d	3d

4. 螺栓数目应取偶数

分布在同一圆周上的螺栓数目，应取成 4、6、8 等偶数，以便在圆周上钻孔时的分度和画线。

5. 规格相同

为了便于装配，同一螺栓组中所有螺栓的材料、直径和长度均应相同。

6. 避免螺栓承受附加的弯曲载荷

保证被连接件、螺母和螺栓头支承面平整，并与螺栓轴线相互垂直。对于在铸、锻件等的粗糙表面上安装螺栓时，应制成凸台或沉头座，如图 12-19a、b 所示。当支承面为倾斜表面时，应采用斜面垫圈等，如图 12-19c 所示。

a)　　　　　　　　　b)　　　　　　　　　c)

图 12-19　避免附加弯曲载荷

二、螺栓组连接的受力分析

受力分析的目的：求出受力最大的螺栓及其所受的力 F_{max}，以便进行螺栓连接的强度计算。

为了简化计算，受力分析时进行以下假设：所有螺栓的材料、直径、长度和预紧力均相同；螺栓组的对称中心与连接结合面的形心重合；受载后，螺栓在弹性限度内工作，连接结合面仍保持为平面。

螺纹连接受力分析视频

在工程实际中，螺栓组所受的载荷情况主要有以下几种，受横向载荷、受转矩、受轴向载荷、受倾覆力矩及以上几种载荷的组合形式。接下来对以上几种单一载荷形式进行讨论。

1. 受横向载荷的螺栓组连接

（1）普通螺栓组受横向载荷　如图 12-20a 所示为受横向载荷的螺栓组连接。横向载荷的作用线与螺栓轴线垂直，并通过螺栓组的对称中心。由于普通螺栓的螺纹杆与被连接件的孔壁不接触，靠螺栓组预紧力压紧被连接件，从而在结合面上产生摩擦力 F_f 与横向载荷 F_Σ 平衡。为了保证连接的可靠性，摩擦力 F_f 应大于或等于横向载荷 F_Σ，即

$$fF_0zj \geqslant K_sF_\Sigma \tag{12-6}$$

由此得出单个普通螺栓需要的预紧力 F_0 为

$$F_0 \geqslant \frac{K_s F_\Sigma}{fzj} \qquad (12\text{-}7)$$

式中，K_s 为防滑系数，$K_s = 1.1 \sim 1.3$；z 为螺栓个数；f 为结合面的摩擦系数，取值详见表 12-4；j 为结合面数，图 12-20 中 $j = 2$。

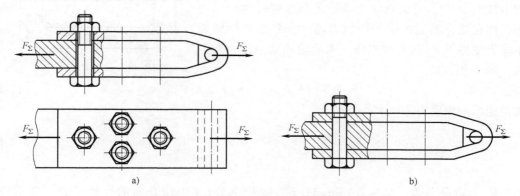

图 12-20　受横向载荷的螺栓组连接

a）普通螺栓组　b）铰制孔用螺栓组

表 12-4　结合面的摩擦系数

被连接件	结合面的表面状态	摩擦系数 f
钢或铸铁零件	干燥的加工表面	0.10~0.16
	有油的加工表面	0.06~0.10
钢结构件	轧制表面，钢丝刷清理浮锈	0.30~0.35
	涂富锌漆	0.35~0.40
	喷砂处理	0.45~0.55
铸铁对砖料、混凝土或木材	干燥表面	0.40~0.45

（2）铰制孔用螺栓组受横向载荷　如图 12-20b 所示为受横向载荷的铰制孔用螺栓连接，螺栓与孔壁之间为过渡配合，靠螺栓与孔壁的挤压和螺栓的剪切承受横向载荷 F_Σ，则单个螺栓所受的横向载荷为

$$F = \frac{F_\Sigma}{z} \qquad (12\text{-}8)$$

2. 受轴向载荷的螺栓组连接

如图 12-21 所示，为一承受轴向总载荷为 F_Σ 的气缸盖螺栓组连接，若作用在螺栓组上轴向总载荷 F_Σ 作用线与螺栓轴线平行，并通过螺栓组的对称中心，则可认为各个螺栓受载相同，每个螺栓所受轴向工作载荷为

$$F = \frac{F_\Sigma}{z} \qquad (12\text{-}9)$$

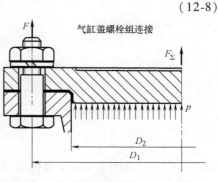

图 12-21　受轴向力的螺栓组连接

通常，各个螺栓还要承受预紧力 F_0 的作用，在工作载荷 F 和预紧力 F_0 的双重作用下，螺栓受到的总载荷的确定方法将在螺栓强度校核中进行详细介绍。

3. 受转矩的螺栓组连接

1）受转矩的普通螺栓组连接。如图 12-22 所示为受转矩的普通螺栓组连接。靠螺栓组预紧后在结合面上产生的摩擦力矩 T_f 与外载荷 T 平衡。若每个螺栓的预紧力相同，则在结合面上产生的摩擦力相同，各螺栓的摩擦力矩应为摩擦力 F_f 与摩擦半径（螺栓轴线到回转中心的距离）的乘积，即

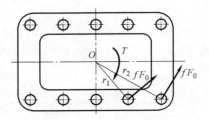

图 12-22　受转矩的螺栓组连接

$$F_0 f r_1 + F_0 f r_2 + \cdots + F_0 f r_z \geqslant K_s T \tag{12-10}$$

由此得螺栓的预紧力为

$$F_0 \geqslant \frac{K_s T}{f \sum\limits_{i=1}^{z} r_i} \tag{12-11}$$

式中，K_s 为防滑系数，$K_s = 1.1 \sim 1.3$；z 为螺栓个数；f 为结合面的摩擦系数，取值详见表 12-4；r_i 为第 i 个螺栓的轴线到回转中心的距离。

2）受转矩的铰制孔用螺栓组连接。如图 12-23 所示为受转矩的铰制孔用螺栓组连接。靠螺栓与孔壁的挤压和螺栓的剪切承受载荷，各螺栓承受的挤压和剪切变形量同螺栓到回转中心 O 的距离成正比，即距回转中心越远，螺栓的变形量越大，则螺栓所受的横向载荷越大，即

$$\frac{F_{max}}{r_{max}} = \frac{F_i}{r_i} \tag{12-12}$$

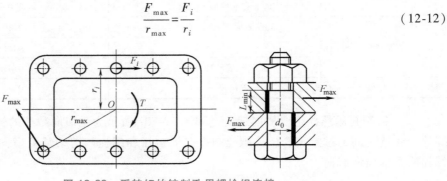

图 12-23　受转矩的铰制孔用螺栓组连接

根据力矩平衡条件得

$$\sum_{i=1}^{z} F_i r_i = T \tag{12-13}$$

式（12-12）与式（12-13）联立可求得单个螺栓所受横向载荷为

$$F_{max} = \frac{T r_{max}}{\sum\limits_{i=1}^{z} r_i^2} \tag{12-14}$$

式中，F_i、r_i 分别为第 i 个螺栓所受到的横向载荷及其到回转中心 O 的距离；F_{max}、r_{max} 分别为受力最大的螺栓所受到的横向载荷及其到回转中心 O 的距离；z 为螺栓个数；T 为螺栓

组承受的转矩（N·mm）。

4. 受倾覆力矩的螺栓组连接

如图 12-24a 所示为受倾覆力矩的螺栓组连接，倾覆力矩 M 作用在连接接合面的一个对称面内，底板在承受倾覆力矩 M 之前，螺栓已被拧紧并承受预紧力 F_0 且被拉伸，地基均匀的被压缩，如图 12-24b 所示。在作用 M 后，接触面绕 O—O 线转动一个角度，左边的地基被放松，而螺栓被进一步拉伸；右边的螺栓被放松，而地基被进一步压缩，如图 12-24c 所示。

螺栓组承受倾覆力矩时单个螺栓的受力分析，如图 12-25 所示。

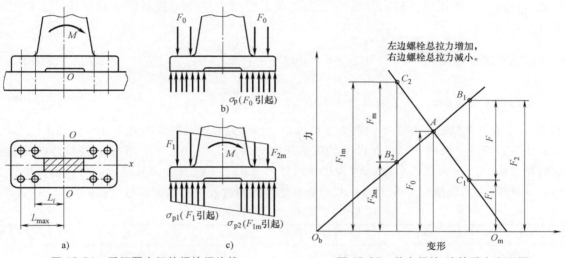

图 12-24　受倾覆力矩的螺栓组连接　　　图 12-25　单个螺栓-地基受力变形图

图中斜线 O_bA 为螺栓受力变形线，斜线 O_mA 为地基受力变形线。在未加倾覆力矩 M 时，螺栓和地基的工作点为 A 点，即螺栓只承受预紧力 F_0，地基受到的压力也是 F_0。当施加倾覆力矩 M 后，在倾翻中心线 O—O 左侧的螺栓进一步受拉，其工作点由 A 点上升变为 B_1 点，而地基被放松，其工作点由 A 点降低为 C_1 点，两者作用的合力大小等于螺栓的工作载荷 F；右侧的螺栓受到一个向下的工作压力，其工作点由 A 点降低为 B_2 点，而地基则进一步受压，由 A 点变为 C_2 点，两者合力等于载荷 F_m，其大小等于工作载荷 F，但方向与 F 相反。作用在 O—O 两侧底板上的两个总合力对 O—O 形成一个力矩，这个力矩应与外加的倾覆力矩 M 平衡，即

$$M = \sum_{i=1}^{z} F_i L_i \tag{12-15}$$

根据螺栓的变形协调条件可知，各螺栓的变形量与其到倾覆中心线 O—O 的距离成正比，也就是说，螺栓到 O—O 的距离越远，则该螺栓受到的载荷越大，即

$$\frac{F_1}{L_1} = \frac{F_2}{L_2} = \cdots = \frac{F_z}{L_z} = \frac{F_{max}}{L_{max}} \tag{12-16}$$

将式（12-15）和式（12-16）联立求解得

$$F_{max} = \frac{ML_{max}}{L_1^2 + L_2^2 + \cdots + L_z^2} = \frac{ML_{max}}{\sum\limits_{i=1}^{z} L_i^2} \tag{12-17}$$

式中，z 为螺栓个数；F_i、F_{max} 分别为第 i 个螺栓所受到的载荷和螺栓受到的最大载荷（N）；L_i、L_{max} 分别为第 i 个螺栓到倾覆中心线 O—O 的距离及螺栓到倾覆中心线 O—O 的最大距离（mm）。

对于受到倾覆力矩的螺栓组连接除了需求出螺栓受到的最大载荷外，还要验算其他附加校核条件。由于受到倾覆力矩后，左侧的地基被放松，为了保证连接的可靠性，需要保证左侧结合面不出现缝隙，即左侧结合面受到的最小压应力不小于零，详见式（12-18）。而右侧的地基除受到螺栓预紧力的作用外，在倾覆力矩作用下进一步受压，此时需要检查受载后的地基结合面不会被压溃，即右结合面受到的最大压应力应小于材料的许用压应力，详见式（12-19）。

左侧不出现缝隙：
$$\sigma_{pmin} = \sigma_p - \Delta\sigma_{pmax} = \frac{zF_0}{A} - \frac{M}{W} > 0 \qquad (12\text{-}18)$$

右侧边缘不压溃：
$$\sigma_{pmax} = \sigma_p + \Delta\sigma_{pmax} = \frac{zF_0}{A} + \frac{M}{W} \leqslant [\sigma_p] \qquad (12\text{-}19)$$

式中，σ_p 为地基结合面在受到倾覆力矩前因螺栓预紧力而产生的压应力（MPa）；$\Delta\sigma_{pmax}$ 为施加倾覆力矩后，在地基结合面产生的附加压应力的最大值（MPa）；A 为地基结合面的有效面积（mm^2）；z 为螺栓个数；F_0 为螺栓预紧力（N）；$[\sigma_p]$ 为地基结合面材料的许用压应力（MPa），其取值详见表 12-5；W 为地基结合面的有效抗弯截面系数（mm^3）。

表 12-5　结合面材料的许用压应力 $[\sigma_p]$

材料	钢	铸铁	混凝土	砖（水泥浆缝）	木材
$[\sigma_p]$/MPa	$0.8\sigma_s$	$(0.4\sim0.5)\sigma_b$	$2.0\sim3.0$	$1.5\sim2.0$	$2.0\sim4.0$

注：1. σ_s 为材料的屈服应力，σ_b 为材料的强度极限，单位均为 MPa。

2. 当连接结合面的材料不同时，应按强度较弱者选取数据。

3. 连接承受静载荷时，应取表中较大值；承受变载荷时，应取表中较小值。

实际中，螺栓组所受的外载荷常常是复合状态，但都可以简化成上述四种简单受力状态，再按力的叠加原理求出螺栓受力。求得受力最大的螺栓所受的载荷后，即可进行单个螺栓连接的强度计算。

螺纹连接
测试题（第四节）

第五节　螺栓连接的强度计算

在前面讨论了螺栓组的受力分析，受载荷最大的螺栓及所受到的最大载荷已确定，接下来将重点讨论受力最大螺栓的强度校核问题。

由螺栓组受力分析可知，对于螺栓组而言，载荷类型有轴向载荷、横向载荷、转矩、倾覆力矩及以上几种载荷的组合。但对于单个螺栓而言，若采用普通螺栓连接，承受横向载荷和转矩，则螺栓通过预紧力产生的摩擦力与外载荷平衡，因此螺栓承受的是预紧力产生的轴向载荷；若螺栓承受轴向载荷和倾覆力矩，则螺栓除了承受预紧力之外还要承受工作载荷，工作载荷的方向与预紧力相同，均为轴向载荷。采用铰制孔用螺栓，只承受横向载荷和转矩，靠螺栓杆与孔壁贴合面的挤压和剪切与外载荷平衡。综上所述，对于单个螺栓而言，其受载形式不外乎两种：轴向载荷和横向载荷。接下来介绍在这两种载荷的作用下螺栓常见的失效形式和相应的设计准则。

一、失效形式与设计准则

在工程实际中螺栓连接多数为疲劳失效。

1）受拉螺栓（轴向载荷）。

失效形式：受拉螺栓常见的失效形式有螺纹部分的塑性变形和疲劳断裂，如图 12-26 所示。疲劳断裂最为常见，占疲劳失效的 85%，其中螺栓杆头部的断裂约占 15%，螺纹终止处的断裂约占 20%，螺母与螺栓杆连接处的断裂约占 65%。这些部位均为尺寸发生突变的应力集中部位。

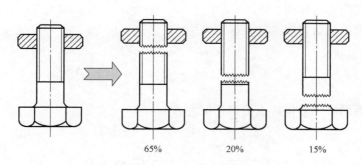

65%　　20%　　15%

图 12-26　螺栓的疲劳断裂

设计准则：保证螺栓的疲劳强度。

2）受剪螺栓（横向载荷）。

失效形式：螺栓杆和孔壁的贴合面上产生压溃或螺栓杆被剪断。

设计准则：保证螺栓的挤压强度和剪切强度。

3）经常拆卸的场合螺纹连接还会出现因摩擦而引起的滑扣现象。

二、松螺栓连接强度计算（不受预紧力只受工作载荷）

松螺栓连接是在工作时不需要拧紧，螺栓杆不承受预紧力的螺栓连接。这种螺栓连接在工作时只承受工作载荷，其应用范围有限，常见的有拉杆、起重机吊钩等。

如图 12-27 所示，为起重机吊钩螺纹连接。螺栓所受的载荷即为吊钩承受的工作载荷 F，此时螺栓受到拉力，螺栓牙根处的截面积最小（小径 d_1），则其抗拉强度条件为

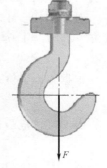

图 12-27　松螺栓
连接

$$\sigma = \frac{F}{\frac{\pi d_1^2}{4}} \leqslant [\sigma] \qquad (12\text{-}20)$$

将式（12-20）变换可得松螺栓连接的设计公式为

$$d_1 \geqslant \sqrt{\frac{4F}{\pi [\sigma]}} \qquad (12\text{-}21)$$

式中，F 为工作拉力（N）；d_1 为螺栓危险截面的直径（mm）；$[\sigma]$ 为螺栓材料的许用拉应力（MPa）。

三、紧螺栓连接强度计算

紧螺栓连接分为 3 种工况：仅受预紧力的紧螺栓连接、既受预紧力又受工作拉力的紧螺栓连接、受工作剪力的紧螺栓连接。接下来分别讨论三种工况下紧螺栓连接的强度计算。

1. 仅受预紧力的紧螺栓连接强度计算

承受横向工作载荷的普通螺栓组连接中，螺栓仅受预紧力。紧螺栓连接装配时，螺母需要拧紧，在拧紧力矩的作用下，螺栓除了受预紧力的拉伸力作用外，还受螺纹副间摩擦力矩的扭转作用，如图 12-28 所示。因此，进行仅承受预紧力的紧螺栓强度计算时，应综合考虑拉伸应力和扭转切应力的作用。

螺栓危险截面因预紧力产生的拉伸应力为

$$\sigma = \frac{F_0}{\frac{\pi}{4}d_1^2} \tag{12-22}$$

螺栓危险截面因扭转力矩产生的剪切应力为

$$\tau = \frac{T}{W_T} = \frac{F_0 \tan(\psi + \varphi_v)\dfrac{d_2}{2}}{\frac{\pi}{16}d_1^3} = \frac{F_0}{\frac{\pi}{4}d_1^2}\left[2\tan(\psi + \varphi_v)\frac{d_2}{d_1}\right]$$

$$= \frac{F_0}{\frac{\pi}{4}d_1^2}\left(2\frac{\tan\psi + \tan\varphi_v}{1 - \tan\psi\tan\varphi_v}\frac{d_2}{d_1}\right) \tag{12-23}$$

式中，T 为螺纹副中的摩擦力矩（N·mm）；d_1、d_2 分别为螺栓危险截面的直径（小径）、螺栓中径（mm）；W_T 为螺栓危险截面的抗扭截面系数（mm^3）；ψ 为导程角；φ_v 为螺纹摩擦角。

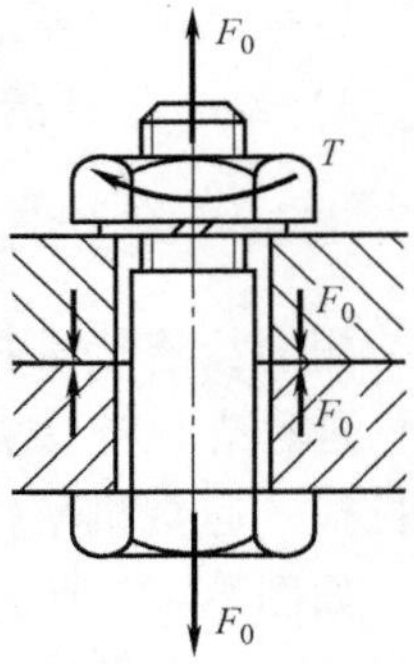

对于 M10 ~ M64 普通螺纹的钢制螺栓，取 $\tan\psi \approx 0.17$，$\tan\varphi_v \approx 0.05$，$d_2/d_1 = 1.04 \sim 1.08$，将以上取值代入式（12-23）得

$$\tau \approx 0.5\sigma \tag{12-24}$$

根据第四强度理论，可求出螺栓仅受预紧力状态下的合成应力为

$$\sigma_{ca} = \sqrt{\sigma^2 + 3\tau^2} = \sqrt{\sigma^2 + 3(0.5)^2\sigma^2} \approx 1.3\sigma \tag{12-25}$$

由此可得危险截面的强度条件为

$$\sigma_{ca} = 1.3\sigma = \frac{1.3F_0}{\frac{\pi}{4}d_1^2} \leqslant [\sigma] \tag{12-26}$$

图 12-28　仅受
预紧力的
紧螺栓连接

将式（12-26）变换后可得仅受预紧力的螺栓连接的设计公式为

$$d_1 \geqslant \sqrt{\frac{4 \times 1.3F_0}{\pi[\sigma]}} \tag{12-27}$$

式中，所有变量符号的含义及单位同前。

2. 既受预紧力又受工作拉力的紧螺栓连接强度计算

同时承受预紧力和工作拉力的紧螺栓连接在工程实际中比较常见，接下来以图 12-29 所

示的压力容器缸盖螺栓为例展开讨论。

1）总拉力 F_2 的确定。这种紧螺栓承受轴向工作载荷后，由于螺栓与被连接件的弹性变形，螺栓所受的总拉力并不等于预紧力与工作拉力之和。对于承受重载且失效后可能会产生严重后果的螺栓连接，为了能进行计算和可靠的结构设计，必须研究螺栓和被连接件受载后的力与变形关系。

图 12-30 给出了螺栓和被连接件承受预紧力和轴向工作载荷的力与变形原理。在拧紧螺母前，螺栓和被连接件均未受载，故螺栓与被连接件的变形量为 0，如图 12-30a 所示。在拧

图 12-29　压力容器缸盖螺栓

紧螺母施加预紧力 F_0 之后，被连接件被压缩，压缩变形量为 λ_m；而螺栓在预紧力作用下被拉伸，拉伸变形量为 λ_b，如图 12-30b 所示。

施加工作载荷 F 后，螺栓进一步受拉，变形量增加 $\Delta\lambda$，此时螺栓的总变形量为 $\lambda_b + \Delta\lambda$；而被连接件由于螺栓的进一步伸长而随之被放松，变形量减少 $\Delta\lambda$，被连接件的总变形量为 $\lambda_m - \Delta\lambda$，此时其受到的载荷由原来的预紧力 F_0 减小为 F_1，称 F_1 为残余预紧力。由螺栓的静力平衡条件可得螺栓承受的总拉力 F_2 为

$$F_2 = F + F_1 \qquad\qquad (12\text{-}28)$$

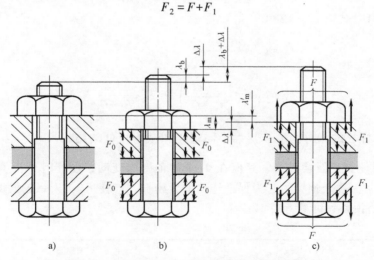

图 12-30　螺栓和被连接件的力与变形原理图
a）松弛状态　b）预紧状态　c）受载变形

螺栓与被连接件的变形过程也可以用特征线来表示，根据胡克定律，在材料的弹性范围内，螺栓变形特征线如图 12-31a 所示，横坐标表示为螺栓的变形量，纵坐标表示为力；被连接件的变形特征线如图 12-31b 所示，横坐标轴向左，表示变量方向；将特征线合起来就得到了螺栓与被连接件在装配状态下的力和变形的关系图，如图 12-31c 所示。

在图 12-31 中，可根据几何关系推出预紧力 F_0 与残余预紧力 F_1、总拉力 F_2 的关系。根据图 12-31a 和图 12-31b 可得螺栓刚度 C_b 和被连接件刚度 C_m 为

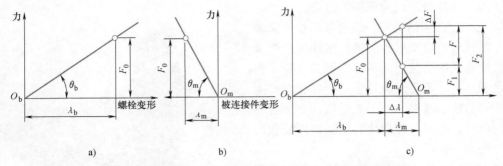

图 12-31　螺栓与被连接件在装配状态下的力和变形特性线

$$C_b = \frac{F_0}{\lambda_b} = \tan\theta_b$$

$$C_m = \frac{F_0}{\lambda_m} = \tan\theta_m \qquad (12\text{-}29)$$

根据图 12-31c 的几何关系可得

$$F_2 = F + F_1 = F_0 + \Delta F$$

$$F_0 = F_1 + (F - \Delta F) \qquad (12\text{-}30)$$

$$\frac{\Delta F}{F - \Delta F} = \frac{\Delta\lambda\tan\theta_b}{\Delta\lambda\tan\theta_m} = \frac{C_b}{C_m} \Rightarrow \Delta F = \frac{C_b}{C_b + C_m}F \qquad (12\text{-}31)$$

将式（12-31）代入式（12-30）得

$$F_2 = F_0 + \frac{C_b}{C_b + C_m}F$$

$$\qquad (12\text{-}32)$$

$$F_0 = F_1 + \left(1 - \frac{C_b}{C_b + C_m}\right)F = F_1 + \frac{C_m}{C_b + C_m}F$$

式中，$\dfrac{C_b}{C_b + C_m}$ 为螺栓的相对刚度，其大小同螺栓和被连接件的结构尺寸、材料，以及垫片、工作载荷的作用位置等因素有关，其值在 0~1 的范围内变动，设计时可根据垫片材料依据表 12-6 选取；F_1 为残余预紧力，为保证连接的紧密性，应使 $F_1>0$，一般根据使用性质确定 F_1 的大小，残余预紧力可参考表 12-7。

表 12-6　螺栓相对刚度

垫片类型	金属垫片或无垫片	皮革	铜皮石棉	橡胶
$\dfrac{C_b}{C_b + C_m}$	0.2~0.3	0.7	0.8	0.9

表 12-7　残余预紧力

有密封性要求	工作载荷有冲击	工作载荷不稳定	工作载荷稳定	地脚螺栓连接
(1.5~1.8)F	(1.0~1.5)F	(0.6~1.0)F	(0.2~0.6)F	$\geq F$

　　2）工作载荷为静载荷的紧螺栓强度计算。在设计时，首先计算螺栓的工作载荷 F，再根据连接的要求选取残余预紧力 F_1，然后按式（12-30）计算螺栓的总拉力 F_2，考虑到扭转

剪切应力的影响将总拉力增加 30%，最后按强度条件进行螺栓的校核。螺栓危险截面的抗拉强度条件为

$$\sigma_{ca} = \frac{1.3F_2}{\dfrac{\pi d_1^2}{4}} \leqslant [\sigma] \tag{12-33}$$

则螺栓设计公式为

$$d_1 \geqslant \sqrt{\frac{4 \times 1.3F_2}{\pi[\sigma]}} \tag{12-34}$$

3）工作载荷为变载荷的紧螺栓强度计算（按螺栓的疲劳强度进行精确校核）。当螺栓承受的工作载荷在 $0 \sim F$ 变化时，螺栓承受的总拉力在 $F_0 \sim F_2$ 变化，如图 12-32 所示。则螺栓的最大拉应力为

$$\sigma_{max} = \frac{F_2}{\dfrac{\pi}{4}d_1^2} \tag{12-35}$$

螺栓的最小拉应力为

$$\sigma_{min} = \frac{F_0}{\dfrac{\pi}{4}d_1^2} \tag{12-36}$$

根据式（12-35）和式（12-36）可得应力幅为

$$\sigma_a = \frac{\sigma_{max} - \sigma_{min}}{2} = \frac{C_b}{C_b + C_m} \frac{2F}{\pi d_1^2} \tag{12-37}$$

考虑到对疲劳破坏起主要作用的是应力幅 σ_a，故其疲劳强度条件为

$$\sigma_a \leqslant [\sigma_a] \tag{12-38}$$

式中，许用应力幅 $[\sigma_a]$ 可由下式求得

$$[\sigma_a] = \frac{\varepsilon_\sigma k_m \sigma_{-1tc}}{K_\sigma S_a} \tag{12-39}$$

式中，σ_{-1tc} 为螺栓材料的对称循环拉压疲劳极限（MPa），其取值参考表 12-8；S_a 为安全系数，取值详见表 12-9；ε_σ 为尺寸系数，取值详见表 12-10；k_m 为螺纹制造工艺系数，取值详见表 12-10；K_σ 为有效应力集中系数，取值详见表 12-10；

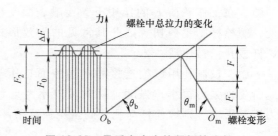

图 12-32　承受变应力的紧螺栓连接

表 12-8　螺纹连接件常用材料的疲劳极限

材料	疲劳极限/MPa		材料	疲劳极限/MPa	
	σ_{-1}	σ_{-1tc}		σ_{-1}	σ_{-1tc}
10	160~220	120~150	45	250~340	190~250
Q235	170~220	120~160	40Cr	320~440	240~340
35	220~300	170~220			

表 12-9　螺纹连接件的安全系数

载荷情况		许用应力		不控制预紧力		控制预紧力
				M6~M16	M16~M30	不分直径
紧螺栓连接	静载	$[\sigma]=\dfrac{\sigma_s}{S}$	碳钢	5~4	4~2.5	1.2~1.5
			合金钢	5.7~5	5~3.4	
	变载	按最大应力 $[\sigma]=\dfrac{\sigma_s}{S}$	碳钢	12.5~8.5	8.5	
			合金钢	10~6.8	6.8	
		按循环应力幅 $[\sigma_a]=\dfrac{\varepsilon_\sigma k_m \sigma_{-1tc}}{K_\sigma S_a}$		$S_a=2.5~4$		$S_a=1.5~2.5$
	铰制孔用螺栓连接			钢: $S_\tau=2.5$, $S_p=1.25$		钢: $S_\tau=3.5~5.0$, $S_p=1.5$
				铸铁: $S_p=2.0~2.5$		铸铁: $S_p=2.5~3.0$
松螺栓连接				1.2~1.7		

表 12-10　螺栓连接疲劳强度影响系数

公式		d/mm	≤12	16	20	24	30	36	42	48	56	64
$[\sigma_a]=\dfrac{\varepsilon_\sigma k_m \sigma_{-1tc}}{K_\sigma S_a}$	尺寸系数	ε_σ	1.0	0.87	0.80	0.74	0.67	0.63	0.60	0.57	0.54	0.53
	有效应力集中系数	σ_B/MPa	400			600		800			1000	
		K_σ	3.0			3.9		4.8			5.2	
	螺纹制造工艺系数	k_m	辗压: $k_m=1.25$; 车制: $k_m=1.2$									

3. 受工作剪力的紧螺栓连接强度计算

受工作剪力的紧螺栓连接如图 12-33 所示，这种连接利用铰制孔用螺栓抗剪切来承受横向工作载荷 F。由于螺栓杆与孔壁之间无间隙，在工作载荷 F 的作用下，接触表面受挤压，在连接接合面处，螺栓杆则受剪切。因此其常见的失效形式为：螺杆被剪断及螺杆或孔壁被压溃。

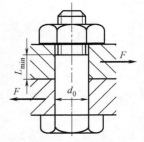

图 12-33　受工作剪力的
紧螺栓连接

由于铰制孔用螺栓连接靠接触表面挤压与工作载荷平衡，因此所受预紧力很小，强度计算时可以不考虑预紧力和螺纹副摩擦力矩的影响。则螺栓杆与孔壁的挤压强度条件为

$$\sigma_p=\frac{F}{d_0 L_{min}}\leqslant[\sigma_p] \tag{12-40}$$

螺栓杆的剪切强度条件为

$$\tau=\frac{F}{\dfrac{\pi d_0^2}{4}}\leqslant[\tau] \tag{12-41}$$

螺纹连接
测试题（第五节）

螺栓连接
设计实例视频

式中，F 为螺栓所受的工作剪力（N）；d_0 为螺栓剪切面的直径（可取螺栓孔直径）（mm）；L_{min} 为螺栓杆与孔壁

挤压面的最小长度（mm），设计时取 $L_{min} \geqslant 1.25d_0$；$[\sigma_p]$ 为螺栓或孔壁材料的许用挤压应力（MPa）；$[\tau]$ 为螺栓材料的许用剪切应力（MPa）。

第六节 螺纹连接件的材料与许用应力

一、螺纹连接件的材料

1. 材料性能要求

螺纹连接件的材料对连接件的性能有直接的影响。连接设计要求螺纹连接件具有足够的强度和工作可靠性。螺纹连接件形状复杂，容易引起应力集中，因此要求螺纹连接件材料应具有较好的塑性和韧性，对应力集中不敏感。螺纹连接件是采用大批量工艺生产的，材料应适应这些生产工艺的要求。

2. 常用材料

适合作为螺纹连接件的材料种类很多，常用材料有低碳钢、中碳钢；有冲击振动的场合常用的材料有低碳合金钢、中碳合金钢和合金钢。对于特殊用途的螺纹连接件（如有防腐蚀、防磁、导电性、耐高温等要求），可以采用特殊钢、铜合金和铝合金等。

普通垫圈常用的材料有 Q235、15 钢和 35 钢，弹簧垫圈常用 65Mn 制造。

选择螺母材料时，考虑到更换螺母比更换螺栓较经济、方便，所以应使螺母材料的强度低于螺栓材料的强度。

3. 性能等级

国家标准规定了螺栓、螺钉、螺柱和螺母的性能等级，详见表 12-11。螺栓、螺钉和螺柱的性能等级分为 9 级。如表中所列，性能等级用一个带点的数字来表示，自 4.6 至 12.9。点前数字表示公称抗拉强度 σ_b 的 1/100，点后数字表示公称屈服强度 σ_s，或公称规定非比例伸长应力 $\sigma_{p0.2}$ 与公称抗拉强度 σ_b 比值（屈强比）的 10 倍，即 $10 \times \dfrac{\sigma_s}{\sigma_b}$。这两部分数字的乘积等于公称屈服强度的 1/10。例如性能等级 4.6 级，其中 4 表示连接件的公称抗拉强度为 400MPa，6 表示屈服强度与公称抗拉强度之比为 0.6，则连接件的屈服强度为 240MPa。

螺母的性能等级共 7 级，如表 12-11 所示，其代号由可与该螺母相配的最高性能等级的螺栓公称抗拉强度的 1/100 表示。

表 12-11 螺栓、螺钉、螺柱和螺母的性能等级

螺栓、螺钉、螺柱	性能等级									
	4.6	4.8	5.6	5.8	6.8	8.8		9.8	10.9	12.9
						≤M16	>M16			
公称抗拉强度 σ_b/MPa	400		500		600	800		900	1000	1200
屈服强度 σ_s/MPa	240	320	300	400	480	640	640	720	900	1080
布氏硬度/HBW	114	124	147	152	181	232	245	286	316	380
螺栓、螺钉、螺柱材料	15、Q235	16、Q215	25、35	15、Q235	45	35	35	35、45	40Cr、15MnVB	30CrMnSi、15MnVB

（续）

螺母	性能等级							
	4 或 5	5	6	8 或 9		9	10	12
螺母最小保证应力 σ_{min}/MPa	400	510 $(d \geqslant 39)$	520$(d \geqslant 4,$ 右同)	600	800	900 $(d \geqslant 39)$	900 $(d < 16)$	1040	1150
螺母推荐材料	10、Q215			10、Q345	35			40Cr、15MnVB	30CrMnSi、15MnVB

4. 螺纹连接性能等级选用原则

在一般用途的设计中，通常选用 4.8 级左右的螺栓，在重要的或有特殊要求设计中的螺纹连接件，要选用高的性能等级，如在压力容器中常采用 8.8 级的螺栓。

二、螺纹连接件的许用应力

螺纹连接件的许用应力与材料及热处理工艺、结构尺寸、载荷性质、工作温度、加工装配质量、使用条件等多种因素有关。精确选定许用应力必须综合考虑上述各因素，一般机械设计的螺纹连接件的许用压应力按下式确定为

$$[\sigma] = \frac{\sigma_s}{S} \tag{12-42}$$

螺纹连接件的许用剪切应力 $[\tau]$ 和许用挤压应力 $[\sigma_p]$ 分别按下式计算为

$$[\tau] = \frac{\sigma_s}{S_\tau} \tag{12-43}$$

对于钢为

$$[\sigma_p] = \frac{\sigma_s}{S_p} \tag{12-44}$$

对于铸铁为

$$[\sigma_p] = \frac{\sigma_b}{S_p} \tag{12-45}$$

式中，S、S_τ，S_p 为安全系数，其取值详见表 12-9；σ_s、σ_b 分别为螺纹连接件材料的屈服极限和抗拉强度，见表 12-11，常用铸件连接件的 σ_b 可取 200~250MPa。

第七节 提高螺纹连接强度的措施

根据螺纹连接工作情况，对其进行受力分析，并正确设计和选择螺栓直径是保证螺纹连接强度的最关键因素。但除此之外，影响螺纹连接强度的因素还有很多，包括应力幅的大小、螺栓连接的结构、应力集中、附加应力、螺纹牙载荷分配情况、制造和装配工艺等。接下来将以螺栓连接为例，介绍提高螺纹连接强度的常见措施。

1. 降低影响螺栓强度的应力幅

根据受工作载荷的紧螺栓连接强度分析可知，当螺栓受的最大应力一定时，应力幅越小，疲劳强度越高。由式（12-37）可知，在工作载荷和预紧力不变的情况下，减小螺栓刚度或增大被连接件的刚度能达到减小应力幅的目的，如图 12-34a、b 所示。无论是减小螺栓刚度还是增大被连接件刚度均会造成残余预紧力的减小，从而降低连接的紧密性，但若在减

小螺栓刚度的同时增大被连接件的刚度，则可以使残余预紧力不致减小太多或保持不变，如图 12-34c 所示。

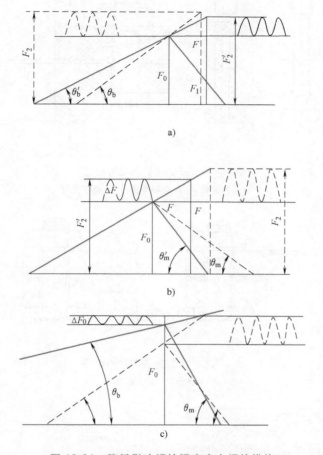

图 12-34　降低影响螺栓强度应力幅的措施
a) 减小螺栓刚度 C_b　　b) 增大被连接件刚度 C_m
c) 同时减小螺栓刚度 C_b 并增大被连接件刚度 C_m

在实际生产中，减小螺栓刚度的措施有：增大螺栓的长度、减小螺栓杆直径，如图 12-35a 所示的腰状杆螺栓；做成空心杆，如图 12-35b 所示的空心螺栓；在螺母下安装弹性元件，如图 12-35c 所示的弹性元件。

增大被连接件刚度的措施有：存在密封要求时，采用刚度大的金属垫片如图 12-36a 所示，或密封环如图 12-36b 所示。

2. 改善螺纹牙上载荷分布不均的现象

采用普通螺母时，轴向载荷在旋合螺纹各圈间的分布是不均匀的，如图 12-37a 所示，从螺母支承面算起，第一圈受载最大，以后各圈递减。理论分析和试验证明，圈数越多，载荷分布不均的程度也越显著，到第 8～10 圈以后，螺纹几乎不受载荷。所以采用圈数多的厚螺母，并不能提高连接强度，如图 12-37b 所示。

改善螺纹牙间载荷分布不均的措施主要有以下几种：

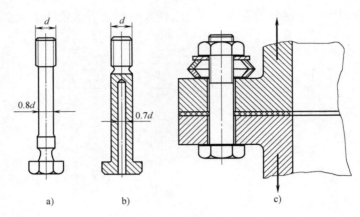

图 12-35　减小螺栓刚度的措施

a）腰状杆螺栓　b）空心螺栓　c）弹性元件

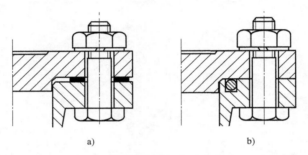

图 12-36　增大被连接件的刚度

a）金属垫片　b）密封环

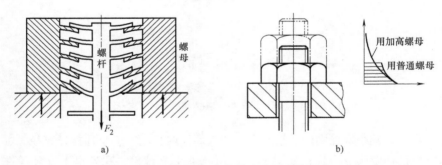

图 12-37　螺纹牙上载荷分布不均的现象

a）旋合螺纹的变形示意图　b）旋合螺纹间的载荷分布

悬置螺母：如图 12-38a 所示，螺母锥形悬置段与螺栓杆均为拉伸变形，有助于减少螺母与螺栓杆的螺距变化差，从而使载荷分布比较均匀。

环槽螺母：如图 12-38b 所示，其作用与悬置螺母相似。

内斜螺母：如图 12-38c 所示，内斜螺母因力的作用点外移容易使载荷较大的头几圈螺纹牙变形，使载荷上移可改善载荷分布不均。

内斜与环槽螺母：如图 12-38d 所示，此螺母兼具内斜螺母和环槽螺母的作用，但其加工复杂，仅限于用在重要场合或大型连接中。

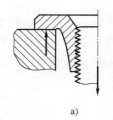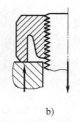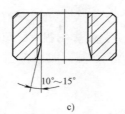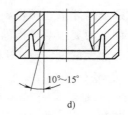

a)　　　　　　　　b)　　　　　　　　c)　　　　　　　　d)

图 12-38　改善螺纹牙间载荷分布不均的措施

a）悬置螺母　b）环槽螺母　c）内斜螺母　d）内斜与环槽螺母

钢丝螺套：如图 12-39 所示，钢丝螺套是用高强度、高精度，表面光洁的冷轧菱形不锈钢丝精确加工而成的一种弹簧状内外螺纹同心体。其主要用于增强和保护低强度材质的内螺纹。其原理是在螺钉和基体内螺纹之间形成弹性连接，减小螺纹制造误差，提高连接强度。

3. 减小或避免附加应力

由于设计、制造或安装上的疏忽，被连接件变形、螺纹孔不正，被连接件表面不平等均有可能使螺栓受到附加弯曲应力，如图 12-40 所示。当螺栓杆发生弯曲时，在螺纹牙根处会产生弯曲应力，这对螺栓疲劳强度的影响很大，严重时会造成螺栓的断裂，应设法避免。

图 12-39　钢丝螺套

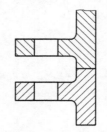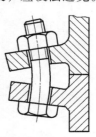

图 12-40　附加弯曲应力

减小或避免附加应力的措施有：

斜垫圈：如图 12-41a 所示，在倾斜表面应采用斜垫圈，保证螺母与被连接表面在同一水平面。

凸台或沉孔：如图 12-41b 和图 12-41c 所示，在铸件或锻件等未加工表面上安装螺栓时，常采用凸台和沉孔等结构，经切削加工后可获得平整的支承面。

球面垫圈或腰环螺栓：如图 12-42a 和图 12-42b 所示，可以保证螺栓的装配精度。

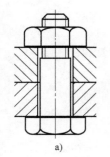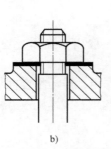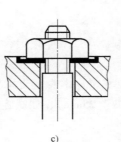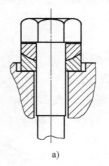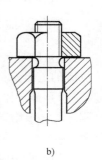

a)　　　　　　　　b)　　　　　　　　c)　　　　　　　　a)　　　　　　　　b)

图 12-41　减小或避免附加应力的措施　　　　图 12-42　球面垫圈和腰环螺栓

4. 减小应力集中

螺纹的牙根、螺栓头部与栓杆交接处，都有应力集中，是产生断裂的危险部位。其中螺纹牙的应力集中对螺栓的疲劳强度影响很大，可采取增大螺纹牙根的圆角半径、在螺栓头过渡部分加大圆角（图12-43a）、切制卸载槽（图12-43b）或卸载过渡结构（图12-43c）等措施来减小应力集中。

5. 采用特殊制造工艺

制造工艺对螺栓的疲劳强度有很大的影响，对于高强度钢制螺栓，更为显著。采用冷镦螺栓头部或滚压螺纹的工艺方法，由于冷作硬化的作用，表层有残余压应力，金属流线合理（图12-44），与车削加工的螺纹相比疲劳强度可提高30%~40%。

此外，渗氮、喷丸、碳氮共渗等表面处理方法都能提高螺栓的疲劳强度。

螺纹连接
测试题
（第六、七节）

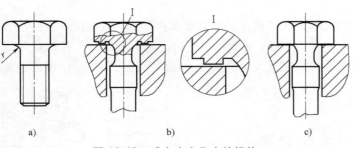

图 12-43　减小应力集中的措施

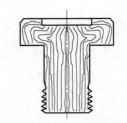

图 12-44　冷镦及滚压的
螺栓中的金属流线

第八节　螺　旋　传　动

一、螺旋传动的类型和应用

1. 原理

螺旋传动是利用螺杆和螺母组成的螺旋副来实现传动的。

2. 作用

主要用于将回转运动转变为直线运动，或将直线运动转变为回转运动，同时传递动力和运动。

3. 运动形式

1）螺杆转动，螺母移动，其结构紧凑，刚度较大，一般用于工作行程较长的场合，如机床的进给机构（图12-45）。

2）螺母固定，螺杆转动并移动，其螺母本身起支承作用，传动精度高，但轴向尺寸大，刚度差，多用于工作行程短的场合（小于25mm），如螺旋起重器或螺旋压力机（图12-46）。

4. 螺旋传动类型

（1）按用途分

1）传力螺旋：传递动力，如举重器、千斤顶（图12-46a）、压力机（图12-46b）。特点：一般在低转速下工作，每次工作时间短或间歇工作，传递轴向力大且具有自锁性。

2）传导螺旋：传递运动，要求精度高。如机床进给机构中刀具和工作台的直线进给（图 12-45）。特点：通常工作速度较快，在较长时间内连续工作，要求具有较高的传动精度。

3）调整螺旋：用于调整或固定零件（或部件）之间的相对位置，如带传动中调整中心距的张紧螺旋，机床、仪器及测试装置中的微调螺旋。特点：受力较小且不经常转动，一般在空载下调整。

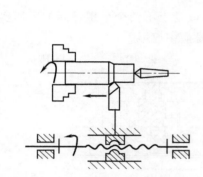

图 12-45　机床刀具与工作台的直线进给

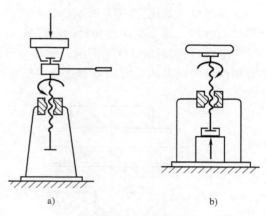

图 12-46　螺旋传动
a）千斤顶　b）压力机

（2）按摩擦副的性质分

1）滑动螺旋（滑动摩擦）

优点：构造简单、传动比大，承载能力高，加工方便、传动平稳、工作可靠、易于自锁。

缺点：磨损快、寿命短，低速时有爬行现象（滑移），摩擦损耗大，传动效率低（30%～40%），传动精度低。

2）滚动螺旋（滚动摩擦）。

工作原理：滚动螺旋传动是在具有圆弧形螺旋槽的螺杆和螺母之间连续装填若干滚动体（多用钢球），当传动工作时，滚动体沿螺纹滚道滚动并进行循环。按循环方式分为内循环、外循环两种。

优点：传动效率高（可达 90%），起动力矩小，传动灵活平稳，低速不爬行，同步性好，定位精度高，正逆运动效率相同，可实现逆传动。

缺点：不自锁，需附加自锁装置，抗振性差，结构复杂，制造工艺要求高，成本较高。

3）静压螺旋（液体摩擦）。

工作原理：靠外部液压系统提供压力油，压力油进入螺杆与螺母螺纹间的空隙，促使螺杆、螺母、螺纹牙间产生压力油膜而分隔开。

优点：摩擦系数小，效率高，工作稳定，无爬行现象，定位精度高，磨损小，寿命长。

缺点：螺母结构复杂，需要稳压供油系统、成本较高，适用于精密机床中进给和分度机构。

本节重点讨论滑动螺旋，滚动和静压螺旋可参考相关书籍和资料。

二、滑动螺旋的结构和材料

1. 滑动螺旋的结构

滑动螺旋的结构主要是指螺杆、螺母的固定和支承的结构形式。螺母结构形式分为三种：整体螺母、组合螺母和剖分螺母。

整体螺母：如图 12-47a 所示，整体螺母结构简单，但由磨损产生的轴向间隙不能补偿，只适合在精度要求较低的传动中应用。

组合螺母：如图 12-47b 所示，它利用调整楔块来定期调整螺旋副的轴向间隙，补偿旋合螺纹的磨损，避免反向传动时的空行程。

剖分螺母：如图 12-47c 所示，螺母为分体式，通过改变上下两个半螺母间的距离实现螺旋副间轴向间隙的实时调整，适合在精度要求较高的螺旋中应用。

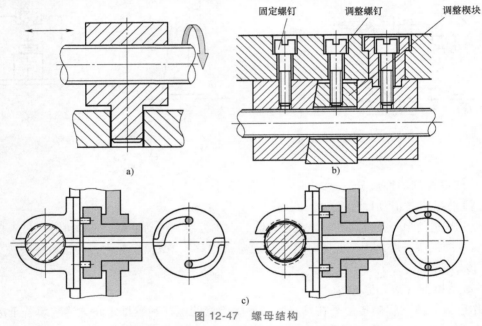

固定螺钉　调整螺钉　调整楔块

a)　b)

c)

图 12-47　螺母结构

a）整体螺母　b）组合螺母　c）剖分螺母

2. 滑动螺旋的材料

螺旋副材料要求：足够的强度，良好的耐磨性，螺杆和螺母材料配合时摩擦系数要小。为了减小磨损，螺杆和螺母最好选用不同的材料，同时，应使螺杆的硬度高于螺母的硬度，以保护价格较贵和对传动精度影响较大的螺杆性能。螺杆和螺母常用材料见表 12-12。

表 12-12　螺杆和螺母常用材料

螺旋副	材料与热处理方式	应用范围
螺杆	Q235、Q275、45、50，调质处理	适用于经常运动、受力不大、转速转低的传动
	T12、40Cr、65Mn、20CrMnTi，淬火处理>50HRC	热处理后可提高材料的耐磨性，适用于重载、转速较高的重要传动
	9Mn2V 等合金工具钢，GCr15、GCr15SiMn 等滚动轴承钢，淬火处理>55HRC	热处理后可提高尺寸的稳定性，适用于精密螺旋传动

（续）

螺旋副	材料与热处理方式	应用范围
螺母	（铸造锡青铜） （铸造铝青铜） （铸造黄铜）	材料耐磨性好,适用于一般传动 材料耐磨性好,强度高,适用于重载、低速的传动。对于尺寸较大或高速传动,螺母可采用钢或铸铁制造,内孔浇注青铜或巴氏合金

三、滑动螺旋传动的设计计算

1. 失效形式与设计准则

（1）失效形式　滑动螺旋在工作时,主要承受转矩及轴向拉力（或压力）作用,同时螺杆与螺母的旋合螺纹间有较大的相对滑动,因此其常见的失效形式主要有：螺纹的磨损,螺杆的变形和螺纹的断裂。其中最常见的失效形式是螺纹的磨损,因此滑动螺旋的基本尺寸（螺杆直径和螺母高度）通常根据耐磨性条件确定。

（2）设计准则

耐磨性计算：限制螺纹间的压强,保证螺纹副具有足够的耐磨性。

自锁性计算：对于有自锁要求的螺杆应校核其自锁性。

强度计算：对于受力较大的传力螺旋,需要校核螺杆的危险截面及螺母螺纹牙的强度,以防止发生塑性变形或螺母螺纹的断裂。

稳定性计算：对于长径比很大的螺杆,为防止螺杆受压后失稳,应校核其稳定性。

刚度计算：对于精密的传导螺旋应校核螺杆的刚度,以免受力后由于螺距的变化引起传动精度降低,通常螺杆的直径应根据刚度条件确定。

在工程实际中,设计时应根据螺旋传动的类型、工作条件及其失效形式等,选择不同的设计准则,而不必每项都进行计算。接下来将重点讨论耐磨性、自锁性、强度、稳定性、刚度等常用的校核计算方法。

2. 耐磨性计算

影响磨损的原因很多,螺纹工作面上的压力、螺纹间的相对滑动速度、螺纹表面粗糙度及润滑状态等都会影响滑动螺旋的磨损程度。针对螺旋副的耐磨性目前还没有完善的计算方法。考虑到螺纹工作面上的压力对磨损影响最大,压力越大则螺旋副间越容易形成过度磨损,因此在工程实际中,通常是限制螺纹接触处的压强来进行耐磨性计算（图12-48）,其强度条件为

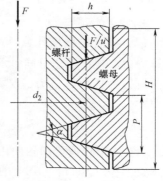

图 12-48　螺旋副受力

$$p = \frac{F}{A} = \frac{F}{\pi d_2 h u} = \frac{FP}{\pi d_2 h H} \leqslant [p] \qquad (12\text{-}46)$$

式中,F 为作用于螺杆的轴向力（N）；d_2 为螺纹中径（mm）；h 为螺纹的工作高度（mm）；u 为螺纹的工作圈数,$u = H/P$,H 为螺母的高度（mm）,P 为螺纹的螺距（mm）；$[p]$ 为材料的许用压力（MPa）,其具体取值详见表12-13。

将式（12-46）进行变换即可导出设计计算式。首先令 $\varphi = H/d_2$,对于矩形和梯形螺纹其工作高度 $h = 0.5P$,锯齿形螺纹的工作高度 $h = 0.75P$,将其代入式（12-46）整理得螺纹中径的计算公式为

梯形和矩形螺纹 $\qquad d_2 \geqslant 0.8\sqrt{\dfrac{F}{\varphi[p]}}$ （12-47）

锯齿形螺纹 $\qquad d_2 \geqslant 0.65\sqrt{\dfrac{F}{\varphi[p]}}$ （12-48）

φ 值一般取 1.2~3.5，对于整体螺母，由于磨损而无法调整间隙，为使受力分布比较均匀，螺纹工作圈数不宜过多，故取 $\varphi = 1.2 \sim 2.5$；对于剖分螺母和兼作支承的螺母，可取 $\varphi = 2.5 \sim 3.5$；只有传动精度较高、载荷较大、要求寿命较长时，才允许取 $\varphi = 4$。

依据计算出的螺纹中径，按螺纹标准选择合适的直径和螺距，然后再验算螺纹工作圈数 $u = H/P \leqslant 10$，若不满足要求，则需增大螺距。

3. 自锁性计算

通过耐磨性计算确定了螺旋传动的几何参数后，对于有自锁要求的螺旋副，还应校核螺旋副是否满足自锁条件，自锁条件校核式为

$$\psi \leqslant \varphi_v = \arctan \frac{f}{\cos\beta} = \arctan f_v \qquad (12\text{-}49)$$

式中，ψ 为导程角；φ_v 为当量摩擦角；f 为螺旋副的摩擦系数，见表 12-13；f_v 为螺旋副的当量摩擦因数；β 为牙侧角。

表 12-13　滑动螺旋副材料的许用压力 $[p]$ 及摩擦系数 f

螺杆-螺母的材料	滑动速度 /(m/min)	许用压力 /MPa	摩擦系数 f	螺杆-螺母的材料	滑动速度 /(m/min)	许用压力 /MPa	摩擦系数 f
钢-青铜	低速	18~25	0.08~0.10	淬火钢-青铜	6~12	10~13	0.06~0.08
	≤3.0	11~18		钢-铸铁	<2.4	13~18	0.12~0.15
	6~12	7~10			6~12	4~7	
	>15	1~2		钢-钢	低速	7.5~13	0.11~0.17

注：当 $\varphi < 2.5$ 时，表中的许用压力可提高 20%，当为剖分螺母时应降低 15%~20%。

4. 强度计算

（1）螺杆的强度计算　对于受力比较大的螺杆，需根据第四强度理论求出危险截面的计算应力。螺杆工作时同时承受轴向压力（或拉力）F 和转矩 T 的双重作用，在危险截面上既有压（或拉）应力，又有切应力，则螺杆危险截面的强度条件为

$$\sigma_{ca} = \sqrt{\sigma^2 + 3\tau^2} = \sqrt{\left(\frac{4F}{\pi d_1^2}\right)^2 + 3\left(\frac{T}{\pi d_1^2/16}\right)^2} \leqslant [\sigma] \qquad (12\text{-}50)$$

式中，F 为螺杆所受的轴向压力（或拉力）（N）；T 为螺杆所受的转矩（N·mm）；d_1 为螺杆螺纹小径（mm）；$[\sigma]$ 为蜗杆材料的许用应力（MPa），见表 12-14。

表 12-14　滑动螺旋副材料的许用应力

螺旋副材料		许用应力/MPa		
		$[\sigma]$	$[\sigma_b]$	$[\tau]$
螺杆	钢	$\dfrac{\sigma}{3 \sim 5}$		
螺母	青铜		40~60	30~40
	铸件		45~55	40
	钢		$(1.0 \sim 1.2)[\sigma]$	$0.6[\sigma]$

（2）螺母螺纹牙的强度计算　螺纹牙上的主要失效形式是剪切和挤压破坏。由于螺杆的材料优于螺母，所以一般只针对螺母的螺纹牙进行强度计算。如图 12-49 所示，假设螺母每圈所承受的平均压力为 F/u，并作用在螺纹中径为直径 d_2 的圆周上，则可将螺母的螺纹牙看作宽度为 πD 的悬臂梁，则螺纹牙的危险截面为 a—a 截面，螺纹牙危险截面的剪切强度条件为

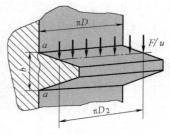

图 12-49　螺母螺纹牙的受力

$$\tau = \frac{F}{\pi D b u} \leqslant [\tau] \qquad (12\text{-}51)$$

螺纹牙危险截面的弯曲强度条件为

$$\sigma_b = \frac{6Fl}{\pi D b^2 u} \leqslant [\sigma_b] \qquad (12\text{-}52)$$

式中，b 为螺纹牙根部的厚度（mm）；对于矩形螺纹，$b=0.5P$，对于梯形螺纹，$b=0.65P$，对于锯齿形螺纹，$b=0.75P$，P 为螺距；l 为弯曲力臂（mm），$l=\dfrac{D-D_2}{2}$，其中 D 为螺母螺纹的大径，D_2 为螺母螺纹的中径，$[\tau]$ 为螺母材料的许用切应力（MPa），见表 12-14；$[\sigma_b]$ 为螺母材料的许用弯曲应力（MPa），见表 12-14。

5. 稳定性计算

对于长径比较大的受压螺杆，为防止螺杆受压后发生侧向弯曲，需要校核螺杆的稳定性，要求螺杆的工作压力 F 要小于临界载荷 F_{cr}，则螺杆的稳定性条件为

$$S_{sc} = \frac{F_{cr}}{F} \leqslant S_s \qquad (12\text{-}53)$$

式中，S_{sc} 为螺杆稳定性计算安全系数；S_s 为螺杆稳定性安全系数，对于传力螺旋 $S_s=3.5\sim5$，对于传导螺旋 $S_s=2.5\sim4$，对于精密螺杆或水平安装螺杆 $S_s>4$；F_{cr} 为螺杆稳定的临界载荷（N），临界载荷 F_{cr} 与螺杆材料及长径比（柔度）$\lambda=\dfrac{\mu l}{i}=\dfrac{4\mu l}{d_1}$ 有关，其中 i 为螺杆危险截面的惯性半径（mm），$i=\sqrt{\dfrac{I}{A}}=\dfrac{d_1}{4}$，$A$ 为危险截面的面积（mm²）。

对于淬火钢螺杆：

当 $\lambda \geqslant 85$ 时

$$F_{cr} = \frac{\pi^2 EI}{(\mu l)^2}$$

当 $\lambda < 85$ 时

$$F_{cr} = \frac{490}{1+0.0002\lambda^2} \frac{\pi d_1^2}{4}$$

对于不淬火钢螺杆：

当 $\lambda > 100$ 时

$$F_{cr} = \frac{\pi^2 EI}{(\mu l)^2}$$

当 $40 < \lambda < 100$ 时

$$F_{cr} = \frac{340}{1+0.00013\lambda^2} \frac{\pi d_1^2}{4}$$

当 $\lambda < 40$ 时不必进行稳定性校核。

式中，E 为螺杆的弹性模量，对于钢，$E = 2.06 \times 10^5$ MPa；I 为危险截面的惯性矩（mm^4），$I = \pi d_1^4 / 64$；μ 为螺杆长度系数，与螺杆的支承情况有关，见表 12-15；l 为螺杆的最大工作长度（mm），当螺杆两端支承时，l 取两支点间的距离（图 12-50a），当螺杆一端以螺母支承时，l 取从螺母中部到另一支点上的距离（图 12-50b）；d_1 为螺纹小径（mm）。

若上述计算结果不满足稳定性条件时，应增大螺纹小径 d_1。

表 12-15　螺杆长度系数 μ

端部支承情况	长度系数 μ	判断螺杆端部支承情况的方法
两端固定	0.5	①若采用滑动支承时，则以轴承长度 l_0 与直径 d_0 的比值来确定：$l_0 / d_0 < 1.5$ 为铰支；$l_0 / d_0 < 1.5 \sim 3$ 为不完全固定；$l_0 / d_0 > 3$ 为固定支承
一端固定，一端不完全固定	0.6	
一端铰支，一端不完全固定	0.7	②若以整体螺母作为支承时，仍按上述方法确定。但取 L/H，L 为螺母长度，H 为螺母高度
两端不完全固定	0.75	③若以剖分螺母作为支承时，可作为不完全固定支承
两端铰支	1.0	④若采用滚动轴承支承，且有径向约束时，可作为铰支；有径向和轴向约束时，可作为固定支承
一端固定，一端自由	2.0	

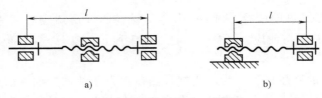

a)　　　　　　　　　b)

图 12-50　螺杆的最大工作长度

6. 刚度计算

螺杆在轴向载荷 F 和转矩 T 作用下将产生变形，引起螺距的变化，从而影响螺旋传动。在设计时应进行刚度计算，以便把螺距的变化限制在允许的范围内。

1）螺杆在轴向载荷 F 的作用下，一个螺距产生的变化量为

$$\lambda_{PF} = \pm \frac{FP}{EA} \tag{12-54}$$

式中，±表示螺杆受拉取"+"，螺杆受压取"−"；F 为螺杆承受的轴向载荷（N）；P 为螺杆的距离（mm）；E 为螺杆的弹性模量，对于钢，$E = 2.06 \times 10^5$ MPa；A 为螺杆危险截面的面积（mm^2）。

2）螺杆在转矩 T 作用下，一个螺距长度产生的转角为 $\varphi = TP / GI_P$，引起每一螺距的变化量为

$$\lambda_{PT} = \pm \frac{\varphi P}{2\pi \pm \varphi} \approx \pm \frac{\varphi P}{2\pi} = \pm \frac{TP^2}{2\pi GI_P} \tag{12-55}$$

式中，T 为螺杆承受的转矩（N·mm），当转矩 T 逆着螺旋方向作用时取"+"，顺着螺旋方向作用时取"−"；G 为螺杆材料的剪切弹性模量；I_P 为螺杆螺纹段截面的极惯性矩（mm^4）；

3）螺杆在轴向载荷和转矩作用下，一个螺距的变量为

$$\lambda_P = \lambda_{PF} + \lambda_{PT}$$

将 λ_{PF} 和 λ_{PT} 以绝对值代入，得一个螺距的变化量（μm）为

$$\lambda_P = \left(\frac{FP}{EA} + \frac{TP^2}{2\pi GI_P} \right) \times 10^3 \qquad (12\text{-}56)$$

上式中各变量含义同前。

4）在长度为 1m 的螺纹上有 1000mm/P 个螺距，则 1m 长的螺纹上螺距累积变化量（μm）为

$$\lambda = \frac{1000}{P}\lambda_P = \left(\frac{4F}{E\pi d_2} + \frac{16TP}{G\pi^2 d_2^4} \right) \times 10^6 \qquad (12\text{-}57)$$

式中，d_2 为螺纹中径（mm）。

四、其他螺旋传动介绍

1. 滚动螺旋传动

定义：用滚动体在螺纹工作面间实现滚动摩擦的螺旋传动，又称滚珠丝杠传动。滚动体通常为滚珠，也有的用滚子。

特点：滚动螺旋传动的摩擦系数、效率、抗磨损性、寿命、抗爬行性能、传动精度和轴向刚度等虽比静压螺旋传动稍差，但远比滑动螺旋传动好。滚动螺旋传动的效率一般在90% 以上。其不自锁，具有传动的可逆性；但结构复杂，制造精度要求高，抗冲击性能差。

应用：已广泛地应用于机床、飞机、船舶和汽车等要求高精度或高效率的场合。

结构及工作原理：滚动螺旋传动的结构型式，按滚珠循环方式分外循环（图 12-51a）和内循环（图 12-51b）。外循环的导路为一导管，将螺母中几圈滚珠形成一个封闭循环。内循环采用反向器，一个螺母上通常有 2~4 个反向器，将螺母中滚珠分别形成 2~4 个封闭循环，每圈滚珠只在本圈内运动。外循环的螺母加工方便，但径向尺寸较大。为提高传动精度和轴向刚度，除采用滚珠与螺纹选配外，常用各种调整方法以实现预紧。

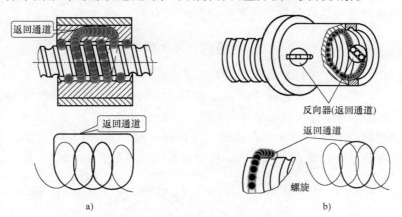

图 12-51　滚动螺旋传动

2. 静压螺旋传动

定义：螺纹工作面间形成液体静压油膜润滑的螺旋传动。

特点：静压螺旋传动摩擦系数小，传动效率可达 99%，无磨损和爬行现象，无反向空程，轴向刚度很高，不自锁，具有传动的可逆性，但螺母结构复杂，而且需要有一套压力稳定、温度恒定和过滤要求高的供油系统。

应用：静压螺旋常被用作精密机床进给和分度机构的传导螺旋。

结构及工作原理：这种螺旋采用牙较高的梯形螺纹。如图 12-52 所示，在螺母每圈螺纹中径处开有 3~6 个间隔均匀的油腔。同一素线上同一侧的油腔连通，用一个节流阀控制。油泵将精滤后的高压油注入油腔，油经过摩擦面间缝隙后再由牙根处回油孔流回油箱。当螺杆未受载荷时，牙两侧的间隙和油压相同。当螺杆受向左的轴向力作用时，螺杆略向左移，当螺杆受径向力作用时，螺杆略向下移。当螺杆受弯矩作用时，螺杆略偏转。由于节流阀的作用，在微量移动后各油腔中油压发生变化，螺杆平衡于某一位置，并保持某一油膜厚度。

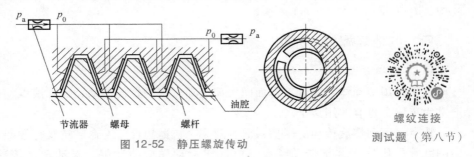

图 12-52　静压螺旋传动

螺纹连接
测试题（第八节）

设计任务　螺栓设计实例

在图 3-3 所示的链式运输机项目中，螺栓基本上是只受预紧力的紧螺栓连接，且只需要人为用扳手拧紧即可，不需要严格控制预紧力，因此只需要根据经验公式确定尺寸即可，相关经验公式及选定的螺栓型号将在第十四章机座与箱体的设计中详细阐述。此处为了帮助学习者更好地掌握螺栓设计方法，将介绍几个其他案例。

1）用绳索通过吊环螺钉起重，绳索所受最大拉力 $F_{max} = 10kN$，螺钉刚度与被连接件刚度之比 $\dfrac{C_b}{C_m} = \dfrac{1}{3}$，试求：①为使螺钉头与重物接触面不出现缝隙，螺钉的最小预紧力为多少？②若预紧力为 10kN，工作螺钉的剩余预紧力为多少？

2）在图 12-53 所示的汽缸连接中，汽缸内径 $D = 400mm$，螺栓个数为 16，缸内压力 p 在 $0 \sim 2N/mm^2$ 变化，采用铜皮石棉垫片，试确定螺栓直径。

3）起重机卷筒与大齿轮用 8 个普通螺栓连接在一起，如图 12-54 所示。已知卷筒直径 $D = 400mm$，螺栓分布圆直径 $D_0 = 500mm$，接合面间摩擦系数 $f = 0.12$，可靠性系数 $K_s = 1.2$，

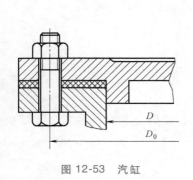

图 12-53　汽缸

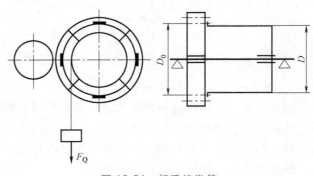

图 12-54　起重机卷筒

起重钢索拉力 $Q = 50000\mathrm{N}$，螺栓材料的许用拉升应力 $[\sigma] = 100\mathrm{MPa}$，试设计该螺栓组的螺栓直径。

4）如图 12-55 所示为一厚度是 15mm 的薄板，用两个铰制孔用螺栓固定在机架上。已知载荷 $P = 4000\mathrm{N}$，螺栓、板和机架材料许用拉应力 $[\sigma] = 120\mathrm{MPa}$，许用切应力 $[\tau] = 95\mathrm{MPa}$，许用挤压应力 $[\sigma_p] = 150\mathrm{MPa}$，板间摩擦系数 $f = 0.2$。①确定合理的螺纹直径；②若改用普通螺栓，螺栓直径应为多大？（取可靠性系数 $K_s = 1.2$）

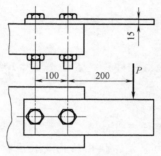

螺栓设计
实例答案

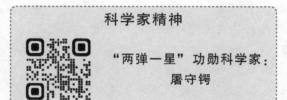

图 12-55 机架及螺栓

科学家精神

"两弹一星"功勋科学家：
屠守锷

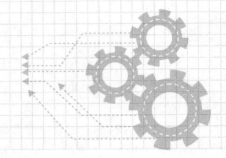

第十三章

滑 动 轴 承

（一）主要内容

滑动轴承的结构；轴瓦的结构和材料；不完全液体摩擦滑动轴承的计算；动压润滑的基本原理等。

（二）学习目标

1. 了解滑动轴承的各种摩擦状态及特点。

2. 了解滑动轴承的各种结构形式、轴瓦结构及轴承材料。

3. 掌握润滑剂的特性指标，了解滑动轴承的润滑方法。

4. 掌握动压润滑的基本原理。

5. 掌握非液体及液体动压润滑滑动轴承的设计方法及步骤。

（三）重点与难点

重点：非液体及液体动压润滑滑动轴承的设计方法及步骤。

难点：动压润滑的基本原理及液体动压润滑滑动轴承的设计。

第一节　认识滑动轴承

一、滑动轴承概述

1. 轴承的功用

轴承可以支承轴及轴上零件，并保持轴的旋转精度；减少转轴与支承之间的摩擦和磨损。

2. 轴承的分类

1）根据轴承中摩擦性质分：滑动轴承和滚动轴承。

2）根据所承受载荷的方向分：向心轴承（承受径向力）、推力轴承（承受轴向力）。

3）根据轴颈和轴瓦间的摩擦状态分：不完全液体摩擦滑动轴承和完全液体摩擦滑动轴承。根据工作时相对运动表面间油膜形成原理的不同，完全液体摩擦滑动轴承又分为液体动压润滑轴承和液体静压润滑轴承，简称动压轴承和静压轴承。液体静压润滑轴承，是利用外界液压泵，将具有一定压力的润滑油送入轴颈与轴承之间，靠液体的静压力将工作表面完全隔开，并承受外载荷。液体动压润滑轴承，利用运动形成液体动压力的油膜，将工作表面完全隔开，并承受外载荷。

3. 滑动轴承的优缺点及应用

优点：寿命长、适于高速运转；油膜能缓冲吸振；耐冲击、承载能力大；回转精度高、运转平稳无噪声；结构简单、装拆方便、成本低廉。

缺点：非液体摩擦轴承摩擦损失大，磨损严重；液体动压润滑轴承当起动、停车及转速和载荷经常变化时，难以保持液体润滑，且设计、制造、润滑和维护要求较高。

应用：

1）工作转速特高的轴承，如汽轮发电机。

2）特重型的轴承，如水轮发电机。

3）要求对轴的支承位置特别精确的轴承，如精密磨床。

4）承受巨大冲击和振动载荷的轴承，如破碎机。

5）根据装配要求必须做成剖分式的轴承，如曲轴轴承。

6）在特殊条件下（如水或腐蚀介质中）工作的轴承，如舰艇螺旋桨推进器的轴承。

7）轴承处径向尺寸受到限制时，可采用滑动轴承，如多辊轧钢机。

4. 滑动轴承的设计内容

要正确地设计滑动轴承，必须合理地解决以下问题：

1）滑动轴承结构。

2）轴瓦的结构。

3）轴承材料选择。

4）润滑剂的选择和供应。

5）滑动轴承的工作能力及热平衡计算。

接下来将对以上 5 个问题的解决进行讨论。

二、滑动轴承结构

滑动轴承应用
与结构视频

1. 向心滑动轴承

向心滑动轴承分为整体式和剖分式两大类。

（1）整体式向心滑动轴承

1）结构：如图 13-1 所示，整体式向心滑动轴承由轴承座、轴套或轴瓦等组成。

2）特点：优点为结构简单，成本低廉；缺点为轴瓦磨损后，轴承间隙过大时无法调整，只能从轴颈端部装拆，装拆不方便，有时甚至无法安装。

3）应用：多用在低速、轻载或间歇性工作的机器中。如某些农用机械，手工机械中。

（2）剖分式向心滑动轴承

1）结构：如图 13-2 所示，将轴承座或轴瓦分离制造，两部分用螺栓连接。轴承盖和轴

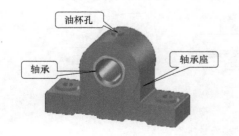

图 13-1 整体式向心滑动轴承

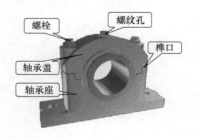

图 13-2 剖分式向心滑动轴承

承座的剖分面常做成阶梯形，以便安装时定位、对中，亦可防止上、下轴瓦的错动。轴承盖上部开有螺纹孔，用以安装油杯或油管。通常下轴瓦承受载荷，上轴瓦不承受载荷。为了节约贵重金属或满足其他需求，常在轴瓦内表面上贴附一层轴承衬。在轴瓦内壁不承受载荷的表面上开设油槽，润滑油通过油孔和油槽流进轴承间隙。

2）特点：结构复杂，可以调整因磨损而造成的间隙，安装方便。

3）应用：主要用于重载大中型机器，如冶金矿山机械、大型发电机、球磨机、压缩机和运输机上。

2. 推力滑动轴承

1）结构形式：由轴承座和止推轴颈组成。常用的结构形式有空心式、单环式和多环式。

空心式：如图13-3a所示，轴颈接触面上压力分布较均匀，润滑条件比实心式要好。

单环式：如图13-3b所示，利用轴颈的环形端面止推，结构简单，润滑方便，广泛用于低速、轻载的场合。

多环式：如图13-3c所示，不仅能承受较大的轴向载荷，有时还可承受双向轴向载荷。但各环间载荷分布不均，其单位面积的承载能力比单环式低50%。

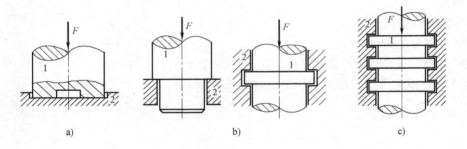

a) b) c)

图13-3 推力滑动轴承结构形式
a）空心式 b）单环式 c）多环式

2）结构特点：将轴的端面、轴肩或安装圆盘做成止推面。在止推环形面上，分布有若干个有楔角的扇形块，其数量一般为6~12。按止推面的楔角在工作中是否可变，分为固定式和可倾式两种。如图13-4a所示为固定式，其倾角固定，顶部预留平台。如图13-4b所示为可倾式，其倾角随载荷、转速自行调整，性能好。

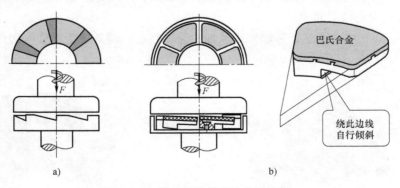

a) b)

图13-4 推力滑动轴承止推面结构
a）固定式 b）可倾式

三、轴瓦的结构

轴瓦是滑动轴承和轴颈接触的部分，为了改善轴瓦表面的摩擦性质而在其内表面上浇注的减摩材料层称为轴承衬。轴瓦是滑动轴承中最重要的零件，它的结构对轴承性能影响很大。

1. 轴瓦的形式和构造

轴瓦有整体式和剖分式两种。

（1）整体式　整体式轴瓦通常称为轴套（Bushing）。整体式轴瓦有无油沟和有油沟两种。轴瓦与轴颈采用间隙配合，一般不随轴旋转。按材料与制法的不同，可分为整体轴套（图 13-5）和卷制轴套（图 13-6）。卷制轴套又可分为单层、双层和多层材料的卷制轴套。

整体轴套的铸造工艺性好，单件、大批生产均可，适用于厚壁轴瓦。卷制轴套只适用于薄壁轴瓦，具有很高的生产率。

（2）剖分式　剖分式轴瓦有厚壁轴瓦（图 13-7）和薄壁轴瓦（图 13-8）两种。

厚壁轴瓦具有足够的强度和刚度，可降低对轴承座孔的加工精度要求，为使轴承合金和轴瓦贴附得好，常在轴瓦内表面上制出各种形式的榫头、凹沟或螺纹。薄壁轴瓦节省材料，但刚度不足，故对轴承座孔的加工精度要求高。

图 13-5　整体轴套　　　图 13-6　卷制轴套　　　图 13-7　厚壁轴瓦　　　图 13-8　薄壁轴瓦

2. 轴瓦的油孔及油槽（油沟）

目的：把润滑油导入轴颈和轴承所构成的运动副表面。

形式：如图 13-9 所示，按油槽数量分为单油槽、多油槽等。按油槽走向分为沿轴向、绕周向、斜向、螺旋线等。

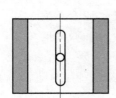 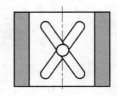 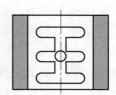

图 13-9　开孔形式

开孔原则：

1）尽量开在非承载区，尽量不要降低或少降低承载区油膜的承载能力。如图 13-10a 所示，单轴向油槽在最大油膜厚度处。如图 13-10b 所示，双轴向油槽开在轴承剖分面上。

2）轴向油槽不能开通至轴承端部，应留有适当的油封面，如图 13-10c 所示。

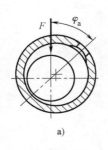
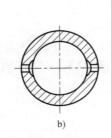
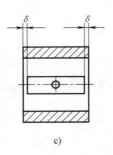

图 13-10　开孔原则

3. 轴瓦的定位方法

目的：防止轴瓦与轴承座之间产生轴向和周向的相对移动。

轴瓦的轴向定位方式：凸缘定位，如图 13-5 所示为整体式轴瓦中的凸缘，在实际生产中可将轴瓦一端或两端均做成凸缘。凸耳（定位唇）定位如图 13-11 所示。

轴瓦的周向定位方式：如图 13-12a 所示的销钉定位和图 13-12b 所示的紧定螺钉定位。

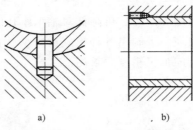

图 13-11　凸耳定位　　　图 13-12　轴瓦的周向定位　　　滑动轴承
测试题（第一节）

第二节　滑动轴承材料与润滑

一、滑动轴承的失效形式和材料

轴瓦和轴承衬的材料统称为滑动轴承材料。

1. 失效形式

滑动轴承常见失效形式有：轴承表面的磨粒磨损、刮伤、胶合、疲劳剥落和腐蚀。滑动轴承还可能出现气蚀、电侵蚀、流体侵蚀和微动磨损等失效形式。

滑动轴承的失效
与材料视频

（1）磨粒磨损　进入轴承间隙的硬颗粒有的嵌入轴承表面，有的随轴一起转动，对轴承表面起研磨作用，形成磨粒磨损，如图 13-13a 所示。

（2）刮伤　进入轴承间隙的硬颗粒或轴径表面粗糙的微观轮廓尖峰，在轴承表面划出线状伤痕，导致轴承因刮伤而失效，如图 13-13b 所示。

（3）胶合　当瞬时温升过高，载荷过大，油膜破裂时或供油不足时，轴承表面材料发生粘附和迁移，造成轴承损伤，如图 13-13c 所示。

（4）疲劳剥落　在载荷的反复作用下，轴承表面出现与滑动方向垂直的疲劳裂纹，扩展后造成轴承材料剥落，如图 13-13d 所示。

（5）腐蚀　润滑剂在使用中不断氧化，所生成的酸性物质对轴承材料有腐蚀，材料腐蚀易形成点状剥落，如图 13-13e 所示。

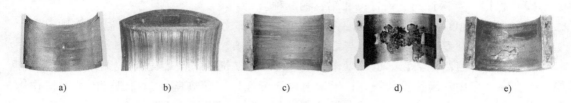

a)　　　　　　b)　　　　　　c)　　　　　　d)　　　　　　e)

图 13-13　滑动轴承的失效形式

a）磨粒磨损　b）刮伤　c）胶合　d）疲劳剥落　e）腐蚀

2. 对轴承材料的要求

针对滑动轴承的失效形式，其材料应满足以下要求。

1）有足够的疲劳强度，保证足够的疲劳寿命。

2）有足够的抗压强度，防止产生塑性变形。

3）有良好的减摩性和耐磨性，提高效率、减小磨损。

4）具有较好的抗胶合性，防止黏着磨损。

5）对润滑油要有较好的吸附能力，易形成边界膜。

6）有较好的适应性和嵌入性，可容纳固体颗粒、避免划伤。

7）良好的导热性，散热好、防止烧瓦。

8）经济性、制造工艺性好。

能同时满足这些要求的材料是难找的，应根据具体情况和主要的使用要求选择合理的材料。工程上常用浇注或压合的方法将两种不同的金属组合在一起，性能上取长补短。

3. 常用轴承材料及其性质

轴承材料可分为三类：金属材料、粉末冶金材料和非金属材料。金属材料包括轴承合金、青铜、黄铜、铝合金和铸铁。

（1）轴承合金（又称白金或巴氏合金）　分锡锑轴承合金和铅锑轴承合金两大类。由于巴氏合金熔点低于 110℃，故工作温度应小于 120℃。

锡锑轴承合金：①摩擦系数小，抗胶合性能良好，对油的吸附性强，耐腐蚀性能好，易跑合；②常用于高速、重载的轴承；③价格较贵，高温时机械强度较差；④只能作为轴承衬材料浇注在钢、铸铁或青铜轴瓦上，轴瓦与轴承衬的浇注结构如图 13-14 所示。

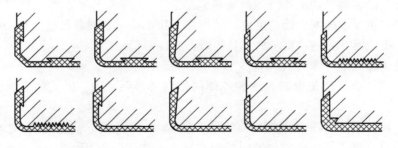

图 13-14　轴瓦与轴承衬的浇注结构

铅锑轴承合金：性能与锡锑轴承合金相近，但材料较脆；不宜承受较大的冲击载荷；一般用于中速、中载的轴承。

（2）青铜　有锡青铜、铅青铜和铝青铜三种。

优点：青铜强度高、承载能力大、耐磨性和导热性都优于轴承合金，工作温度可达250℃。

缺点：可塑性差、不易跑合、与之相配的轴颈必须淬硬。

青铜可以单独制成轴瓦，也可以作为轴承衬浇注在钢或铸铁轴瓦上。锡青铜减摩、抗磨好，强度高，多用于高速重载场合；铅青铜抗疲劳性好、导热良好、高温时铅起润滑作用，多用于中速中载场合。铝青铜抗冲击强、抗胶合差，多用于低速重载场合。

（3）具有特殊性能的轴承材料

含油轴承：用粉末冶金法制作的轴承，具有多孔组织，可存储润滑油，可用于加润滑油不方便的场合。

铸铁：性脆，耐磨性差，用于不重要、低速轻载轴承。

橡胶轴承：具有较大的弹性，能减轻振动使运转平稳，可用水润滑，常用于潜水泵、沙石清洗机、钻机等有泥沙的场合。

塑料轴承：具有摩擦系数低，可塑性好，跑合性良好，耐磨，耐腐蚀，可用水、油或其他化学溶液等润滑的优点。其缺点是导热性差、膨胀系数大、容易变形。为改善此缺陷，可将塑料轴承作为轴承衬粘在金属轴瓦上使用。

木材：具有多孔结构，可在灰尘极多的环境中使用。

碳-石墨：电动机电刷常用材料，具有自润滑性，用于不良环境中。

二、滑动轴承的润滑

1. 润滑剂

轴承润滑的目的：降低摩擦功耗，减少磨损，同时还起到冷却、吸振、防锈等作用。

润滑剂分为：①液体润滑剂（润滑油）；②半固体润滑剂（润滑脂）；③固体润滑剂等。

（1）润滑油　润滑油主要有矿物油、化学合成油、动植物油。矿物油是从石油中经提取燃油后蒸馏精制而成的，因具有来源充足，成本低廉，适用范围广，而且稳定性好、挥发性低、惰性好、防腐蚀性强等特点，且有多种黏度可选择，应用最广。

润滑油最重要的物理性能是黏度，它也是选择润滑油的主要依据。润滑油的黏度是指润滑油抵抗变形的能力，它标志着液体内部产生相对运动时内摩擦阻力的大小。

特点：有良好的流动性。

适用场合：混合润滑轴承和液体润滑轴承。

选择原则：主要考虑润滑油的黏度。转速高、压力小时，油的黏度应低一些；反之，黏度应高一些。高温时，黏度应高一些；低温时，黏度可低一些。

选择润滑油牌号时可参考表13-1。

（2）润滑脂　润滑脂是由润滑油和各种稠化剂（如钙、钠、铝、锂等金属皂）混合稠化而成的。

锥入度（针入度）：表示润滑脂性能的重要参数。在25℃时，总荷重为150±0.25g的标准锥在5s内垂直穿入润滑脂试样的深度叫作润滑脂锥入度，以1/10mm表示。锥入度是表示润滑脂软硬的指标。锥入度越大，稠度越小，润滑脂就越软；反之，锥入度越大，则稠度越大，则润滑脂越硬。

表 13-1　滑动轴承润滑油选择（不完全液体润滑、工作温度<60℃）

轴颈圆周速度/(m/s)	平均压力 p<3MPa	轴颈圆周速度/(m/s)	平均压力 p<(3~7.5)MPa
<0.1	L-AN68、110、150	<0.1	L-AN150
0.1~0.3	L-AN68、110	0.1~0.3	L-AN100、150
0.3~2.5	L-AN46、68	0.3~0.6	L-AN100
2.5~5.0	L-AN32、46	0.6~1.2	L-AN68、100
5.0~9.0	L-AN15、22、32	1.2~2.0	L-AN68
>9.0	L-AN7、10、15		

注：表中润滑油是以 40℃时的运动黏度为基础的牌号。

特点：无流动性，可在滑动表面形成一层薄膜。

适用场合：难以经常供油，或低速重载以及往复摆动的轴承。

润滑脂的选择原则：当压力高和滑动速度低时，选择锥入度小的润滑脂；反之，选择锥入度大的润滑脂。所用润滑脂的滴点，一般应较轴承的工作温度高约 20~30℃，以免工作时润滑脂过多地流失。在有水淋或潮湿的环境下，应选择防水性能强的钙基或铝基润滑脂。在温度较高处应选用钠基或复合钙基润滑脂。

选择润滑脂牌号时可参考表 13-2。

表 13-2　滑动轴承润滑脂的选择

压力（强）p/MPa	轴颈圆周速度 v/(m/s)	最高工作温度/℃	选用的牌号
≤1.0	≤1	75	3 号钙基脂
1.0~6.5	0.5~5	55	2 号钙基脂
≥6.5	≤0.5	75	3 号钙基脂
≤6.5	0.5~5	120	2 号钙基脂
≥6.5	≤0.5	110	1 号钙-钠基脂
1.0~6.5	≤1	−55~110	锂基脂
>6.5	0.5	60	2 号压延机脂

注：1. 在潮湿环境，温度为 75~120℃的条件下，应考虑选用钙-钠基润滑脂。

　　2. 在潮湿环境，温度为 75℃以下，没有 3 号钙基脂时也可以用铝基脂。

　　3. 工作温度在 110~120℃可选用锂基脂或钡基脂；

　　4. 集中润滑时，稠度要小些。

（3）固体润滑剂　固体润滑剂有石墨、二硫化钼（MoS_2）、聚四氟乙烯树脂等多种品种。一般在超出润滑油使用范围之外才考虑使用固体润滑剂。石墨性能稳定，t>350℃才开始氧化，可在水中工作。聚四氟乙烯树脂摩擦系数低，只有石墨的一半。二流化钼摩擦系数低，使用温度范围广（−60~300℃），但遇水性能下降。

特点：可在滑动表面形成固体膜。

适用场合：用于润滑油不能胜任工作的场合，如高温、低速重载、有环境清洁要求等。

使用方法：

1）涂敷、粘结或烧结在轴瓦表面。

2）调配到润滑油和润滑脂中使用。

3）渗入轴承材料中或成型后镶嵌在轴承中使用。

2. 润滑装置

滑动轴承的给油方法多种多样。供应方法可以分为分散润滑和集中润滑。集中润滑是对所有润滑点采用统一的润滑系统，通过油管分送润滑油，装置复杂，使用方便。油润滑有间歇润滑与连续润滑；脂润滑通常采用间歇供应。

在工程实际中，可首先计算出 K 值，然后根据 K 值查表 13-3 确定滑动润滑方式，K 值的计算公式为

$$K = \sqrt{pv^3} \tag{13-1}$$

式中，p 为轴颈上的平均压强（MPa）；v 为轴颈的圆周速度（m/s）。

表 13-3 滑动轴承润滑方式选取

K 值	≤2	>2~16	>16~32	>32
润滑方式	润滑脂润滑	润滑油滴油润滑	润滑油飞溅式润滑	润滑油循环压力润滑

1）定期润滑：低速和间歇工作的轴承，可以定期用油枪向轴承的油孔内注油。为防止污物进入轴承，可以在油孔上加装压注油杯。压注油杯如图 13-15 所示。

2）旋盖式油杯（对润滑脂）润滑：采用润滑脂进行润滑时，一般使用黄油杯，杯内贮满润滑脂，定时或随时旋转杯盖（图 13-16），即可将润滑脂挤入轴承。

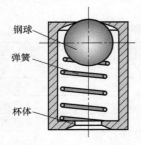

图 13-15 压注油杯

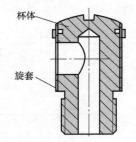

图 13-16 旋盖式油杯

3）油绳润滑：如图 13-17 所示，利用棉纱的毛细管作用，连续地给油。

4）滴油润滑：如图 13-18 所示，用针阀式油杯（手柄平放关，竖起开）给油。

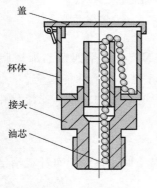

图 13-17 油绳润滑

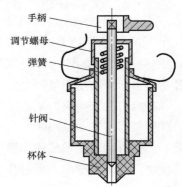

图 13-18 针阀式油杯

5）油环润滑：如图 13-19 所示，油环浸在油池，套在轴颈上被摩擦力带动油环旋转。

6）飞溅润滑：浸在油池中的零件旋转时将油溅到壳体内壁，经特设油道进入轴承，油

量不可调。

7）浸油润滑：部分轴承直接浸在油中以润滑轴承。

8）压力润滑：对于高速重载或变载荷的滑动轴承采用压力润滑。如图 13-20 所示，用油泵给油，供油安全可靠，但设备复杂，常用于发动机曲轴箱的压力润滑。

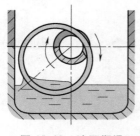 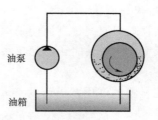

图 13-19　油环润滑　　　　图 13-20　压力润滑　　滑动轴承测试题（第二节）

第三节　不完全液体润滑滑动轴承的设计

一、失效形式与设计准则

工作状态：采用润滑脂、油绳或滴油润滑时，由于轴承得不到足够的润滑剂，故无法形成完全的承载油膜，工作状态为边界润滑或混合摩擦润滑。这种轴承一般用于工作可靠性要求不高的低速、重载或间歇工作场合。

失效形式：边界油膜破裂而引起的胶合和磨损。

设计准则：保证边界膜不破裂。因边界膜强度同温度、轴承材料、轴颈和轴承表面粗糙度、润滑油供给等有关，目前尚无精确的计算方法，但一般可进行条件性计算。

校核内容：

1）验算平均压力 $p \leqslant [p]$，以保证油膜的强度要求。

2）验算摩擦发热 $pv \leqslant [pv]$，fpv 是摩擦力（f 为摩擦系数），限制 pv 即间接限制摩擦发热。

3）验算滑动速度 $v \leqslant [v]$。p、pv 的验算都是平均值。考虑到轴瓦不同心、受载时轴线弯曲及载荷变化等因素，局部的 p 或 pv 可能不足，故应校核滑动速度 v。

二、向心滑动轴承的设计计算

设计时已知条件：外加径向载荷 $F(\mathrm{N})$、轴颈转速 $n(\mathrm{r/mm})$ 及轴颈直径 $d(\mathrm{mm})$。

1. 验算轴承的平均压力 p

目的：防止在载荷作用下润滑油被完全挤出，以保证一定的润滑而不致造成过度磨损。因此，应使轴承平均压力小于许用值，即

$$p = \frac{F}{Bd} \leqslant [p] \tag{13-2}$$

式中，B 为轴瓦宽度（mm）；$[p]$ 为轴瓦材料的许用压力（MPa），其取值详见表 13-4。

2. 校核轴承的 pv 值

目的：防止润滑油黏度随温升而下降，导致轴承发生胶合。轴承的发热量与其单位面积

上的摩擦功耗 fpv 成正比，限制 pv 值就是限制轴承的温升，即

$$pv = \frac{F}{dB} \frac{\pi dn}{60 \times 1000} = \frac{Fn}{19100B} \leqslant [pv] \tag{13-3}$$

式中，v 为轴颈圆周速度，即滑动速度（m/s）；$[pv]$ 为轴承材料的 pv 许用值（MPa·m/s），其取值详见表 13-4。

3. 校核轴颈圆周速度 v

目的：防止轴颈圆周速度过高而使轴承局部过度磨损或胶合。当安装精度较差，轴的弹性变形较大和轴承宽径比较大时，还须校核轴颈圆周速度 v 值，即

$$v \leqslant [v] \tag{13-4}$$

式中，$[v]$ 为轴瓦材料的许用圆周速度（m/s），其取值详见表 13-4。

表 13-4　常用轴瓦及轴承衬材料的性能

材料	牌号	最大许用值			性能比较				说明
		$[p]$ /MPa	$[v]$ /(m/s)	$[pv]$ /(MPa·m/s)	抗胶合性	顺应性	耐蚀性	疲劳强度	
锡基铸造轴承合金	ZSnSb11Cu6 ZSnSb8Cu4	平稳载荷			1	1	1	5	用于高速、重载下工作的重要轴承，变载荷下易于疲劳，价格高
		25	80	20					
		冲击载荷							
		20	60	15					
铅基铸造轴承合金	ZPbSb16Sn16Cu2	15	12	10	1	1	3	5	用于中速、中载下的轴承，不宜承受显著冲击。可作为锡锑轴承合金的代用品
	ZPbSb15Sn5Cu3Cd2	5	8	5					
铜基铸造轴承合金	ZCuSn10P1	15	10	15	3	5	1	1	用于中速、重载及受变载荷的轴承
	ZCuSn5Pb5Zn5	8	3	15					用于中速、中载的轴承
	ZCuPb30	25	12	30	3	4	4	2	用于高速、重载轴承，可以承受变载和冲击
	ZCuAl10Fe3	15	4	12	5	5	5	2	最宜用于润滑充分的低速、重载轴承

注：1. $[pv]$ 为不完全润滑下的许用值。

　　2. 性能比较：1~5 依次由好到差。

4. 选择配合

滑动轴承所选用的材料及尺寸经验算合格后，应选取恰当的配合，一般可选用 H9/d9 或 H8/f7、H7/f6。

三、推力滑动轴承的设计计算

推力滑动轴承的工作能力校核与径向滑动轴承相似，但通常只校核其平均压力 p 及 pv 值。首先根据轴向载荷和工作要求，选择轴承结构尺寸和材料，再进行校核。

已知条件：外加径向载荷 $F_a(\mathrm{N})$、轴颈转速 $n(\mathrm{r/mm})$、轴环直径 $d_2[\,d_2=(1.2\sim1.6)\,d\mathrm{mm}\,]$、轴承孔径 $d_1(\,d_1=1.1d\mathrm{mm}\,)$、轴径 d 以及轴环数目 z。

1. 校核轴承平均压力 p

$$p=\frac{F_a}{A}=\frac{F_a}{\dfrac{\pi}{4}(d_2^2-d_1^2)z}\leqslant[\,p\,] \tag{13-5}$$

式中，$[\,p\,]$ 为许用压力（MPa），其取值详见表 13-5。

2. 校核轴承的 pv 值

因轴承的环形支承面平均直径处的圆周速度为

$$v=\frac{\pi n(d_1+d_2)}{60\times1000\times2} \tag{13-6}$$

则：

$$pv=\frac{F_a}{\dfrac{\pi}{4}(d_2^2-d_1^2)z}\ \frac{\pi n(d_1+d_2)}{60\times1000\times2}=\frac{nF_a}{30000z(d_2-d_1)}\leqslant[\,pv\,] \tag{13-7}$$

式中，$[\,pv\,]$ 为 pv 许用压力（MPa·m/s），其取值详见表 13-5。

表 13-5 推力滑动轴承的 $[\,p\,]$ 和 $[\,pv\,]$ 值

轴（轴环端面、凸缘）	轴承	$[\,p\,]/\mathrm{MPa}$	$[\,pv\,]/(\mathrm{MPa\cdot m/s})$
未淬火钢	铸铁	2.0~2.5	1~2.5
	青铜	4.0~5.0	
	轴承合金	5.0~6.0	
淬火钢	青铜	7.5~8.0	
	轴承合金	8.0~9.0	
	淬火钢	12~15	

滑动轴承
测试题（第三节）

对于多环推力轴承，由于制造和装配误差使各支承面上所受的载荷不相等，$[\,p\,]$ 和 $[\,pv\,]$ 值应减小 $20\%\sim40\%$。

第四节 流体动压润滑滑动轴承的设计

一、动压润滑的形成原理和条件

定义：液体动压润滑可以利用摩擦副表面的相对运动而自动将润滑油带入摩擦面间，建立压力油膜把摩擦面完全隔开并平衡外载荷。

1. 动压润滑的形成原理

（1）当两板平行时

如图 13-21a 所示，板 B 静止，板 A 以速度 v 向左运动，板间充满润滑油。无载荷时，由于润滑油的黏度，液体各层的速度呈三角形分布。由于进油量与出油量相等，板 A 不会下沉。如图 13-21b 所示，若板 A 有载荷时，油向两边挤出，板 A 逐渐下沉，直到与 B 板接触。由此可以得出平板油膜无承载能力。

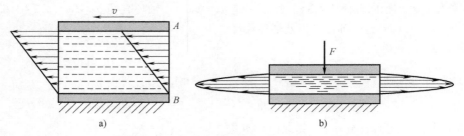

图 13-21　两平行板间油层中速度与压力分布

（2）当两板倾斜时

如图 13-22 所示，移动件的运动方向是由间隙大的方向移向间隙小的方向，假设油不可压缩，间板的宽度无穷大。板间间隙沿运动方向由大到小呈收敛楔形分布，且板 A 有载荷。当板 A 运动时，两端速度若呈虚线分布，则必然进油多而出油少。由于液体实际上是不可压缩的，必将在板内挤压而形成压力，迫使进油端的速度往内凹，而出油端的速度往外凸。进油端间隙大而速

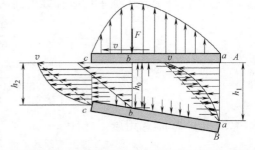

图 13-22　倾斜板间油层中速度与压力的分布

度曲线内凹，出油端间隙小而速度曲线外凸，进出油量相等，同时间隙内形成的压力与外载荷平衡，板 A 不会下沉。这说明了在间隙内形成了压力油膜。这种因运动而产生的压力油膜称为动压油膜。

2. 形成动力润滑的必要条件

1）两工作表面间必须有收敛的楔形间隙。

2）两工作表面间必须连续充满润滑油或其他黏性流体。

3）两工作表面间必须有一定的相对滑动速度，其运动方向必须保证润滑油从大截面流进，从小截面流出。

此外，对于一定的载荷 F，必须使速度 v、黏度 η 及间隙等匹配恰当（充分条件）。

二、流体动压润滑的基本方程

为了得到简化形式的流体动力平衡方程，有如下假设：

1）流体为牛顿液体，忽略压力对流体黏度的影响。

2）忽略流体膜的惯性力及重力的影响。

3）认为流体不可压缩。

4）两平板在 z 轴方向无限长，流体沿 z 轴方向不流动（图 13-23）。

5）流体膜中的压力沿膜厚方向是不变的。

6）流体做层流运动。

1. 速度分布方程

如图 13-23 所示，在油膜中取出一微单元体，它承受油压 p 和内摩擦切应力 τ。

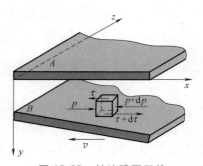

图 13-23　被油膜隔开的
两平板的运动情况

根据平衡条件，得

$$p\,dydz+\tau\,dxdz-\left(p+\frac{\partial p}{\partial x}dx\right)dydz-\left(\tau+\frac{\partial \tau}{\partial y}dy\right)dxdz=0 \tag{13-8}$$

整理后得

$$\frac{\partial p}{\partial x}=-\frac{\partial \tau}{\partial y}$$

将牛顿黏性流体摩擦定律 $\tau=-\eta\frac{\partial u}{\partial y}$ 代入上式，得

$$\frac{\partial p}{\partial x}=\eta\frac{\partial^2 u}{\partial y^2} \tag{13-9}$$

式（13-9）表示了压力 p 沿 x 轴方向的变化，以及流体速度 η 沿 y 轴方向的变化关系。

将式（13-9）对 y 积分两次（压力沿 y 轴方向无变化，$\frac{\partial p}{\partial x}$ 为常数），得

$$u=\frac{1}{2\eta}\left(\frac{\partial p}{\partial x}\right)y^2+c_1y+c_2 \tag{13-10}$$

式中，c_1、c_2 为积分常数，可由边界条件确定。当 $y=0$ 时，$u=-v$，所以 $c_2=-v$；当 $y=h$ 时，$u=0$，所以 $c_1=-\frac{1}{2\eta}\frac{\partial p}{\partial x}h+\frac{v}{h}$，代回式（13-10）并整理得油层的速度为

$$u=\frac{1}{2\eta}\frac{\partial p}{\partial x}(y^2-hy)-\frac{y+h}{h}v \tag{13-11}$$

由式（13-11）可知，油层的速度 u 由两部分组成：式中后一项的速度呈线性分布，这是直接在板 A 的运动下由各油层间内摩擦力的剪切作用所引起的流动，称为剪切流；式中前一项的速度呈抛物线分布，这是由于油膜中压力沿 y 方向的变化所引起的流动，称为压力流。

2. 流量方程

根据流体的连续性原理可知，流过不同截面的流量应该是相等的。无侧漏时，润滑油在单位时间内流经任意截面上单位宽度面积的流量为

$$q_x=\int_0^h u\,dy=\frac{1}{12\eta}\frac{\partial p}{\partial x}h^3-\frac{hv}{2} \tag{13-12}$$

取图 13-22 上的 b—b 截面，该处速度呈三角形分布，间隙厚度为 h_0，故有

$$q_x=-\frac{1}{2}h_0v \tag{13-13}$$

式中，负号表示流速的方向与 x 方向相反。

3. 流体动压润滑的基本方程——一维雷诺方程

当润滑油连续流动时，流经各个截面上的流量相等，故有

$$\frac{1}{12\eta}\frac{\partial p}{\partial x}h^3-\frac{hv}{2}=-\frac{h_0v}{2}$$

整理后得

$$\frac{\partial p}{\partial x}=6\eta v\frac{h_0-h}{h^3} \tag{13-14}$$

式（13-14）为液体动压润滑的基本方程，称为一维雷诺方程。它描述了两平板间油膜压力 p 的变化与润滑油的动力黏度 η、相对滑动速度 v 及油膜厚度 h 之间的关系。

当 $h=h_0$（b—b 截面）时，$\partial p/\partial x=0$，p 有极大值 p_{max}，所以 b 点是对应于 p_{max} 处的特定点。又 $\partial p/\partial x=0$，即 $\partial^2 u/\partial y^2=0$，所以速度梯度 $\partial u/\partial y$ 必须是常量，亦即 b—b 截面处的速度呈三角形分布。

由式（13-14）可求出油膜压力 p 沿 x 方向分布的曲线（图 13-22），再根据油膜压力的合力，便可确定油膜的承载能力。但实际轴承的宽度是有限的，计算中必须考虑润滑油从轴承两端泄漏对油膜承载能力的影响。

三、动压润滑油膜形成过程

径向滑动轴承动压油膜的形成过程：

1）静止时，由于轴承与轴颈间有间隙，自然形成楔形，如图 13-24a 所示。

2）启动时，轴承对轴颈的摩擦力与圆周速度方向相反，迫使轴颈向右滚动而偏移，如图 13-24b 所示。

3）转速升高但不大时，带入油楔内油量增多，轴承与轴颈表面形成较薄油膜，摩擦力减小，但还不足以平衡外载荷，此时还处于非液体摩擦状态，如图 13-24c 所示。

4）转速升到一定值，油楔内油量增多，油压升高，足以平衡外载荷，且油膜厚度大于轴承与轴颈两表面粗糙度之和，则完全呈液体摩擦状态，如图 13-24d 所示。

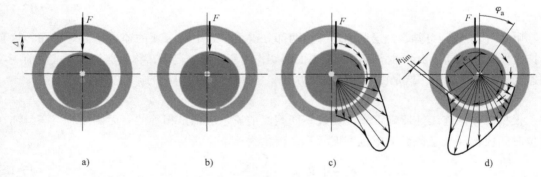

图 13-24　动压油膜的形成过程

a）$h=0$　b）$h\approx 0$　c）非液体摩擦　d）完全液体摩擦

5）转速进一步升高，油压升高，轴颈中心靠近孔中心油楔减小，内压下降，再次与外载荷平衡。

注：1）轴承的孔径 D 和轴颈的直径 d 名义尺寸相等，直径间隙 Δ 是公差形成的。

2）轴颈上作用的液体压力与径向载荷 F 相平衡，在与 F 垂直的方向，合力为零。

3）轴颈最终的平衡位置可用 φ_a 和偏心距 e 来表示。

4）轴承工作能力取决于 h_{lim}，它同润滑油黏度 η、轴的角速度 ω、直径间隙 Δ 和径向载荷 F 等有关，应保证 $h_{lim} \geqslant [h]$。

四、向心滑动轴承的主要几何关系

如图 13-25 所示，轴承与轴颈的连心线 OO_1 与径向外载荷 F 的方向形成一偏位角 φ_a。

轴承孔和轴颈直径分别用 D 和 d 表示，半径分别用 R 和 r 表示。则轴承直径间隙为

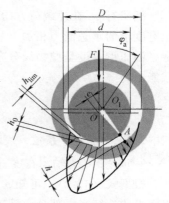

$$\Delta = D - d \tag{13-15}$$

半径间隙为

$$\delta = R - r = \frac{\Delta}{2} \tag{13-16}$$

直径间隙与轴颈直径之比称为相对间隙，以 ψ 表示，则

$$\psi = \frac{\Delta}{d} = \frac{\delta}{r} \tag{13-17}$$

轴颈在稳定运转时，其中心 O 与轴承中心 O_1 的距离称为偏心距，用 e 表示。偏心距与半径间隙的比值，称为偏心率，以 ε 表示，则

图 13-25　向心滑动轴承几何参数与油压分布

$$\varepsilon = \frac{e}{\delta} \tag{13-18}$$

于是由图 13-25 所示可知，最小油膜厚度为

$$h_{min} = \delta - e = \delta(1 - \varepsilon) = r\psi(1 - \varepsilon) \tag{13-19}$$

取轴颈中心 O 为极点，连心线 OO_1 为极轴，对应于任意角 φ 的油膜厚度为 h，可在 $\triangle AOO_1$ 中应用余弦定理求得

$$R^2 = e^2 + (r+h)^2 - 2e(r+h)\cos\varphi$$

解上式得

$$r + h = e\cos\varphi \pm R\sqrt{1 - \left(\frac{e}{R}\right)^2 \sin^2\varphi}$$

若略去微量 $\left(\frac{e}{R}\right)^2 \sin^2\varphi$，并取根式的正号，则得任意位置的油膜厚度为

$$h = \delta(1 + \varepsilon\cos\varphi) = r\psi(1 + \varepsilon\cos\varphi) \tag{13-20}$$

压力最大处的油膜厚度为

$$h_0 = \delta(1 + \varepsilon\cos\varphi_0)$$

式中，φ_0 为最大压力处的极角。

五、向心滑动轴承的工作能力计算

向心滑动轴承的工作能力计算主要包括轴承的承载能力计算、最小油膜厚度 h_{min} 的确定和热平衡计算等，下面对此做简单介绍。

1. 承载能力计算

将雷诺方程式（13-14）改写成极坐标表达式，即将 $\mathrm{d}x = r\mathrm{d}\varphi$，$v = r\omega$ 及 h、h_0 代入后，得极坐标形式的雷诺方程为

$$\frac{\mathrm{d}p}{\mathrm{d}\varphi} = 6\eta \frac{\omega}{\psi^2} \frac{\varepsilon(\cos\varphi - \cos\varphi_0)}{(1 + \varepsilon\cos\varphi)^3} \tag{13-21}$$

将上式从油膜起始角 φ_1 到任意角 φ 进行积分，得任意位置的压力为

$$p_\varphi = 6\eta \frac{\omega}{\psi^2} \int_{\varphi_1}^{\varphi} \frac{\varepsilon(\cos\varphi - \cos\varphi_0)}{(1 + \varepsilon\cos\varphi)^3} \mathrm{d}\varphi \tag{13-22}$$

把所有 p_φ 在外载荷方向的分量相加（积分），即可得单位宽度的油膜承载能力。再把全宽度上的承载能力相加（积分），可得总承载能力 F。考虑轴承有端泄，即两端的油压为零，油压沿宽度呈抛物线分布，且最大油压也有所降低。对于有限宽度的轴承，油膜的总承载能力为

$$F = \frac{\eta \omega dB}{\psi^2} C_p \quad \text{或} \quad C_p = \frac{F\psi^2}{\eta \omega dB} = \frac{F\psi^2}{2\eta vB} \qquad (13\text{-}23)$$

式中，C_p 为承载量系数，表示三重积分项；η 为润滑油在轴承平均工作温度下的动力黏度（$N \cdot s/m^2$）；B 为轴承宽度（m）；F 为轴承径向外载荷（N）；v 为轴颈圆周速度（m/s）。

根据式（13-23）可知，C_p 是轴颈在轴承中位置的函数，其取值同轴承的包角 α（轴承表面上的连续光滑部分包围轴颈的角度，即入油口到出油口间所包轴颈的夹角）、偏心率 ε 和宽径比 B/d 有关。由于 C_p 的积分非常困难，在工程中可查表确定，其取值详见表 13-6。

表 13-6　有限宽度滑动轴承的承载量系数 C_p

B/d	相对偏心率 ε													
	0.3	0.4	0.5	0.6	0.65	0.7	0.75	0.8	0.85	0.9	0.925	0.95	0.975	0.99
	承载量系数 C_p													
0.3	0.052	0.083	0.128	0.203	0.259	0.347	0.475	0.699	1.122	2.074	3.352	5.73	15.15	50.52
0.4	0.089	0.141	0.216	0.339	0.431	0.573	0.776	1.079	1.775	3.195	5.055	8.393	21.00	65.26
0.5	0.133	0.209	0.317	0.493	0.622	0.819	1.098	1.572	2.428	4.261	6.615	10.706	25.62	75.86
0.6	0.182	0.283	0.427	0.655	0.819	1.070	1.418	2.001	3.036	5.214	7.956	12.64	19.17	83.21
0.7	0.234	0.361	0.538	0.816	1.014	1.312	1.720	2.399	3.580	6.029	9.072	14.14	31.88	88.90
0.8	0.287	0.439	0.647	0.972	1.199	1.538	1.965	2.754	4.053	6.721	9.992	15.37	33.99	92.89
0.9	0.339	0.515	0.754	1.118	1.371	1.745	2.248	3.067	4.459	7.294	10.753	16.37	35.66	96.35
1.0	0.391	0.589	0.853	1.253	1.528	1.929	2.469	3.372	4.808	7.772	11.38	17.18	37.00	98.95
1.1	0.440	0.658	0.947	1.377	1.669	2.097	2.664	3.580	5.106	8.186	11.91	17.86	38.12	101.15
1.2	0.487	0.723	1.033	1.489	1.796	2.247	2.838	3.787	5.364	8.533	12.35	18.43	39.04	102.90
1.3	0.529	0.784	1.111	1.500	1.912	2.379	2.990	3.968	5.586	8.831	12.73	18.91	39.81	104.42
1.5	0.710	0.891	1.248	1.763	2.099	2.600	3.242	4.266	5.947	9.304	13.34	19.68	41.07	106.84
2.0	0.763	1.091	1.483	2.070	2.446	2.981	3.671	4.778	6.545	10.091	14.34	20.97	43.11	110.79

根据式（13-23）可得：①偏心率 ε 越大（h_{min} 越小），B/d 越大，C_p 越大，轴承的承载能力 F 越大，但偏心率 ε 受 h_{min} 的限制。②相对间隙 ψ 越小，轴承的承载能 F 越大。

2. 最小油膜厚度 h_{min} 的确定

在其他条件不变的情况下，h_{min} 越小则偏心率 ε 越大，轴承的承载能力就越大。然而，最小油膜厚度是不能无限缩小的，因为它受到轴颈和轴承表面粗糙度、轴的刚性，以及轴颈与轴承的几何形状误差等的限制。为确保轴承能处于液体摩擦状态，最小油膜厚度必须大于或等于许用油膜厚度 $[h]$，即

$$h_{min} = r\psi(1-\varepsilon) \geqslant [h] \qquad (13\text{-}24)$$

$$[h] = 4S(Ra_1 + Ra_2) \qquad (13\text{-}25)$$

式中，Ra_1、Ra_2 分别为轴颈和轴承孔表面粗糙度，见表 13-7，对一般轴承，可分别取 Ra_1 和 Ra_2 值为 $0.8\mu m$ 和 $1.6\mu m$，或 $0.4\mu m$ 和 $0.8\mu m$，对于重要轴承可取为 $0.2\mu m$ 和 $0.4\mu m$ 或

$0.05\mu m$ 和 $0.1\mu m$；S 为安全系数，考虑表面几何形状误差和轴颈挠曲变形等，常取 $S \geqslant 2$。

表 13-7　加工方法及表面粗糙度

加工方法	精车或精镗、中等磨光、刮（每平方厘米 1.5~3 个点）		铰、精磨、刮（每平方厘米 3~5 个点）		钻石刀镗头、镗磨		研磨、抛光、超精加工等		
表面精度代号	$\sqrt{3.2}$	$\sqrt{1.6}$	$\sqrt{0.8}$	$\sqrt{0.4}$	$\sqrt{0.2}$	$\sqrt{0.1}$	$\sqrt{0.05}$	$\sqrt{0.025}$	$\sqrt{0.012}$
$Ra/\mu m$	3.2	1.6	0.8	0.4	0.2	0.1	0.05	0.025	0.012

3. 轴承的热平衡计算

1）热平衡公式

轴承工作时，摩擦功耗将转变为热量，使润滑油温度升高，导致润滑油黏度下降，降低轴承承载能力。因此，设计流体动压润滑轴承时，必须计算润滑油的温升，并将其限制在允许的范围内。

摩擦功耗转变的热量，一部分被润滑油带走，一部分通过轴承壳体散逸。轴承运转时达到热平衡状态的条件是单位时间内轴承摩擦所产生的热量 Q 等于同时间内流动的油所带走的热量 Q_1 与轴承壳体散逸的热量 Q_2 之和，即

$$Q = Q_1 + Q_2 \tag{13-26}$$

轴承中的热量是由摩擦损失的功转变而来的。每秒钟在轴承中产生的热量 Q 为

$$Q = fFv \tag{13-27}$$

被润滑油带走的热量 Q_1 为

$$Q_1 = q\rho c(t_o - t_i) \tag{13-28}$$

轴承壳体的金属表面通过传导和辐射散发的热量 Q_2 为

$$Q_2 = \alpha_s \pi dB(t_o - t_i) \tag{13-29}$$

将式（13-27）、式（13-28）和式（13-29）代入式（13-26）中，并整理得

$$fFv = q\rho c(t_o - t_i) + \alpha_s \pi dB(t_o - t_i) \tag{13-30}$$

式中，f 为摩擦系数，$f = \dfrac{\pi}{\psi}\dfrac{\eta\omega}{p} + 0.55\psi\xi$，其中 ξ 为随轴承宽径比变化的系数，对于 $B/d < 1$ 的轴承，$\xi = (d/B)^{1.5}$，对于 $B/d \geqslant 1$ 的轴承，$\xi = 1$，ω 为轴颈角速度（rad/s）；p 为轴承的平均压力，$p = F/(dB)$（Pa）；η 为润滑油的动力黏度（Pa·s）；F 为轴承承受的径向载荷（N）；v 为轴颈圆周速度（m/s）；q 为润滑油流量（m^3/s），按润滑油流量系数求出；ρ 为润滑油的密度（kg/m^3），对矿物油为 850~900kg/m^3；c 为润滑油的比热容 [J/(kg·℃)]，对矿物油为 1675~2090J/(kg·℃)；t_o、t_i 为油的出口温度和入口温度（℃），通常由于冷却设备的限制，取为 $t_i = 35~40$℃；α_s 为轴承的表面传热系数 [W/(m^2·℃)]，随轴承结构和散热条件而定，对于轻型轴承或在不易散热的环境中工作的轴承，取 $\alpha_s = 50$W/(m^2·℃)，中型轴承及一般通风条件下工作的轴承，取 $\alpha_s = 80$W/(m^2·℃)，在良好冷却条件下工作的重型轴承，取 $\alpha_s = 140$W/(m^2·℃)。

2）温差与平均温度

根据式（13-30）可得出为了达到热平衡而必需的润滑油温度差 Δt（℃）为

$$\Delta t = t_{o} - t_{i} = \frac{\left(\dfrac{f}{\psi}\right)p}{c\rho\left(\dfrac{q}{\psi vdB}\right) + \dfrac{\alpha_{s}\pi}{\psi v}} \tag{13-31}$$

式中，$\dfrac{q}{\psi vdB}$ 为润滑油流量系数，是一个无量纲数，可根据轴承的宽径比 B/d 及偏心率 ε，由图 13-26 查出。

其他变量的含义及单位同前。

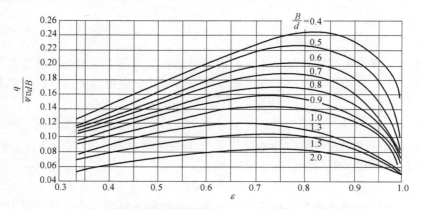

图 13-26　润滑油流量系数线图（指速度供油的耗油量）

润滑油从流入到流出轴承，温度逐渐升高，因而在轴承中不同处的油的黏度也将不同。研究结果表明，计算轴承的承载能力时，可以采用润滑油平均温度时的黏度。润滑油的平均温度 $t_{m} = (t_{o} + t_{i})/2$，而温升 $\Delta t = t_{o} - t_{i}$，所以润滑油的平均温度 t_{m} 按下式计算为

$$t_{m} = t_{i} + \frac{\Delta t}{2} \tag{13-32}$$

建议平均温度一般在 $45 \sim 60 ℃$ 内选取，最高不超过 $75 ℃$。

设计时，通常是先给定平均温度 t_{m}，按求出的温升 Δt 来校核油的入口温度 t_{i}，即

$$t_{i} = t_{m} - \frac{\Delta t}{2} \tag{13-33}$$

若 $t_{i} > 35 \sim 40℃$，则表示轴承热平衡易于建立，轴承承载能力尚未用尽。此时应降低给定的平均温度，并允许适当地加大轴瓦及轴颈的表面粗糙度，以降低成本；或减小间隙，提高旋转精度；或加宽轴承，充分利用轴承的承载能力。然后再进行计算。

若 $t_{i} < 35 \sim 40℃$，则表示轴承不易达到热平衡状态，轴的承载能力不足。此时可增加散热片，以增大散热面积；或增加冷却装置，如风扇、冷却水管、循环油；也可加大间隙，并适当地降低轴瓦及轴颈的表面粗糙度。然后再重新进行计算。

六、向心滑动轴承参数选择

1. 宽径比 B/d

一般轴承的宽径比 B/d 取值范围为 $0.3 \sim 1.5$。宽径比 B/d 小，有利于提高稳定性，增大端排泄量以降低温度；但宽径比 B/d 大，有利于增大轴承的承载能力。

高速重载的轴承温升高，B/d 宜取小值；低速重载轴承，为提高轴承整体刚度，B/d 宜取大值；高速轻载轴承，如对轴承刚性无过高要求，B/d 可取小值；需对轴有较大支承刚性的机床轴承，B/d 宜取大值。

一般机器常用的 B/d 值为：汽轮机、鼓风机 $B/d = 0.3 \sim 1.0$；电动机、发电机、离心机、齿轮变速器 $B/d = 0.6 \sim 1.5$；摩托车、拖拉机 $B/d = 0.8 \sim 1.2$；轧钢机 $B/d = 0.6 \sim 0.9$。

2. 相对间隙 ψ

影响相对间隙 ψ 取值的因素有：载荷和速度，轴径尺寸，宽度/直径，调心能力，加工精度。

选取原则：①速度高，ψ 取大值；载荷小，ψ 取小值。②直径大，宽径比小，调心性能好，加工精度高，ψ 取小值；反之，ψ 取大值。

一般机器常用的 ψ 值为：汽轮机、电动机、发电机、齿轮变速器 $\psi = 0.001 \sim 0.002$；轧钢机、铁路车辆 $\psi = 0.0002 \sim 0.0015$；机床、内燃机 $\psi = 0.0002 \sim 0.00125$；鼓风机、离心机 $\psi = 0.001 \sim 0.003$。

一般轴承，按如下经验公式计算 ψ 值为

$$\psi = \frac{(n/60)^{4/9}}{10^{31/9}} \tag{13-34}$$

3. 润滑油黏度 η

润滑油黏度是轴承设计的一个重要参数。它对轴承的承载能力、功耗和轴承温升都有影响。轴承工作时，油膜各处温度是不同的，通常认为轴承温度等于油膜的平均温度。平均温度的计算是否准确，将直接影响润滑油黏度取值大小是否合适。平均温度过低，则油的黏度较大，算出的承载能力偏高；反之则承载能力偏低。

设计时，可先假定轴承平均温度，一般取 $t_m = 50 \sim 75℃$，初选润滑油黏度，进行初步设计计算。最后再通过热平衡计算来验算轴承入口油温 t_i 是否为 $35 \sim 40℃$，否则应重新选择润滑油黏度再做计算。

滑动轴承
测试题（第四节）

七、流体动压润滑向心滑动轴承的设计过程

1. 已知条件

外加径向载荷 F（N）、轴颈转速 n（r/min）及轴颈直径 d（mm）。

2. 设计及验算

1）保证在平均油温 t_m 下 $h_{min} \geq [h]$。

① 选择轴承材料，验算 p、v、pv。

② 选择轴承参数，如轴承宽度（B）、相对间隙（ψ）和润滑油黏度（η）。

③ 计算承载量系数（C_p）并查表确定偏心率（ε）。

④ 计算最小油膜厚度（h_{min}）和许用油膜厚度（$[h]$）。

2）验算温升。

① 计算轴承与轴颈的摩擦系数（f）。

② 根据宽径比（B/d）和偏心率（ε）查取润滑油流量系数。

③ 计算轴承温升（Δt）和润滑油入口平均温度（t_i）。

3）极限工作能力校核。

① 根据直径间隙（Δ），选择配合。

② 根据最大间隙（Δ_{max}）和最小间隙（Δ_{min}），校核轴承的最小油膜厚度和润滑油入口油温。

4）绘制轴承零件图。

设计任务　滑动轴承设计实例

1）一向心滑动轴承，已知：轴颈直径 $d = 50mm$，宽径比 $B/d = 0.8$，轴的转速 $n = 1500r/min$，轴承受径向载荷 $F = 5000N$，轴瓦材料初步选择 ZCuSn5Pb5Zn5，试按照非液体润滑轴承计算，校核该轴承是否可用。如不可用，提出改进方法。

解：根据给定材料 ZCuSn5Pb5Zn5 查得 $[p] = 8MPa$，$[v] = 3m/s$，$[pv] = 12MPa \cdot m/s$。根据宽径比 $B/d = 0.8$，知 $B = 40mm$。则

$$p = \frac{F}{Bd} = \frac{5000}{40 \times 50}MPa = 2.5MPa < [p] = 8MPa$$

$$pv = \frac{F}{Bd}\frac{\pi nd}{60 \times 1000} = \frac{5000}{40 \times 50}\frac{\pi \times 1500 \times 50}{60 \times 1000}MPa \cdot m/s = 9.82MPa \cdot m/s < [pv] = 12MPa \cdot m/s$$

$$v = \frac{\pi nd}{60 \times 1000} = \frac{\pi \times 1500 \times 50}{60 \times 1000}m/s = 3.93m/s > [v] = 3m/s$$

可见：p 和 pv 值均满足要求，只有 v 不满足。

其改进方法是：如果轴的直径富余，可以减小轴颈直径，使圆周速度 v 减小；或采用 $[v]$ 较大的轴承材料。

采用改进方法：将轴承材料改为轴承合金 ZPbSb16Sn16Cu2，查得材料 $[p] = 15MPa$，$[v] = 12m/s$，$[pv] = 10MPa \cdot m/s$。则

$$p = 2.5MPa < [p] = 15MPa$$

$$pv = 9.82MPa \cdot m/s < [pv] = 10MPa \cdot m/s$$

$$v = 3.93m/s < [v] = 12m/s$$

结论：轴承材料采用轴承合金 ZPbSb16Sn16Cu2，轴颈直径 $d = 50mm$，宽度 $B = 40mm$。

2）已知一起重机卷筒轴用滑动轴承，其径向载荷 $F = 100kN$，轴颈直径 $d = 90mm$，转速 $n = 10r/min$，试按非液体摩擦状态设计此轴承。

解：

① 确定轴承结构和润滑方式　因为此轴承为低速重载轴承，尺寸大，为便于拆装和维修，采用剖分式结构。润滑方式采用油脂杯式脂润滑。

② 选择轴承材料　按低速重载的条件，初步选用 ZCuAl10Fe3，其 $[p] = 15MPa$，$[pv] = 12MPa \cdot m/s$，$[v] = 4m/s$。

③ 确定轴承宽度　对低速重载轴承，宽径比应取大些。初选 $\varphi = B/d = 1.2$，则轴承宽度：$B = \varphi d = 1.2 \times 90 = 108mm$，取 $B = 110mm$。

④ 验算

$$p = \frac{F}{Bd} = \frac{100000}{110 \times 90}MPa = 10.10MPa < [p] = 15MPa$$

$$pv = \frac{F}{Bd}\frac{\pi nd}{60 \times 1000} = \frac{100000}{110 \times 90}\frac{\pi \times 10 \times 90}{60 \times 1000} = 0.48\text{MPa} \cdot \text{m/s} < [pv] = 12\text{MPa} \cdot \text{m/s}$$

$$v = \frac{\pi nd}{60 \times 1000} = \frac{\pi \times 10 \times 90}{60 \times 1000}\text{m/s} = 0.047\text{m/s} < [v] = 3\text{m/s}$$

可见，p 与 $[p]$ 比较接近，pv 和 v 很富余，可以适当减小轴承宽度。

取宽径比：$\varphi = B/d = 1$，则 $B = 90\text{mm}$。

再求得压强 $p = 12.35\text{MPa}$，$v = 0.047\text{m/s}$，$pv = 0.58\text{MPa} \cdot \text{m/s}$，均满足要求。

3）某向心滑动轴承，包角为 180°，轴颈直径 $d = 80\text{mm}$，轴承宽度 $B = 120\text{mm}$，直径间隙 $\Delta = 0.1\text{mm}$，径向载荷 $F = 50000\text{N}$，轴的转速 $n = 1000\text{r/min}$，轴颈和轴瓦的表面粗糙度 $Rz_1 = 1.6\mu\text{m}$，$Rz_2 = 3.2\mu\text{m}$，试求：①若轴承达到液体动压润滑，润滑油的动力黏度应为多少？②若其他条件不变，将径向载荷 F 和直径间隙 Δ 都提高 20%，该轴承还能否达到液体动压润滑状态？

解：（1）确定所需最小油膜厚度 h_{min}

取 $K = 2$，则 $[h] = K(Rz_1 + Rz_2) = 2 \times (1.6 + 3.2)\mu\text{m} = 9.6\mu\text{m} = 0.0096\text{mm}$。

取：$h_{min} = 10\mu\text{m} = 0.01\text{mm}$。

（2）求 S

半径间隙 C $$C = \frac{\Delta}{2} = \frac{0.1}{2}\text{mm} = 0.05\text{mm}$$

偏心率 $$\varepsilon = 1 - \frac{h_{min}}{C} = 1 - \frac{0.01\text{mm}}{0.05\text{mm}} = 0.8$$

宽径比 $$\varphi = \frac{B}{d} = \frac{120\text{mm}}{80\text{mm}} = 1.5$$

根据 $\varepsilon = 0.8$ 和宽径比 $\varphi = 1.5$ 查得 $S = 0.037$。

（3）求润滑油动力黏度 η

轴承相对间隙 $$\psi = \frac{\Delta}{d} = \frac{0.1\text{mm}}{80\text{mm}} = 0.00125$$

轴颈转速 $$n = 1000\text{r/min} = 1000/60\text{r/s}$$

则 $$\eta = \frac{\psi^2 SF}{nBd} = \frac{0.00125^2 \times 0.037 \times 50000 \times 60}{1000 \times 0.12 \times 0.08}\text{Pa} \cdot \text{s} = 0.0181\text{Pa} \cdot \text{s}$$

所以，若形成流体动压润滑，润滑油的黏度应 $\eta \geq 0.0181\text{Pa} \cdot \text{s}$。

（4）求径向载荷 F 和直径间隙 Δ 提高 20%，该轴承的最小油膜厚 h_{min}

轴承相对间隙 $$\psi = \frac{\Delta}{d} = \frac{1.2 \times 0.1\text{mm}}{80\text{mm}} = 0.0015$$

轴承特性数 $$S = \frac{\eta nBd}{\psi^2 F} = \frac{0.0181 \times 1000 \times 0.12 \times 0.08}{0.0015^2 \times 1.2 \times 50000 \times 60} = 0.021$$

根据 $S = 0.021$ 和宽径比 $\varphi = 1.5$，查得 $\varepsilon = 0.88$。

则 $$h_{min} = r\psi(1 - \varepsilon) = 40 \times 0.0015 \times (1 - 0.88)\text{mm} = 0.0072\text{mm} = 7.2\mu\text{m}$$

可见 $h_{min} < [h] = 9.6\mu\text{m}$，轴承不能达到液体动压润滑状态。

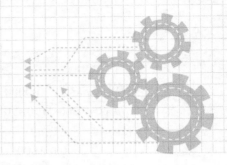

第十四章

机座与箱体的设计

（一）主要内容

　　机座的作用与类型、机座的设计要求、机座常用材料、机座的结构设计；箱体的作用与类型、箱体的材料与热处理方法、箱体的设计要求及箱体设计主要参数的确定等。

（二）学习目标

1. 了解机座与箱体的类型与材料。

2. 掌握机座与箱体结构设计与参数确定。

（三）重点与难点

　　机座与箱体的截面形状及结构设计。

第一节　机座及其设计

一、机座的作用及类型

　　机座是指设备的底架或部件，便于设备的使用或安装附件，它是支承其他零部件的基础部件，又是各零部件相对位置的基准。

　　机座按构造形式可分为机座类、机架类和基板类，如图 14-1 所示，图 14-1a~图 14-1d 为

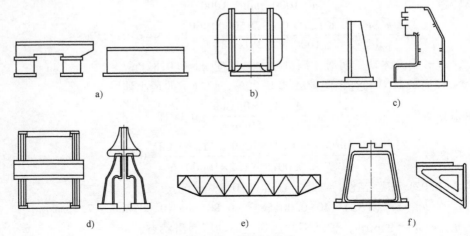

图 14-1　机座的类型

a) 卧式机座　b) 环式机座　c) 立式机座　d) 门式机座　e) 桁架式机架　f) 框架式机架

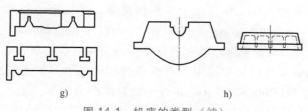

g)   h)

图 14-1 机座的类型（续）

g）台架式机架　h）基板

机座类，图 14-1e～图 14-1g 为机架类，图 14-1h 为基板类。按结构可分为整体式和装配式，按制造方法可分为铸造类、焊接类、拼焊类、螺纹连接类、冲压类及轧制锻造类。制造方法不同则特点和应用场合不同，其中以铸造和焊接类居多。

二、机座的设计要求

1. 刚度与抗振性

静刚度是抵抗载荷变形的能力。动刚度是衡量抗振性的主要指标。

为提高机座的抗振性，可采取如下措施：

1）提高静刚度，即从提高固有振动频率入手，以避免产生共振。

2）增加阻尼，增加阻尼对提高动刚度的作用很大，如液（气）动、静压导轨的阻尼比滚动导轨的大，故抗振性能好。

3）在不降低机架或机座静刚度的前提下，减轻重量可提高固有振动频率，如适当减小壁厚、增加筋和隔板数量、采用钢材焊接代替铸件等。

4）采取隔振措施，如加减振橡胶垫脚、用空气弹簧隔板等。

2. 精度

保证机座上的零、部件准确定位，可靠固定；考虑某些关键表面及其相对位置精度。

3. 工艺性

机座体积大，结构复杂，成本较高。设计时，应使其具有良好的结构工艺性，以便于制造和降低成本。

4. 运输性

机座由于质量大，因此设计时应考虑设备在运输过程中的起吊、装运、陆路运输桥梁承重、涵洞宽度等限制，尽量避免出现超大尺寸、超大质量设计。

除此之外，还应考虑人机工程、经济性、工业美学等要求，形状简单，颜色要适应环境要求。

三、机座材料与时效处理

1. 机座的材料

机座材料应根据其结构、工艺、成本、生产批量和生产周期等要求正确选择，常用的如下：

（1）铸铁　铸铁容易铸成形状复杂的零件；价格较便宜；铸铁的内摩擦大，有良好的抗振性。其缺点是生产周期长，单件生产成本较高；铸件易产生废品，质量不易控制；铸件的加工余量大，机械加工费用大。

常用的灰铸铁有两种：HT200 适用于外形较简单，单位压力较大（$p>5\mathrm{kg/cm^2}$）的导轨，或弯曲应力较大（$\sigma \geq 300\mathrm{kg/cm^2}$）的床身等；HT150 的流动性较好，但力学性能稍差，适用于形状复杂而载荷不大的机座。若灰铸铁不能满足耐磨性要求，应采用耐磨铸铁。

（2）钢材　用钢材焊接成机架。钢的弹性模量比铸铁大，焊接机架的壁厚较薄，其重量比同样刚度的机座约轻 20%~50%；在单件小批量生产情况下，生产周期较短，所需设备简单；焊接机架的缺点是钢的抗振性能较差，在结构上需采取防振措施；钳工工作量较大；成批生产时成本较高。

2. 时效处理

制造机座时，铸造或焊接、热处理及机加工等都会产生高温，因各部分冷却速度不同会导致收缩不均匀，使金属内部产生内应力。如果不进行时效处理，将因内应力的逐渐重新分布而变形，使机座丧失原有的精度。

时效处理就是在精加工之前，使机座充分变形，消除内应力，提高其尺寸的稳定性。常见的方法有自然时效、人工时效和振动时效等，其中以人工时效应用最广。

四、机座结构设计

1. 截面典型结构

大多数机座和箱体的受力情况很复杂，因而要产生拉伸、压缩、弯曲、扭转等变形。当机座和箱体受到弯曲或扭转载荷时，截面形状对于它们的强度和刚度有着很大的影响。因此要正确设计机座的截面形状，在既不增大截面面积又不增大零件质量的条件下，来增大截面系数及截面的惯性矩，从而提高它们的刚度和强度。表 14-1 列出了常用的几种截面形状，不同截面形状的机座特点如下：

1）方形截面机座：结构简单，制造方便，箱体内有较大的空间来安放其他部件；但刚度稍差，宜用于载荷较小的场合。机座应选择合适的壁厚、筋板和形状，以保证在重力、惯性力和外力的作用下，有足够的刚度。

2）圆形截面机座：结构简单、紧凑，易于制造和造型设计，有较好的承载能力。

3）铸铁板装配式机座：铸铁板装配结构，适用于局部形状复杂的场合。它具有生产周期短、成本低，以及简化木模形状和铸造工艺等优点。但刚度较整体箱体机座的差，且加工和装配工作量较大。

表 14-1　常用几种截面形状的对比

截面		弯曲			扭转			
形状	面积 /cm^2	许用弯矩 /N·m	相对强度	相对刚度	许用扭矩 /N·m	相对强度	单位长度许用扭矩 N·m	相对刚度
29, 100	29.0	$4.83[\sigma_\mathrm{b}]$	1.0	1.0	$0.27[\tau_\mathrm{T}]$	1.0	$6.6G[\varphi_0]$	1.0
10, φ100	28.3	$5.82[\sigma_\mathrm{b}]$	1.2	1.15	$11.6[\tau_\mathrm{T}]$	43	$58G[\varphi_0]$	8.8

（续）

截面		弯曲			扭转			
形状	面积 /cm²	许用弯矩 /N·m	相对强度	相对刚度	许用扭矩 /N·m	相对强度	单位长度许用扭矩 N·m	相对刚度
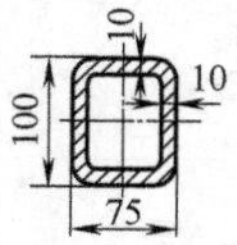	29.5	$6.63[\sigma_b]$	1.4	1.6	$10.4[\tau_T]$	38.5	$207G[\varphi_0]$	31.4
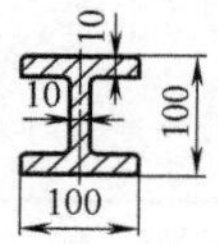	29.5	$9.0[\sigma_b]$	1.8	2.0	$1.2[\tau_T]$	4.5	$12.6G[\varphi_0]$	1.9

2. 截面形状的选择

截面形状的合理选择是机座设计的一个重要方面。如果截面面积不变，通过合理改变截面形状，增大它的惯性矩和截面系数，可以提高零件的强度和刚度。合理选择截面形状可以充分发挥材料的作用。为保证机座的刚度和强度，减轻质量和节约材料，必须根据设备的受力情况，选择经济合理的截面形状。机座虽受力较复杂，但不外乎是拉、压、弯、扭的作用。

主要承受弯曲的零件以选用工字形截面为好；主要受扭转的零件以圆形截面为好，空心矩形截面次之，从刚度方面考虑，则以选用空心矩形截面最为合理。

受动载荷的机座零件，为了提高其吸振能力，需要合理设计截面形状，即使截面面积并不增加，也可提高机座承受动载的能力。

当受简单拉、压作用时，变形只和截面积有关，而与截面形状无关，设计时主要是选择合理的尺寸。

如果受弯、扭作用时，变形与截面形状有关。在其他条件相同情况下，抗扭惯性越大，扭转变形越小，抗扭刚度越大。反之，达到同样的强度、刚度，使用惯性矩越大的截面形状，截面面积越小，使用材料越少，质量越轻。面积相同时，各种截面形状与惯性矩的比较见表14-2。

表 14-2　各种截面形状与惯性矩比较

截面形状（面积相同）	抗弯惯性矩相对值	抗扭惯性矩相对值	截面形状（面积相同）	抗弯惯性矩相对值	抗扭惯性矩相对值
	1	1	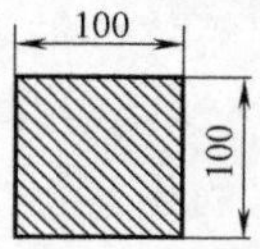	1.04	0.88
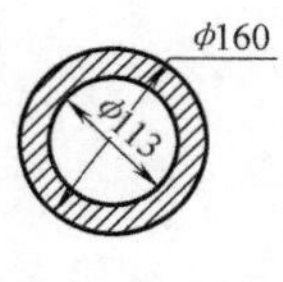	3.03	2.89	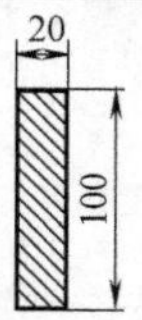	4.13	0.43

（续）

截面形状 （面积相同）	抗弯惯性矩 相对值	抗扭惯性矩 相对值	截面形状 （面积相同）	抗弯惯性矩 相对值	抗扭惯性矩 相对值
φ196 φ160	5.04	5.37	148 148 100 235	3.45	1.27
150 25 10 500 25	19	0.09	85 200 50 235	7.35	0.82

3. 隔板与加强筋

封闭空心截面的刚度较好，但为了铸造清砂及其内部零部件的装配和调整，必须在机座壁上开"窗口"，但其结果使机座整体刚度大大降低。若单靠增加壁厚提高刚度，必然使机座笨重、浪费材料，故常用增加隔板和加强筋来提高刚度。

加强筋常见的有直形筋、斜向筋、十字筋和米字筋 4 种，如图 14-2 所示。直形筋的铸造工艺简单，但刚度最小；米字筋的刚度最大，但铸造工艺最复杂。加强筋和隔板的厚度，一般取壁厚的 0.8 倍。

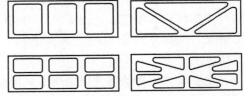

图 14-2　加强筋

第二节　箱体及其设计

一、箱体的主要功能

箱体是支承和固定轴及轴上零件并保证传动精度的重要零件，它将机器或部件中的轴、套、齿轮等有关零件组装成一个整体，使它们之间保持正确的相对位置，并按照一定的传动关系协调地传递运动和动力，其重量一般约占设备总重量的 40% ~ 50%。箱体的具体功能如下：

1）支承并包容各种传动零件，如齿轮、轴、轴承等，使它们能够保持正常的运动关系和运动精度。箱体还可以储存润滑剂，实现各种运动零件的润滑。

2）安全保护和密封作用，使箱体内的零件不受外界环境的影响，又保护机器操作者的人身安全，并有一定的隔振、隔热和隔音作用。

3）使机器各部分分别由独立的箱体组成，各成单元，便于加工、装配、调整和修理。

4）改善机器造型，协调机器各部分比例，使整机造型美观。

二、箱体的分类

1. 按箱体的功能分类

1）传动箱体，如减速器、汽车变速箱及机床主轴箱等的箱体，主要功能是包容和支承各传动件及其支承零件，这类箱体要求有密封性、强度和刚度，如图 14-3 所示。

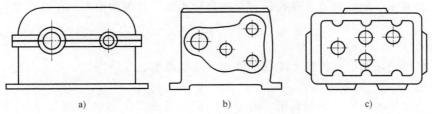

图 14-3　传动箱体类型

a）减速器箱体　b）变速箱箱体　c）主轴箱箱体

2）泵体和阀体，如齿轮泵的泵体，各种液压阀的阀体，主要功能是改变液体流动方向、流量大小或改变液体压力。这类箱体除有对前一类箱体的要求外，还要求能承受箱体内液体的压力，如图 14-4 所示。

3）支架箱体，如机床的支座、立柱等箱体零件，要求有一定的强度、刚度和精度，这类箱体设计时要特别注意刚度和外观造型。

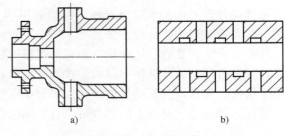

图 14-4　承压类箱体

a）泵壳　b）阀体

2. 按箱体的制造方法分类

1）铸造箱体，常用的材料是铸铁，有时也用铸钢、铸铝合金和铸铜等。铸铁箱体的特点是结构形状可以较复杂，有较好的吸振性和机加工性能，常用于成批生产的中小型箱体。

2）焊接箱体，由钢板、型钢或铸钢件焊接而成，结构要求较简单，生产周期较短。焊接箱体适用于单件小批量生产，尤其是大件箱体，采用焊接件可大大降低成本。

3）其他箱体，如冲压和注塑箱体，适用于大批量生产的小型、轻载和结构形状简单的箱体。

箱体的结构形式虽然多种多样，但仍有共同的主要特点：形状复杂、壁薄且不均匀，内部呈空腔形，加工部位多，加工难度大，既有精度要求较高的孔系和平面，也有许多精度要求较低的紧固孔。

三、箱体设计的主要问题和设计要求

箱体设计首先要考虑箱体内零件的布置及与箱体外部零件的关系，确定箱体的形状和尺寸，如车床床头和尾座两顶尖要求高度相同，此外还应考虑以下问题：

1. 满足强度和刚度要求

对受力很大的箱体零件，满足强度是一个重要问题；但对于大多数箱体，评定性能的主要指标是刚度，因为箱体的刚度不仅影响传动零件的正常工作，而且还影响部件的工作精度。

2. 散热性能和热变形问题

箱体内零件摩擦发热使润滑油黏度变化，影响其润滑性能；温度升高使箱体产生热变形，尤其是温度不均匀分布的热变形和热应力，对箱体的精度和强度有很大的影响。

3. 结构设计合理

如支点的安排、筋的布置、开孔位置和连接结构的设计等均要有利于提高箱体的强度和刚度。

4. 工艺性好

工艺性包括毛坯制造、机械加工及热处理、装配调整、安装固定、吊装运输、维护修理等各方面。

设计铸造箱体时，要考虑到制模、造型、浇注和清理等工艺的方便。外形应力求简单，尽量减少沿起模方向的凸起部分，并应具有一定的起模斜度。箱体壁厚应力求均匀，过渡平缓。凡外形转折处都应有铸造圆角，以减小铸件的热应力，避免缩孔。

5. 造型好、质量轻

箱体设计应考虑艺术造型问题。例如采用"方形小圆角过渡"的造型比"曲线大圆角过渡"显得挺拔有力，庄重大方。

外形的简洁和整齐会增强统一协调的美感，例如，尽量减少外凸形体，箱体剖分面的凸缘、轴承座的凸台设计到箱体壁内，并设置内肋代替外肋或去掉剖分面。这些结构型式不仅提高了刚性，而且使外形更加整齐、协调和美观。

设计不同的箱体对以上的要求可能有不同的侧重。

四、箱体的材料和热处理

1. 箱体的材料

（1）铸铁　多数箱体的材料为铸铁，一般选用 HT200～HT400，而最常用的是 HT200。灰铸铁流动性好，收缩较小，容易获得形状和结构复杂的箱体。灰铸铁的阻尼作用强，动态刚性和机加工性能好，价格适中。对于精度要求较高的箱体可采用加入合金元素的耐磨铸铁。

（2）铸造铝合金　用于要求减小质量且载荷不太大的箱体。多数可通过热处理强化刚度，有足够的强度和较好的塑性。

（3）钢材　铸钢有一定的强度，良好的塑性和韧性，较好的导热性和焊接性，机加工性能也较好，但铸造时容易氧化与热裂。箱体也可用低碳钢板和型钢焊接而成。

2. 箱体的热处理

铸造或箱体毛坯中的剩余应力使箱体产生变形，为了保证箱体加工后精度的稳定性，对箱体毛坯粗加工后要用热处理方法消除剩余应力，减少变形。常用的热处理措施有以下几类：

1）热时效：铸件在 500～600℃ 下退火，可以大幅度地降低或消除铸造箱体中的剩余应力。

2）热冲击时效：将铸件快速加热，利用其产生的热应力与铸造剩余应力叠加，使原有剩余应力松弛。

3）自然时效：自然时效和振动时效可以提高铸件的松弛刚性，使铸件的尺寸精度稳定。

五、箱体结构参数的选择

箱体的形状和尺寸常由箱体内部零件及零件间的相互关系来决定，箱体的结构设计一般采用"结构包容法",还应考虑外部有关零件对箱体形状和尺寸的要求,并从美学角度进行修正。箱体的主要参数设计包括壁厚、加强筋、孔和凸台等。

1. 壁厚

箱体壁厚的设计多采用类比法,对同类产品进行比较,参照设计者的经验或设计手册等资料提供的经验数据来确定。对于重要的箱体,可用计算机的有限元法计算箱体的刚度和强度,或用模型和实物进行应力或应变的测定,直接取得数据或作为计算结果的校核手段。

箱体的尺寸直接影响它的刚度,在设计时,箱体的壁厚 t 可根据其所受载荷的大小来确定,详见公式 14-1。

$$t = 2\sqrt[4]{0.1T} \geqslant 8\text{mm} \tag{14-1}$$

式中,T 为箱体承受的最大转矩(N·m)。

2. 加强筋

为了改善箱体的刚度,尤其是箱体壁厚的刚度,常在箱壁上增设加强筋,若箱体有中间轴和中间支撑时,常设置横向筋板的高度 H 不应超过壁厚 t 的 3~4 倍,超过此值时对提高刚度无明显效果。加强筋的尺寸见表 14-3。

表 14-3 铸造箱体加强筋尺寸

外表面筋厚/mm	内腔筋厚/mm	筋的高度/mm
0.8 t	(0.6~0.7) t	≤5 t
t 为筋所在处的壁厚		

3. 孔与凸台

箱体内壁和外壁上位于同一轴上的孔,从机加工角度要求单件小批量生产时,应尽可能使孔的质量相等;成批大量生产时,外壁上的孔应大于内壁上的孔,这有利于刀具的进入和退出。箱体壁上的开孔会降低箱体的刚度,试验证明,刚度的降低程度与孔的面积大小成正比。

在箱壁上与孔中心线垂直的端面处附加凸台,可以增加箱体局部的刚度;同时可以减少加工面。当凸台直径 D 与孔径 d 的比值 $(D/d) \leqslant 2$,且凸台高度 h 与壁厚 t 的比值 $(t/h) \leqslant 2$ 时,刚度增加较大;比值大于 2 以后,效果不明显。如因设计需要,凸台高度加大时,为了改善凸台的局部刚度,可在适当位置增设局部加强筋,如图 14-5 所示。

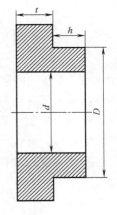

图 14-5 箱体凸台

4. 连接和固定

箱体连接处的刚度主要是结合面的变形和位移程度,它包括结合面的接触变形、连接螺钉的变形和连接部位的局部变形。为了保证连接刚度,应注意以下几个方面的问题:

1)重要结合面都要限制其微观不平度(表面粗糙度值 $Ra \leqslant$ 1.6~2.5μm)以保证实际接触面积,从而达到一定的接触刚度。接触表面粗糙度值越小,则接触刚度越好。

2)合理选择连接螺钉的直径和数量,保证结合面的预紧力。为了保证结合面之间的压强（一般接合面的压强不小于 2MPa），又不使螺钉直径太大，结合面的实际接触面积在允许范围内应尽可能减小。

3）合理设计连接部位的结构，连接部位的结构、特点与应用见表 14-4。

表 14-4 连接部位的结构、特点与应用

形式	基本结构	特点与应用
爪座式	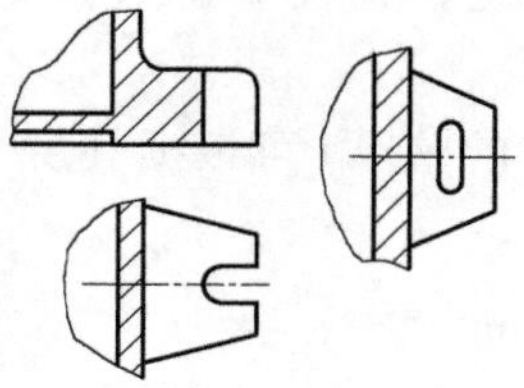	爪座与箱壁连接处的局部强度、刚度均较差，连接刚度也较差，但铸造简单，节约材料；适用于侧向力小的小型箱体连接
翻边式	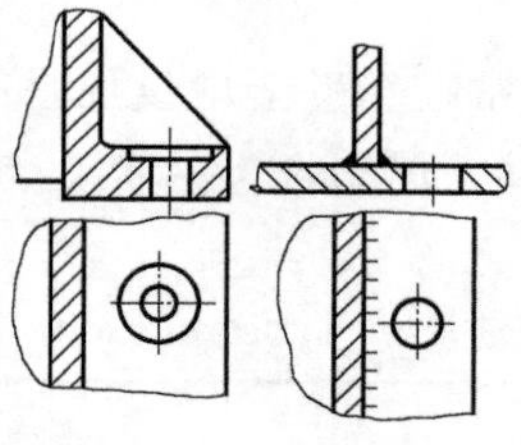	局部强度和刚度较爪座式均高，还可在箱壁内侧或外表面间增设加强筋以增加连接部位的刚度；铸造容易，结构简单，占地面积稍大；适用于各种大、中、小型箱体的连接
壁龛式	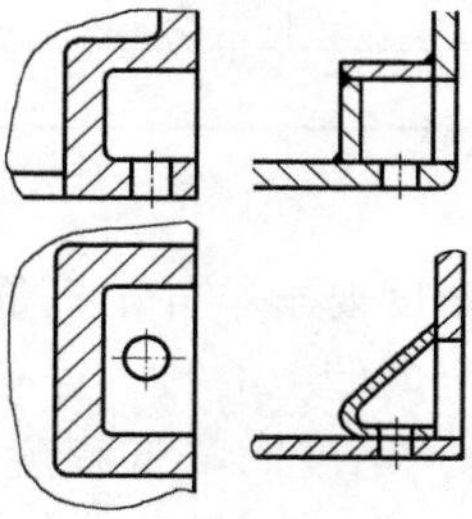	局部刚度好，若螺钉设在箱体壁上的中性面上，连接凸缘将不会有弯矩作用；外形美观，占地面积小，但制造较困难，适用于大型箱体的连接

设计任务 项目中减速器箱体的结构设计

在如图 3-3 所示的链式运输机项目中，通过本书前几个章节的讲解与设计，已确定了所有传动件和轴系零部件的设计与校核，此节将重点介绍箱体的结构设计，对箱体的强度和刚度进行计算极为困难，故箱体的各部分尺寸多借助于经验公式来确定，按经验公式计算出尺寸后将数据圆整，有些尺寸如有需要应根据结构要求适当修改。具体箱体设计时的经验公式和结构数据详见设计过程。

解：

1. 箱体材料的选择与毛坯种类的确定

根据减速器的工作环境，可选箱体材料为灰铸铁 HT200。因为铸造箱体刚性好、外形美观、易于切削加工、能吸收振动和消除噪声，可采用铸造工艺获得毛坯。

2. 箱体主要结构尺寸和装配尺寸

箱体设计时经验公式与尺寸见表 14-5。

表 14-5　箱体设计时经验公式与尺寸　　　　　　　　　　　　　　（单位：mm）

名称		符号	结构尺寸计算或取值依据		结果
箱座壁厚		δ	$\delta = 0.025a + (1 \sim 3) \geqslant 8 \Rightarrow 0.025 \times 200 + 3 = 8$		8
箱盖壁厚		δ_1	$\delta_1 = (0.8 \sim 0.85)\delta \geqslant 8 \Rightarrow (0.8 \sim 0.85) \times 8 = 6.4 \sim 6.8 < 8$		8
箱座凸缘厚度		b	$b = 1.5\delta = 1.5 \times 8 = 12$		12
箱盖凸缘厚度		b_1	$b_1 = 1.5\delta_1 = 1.5 \times 8 = 12$		12
底座凸缘厚度		b_2	$b_2 = 2.5\delta = 2.5 \times 8 = 20$		20
箱座上的肋厚		m	$m \geqslant 0.8\delta_1 = 0.8 \times 8 = 6.4$		7
箱盖上的肋厚		m_1	$m_1 \geqslant 0.8\delta_1 = 0.8 \times 8 = 6.4$		7
地脚螺钉			根据高速级锥距 R 和低速级齿轮中心距 a 估算地脚螺钉相关结构尺寸 $R + a_2 = 79 + 200 = 279 < 300$		
	直径和数目	d_f	$d_f = 2\delta = 16$（圆整取标准）		16
		n	$n = 6$		6
	通孔直径	d_f'	$d_f' = 20$		20
	沉头座直径	D_0	$D_0 = 45$		45
	底座凸缘尺寸（扳手空间）	C_{1min}	$C_{1min} = 22$		22
		C_{2min}	$C_{2min} = 20$		20
连接螺栓	轴承旁连接螺栓直径	d_1	$d_1 = 0.75d_f = 0.75 \times 16 = 12$	轴承旁连接螺栓直径 d_1	12
				通孔直径 d'	13.5
				沉头座直径 D	26
				凸缘尺寸 C_{1min}	18
				C_{2min}	16
	箱座、箱盖连接螺栓直径	d_2	$d_2 = (0.5 \sim 0.6)d_f$ $= (0.5 \sim 0.6) \times 16$ $= 8 \sim 9.6$	轴承旁连接螺栓直径 d_2	8
				通孔直径 d'	9
				沉头座直径 D	18
				凸缘尺寸 C_{1min}	13
				C_{2min}	11
定位销直径		d	$d = (0.7 \sim 0.8)d_2 = (0.7 \sim 0.8) \times 8 = 5.6 \sim 6.4$		6
轴承盖螺钉直径		d_3	$d_3 = (0.4 \sim 0.5)d_f = (0.4 \sim 0.5) \times 16 = 6.4 \sim 8$		8
视孔盖螺钉直径		d_4	$d_4 = (0.3 \sim 0.4)d_f = (0.3 \sim 0.4) \times 16 = 4.8 \sim 6.4$		6
圆锥定位销直径		d_5	$d_5 = 0.8d_2 = 0.8 \times 8 = 6.4$		6
圆锥定位销数目		n_1	2		2
轴承旁凸台高度		h	根据低速轴轴承座外径 $D_2 = 127\text{mm}$ 和轴承旁螺栓扳手空间 $C_1 = 18$，再结合结构确定 $h = \sqrt{\left(\dfrac{D_2}{2}\right)^2 - \left(\dfrac{D_2}{2} - C_1\right)^2} = \sqrt{\left(\dfrac{127}{2}\right)^2 - \left(\dfrac{127}{2} - 18\right)^2} \approx 44$		45
轴承旁凸台半径		R_1	$R_1 = C_2 = 16$		16

（续）

名称	符号	结构尺寸计算或取值依据		结果
箱体外壁至轴承座端面的距离	l_1	$l_1 = C_1 + C_2 + (5 \sim 8) = 18 + 16 + (5 \sim 8) = 39 \sim 42$		42
大（锥）齿轮顶圆与箱体内壁的距离	Δ_1	$\Delta_1 \geqslant 1.2\delta = 1.2 \times 8 = 9.6$		10
齿轮端面与箱体内壁的距离	Δ_2	$\Delta_2 \geqslant \delta = 8$（或$\geqslant 10 \sim 15$）	主动齿轮端面距箱体内壁距离	12
			从动齿轮端面距箱体内壁距离	14
油面高度	—	齿轮浸入油中至少一个齿高，且不得小于10mm，这样即可确定最低油面。考虑油的损耗，中小型减速器至少还要高出 $5 \sim 10$mm		58
箱座高度	H	$H \geqslant \dfrac{d_{a2}}{2} + (30 \sim 50) + \delta + (3 \sim 5)$ $= \dfrac{319.999}{2} + (30 \sim 50) + 8 + (3 \sim 5)$ $= 201 \sim 223$ 式中，d_{a2} 为减速箱中低速级齿轮的齿顶圆直径，此处应代入项目中圆柱齿轮 4 的齿顶圆直径		210

3. 减速器附件

（1）窥视孔和视孔盖　在传动啮合区上方的箱盖上开设检查孔，用于检查传动件的啮合情况和润滑情况等，还可以由该孔向箱内注入润滑油。

在如图 3-3 所示的链式运输机项目中，减速器中锥齿轮锥距 R 和齿轮传动中心距之和 $a_{\Sigma} = R + a_2 = 279$mm $\leqslant 425$mm，故视孔盖长为 180mm，宽为 165mm，减速器上视孔盖结构与其他尺寸见表 14-6。

表 14-6　视孔盖结构与尺寸　（单位：mm）

	减速器中心距 $a_{\Sigma} = a_1 + a_2$ 或 $a_{\Sigma} = R + a_2$	l_1	l_2	b_1	b_2	d 直径	d 孔数	盖厚 δ	R
双级	$a_{\Sigma} \leqslant 250$	140	125	120	105	7	8	4	5
	$a_{\Sigma} \leqslant 425$	180	165	140	125	7	8	4	5
	$a_{\Sigma} \leqslant 500$	220	190	160	130	11	8	4	15
	$a_{\Sigma} \leqslant 650$	270	240	180	150	11	8	6	15

（2）通气器　安装在窥视孔板上，用于保证箱内气压和外气压的平衡。选用 M16×1.5 的通气器，其结构及尺寸见表 14-7。

表 14-7　通气器结构与尺寸　（单位：mm）

d	D	D_1	s	L	l	a	d_1
M12×1.25	18	16.5	14	19	10	2	4
M16×1.5	22	19.6	17	23	12	2	5
M20×1.5	30	25.4	22	28	15	4	6
M22×1.5	32	25.4	22	29	15	4	7
M27×1.5	38	31.2	27	34	18	4	8
M30×2	42	36.9	32	36	18	4	8
M33×2	45	36.9	32	38	20	4	8
M36×3	50	41.6	36	46	25	5	8

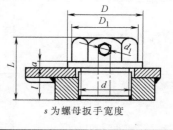

s 为螺母扳手宽度

（3）轴承盖　用于轴向固定轴及轴上零件，调整轴承间隙。这里使用凸缘式轴承盖，因其密封性能好，易于调节轴向间隙。凸缘式轴承盖的结构与尺寸确定经验公式见表14-8。根据经验公式得，$d_0 = d_3 + 1 = 9\text{mm}$，$D_0 = D + 2.5d_3 = 85\text{mm} + 2.5 \times 8\text{mm} = 105\text{mm}$，$e = 1.2d_3 = 9.6\text{mm}$，$e_1 \geqslant e = 10\text{mm}$，$D_4 = D - (10 \sim 15)\text{mm} = 73\text{mm}$，$D_5 = D_0 - 3d_3 = 105\text{mm} - 3 \times 8\text{mm} = 81\text{mm}$，$D_6 = D - (2 \sim 4)\text{mm} = 82\text{mm}$

表 14-8　轴承盖的结构与尺寸确定经验公式

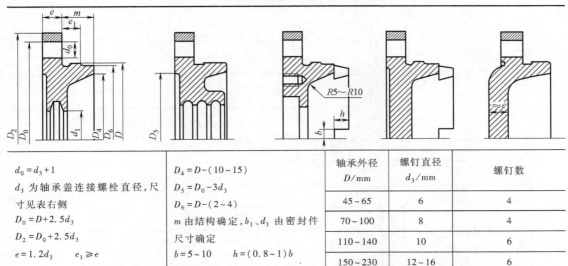

$d_0 = d_3 + 1$ d_3 为轴承盖连接螺栓直径，尺寸见表右侧 $D_0 = D + 2.5d_3$ $D_2 = D_0 + 2.5d_3$ $e = 1.2d_3 \qquad e_1 \geqslant e$	$D_4 = D - (10 \sim 15)$ $D_5 = D_0 - 3d_3$ $D_6 = D - (2 \sim 4)$ m 由结构确定，b_1、d_1 由密封件尺寸确定 $b = 5 \sim 10 \qquad h = (0.8 \sim 1)b$	轴承外径 D/mm	螺钉直径 d_3/mm	螺钉数
		$45 \sim 65$	6	4
		$70 \sim 100$	8	4
		$110 \sim 140$	10	6
		$150 \sim 230$	$12 \sim 16$	6

（4）油面指示装置　在箱座高速级端靠上的位置设置油面指示装置，用于观察润滑油的高度是否符合要求。

由于项目中设计的减速器传递功率不大，根据减速器箱体结构尺寸选 M12 的杆式油标，其相关结构尺寸见表14-9。

表 14-9　杆式油标结构与尺寸表　　　　　　（单位：mm）

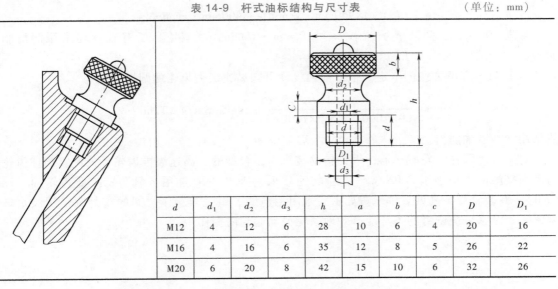

d	d_1	d_2	d_3	h	a	b	c	D	D_1
M12	4	12	6	28	10	6	4	20	16
M16	4	16	6	35	12	8	5	26	22
M20	6	20	8	42	15	10	6	32	26

（5）油塞　用于更换润滑油，与设置油面指示装置设在同一个面上，位于最低处。

（6）起盖螺钉　设置在箱盖的凸缘上，数量为两个，一边一个，用于方便开启箱盖。

（7）起吊装置　在箱盖的两头分别设置一个吊耳，用于箱盖的起吊；而减速器的整体起吊要使用箱座上的吊钩，在箱座的两头分别设置两个吊钩。

项目中减速器箱盖和箱座上的吊钩结构和经验公式见表 14-10。

表 14-10　吊钩结构和经验公式　　　　　　　　　（单位：mm）

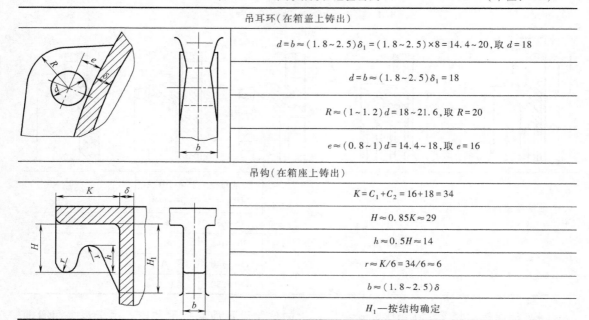

吊耳环（在箱盖上铸出）	
	$d=b\approx(1.8\sim2.5)\delta_1=(1.8\sim2.5)\times8=14.4\sim20$，取 $d=18$
	$d=b\approx(1.8\sim2.5)\delta_1=18$
	$R\approx(1\sim1.2)d=18\sim21.6$，取 $R=20$
	$e\approx(0.8\sim1)d=14.4\sim18$，取 $e=16$
吊钩（在箱座上铸出）	
	$K=C_1+C_2=16+18=34$
	$H\approx0.85K\approx29$
	$h\approx0.5H\approx14$
	$r\approx K/6=34/6\approx6$
	$b\approx(1.8\sim2.5)\delta$
	H_1—按结构确定

4. 减速器润滑及密封形式的选择

（1）轴承润滑方式的确定　根据前面设计可知高速轴轴承型号为 30208，该轴段直径为 40mm，高速轴转速 $n=960$r/min，则 dn 值为

$$dn=40\times960\mathrm{mm\cdot r/min}=38400\mathrm{mm\cdot r/min}$$

查表 10-14 得，圆锥滚子轴承 $dn\leqslant10^5\mathrm{mm\cdot r/min}$，故减速器所有轴承均采用润滑脂润滑。

（2）齿轮润滑方式的确定　根据前面设计可知高速级大齿轮的圆周速度为

$$v=\frac{\pi d_2 n}{60\times1000}=\frac{\pi\times144\times438.26}{60\times1000}\mathrm{m/s}\approx3.3\mathrm{m/s}\leqslant12\mathrm{m/s}$$

故采用油池浸油润滑。

对于二级圆柱齿轮减速器，因为传动装置属于轻型的，高速级锥齿轮和低速级圆柱齿轮的齿面接触应力均小于 $500\mathrm{N/mm^2}$，且转速较低，查表 7-10 选用抗氧防锈工业齿轮油（L-CKB），并装至规定高度。轴承盖处密封采用毛毡圈。箱盖与箱座之间的密封则采用涂水玻璃密封，涂水玻璃密封的方法能有效地减轻振动起到防振作用。

参 考 文 献

[1] 濮良贵，陈国定，吴立言. 机械设计 [M]. 10 版. 北京：高等教育出版社，2019.

[2] 吴宗泽，高志，罗圣国，等. 机械设计课程设计手册 [M]. 5 版. 北京：高等教育出版社，2018.

[3] 于惠力，向敬忠，张春宜. 机械设计 [M]. 2 版. 北京：科学出版社，2013.

[4] 张春宜，郝广平，刘敏. 减速器设计实例精解 [M]. 北京：机械工业出版社，2020.

[5] 杨可桢，程光蕴，李仲生，等. 机械设计基础 [M]. 7 版. 北京：高等教育出版社，2020.

[6] 秦大同，谢里阳. 现代设计手册 [M]. 北京：化学工业出版社，2011.

[7] 闻邦椿. 机械设计手册：第 1 卷 [M] 5 版. 北京：机械工业出版社，2010.

[8] 闻邦椿. 机械设计手册：第 2 卷 [M] 5 版. 北京：机械工业出版社，2010.

[9] 闻邦椿. 机械设计手册：第 3 卷 [M] 5 版. 北京：机械工业出版社，2010.

[10] 闻邦椿. 机械设计手册：第 5 卷 [M] 5 版. 北京：机械工业出版社，2010.

[11] 穆斯，维特，贝克，等. 机械设计：原书第 16 版 [M]. 孔建益，译. 北京：机械工业出版社，2012.

[12] 穆斯，维特，贝克，等. 机械设计表格手册：原书第 16 版 [M]. 孔建益，译. 北京：机械工业出版社，2012.

[13] 穆斯，维特，贝克，等. 机械设计习题集：原书第 12 版 [M]. 孔建益，译. 北京：机械工业出版社，2012.

[14] 全国机器轴与附件标准化技术委员会. 零部件及相关标准汇编：联轴器卷 [M]. 北京：中国标准出版社，2010.

[15] 全国带轮与带标准化技术委员会. 零部件及相关标准汇编：带传动卷 [M]. 北京：中国标准出版社，2011.

[16] 全国链传动标准化技术委员会. 零部件及相关标准汇编：链传动卷 [M]. 北京：中国标准出版社，2008.

[17] 全国齿轮标准化技术委员会. 零部件及相关标准汇编：齿轮与齿轮传动卷 [M]. 北京：中国标准出版社，2012.

[18] 中机生产力促进中心. 零部件及相关标准汇编：紧固件卷 [M]. 北京：中国标准出版社，2006.

[19] 汪德涛，林享耀. 设备润滑手册 [M]. 北京：机械工业出版社，2009.